车联网安全

李兴华　翁　健　郭晶晶

雒　彬　张　曼　马建峰　　著

西安电子科技大学出版社

内 容 简 介

车联网的快速发展为智慧交通提供了强有力的技术保障,极大地便利了人们的日常出行,同时,其存在的安全问题日益凸显。本书针对车联网中存在的安全问题,在对现有应对方案进行归纳、总结的基础上,提出了具体的解决方案,以期提高车联网的安全性,使其得到更广泛的应用。

全书共 12 章,主要内容包括针对车联网体系架构、安全威胁、安全保护现状的详细归纳,车辆组网安全、车内网安全、车联网应用级安全的解决方案,以及对现有研究工作的总结和对车联网安全未来发展的展望。

本书既可作为相关从业者与科研人员的参考资料,也可作为相关专业的本科生与研究生更深入了解车联网安全领域相关进展的重要资料。此外,作为车联网安全方面的科普读物,本书也可供社会各界人士阅读。

图书在版编目(CIP)数据

车联网安全 / 李兴华等著. —西安:西安电子科技大学出版社,2021.3
ISBN 978 - 7 - 5606 - 6023 - 3

Ⅰ. ①车… Ⅱ. ①李… Ⅲ. ①汽车—物联网—安全技术—研究 Ⅳ. ①U469 - 39

中国版本图书馆 CIP 数据核字(2021)第 045591 号

策划编辑 高 樱
责任编辑 孟晓梅 买永莲
出版发行 西安电子科技大学出版社(西安市太白南路 2 号)
电 话 (029)88201467 邮 编 710071
网 址 www.xduph.com 电子邮箱 xdupfxb001@163.com
经 销 新华书店
印刷单位 陕西天意印务有限责任公司
版 次 2021 年 3 月第 1 版 2021 年 3 月第 1 次印刷
开 本 787 毫米×1092 毫米 1/16 印张 15.5
字 数 365 千字
印 数 1~1000 册
定 价 45.00 元

ISBN 978 - 7 - 5606 - 6023 - 3/U

XDUP 6325001 - 1

* * * 如有印装问题可调换 * * *

前　言

随着无线通信技术、计算技术、感知技术和汽车工业的发展，车联网(IoV)引起了政府和企业的广泛关注。IoV中包括4个层次的信息交互，即车与人、车与车、车与路、车与云服务平台。为了实现以上功能，车联网将现代移动通信技术与车内的先进车载传感器和智能控制系统结合起来。借助于此，IoV为实现智慧交通提供了强有力的技术支撑，将极大地提高道路安全性与出行便利性。现有调查数据显示，全球车联网产业已进入快速发展阶段，服务需求不断增大。其中，中国车联网市场规模将保持40%以上的高速增长，预计2025年将突破2000亿元，达到全球占比的25%。2020年4月24日，工信部、公安部、国家标准化管理委员会联合印发了《国家车联网产业标准体系建设指南》，以规范并推动车联网的蓬勃发展。

任何事物的发展都具有两面性。IoV在快速发展的同时，其存在的安全问题日益突出，如车辆被远程攻击、恶意控制等，甚至可能出现大量网联汽车被批量控制，产生重大社会安全隐患。按照攻击手段及目标的不同，IoV所面临的安全威胁可分为3个层面，即网络通信层威胁、平台威胁以及应用层威胁。

为了解决IoV所面临的各类安全威胁，国内外研究者提出了多个应对方案。本书对现有应对方案进行了归纳、分析，并针对已有研究中存在的问题提出了相应的解决方案。全书共12章。第1章对现有IoV中存在的安全问题及研究现状进行了介绍。第2~11章给出了IoV中不同层面安全威胁的解决方案。其中，第2~5章考虑网络通信层威胁，探讨了车辆组网安全，包括车辆匿名认证、消息匿名路由以及攻击检测；第6~8章面向平台威胁，不仅探究了CAN总线安全，还对车联网中车辆传感器故障或遭受攻击后导致的通信错误信息进行了规避；第9~11章针对应用层威胁，分别考虑了车联网下基于安全的应用以及经常使用的增值服务应用的保护需求。第12章总结了全书的内容并对IoV未来的发展进行了分析。读者可依据个人兴趣与研究点阅读相关章节。

作为国内开展网络安全研究的团队之一，我们持续多年对车联网的安全问题进行了深入、系统的分析与研究，受到了国家自然科学基金"面向服务的移动通信用户隐私保护体系架构及关键技术(U1708262)""车联网信息检测与安全防护关键技术研究（U1736203）"等项目的资助。本书思路明确、结构清晰、学术价值较高，可以作为相关从业者或相关专业的本科生与研究生深入了解车联网的重要材料。

本书由西安电子科技大学网络与信息安全学院李兴华担任主编，马建峰、翁健、郭晶晶、雒彬、张曼共同写就。此外，感谢在本书撰写过程中提供帮助的许勐璠、王运帷、任彦冰、刘佼、陈颖、张恒友、李志毅、胡中元、朱孟垚、刘坤等团队成员。

限于作者水平，书中不妥之处在所难免，欢迎广大读者批评指正。

作　者

2020 年 11 月

目　录

第 1 章 概 述

1.1 引 言

随着移动互联网和工业智能化的快速发展,汽车产业不断向智能化和网联化转变。车联网(Internet of Vehicles, IoV)通过搭载先进的车载传感器与智能控制系统,并与现代移动通信技术相结合,实现了车与人、车与车、车与路、车与云服务平台之间的信息交换与共享,为人们的交通出行带来了极大的便利,同时有助于政府建立智能化的交通体系。因此,智能网联汽车作为新的发展方向受到了各国政府和企业[1-4]的广泛关注。随着车联网技术的进一步应用,中国车联网市场规模持续扩大,到 2022 年将接近 3000 亿元。然而随着车联网的快速发展,其存在的安全问题日益突出,安全事故[5-9]不断涌现。

2010 年,Koscher 等人[10]首次对真实车辆进行了攻击,他们利用 Linux 系统漏洞对克莱斯勒的 Jeep 车型发起攻击,成功控制了车内动力系统。这说明攻击者可通过车载诊断系统(On-Board Diagnostics, OBD)接口注入非法指令,进而控制车辆。2014 年,Woo 等人[11]通过向用户手机植入恶意的车载诊断 APP 获取车辆状态信息,进而向车内网络注入恶意报文。恶意 APP 与攻击者服务器通过蜂窝网络相连,不受距离限制,攻击者可实现对网联汽车的远程无线攻击。次年,Miller 等人[12]利用吉普的 UConnect 系统中的漏洞,通过连接到车辆的蜂窝网络,经车载娱乐系统发送伪造报文(也称数据帧)到控制器局域网络(Controller Area Network, CAN)总线[13],进而控制转向、制动等车内子系统。2016 年,百度[7]成功破解了车联网核心控制系统的远程信息处理箱(Telematics Box, T-Box),篡改协议传输数据,从而修改用户指令,发送伪造指令到 CAN 总线控制器中,实现了远程控制车辆。同年,安全人员[14]在入侵用户手机的情况下,获取特斯拉 APP 账户用户名和密码,通过登录特斯拉车联网服务平台随时对车辆进行定位、追踪、解锁、启动,甚至盗走车辆。2017 年,腾讯科恩实验室[15]再次成功对特斯拉发起无物理接触的远程攻击,入侵特斯拉车内总线网络并实现任意远程控制。2018 年,英国的一个黑客仅使用平板电脑就捕捉了特斯拉钥匙的无线信号[9],在不到两秒钟的时间内使用信号中隐含的密码打开了汽车,并成功将其盗走。此外,对于车联网下的各类应用,大量文献也表明攻击者可利用车辆定期发送的信标消息等推测车辆的行驶状态,对其进行追踪。

通过对以上攻击案例的分析可知,车联网中主要的安全威胁来自以下 3 个层面:

(1) V2X(Vehicle-to-Everything,包括 Vehicle-to-Vehicle、Vehicle-to-Road 等多种形式的实体间通信,统称为 V2X)的网络通信层安全:攻击者可通过多种无线网络通信手段篡改或伪造攻击信号,并向汽车注入攻击指令,从而达到影响车辆正常状态或者直接控制车辆的目的。另外,多种类型的终端设备也成为攻击者入侵车联网体系的入口,如云服务平台、汽车远程服务提供商(Telematics Service Provider,TSP)、移动终端 APP 等。

（2）智能网联汽车本身的平台安全：一方面由于 CAN 总线的高速且不加密、不认证特性，其通信矩阵容易被攻击者破解，因此攻击者可以轻易伪造 CAN 总线报文，从而影响车辆状态，造成安全事故或车主的经济损失；另一方面，智能网联汽车中含有多种类型的传感器，其中保存了车辆或车主的多种敏感数据，此类数据容易被攻击者非法收集；同时，攻击者也可根据车内传感器的特点，通过干扰传感器设备的通信危及行车安全。

（3）车联网应用安全：车辆在享受各类应用带来的便利性的同时，往往会暴露其敏感信息，如信标消息中通常包含了当前行驶时间戳、身份标识符、位置、速度、行驶方向等，攻击者利用这些信息可推测出车辆位置及轨迹隐私等，威胁人身财产安全。

通常将以上 3 个层面分别定义为网络级安全、平台级安全和应用级安全。本书将从这 3 个方面全面地介绍车联网体系中的安全威胁和安全现状，并且介绍本团队的最新研究成果以及对于未来车联网安全的研究方向。

1.2　车联网体系架构

借助新一代的移动通信技术，车联网可实现车辆内部、车与人、车与车、车与路、车与服务平台的全方位网络连接，提升汽车智能化水平和自动驾驶能力，构建汽车和交通服务新业态，从而提高交通效率，改善汽车驾乘感受，为用户提供智能、舒适、安全、节能、高效的综合服务。车联网基本架构如图 1.1 所示，主要包括车联网云服务平台、汽车厂商云服务平台、智能网联汽车以及路基设备等在内的车联网通信体系，智能网联车汽车平台以及智能网联汽车组件。其中各个部分通过形式多样的无线网络通信技术如 WiFi、蓝牙、2G/3G/4G/5G、专用短程通信(Dedicated Short Range Communications,DSRC)技术以及车内总线网络等，实现车—云通信、车—车通信、车—路通信、车—人通信和车内通信 5 种通信场景。

1.2.1　车外网通信体系

车辆与多终端的无线通信是车联网中非常重要的组成部分，其中主要包括车—车、车—路和车—人通信。车—车通信指智能网联汽车通过 LTE-V2X、DSRC 与交通网络中的其他车辆进行信息传递，如车辆在行驶过程中报告当前位置的交通拥堵状况、交通事故等，以帮助其他车辆做好路线规划或者提醒其他车辆注意行车安全，从而改善整体的交通状况，减少事故发生率。车—路通信主要指智能网联汽车通过 LTE-V2X、DSRC、射频通信等技术实现车辆与路基设备的协同以辅助建立高效安全的智能交通体系。车—人通信指用户通过 WiFi、蓝牙或蜂窝移动通信网络技术实现与智能网联汽车的信息传递，如车主通过手机对车辆进行控制，进行打开车门、播放音乐等操作。

车联网云服务平台是提供智能网联汽车管理和交通、车辆信息内容服务的云端平台，它提供了导航、娱乐、资讯、安防、车辆及道路基础设施设备信息汇聚、计算和监控管理，并提供智能化交通管控、车辆远程诊断、交通救援等车辆服务，比如车辆通过 T-Box 和云服务平台交互，实现远程控制功能、远程查询功能、安防服务功能；车辆通过车载信息娱乐系统(In-Vehicle Infotainment,IVI)从云服务平台获取娱乐信息服务，包括三维导航、实时

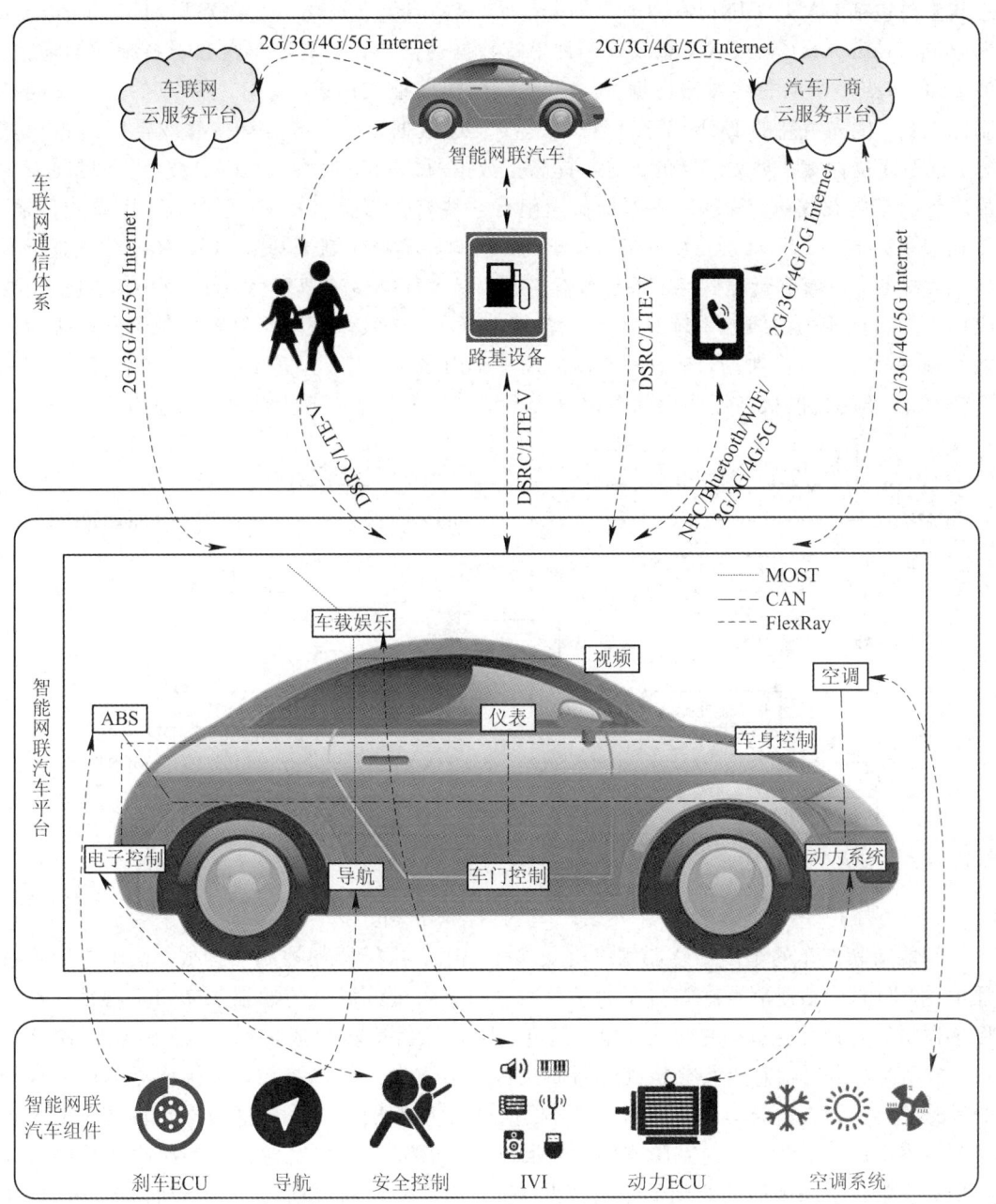

图 1.1 车联网基本架构

路况、IPTV、辅助驾驶、移动办公、无线通信、基于在线的娱乐功能等一系列应用。

1.2.2 车内总线网络架构

车内总线网络架构是通过总线通信协议将 ECU 节点连接起来构成的车内总线网络，如图 1.2 所示。其中，各 ECU 是智能网联汽车的核心电子元件，也是车内基本通信单元。各 ECU 节点根据传感器和总线上的报文信息，完成预定的控制功能和指令动作，如灯光的开/闭、电机的启/停等。不同 ECU 节点之间的通信是通过车内总线来实现的。其中，车内总线主要包括 CAN、LIN(Local Interconnect Network)、FlexRay、MOST(Media Oriented System Transport)等。CAN 总线是一种串行数据通信协议,负责车内各子系统间的通信。各 ECU 节点竞争向总线发送数据。CAN 总线则根据报文标识符确定各节点的总线访问控制优先级,优先级高的 ECU 节点可以向总线发送数据,其余节点等待总线空闲后再次竞争。这种逐位仲裁、明文广播的方式,提高了数据通信的实时性,故 CAN 总线是目前应用最广泛的车内总线协议。LIN 总线即低速串行总线,也称低速 CAN 总线,采用单线传输,传输速率为 10~125 kb/s,大多应用在车门、空调等车身控制子网中。FlexRay 总线基于时间触发机制,具有高带宽、容错性能好等特点,最大数据传输速率可达 10 Mb/s,目前主要应用于与安全相关的线控系统和动力系统中。MOST 总线采用环形结构,在环形总线内只能朝着一个方向传输数据,是一种专门应用于车内多媒体的数据总线技术。在众多总线中,CAN 总线作为目前最广泛使用的车内总线系统,是学术界和工业界研究的重点。

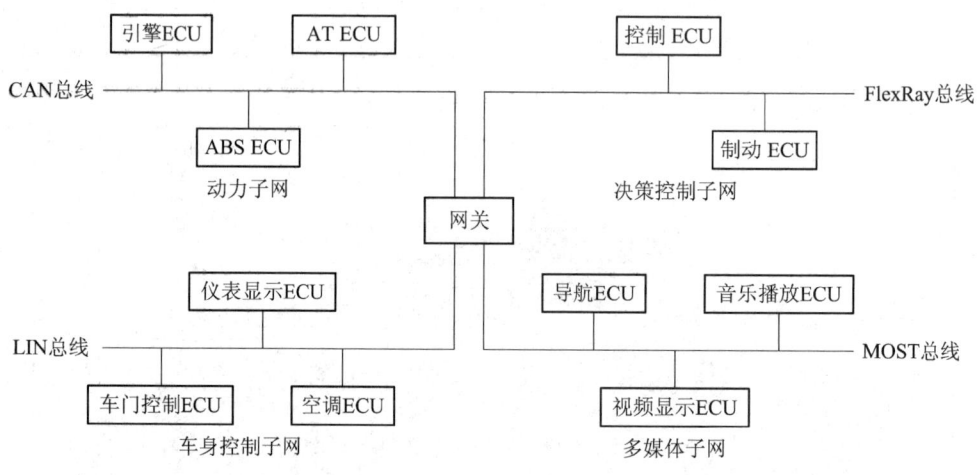

图 1.2　车内总线网络架构

智能网联汽车的车内传感器网络由众多传感器、执行器和控制器构成。在车辆运行过程中,不同的传感器节点感知行车相关信息,如车内机油温度传感器感知机油温度、转速传感器采集转速信息等,并将光、电、温度、压力等信息转换成电信号,传送给控制器节点。控制器节点对信息进行分析处理后向执行器节点发送控制指令,由执行器节点完成指令动作。众多节点构成车内传感器网络,根据通信协议协同工作。例如,车内的超声波传感器节点发射超声波信号,遇到障碍物后返回,控制器节点根据发射信号和接收信号的时间差推算发射位置与障碍物之间的距离,若小于安全距离,则将相关刹车制动指令发送给执行器节点。这一场景被广泛应用于自动驾驶或辅助驾驶。

1.2.3　车联网的应用

依托车联网网络及平台建设,目前,车联网已有两种类型的典型应用[16-21]。第一种为基于安全的应用[16-18],它为车辆提供有关道路状况的实时信息,如碰撞警告、紧急报告或拥堵信息等。根据世界卫生组织的数据,全世界每年约有 120 万人因交通事故而丧生,超过 5000 万人受伤。如果不采取行动,这些数字将在未来几年内增加约 60%,到 2030 年,道路交通事故将成为第七大死亡原因[22]。因此,对基于安全的应用的研究受到了各国工业界和学术界的广泛关注。第二种是广泛的增值服务应用,其中基于位置的服务(Location-Based Service,LBS)在地理信息系统(Geographic Information System,GIS)平台的支持下,可根据用户指定的地理位置提供相应的信息查询和娱乐服务。由于车辆在行驶过程中往往需要查询附近的加油站、服务区等信息,因此,LBS 成为 IoV 中不可或缺的一部分[19-21]。

1.3 车联网安全威胁

随着移动互联网和智能网联汽车的发展,人们可以利用多种通信技术实现对智能车辆的全面控制,但这也导致其中存在的安全问题日益严重,如车辆被远程攻击、恶意控制等,甚至可能出现大量网联汽车被批量控制,产生重大社会安全事件。前面已经提到车联网中的安全威胁主要可分为 3 个层级:网络级、平台级和应用级。

1.3.1 网络级安全威胁

车联网系统是由车辆与云服务平台、人、路基设备等多个组件共同组成的 V2X 网络,其中又包括 WiFi、移动通信网(2G/3G/4G/5G 等)、DSRC 等无线通信手段。由于此类无线通信方式本身存在一些网络安全问题[23-28],因此 V2X 网络也继承了上述无线网络所面临的安全问题,如传输安全、身份认证和网络入侵等问题,同时由于车联网架构中包括车联网云服务平台、汽车厂商云服务平台、智能网联汽车和路基设备等组成部分,其平台安全和终端安全威胁也成为网络级安全威胁的一部分,其中主要的网络级安全威胁如图 1.3 所示。

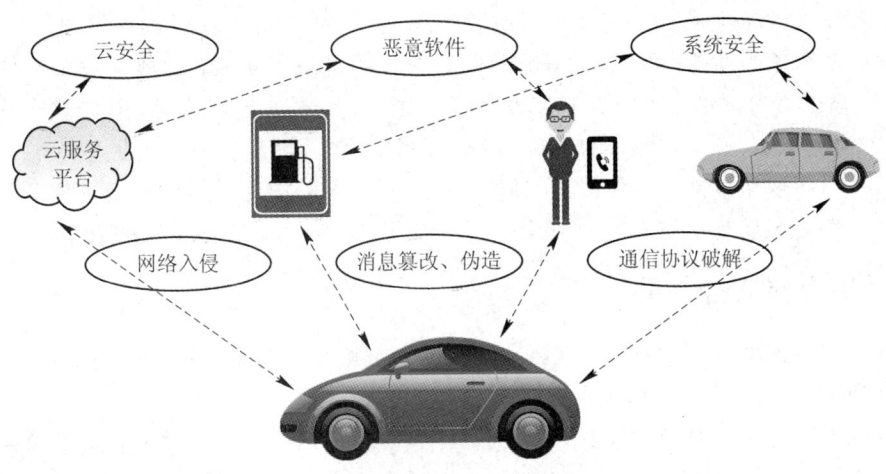

图 1.3 网络级安全威胁

1. 网络通信安全

车辆和云服务平台等其他终端传递的消息中包含着大量的用户隐私,此类信息在消息传递过程中容易受到攻击者窃听,从而造成车辆或用户的隐私泄露,同时 V2X 网络消息中包含大量的控制信息和报警信息,如车—人网络中用户通过移动设备对车辆进行远程控制,或车—车网络中接收其他车辆发来的报警信息,如果此类信息遭到攻击者的阻断或者篡改，则可能影响车辆驾驶员的判断，从而造成严重的交通事故。另外，攻击者可以对车辆进行大量的重复试验，获得有关通信协议的先验知识，从而使攻击者可以伪造报文并发起对车辆的攻击。因此在车联网的通信过程中，对所传递消息的加密和实体的认证是不可或缺的。在高速移动的车辆网环境中，如何实现多场景且高效的认证同样是具有挑战性的问题。由于车辆的高速移动，车辆需要不断地和新的车辆或者路基设施实现认证，此过程对实时性要求较高，因此传统的基于椭圆曲线等公钥密码学的认证方案[29-30]无法直接应用于车联网环境中。同时，车辆在认证的过程中需要保证用户的隐私安全，车辆如果在无线网络环境中直接使用真实身份 ID 进行认证，那么车辆的位置信息和移动轨迹将会直接暴露。如果攻击者收集并分析此类数据，就可以进一步推断出车主的个人隐私。因此，在车联网环境下实现匿名认证是必要的。与此同时，由于车联网系统中车辆不断地高速移动，其所处网络拓扑结构随车辆位置不断变化，如何检测网络中不断出现的未知攻击，成为一个亟待解决的问题。虽然基于机器学习的方法[31-33]在传统网络中被广泛使用并且发挥了一定的作用，但是车联网环境中的网络结构和流量特征更加复杂多样，并且车联网中智能网联汽车本身的存储能力有限，在高速移动的环境中无法获取足够的训练数据来完成入侵检测模型的训练，这也导致大多数方案无法适用于车联网环境。

2. 网络终端安全

（1）云服务平台安全威胁[34-36]：智能网联汽车的云服务平台作为车联网中重要的组成部分，同样面临多种安全威胁，并且将云计算平台的安全问题引入了车联网中。云服务平台作为数据中心和服务中心，本身容易遭受传统的网络攻击，导致数据泄露；同时其本身的安全性也值得关注，传统的操作系统漏洞威胁和虚拟化技术的大量运用，导致虚拟机的调度、管理和维护均成为重要的安全挑战。

（2）APP 安全威胁[37-39]：车联网中移动终端通过 APP 完成对车辆的控制，如开/关门锁、远程启动车辆等功能。而此类 APP 因为广泛应用且易于获取，便成为攻击者的攻击入口。例如，攻击者可以通过反编译技术获取通信密钥、分析通信协议等，并结合远程控制系统进一步控制车辆。另一方面，Android 或 iOS 系统 APP 均存在被攻击者植入恶意代码的风险，当移动终端和车辆进行无线通信时，终端 APP 可以作为跳板渗透智能汽车内部，从而窃取用户隐私或者威胁汽车行驶安全，因此会直接影响到车联网系统的安全。

1.3.2 平台级安全威胁

平台级安全威胁主要包括车内 CAN 总线的安全威胁以及车内传感器网络的安全威胁，如图 1.4 所示。

当前的车内总线，如 CAN、FlexRay 和 LIN 等均采用明文发送报文，除了简单的校验位之外，未提供任何加密或认证等安全机制，使得攻击者可通过控制连接到总线上的 ECU 节点读取和修改报文。由于车内总线受到的威胁具有相似性，因此下面主要介绍目前广泛使用的总线协议——CAN 总线及其受到的安全威胁。

CAN 总线在数据链路层采用载波侦听多路访问（Carrier Sense Multiple Access，CSMA）的方式进行通信，即网络中各节点竞向总线发送数据，根据报文标识符确定各节点的总线访问控制优先级。CAN 总线数据帧格式[40]如图 1.5 所示。

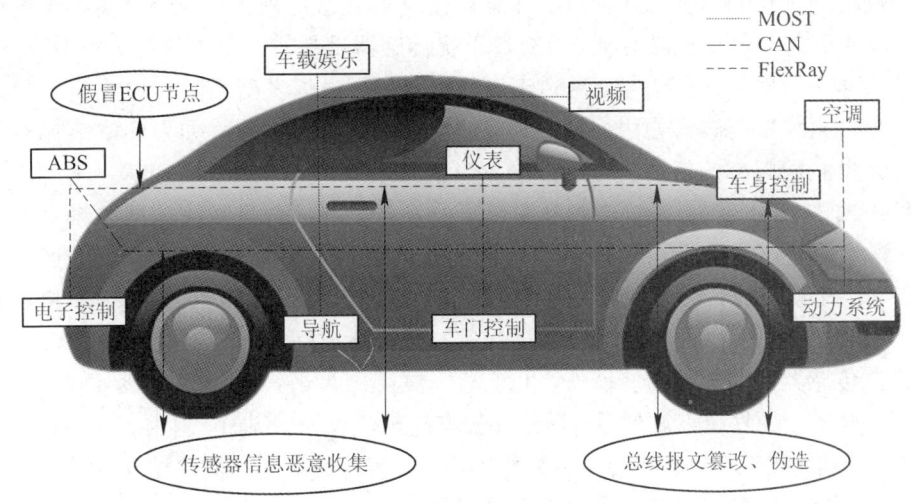

图 1.4 平台级安全威胁

CAN标准帧最大长度127 bit							
仲裁域12 bit			控制域	数据域0～64 bit			
SOF	标识符	RTR	控制字段	数据字段	CRC	ACK	EOF
1 bit	11 bit	1 bit	6 bit	64 bit	16 bit	2 bit	7 bit

CAN扩展帧最大长度150 bit										
仲裁域32 bit					控制域	数据域0～64 bit				
SOF	标识符	SRR	IDE	扩展标识符	RTR	控制字段	数据字段	CRC	ACK	EOF
1 bit	11 bit	1 bit	1 bit	18 bit	1 bit	6 bit	64 bit	16 bit	2 bit	7 bit

图 1.5 CAN 总线数据帧格式

从图 1.5 中可以看出，报文的数据域最多只有 8 个字节，且不包含发送方地址和目的地址，只提供简单的循环冗余校验(Cyclic Redundancy Check，CRC)，这种方式在提高各ECU 节点间数据通信实时性的同时，因其明文广播报文的通信方式，使得攻击者可以根据大量的历史数据帧通过逆向工程、模糊测试等方法获得 CAN 总线的通信矩阵并破解 CAN总线应用层的通信协议(通信矩阵即 CAN 总线在应用层的、由汽车厂商定义的发送到总线上的数据帧格式以及其对应的实际含义，且对外保密)，进而重放报文或者发送伪造的报文到 CAN 总线。由于无认证机制，ECU 节点会认为重放的或者伪造的报文是合法的，进而根据该报文信息完成相关的控制功能和指令动作，威胁行车安全。另外，根据 CAN 总线的报文优先级仲裁机制，攻击者可以持续发送高优先级的报文抢占总线，中断合法报文的传输，即进行中断攻击。例如，Koscher 等人[10]通过 OBD 接口窃听并分析总线报文，破解CAN 总线通信矩阵，向总线发送伪造的报文，进而控制车身模块、发动机等，成功实现了中断攻击。Miller 等人[12]实现了利用吉普的 UConnect 系统中的漏洞，通过连接到车辆的蜂窝网络，经娱乐系统发送伪造报文到 CAN 总线，进而控制转向、制动等车内子系统。

另一方面，智能网联汽车车内传感器网络的传感器、控制器、执行器等众多节点是根据通信协议协同工作的。但通信过程中可能存在攻击者恶意采集传感器信息、收集行车相关数据，或者根据车内传感器的特点，通过干扰传感器设备的通信危及行车安全。例如，超声波传感器通过发射仪发射信号，遇到障碍物后返回，根据发射信号和接收信号的时间差可以推算出发射位置与障碍物之间的距离。但会存在这样的问题：如果环境中存在其他超声波设备发送相同频率的超声波，则会严重影响接收端的信噪比。利用这一弱点，可以对其进行噪声攻击，这实质上是攻击者利用超声波发射仪播放强度更大的同样频率的超声波信号，这样就使超声波感应器无法回收自己发送的信号，从而无法检测车身周围的物体。除此之外，由于超声波传感器主要用于检测与车身最近的障碍物，只有第一个超声波返回信号会被接收处理，所以只要让噪声源在合适的时机播放适当频率和强度的超声波即可实现对超声波传感器的欺骗攻击。另外，由于超声波可以被超声波吸附材料吸收，攻击者可以利用这一特点，吸收超声波信号，导致并没有超声波返回。例如，国内 360 团队成功扰乱了特斯拉(Tesla)自动驾驶系统的超声波传感器，实现了针对超声波传感器的噪声攻击和欺骗攻击[41]。再例如，智能网联汽车的汽车无钥匙进入系统(Passive Keyless Entry，PKE)采用了无线射频技术(Radio-Frequency IDentification，RFID)，钥匙和车身模块包含无线通信的传感器，车身模块不断发出加密后的消息，若钥匙模块处于无线信号可接收的范围内，则会响应并解密，以打开车门。PKE 系统通常会定时更新密钥，以防止无线信号重放攻击。但仍存在攻击者通过干扰无线电发射信号，挖掘漏洞并破解，最终达到非授权控制汽车的目的。例如，2016 年 360 团队通过对无线信号的录制对信号进行了逆向设计，用更低的频率逐位发送分解的信号，使得无线信号的传输距离更长，实现了远距离打开车门等操作。2018 年 KU Leuven[42]发现 Tesla Model S 的 PKE 系统仅用 40 bit 的弱密码加密与密钥相关的代码，一旦从任何给定的钥匙模块中获得两个代码，就可以通过穷举获得汽车密码。攻击者可以读取附近特斯拉的无线信号，计算产生加密密钥，窃取汽车。

1.3.3　应用级安全威胁

车联网应用主要包括基于安全的应用以及以 LBS 为代表的广泛的增值服务。IoV 中基于安全的应用，通常有赖于车辆定期广播的信标消息来实现，信标消息可以让车辆时刻注意到周围的行驶环境，从而大大改善道路安全性。利用这些消息，车辆能够检测到可能对自己造成严重损害的碰撞事故，然后及时做出决定以避免发生这种危险情况。然而，尽管信标消息对道路安全是有益的，但对于攻击者而言，他们也可以利用这些信标消息来实现对车辆未经授权的位置跟踪。信标消息中包含有关车辆当前行驶状态的信息，例如时间戳、身份标识符、位置、速度、行驶方向等。通过链接信标消息中包含的身份标识符，攻击者可以轻松实现对车辆轨迹的追踪。考虑到车辆一般仅与一名驾驶员相关联[16]，因此知道车辆的轨迹信息就可能导致驾驶员的身份及其他个人隐私泄露。此外，如果攻击者是罪犯，可能会危及驾驶员的生命等[16]。

车辆在行驶过程中会频繁使用 IoV 中的 LBS 应用，这极大地方便了日常出行。然而，LBS 在为车辆提供便捷的同时，也带来了车辆位置信息被泄露并滥用的隐患[44-46]。车辆在发起 LBS 请求的过程中，需要提交自己的位置信息给位置服务提供商(Location Service Provider，LSP)以获得相应的服务。因此，LSP 可以通过分析车辆的位置信息，并结合自身掌握的背景知识，对驾驶员的家庭住址、工作地点、宗教信仰、身体健康状况等敏感信息做出推断，甚至对驾驶员的财产安全或人身安全构成威胁。例如：攻击者通过分析车辆每天往返同一条路线，可以猜测该路线的起点和终点分别是驾驶员的家庭住址和工作地点；攻击者观察到车辆经常出现在某个教堂附近，则可以推测出驾驶员的宗教信仰、政治观点；攻击者发现车辆用户频繁访问某家医院，则可以推断出驾驶员可能健康状况不佳；等等。这些由于提交地理位置信息造成的隐私泄露隐患为驾驶员带来了极大的困扰。

1.4　车联网安全防护现状

车联网的快速发展以及安全问题的日益突出引起了国内外安全组织和研究机构的广泛关注，各研究组织通过发布白皮书、设立车联网研究项目以及各种科研项目奖励[11,47-48]等方式开展车联网安全研究，并推广车联网的安全标准，以解决车联网中出现的各种安全问题。

1.4.1　网络级安全防护

1. 通信层安全防护

车联网环境中的车辆不再是独立的封闭系统，而是依赖各种对外接口和通信手段与外界实体进行实时通信的开放环境，如图 1.3 中所示。因此提供完善的对外通信策略对保障车辆与外界的连接和通信安全是至关重要的。车辆对外通信安全是整车防御的第一层防御保障，目前已有一些学者提出了保障车外部网络安全通信的解决方案，DSRC[49]是欧洲较早提出的 V2X 通信标准，安全和隐私部分主要是基于公钥架构（Public Key Infrastructure，PKI），但这种基于 PKI 架构的安全方案在每次通信时必须传递并验证证书，增加了网络负载，文献[50-51]等在通信层面对 DSRC 协议进行了优化和增强，进一步提高了车联网环境中通信的效率；同时，为了实现车联网环境中高效认证并且保护车辆的隐私，众多学者将批量认证技术和匿名认证技术[52-53]引入到车联网环境中，以保证车辆的通信安全和隐私安全。文献[52]中提出了一种高效的匿名批量认证方案，该方案首先将区域划分为若干部分，其中路侧单元（Road Side Unit，RSU）以本地化的方式管理车辆；然后，使用假名实现隐私保护，并使用基于身份的签名实现批量认证；最后，使用与密钥相关的哈希运算消息认证码 HMAC 来避免耗时的证书撤销列表检查，并确保在以前的批量认证中可能丢失的消息的完整性。而文献[53]中采用了群签名的方式完成车辆的批量认证，在验证群组成员身份的过程中，采用组员的身份有效期来代替证书撤销列表检查，使得认证过程更加高效。考虑到车联网中大多是计算能力和存储能力受限的移动设备，基于共享密钥的轻量级匿名认证方案[54-57]被研究者相继提出，此类方案主要将认证设备的共享密钥进行 HMAC 或 CRC校验，然后发送至服务器进行校验，这样省去了公钥密码体制复杂的计算过程，并且可以通过 K -匿名[56]或组标志[57]等手段高效地完成匿名认证。

在车联网中，由于单个车辆传输范围有限，车辆间通信往往需要借助邻居车辆的路由。其中，基于位置的路由是依靠节点的位置关系来转发消息的，由于其在处理高动态网络拓扑时的鲁棒性和可扩展性而备受关注，并被证明是最适合车联网的方法[58-59]。Wu 等人[60]首先提出了一种基于匿名区的匿名位置路由方案。在该方案中，源节点首先通过逐跳转发的方式将路由信息传送到目的节点和其他一些节点所在的匿名区，然后匿名区中的其他节点再广播路由信息,这样可以有效保护目的节点的位置不被混淆。同时,为了避免攻击者通过观察匿名区节点的变化而发起交集攻击,Wu 等人[61]进一步提出了几种缓解措施,在每次通信中不断扩大匿名区,将前一次匿名区的所有节点都包括在内。随后,Defrawy 等人[62]引入了群签名来保证路由报文的完整性,并提出了一种名为 PRISM 的匿名路由方案。他们指出,在路由报文中暴露目的节点的匿名区可能会暴露源节点的兴趣点,但他们并没有提供有效的解决方案。Shen 等人[63]提出了一种高效的基于匿名区的路由方案 ALERT。该方案首先根据目的节点的位置将网络划分为不同的分区,然后随机选择每个分区中的节点,形成一条匿名的不可追踪的路由。另外,为了抵抗交集攻击,采用了两步消息发送机制,通过破坏消息的连续性来迷惑攻击者。但是,它增加了接收消息的延迟时间,实时性差。Shu 等人[64]提出了一种基于希尔伯特曲线的匿名位置的路由。该方法将网络划分为若干个分区,并用希尔伯特曲线(Hilbert Curve,HC)进行映射,每个节点根据所在分区将其真实位置转换为相应的 HC 指数,避免了路由过程中节点位置的泄露。但考虑到曲线的映射关系是公开的,可以通过目的节点的 HC 索引来推断其真实位置范围,所以仍然面临交集攻击。

由于车联网通信方式的多样性和车辆的移动性特点,车辆所处的网络环境更加复杂,如何进行有效的网络入侵行为检测成为一项挑战。目前已有许多关于无线网络场景下的入侵检测方案[65-66],其中文献[67-68]提出了基于 Ad-Hoc 网络的入侵检测方案,其主要架构如图 1.6 所示。此类方案基于分布式合作方式,由簇头节点作为入侵响应的监视节点负责整个区域节点行为监视,同时所有的监视节点又相互合作负责整个网络的入侵检测任务。此类方案虽然可以通过监视节点节省网络资源的开销,但是随着车辆的移动,需要不断地建立分组和离开分组,同时车辆间需要非常强的信任关系以保证车辆自身不受组内车辆的攻击,从而保证入侵检测系统能够正常有效地工作,显然对于快速移动的车辆来说并不适用。

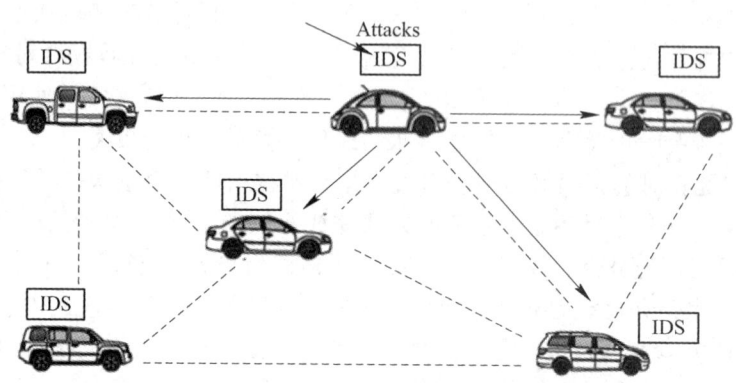

图 1.6　基于 Ad-Hoc 网络的入侵检测架构

由于基于机器学习与深度学习的智能化算法在处理大数据上具有优势,越来越多的研究者将此类技术应用于入侵检测领域并且取得了较好的效果[31-33]。此类方法的主要思想是通过提取底层网络流量特征进行分析,并根据已有数据建立检测模型,对未知的网络流量进行检测,从而检测出网络中的攻击行为。文献[31-33]分别采用了机器学习中不同的算法进行建模,以建立可靠的入侵检测模型。考虑单一模型在检测精准率等方面的局限性,基于集成学习[69-70]的入侵检测方案相继被提出，此类方案主要依靠多种或多个检测模型结果的融合得到最终的检测结果，显著地提高了入侵检测效果，其中融合方案主要有投票法、加权投票法等。

由于车联网环境下车辆的存储能力有限，在移动环境中如何保证充足的训练数据集成了一个关键问题，因此文献[71-72]考虑了网络入侵检测中数据缺乏的问题，首先采用了半监督学习（Semi-Supervised Learning），通过少量的标记数据对大量的未标记数据进行标记，从而基于少量数据的情况建立了可靠的入侵检测模型，其过程如图 1.7 所示。文献[72]中在 $k-NN$ 算法中通过未标记数据周围 k 个已标记数据的投票，逐渐对未标记数据进行投票，将投票结果的多数作为数据的 label（正常或异常），然后成功构造了大量的标记数据集 D，进而采用改进的随机森林算法建立可靠的入侵检测模型。

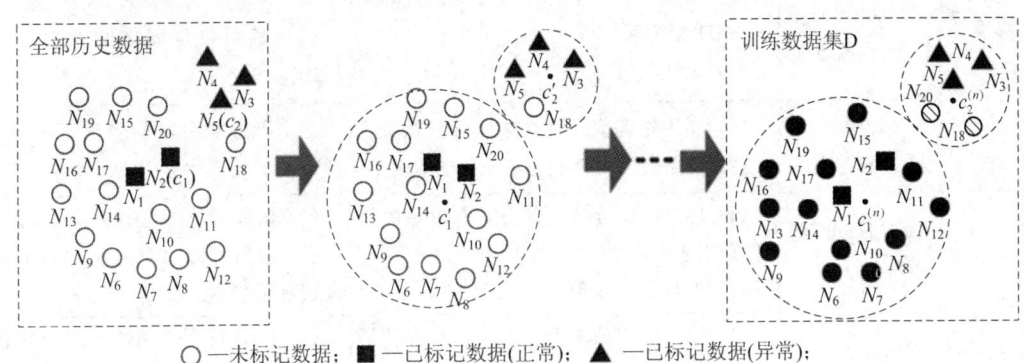

○—未标记数据；■—已标记数据(正常)；▲—已标记数据(异常)；
●—新已标记数据(正常)；◙—新已标记数据(异常)

图 1.7 半监督学习过程

2. 终端层安全防护

数据安全是云服务平台最重要的问题，如何保证云服务平台中数据不被泄露和滥用成为研究的热点。文献[73-74]详细分析了云服务平台中的数据安全保护措施，如云数据加密技术、数据访问控制技术以及对应的完整性保护、数据存在与可用性证明等安全问题。另外，云服务平台本身系统的安全性也成为另一个重要问题，如虚拟化的安全技术、虚拟机映像文件安全以及云资源调度访问安全等。终端层另一个非常重要的问题就是移动终端的应用安全防护机制，主要包括恶意代码识别、恶意软件识别等，除了基于传统的沙箱检测、代码分析和软件行为分析[75]等技术外，新兴的基于人工智能的方法成为目前研究的热点[76-77]。此类研究不作为本书重点，因此本书不作赘述。

1.4.2 平台级安全防护

CAN 总线作为目前最广泛使用的车内总线通信协议，也是攻击者入侵车内网络的关键目标，是目前研究的重点。目前关于 CAN 总线的安全研究主要集中在 CAN 总线的报文认证机制、报文加密机制和 CAN 总线的异常检测机制方面。

CAN 总线的报文认证机制主要是验证报文的完整性以及数据源认证。报文认证机制可以抵抗攻击者的重放、伪造报文攻击。为实现 CAN 总线认证机制，需考虑两个方面的问题：一是 CAN 总线的数据帧的数据域最多只有 8 Byte，很难增加额外的认证数据，且数据帧格式多由厂商确定，若修改数据帧格式，需硬件方面的支持；二是 CAN 总线数据帧不包含发送方和目的方地址，若要实现报文的源认证，需对 ECU 节点进行标识。目前的研究[11, 78-86]大多集中在 CAN 总线的报文认证上，如表 1.1 所示。CAN 总线的报文认证方案主要从以下 3 个方面进行技术分类。

表 1.1　CAN 总线的报文认证方案对比

技术分类	协　　议	特点及优势	局限性和缺点
利用 CAN 总线物理层特性	Groza 等人[78]的方案	(1) 有效地使用对称密钥，用于时间同步； (2) 已成功地在传感器网络中使用	(1) 认证时延不可避免； (2) 延迟密钥公开时存在与其他数据帧冲突的可能
	Herrewege 等人[79]的方案	(1) 根据 CAN 特性，将密钥与 message ID 相关联； (2) 无认证时延	(1) 无法实现源认证； (2) 密钥数量随报文数增加而增加
	Murvay 等人[81]的方案	(1) 利用物理信号特性来区分发送方； (2) 只需安装一个监测单元，成本较小	在实际环境中可能受到干扰，导致较高的错误率
基于密码学生成 MAC	Nilsson 等人[83]的方案	(1) 将 MAC 分成 4 部分，占用随后发送报文的 CRC 位； (2) 不增加总线负载	(1) 认证时延不可避免； (2) 占用 CRC，导致无法校验传输过程的错误
	Woo 等人[11]的方案	(1) 将 MAC 截断为 32 bit，占用扩展标识符字段和 CRC； (2) 不增加总线负载，无认证时延	(1) 有限长度 MAC 难以提供足够的安全性； (2) 无法校验传输过程的错误
	Radu 等人[84]的方案	(1) 将生成的 MAC 作为额外报文传输； (2) 64 bit 的 MAC 安全性较高	成倍地增加总线负载
其他方案	CaCAN[85]	(1) 中央监视节点对其他节点进行身份认证； (2) 其余节点无须进行计算	(1) 安全性依赖于中央节点； (2) 需修改 CAN 控制器，成本较高

（1）从物理层方面进行改进。一方面，可以利用增加 CAN 收发器中物理层的电子信号的采样频率来实现嵌入认证信息。但此方法需要修改 CAN 收发器硬件设计，增加了制造商成本，如文献[79-80]。另一方面，利用 CAN 上的物理信号特性来区分发送方节点，通过对电信号特征求均方差或卷积，可以成功地区分 ECU 节点，如文献[81-82]中所提方案。

（2）基于密码学的方式生成 MAC 认证报文，如在 CAN 总线上传输与该报文相应的等长认证信息，即需要传输两条报文：原本的报文以及该报文的认证信息。但这种方式需要两倍的传输成本以及两倍的报文标识符使用空间。再比如，将认证信息嵌入其数据域中，即使用数据域的一部分来表示认证信息。这种方式压缩了数据域所承载的信息容量，但无须额外分配报文标识符，例如复合的 MAC 方案[83]和 Woo 等人[11]提出的方案。

（3）由中央监视节点对网络中的其他节点进行身份验证。一旦发现未授权的报文传输，中央监视节点就会实时传输更高优先级的错误帧来阻止非法报文的传输。但这种方法需要修改 CAN 控制器，并且若监视器节点受到损害或被移除，整个网络安全也会受到影响，如 CaCAN[85]。

　　CAN 总线报文加密机制是指对 ECU 节点分配密钥，并使用相应的密钥加密报文的数据域。只有拥有密钥的 ECU 节点才可以解密报文，以保证报文的机密性。报文加密传输可以在攻击者多重步骤的初期就阻拦该攻击。另一方面，由于车内 ECU 节点的计算存储能力有限，且车内 CAN 总线对实时性的需求高，计算开销大的加密算法并不适用于车内 CAN 总线网络。因此，轻量级的加密算法更受到学术界和工业界的认可。LCAP[87] 方法采用了 AES 分组加密，分组长度为 16 Byte。由于 CAN 总线数据域只有 8 Byte，至少需要对每两条数据帧分组加密，这也意味着通信时延的增加。而若采用流密码[88] 的方式对每一位加密，在减少时延的同时，如何更新加密密钥成为研究的难点。工业界的 Trillium[89] 公司提出了 SecureCAN 方案用于实时加密 CAN 总线（和 LIN 总线）报文，其针对每一个 CAN 报文使用不同的加密密钥，且加密方法可以针对最大 8 Byte 的数据进行处理，但该加密算法并未公开，其安全性并没有经过安全专家以及信息安全社群的检验。

　　CAN 总线报文异常检测机制主要分为基于统计的异常检测和基于机器学习的异常检测。其中，基于统计的异常检测过程为统计大量的历史报文记录，分析报文的信息熵、时间间隔、时间序列等，检测异常的 CAN 总线报文并及时反馈。这里将总线上的信息熵定义为一个时间窗口内 CAN 总线上不同 ID 的报文频率。当攻击者向 CAN 总线注入大量报文时，总线上信息熵的变化不同于正常情况。根据信息熵的变化情况，可对总线上的报文进行异常检测，但此类基于信息熵变化的检测方案对于少量报文注入引起的信息熵的变化和任务触发型报文引起的信息熵的变化难以区分，准确率低，如文献[90]。另外，总线上的某些报文具有周期性。针对周期性的报文，如果同一 ID 的报文连续出现的时间间隔高于或低于阈值，则认为是异常。但这种方法对非周期性报文并不适用，如文献[91-92]。文献[92] 根据报文标识符和部分数据字段，利用 Bloom 滤波来检测报文的周期性，从而发现潜在的重放或伪造攻击。该滤波机制适用于任何其他时间触发的车内总线，如 FlexRay。除此之外，研究者还提出了基于报文序列和基于时钟偏斜的异常检测方法等。报文序列是指根据报文 ID 出现的序列来建立转移矩阵，没有出现过的报文序列就被视为异常。但此类方案无法定位异常报文，误报率较高，如文献[93-94]。而基于时钟偏差的异常检测方法是将周期性报文的时间间隔作为发送 ECU 的指纹，对其建模、分析并检测入侵，如文献[95]。该方案在入侵检测中具有较低的假阳率，且在检测到攻击时，可以定位是哪个 ECU。但该检测方式需要时间收集大量的总线报文，且仅适用于周期性报文。基于机器学习的异常检测方法从大量的标记好的正常数据和异常数据中提取特征向量并训练模型，适用于车内网络的异常检测。例如，可以通过收集车辆状态来建立隐马尔可夫模型，与观测到的车辆状态对比来判断是否有异常发生；可以通过从报文内容、网络状态等车内网络数据中提取特征向量来训练神经网络，并根据神经网络预测下一条报文的内容，当接收到的报文与预测结果差别大于阈值时，就识别为异常，如文献[96-99]。相比基于统计的异常检测，基于机器学习的异常检测方法精准率高且更具有普适性，但计算和存储开销较大。

　　对于 LIN、FlexRay 和 MOST 总线的现有研究较少，且与 CAN 总线的安全方案具有相似性，主要包括以下 3 个方面：

　　(1) 对发送方进行认证，以确保只有合法节点才能通信。对于来自未经授权节点的报文立即丢弃，如文献[100] 中通过数字证书来验证发送方的身份。证书由节点标识符 ID、公钥和认证信息组成。网关安全保存所有认证过的设备制造商的公钥。每个发送节点的数字证书由制造商使用其私钥进行签名。网关使用相应的公钥来验证节点证书的有效性。如果认证成功，则将相应的节点添加到网关的有效节点列表中。

（2）加密传输报文。对 ECU 节点分发密钥并将报文加密传输，只有拥有密钥的合法节点才可解密，以保证报文的机密性。

（3）在网关节点实现防火墙功能[101-103]。只有合法的获得授权的节点才能向某些与行车安全高度相关的节点发送有效的消息。比如 LIN 总线通常应被禁止向高度安全需求的总线(如 FlexRay)发送报文；在正常驾驶中，防火墙应该禁用车载诊断功能读取或者发送报文。

作为一种常用的安全保障方法，信任管理也常被用于 IoV 中以抵抗传感器故障或遭受攻击后导致的通信过程中的错误信息，以保证行车安全。现有的 IoV 信任机制主要分为面向实体的信任和面向数据的信任。面向实体的信任机制用于评估实体行为符合期望的概率。评估结果通常是根据委托人的历史观察和其他实体的意见得出的。在这些工作中，一个隐含或明确声明的假设是：具有高信任级别的实体发送的信息是可信的。Li 等人[104] 提出了一种基于声誉的 IoV 公告方案。在该方案中，消息的信任级别是根据生成消息的载体的信誉来评估的。受信任方负责根据网络中其他车辆的反馈进行信誉评估。当车辆评估消息的可靠性时，它只需要验证发出通告的车辆的声誉是否足够高。文献[105]中还提出了一种利用高推荐信任度实体的评级来计算 IoV 的实体信任度的方法。此外，越来越多的研究在网络行为决策中考虑了社会环境和实体间的关系。这些思想也被引入到实体信任管理方案中。Yang 等人[106] 提出了一种基于社会网络的车辆网络可信信息共享研究方法。Huang 等人[107] 设计了一种基于电子邮件的社交网络信任建立方案。文献[108]中提出了一种基于电子邮件和社交网络建立车辆网络信任的方案。交互对手之间的社会关系可以增强网络中实体之间的信任关系，但是会增加隐私泄露的风险。在面向数据的信任评估方面，它旨在评估网络中实体所报告事件的可信任程度。Raya 等人[109] 第一个指出以数据为中心的信任对于短暂的自组网络更为重要。他们给出了几种基于不同来源的证据来评估事件可信任程度的方法，并比较了基本投票、加权投票、贝叶斯推理和 D-S 理论的性能。结果表明，贝叶斯推理和 D-S 理论总体上优于投票方案。贝叶斯推理与 D-S 理论的主要区别在于后者更适合于不确定或无信息的情况。文献[105]中介绍了一种基于 D-S 理论的方法来融合多个证据，组合过程与文献[109]中有关内容相似。在这些方法的评价过程中，输入的信息是与某一事件相关的数据，而不考虑环境。

1.4.3　应用级安全防护

1. 基于安全的应用的位置隐私保护

在 IoV 基于安全的应用中，由于车辆要定期广播信标消息来提高行车安全性，而攻击者可以通过窃听信标消息并对其中包含的身份信息进行链接，从而实现对车辆轨迹的追踪。因此，假名变换技术已经成为保护 IoV 基于安全的应用中位置隐私安全的主流方法。现有的针对 IoV 中基于安全的应用所提出的假名变换方法可以分为两类：一类是传统的假名预装载方法，此类方法需要车辆一次性从权威机构处注册并申请大量假名，车辆每次进行假名变换时需要从未使用的假名中选择一个作为新假名；另一类则是假名互换方法，即车辆之间进行假名的互换，不需要向权威机构申请大量假名。

传统的假名变换方法通常基于建立混合区实现，Julien 等人[110]提出了混合区概念的第一个实现方法；提出了一种用于创建加密混合区的协议。车辆在加密混合区变换其假名，并使用 RSU 分发的共享密钥对信标消息进行加密。在此基础上，提出了许多方案[111-114]来优化混合区的部署，从而提高对车辆的位置隐私保护的水平。然而，现有的基于混合区的假名变换方案均依赖于预先定义的混合区位置，混合区设置是否合理会直接影响到假名变换的有效性，且两混合区之间的距离会影响假名变换的频率，进而影响车辆位置的安全性。为了摆脱假名变换对固定混合区的依赖，Ying 等人[115-116]提出动态混合区策略。该策略旨在动态创建加密混合区，即车辆在需要的时间和地点建立加密混合区，并在加密混合区进行假名变换。Boualouache 等人[117]提出了一种名为 TAPCS 的策略。在 TAPCS 中，车辆基于交通拥堵检测协议持续监控道路的交通状况，以找到可以创建动态混合区的地方。Gerlach 等人[118]首次提出了混合上下文的概念。混合上下文被定义为车辆之间同步进行假名变换的触发条件，只有在满足混合上下文时，车辆才会改变其假名。在此基础上，Pan 等人[119-120]提出了合作假名变换策略，他们首先假设所有车辆利用 GPS 始终同步广播信标消息，如果车辆发现至少 k 个相邻车辆准备改变其假名，或者相邻车辆中有车辆拥有至少 k 个邻居车辆准备改变其假名，则车辆与其相邻车辆一起改变假名，文献[121]中详细介绍了该策略的实施。然而，上述传统的假名变换方法都要求注册机构为每辆车产生大量未使用过的假名，这大大增加了车辆的存储负担和注册机构的计算负担。Brecht 等人[122]提出了一种安全证书管理系统，该系统是美国最领先的 PKI 候选设计之一。他们指出每个假名的使用时长为 5 分钟，一辆车最多可以携带 300 000 多个假名，他们还提到就车载单元的存储限制而言，此类方法的存储成本过高。此外，大量的假名将显著增加假名撤销列表的大小，这降低了假名撤销的效率并占用了大量带宽。

为了减轻车辆用户的存储负担以及注册机构的计算负担，Eckhoff 等人[123]提出了一种名为 Slot Swap 的假名互换策略，给每个车辆用户分配固定数量的假名，每个假名使用 10 分钟，每周重复使用假名池。这会导致车辆在每周的同一时间使用相同的假名，因此他们在文献[124]中提出了假名互换技术，利用车辆广播的信标消息内容，基于位置相邻的条件来选择进行假名两两互换的车辆，避免攻击者对假名进行链接。Moussaoui 等人[125]提出了一种适合城市环境的假名互换策略，并将其部署在真实的道路环境中[126]。该方案要求车辆仅在交通灯变为红色时在交叉路口处创建混合区，同时路口处设置有 RSU，负责混合区车辆的假名互换工作，RSU 每次随机选择两个车辆用户进行假名互换，互换过程中的所有消息都是加密的。然而该方法无法摆脱对固定混合区的依赖，且当交通灯为绿灯或黄灯时，拒绝为车辆提供假名变换服务。Wang 等人[127]提出基于触发的假名互换策略，当假名使用到期时，车辆开始寻找与其进行假名互换的另一辆车。只有在找到与自己距离接近、行驶方向相同、行驶速度相似的其他车辆用户时，才与该车互换假名。然而，上述文献中，[123-124]中均可以唯一地确定与某辆车进行假名互换，若攻击者获知了方案中所使用的假名互换策略，则其可以通过邻居车辆的数量、信标消息中的速度、位置、行驶方向等因素重现假名变换的结果，实现对假名的链接，因此是不安全的；文献[127]中需要假定攻击者的背景知识及推断能力，然而很难确定攻击者到底拥有何种背景知识。

2. LBS 应用的位置隐私保护

对于 IoV 中的 LBS 应用，现有研究中最常用的位置隐私保护方法主要包含两类：基于

K-匿名的位置隐私保护方法和基于差分隐私的方法。

1）基于K-匿名的方法

K-匿名技术最初主要在关系数据库中使用，后来由 Gruteser 等人[128]首次在位置隐私保护中使用。现阶段，K-匿名已经成为 LBS 位置隐私保护中使用较为广泛的隐私定义之一[129-135]。这些研究的基本思想是：对用户请求中包含的位置信息进行泛化操作，将一个精确的位置点泛化成一个满足用户隐私需求的匿名区域，且要求匿名区域中包含的用户数量至少为K，然后将该匿名区域作为请求位置发送给 LSP，使得 LSP 无法将真实请求用户与其他$K-1$个协作用户区分开，从而达到保护请求用户位置隐私的目的。文献[128]中提出一种基于四叉树结构来构造匿名区的方案，每个树节点存储所代表区域中包含的用户情况。首先检查生成的四叉树的叶子节点对应的区域是否能满足用户的隐私需求，若不满足则继续递归检查其父节点，直到区域中用户数量达到K，该区域即为匿名区。然而，该方案存在匿名区面积增长过快的问题，匿名区面积过大则会导致服务质量下降。为了解决匿名区过大的问题，Li 等人[136]提出对匿名区进行划分的思想，将面积过大的匿名区划分成多个小的子匿名区，然后利用这些划分后的子匿名区来构造最终的匿名区域。划分前后用户的数量并没有减少，还可以解决由于用户分布稀疏的区域形成的匿名区过大的问题。此外，考虑到很难保证第三方服务器完全可信，Chow 等人[137]提出了分布式K-匿名的思想，摆脱了对可信第三方的依赖，请求者可以直接通过 P2P 的方式相互协作构造匿名区。

2）基于差分隐私的方法

差分隐私[138]是 Dwork 等人首先提出的隐私概念，并且已经在统计数据库的背景下对其进行了广泛的研究。相较于基于K-匿名和假位置的位置隐私保护方法，基于差分隐私的方法的优点在于，它可以提供独立于攻击者能力假设的严格隐私保证。实现差分隐私的一种典型方法是将受控的随机噪声添加到查询输出中，以实现一种严格可量化的不可区分性。文献[139]中对位置隐私保护中的攻击者进行了分类，并针对一种拥有特殊泛化攻击能力的攻击者设计了位置扰动方法，并首次利用差分隐私设计了位置扰动方案，通过对用户请求位置的笛卡尔坐标分别添加 Laplace 噪声实现位置扰动。Andrés 等人[140]采用概率分布作为攻击者能力，借鉴差分隐私提出了名为地理不可区分性的概念，借助平面 Laplace 机制设计了位置扰动方案。地理不可区分性是一种专门适用于位置隐私保护场景的差分隐私变体，其基本思想是能够使得用户真实位置所在区域内的所有位置点扰动到同一个位置点的概率不可区分，从而为位置扰动机制提供严格的安全性。因此，地理不可区分性成为近年来位置隐私保护机制研究的重点[141-145]。在此基础上，文献[146]中针对给定的地理不可区分性与攻击者先验知识，借助线性规划来寻找使服务质量损失最小的扰动机制。然而，以上方法仅适用于用户发起单次 LBS 请求的场景。由于差分隐私具有序列组合特性，当将地理不可区分性直接应用于连续查询的场景中时，隐私预算的消耗会线性增加，而一旦隐私预算耗尽，就无法再对请求用户的位置隐私进行有效保护。为了减少在连续 LBS 场景下隐私预算的消耗，Hua 等人[144]将地图划分为大小可变的六边形区域，并通过比较本次请求生成的扰动位置与上次发布的扰动位置之间的距离来决定本次请求发布的扰动位置点。Chatzikokolakis 等人[145]尝试通过使用预测机制来实现该目标，首先基于历史数据预测本次请求的地理位置，并计算预测位置与上一次请求时生成的扰动位置之间的距离，如果距离小于某一确定阈值，则不需要生成新的扰动位置，从而降低连续查询场景中的隐私预算消耗。然而，上述方法均存在查询结果的精准性和查询次数之间难以权衡的问题。

1.5　本书内容安排

本书主要从网络级、平台级和应用级 3 个角度出发，分别对现有 IoV 中所面临的安全问题展开研究。本书具体内容安排如下所述。

在 IoV 中，开放、便捷的无线通信在为车辆组网带来便利的同时，其安全问题也不容忽视。一种常用的解决方法是对车辆进行匿名认证。然而，现有解决方案在很大程度上依赖于车辆与可信第三方的大量交互，同时，高速移动性也需要车辆频繁地在多个管理服务器间切换。对此，第 2 章通过在多个管理服务器间建立一个安全可信的分布式数据库并使得它们同步共享本地数据，提出了增强不可链接性的高效匿名认证方案。在实现车辆匿名认证的基础上，考虑到车辆间通信往往通过邻居车辆建立路由，而现有工作只关注如何建立高效稳定的路线，忽略了车辆的位置隐私保护，第 3 章设计了一种车联网下隐私增强的位置匿名路由方案。第 4 章则指出，随着车联网的快速发展，其易受远程攻击和恶意控制等安全问题也不断曝出，尤其是各类新型攻击，于是提出了基于迁移学习的网络入侵检测方案。第 5 章聚焦于车联网下的海量数据，针对越来越多的研究者提出的云平台下部署边缘微服务器来为接入网络的汽车提供服务这一现状，设计了基于边缘计算的车联网入侵检测模型。该模型包括边云协同的攻击检测模型和边边协同的攻击检测模型。

CAN 总线安全是车辆平台级安全的重要组成部分。然而，现有车内网 CAN 总线安全方案难以兼顾安全性和网络性能，单一固定的安全机制难以适用于差异化的报文需求以及动态的车内网络环境。与此同时，现有车内网 CAN 总线的加密和相应认证机制均没有提出满足 CAN 总线高实时性需求的密钥管理方案。第 6 章对此提出了自适应的轻量级 CAN 总线安全机制。同样针对 CAN 总线安全，第 7 章设计了一种基于改进 SVDD 的 CAN 总线异常检测方案，在考虑报文局部特征及规律的基础上，满足车联网中报文高实时性的需求。此外，为进一步保障行车安全，第 8 章提出了一个基于强化学习的 IoV 上下文感知信任模型，从而避免车联网中车辆传感器故障或遭受攻击后通信过程中出现错误信息。

针对基于安全的应用防护需求，学术界和工业界已认可将假名变换作为普遍的解决方案，然而现有的假名变换方案均需要对攻击者的背景知识作出假设。第 9 章提出了一种基于差分隐私的假名互换方案，无论攻击者具有何种背景，均能从理论上严格证明该方案的安全性。针对车联网中经常使用的 LBS 增值服务，第 10 章和第 11 章分别提出了一种位置合理性判别下的车辆位置扰动隐私保护方法和 IoV 中基于信任的车辆位置隐私保护方案。其中，前者采用差分隐私方法，主要解决现有方案在扰动车辆位置时未考虑其合理性的问题，后者则采用 K-匿名方法，指出现有方案在匿名区域构造过程中未考虑匿名区域参与节点及其行为的可信度，将导致车辆被恶意追踪，从而进一步导致敏感信息泄露甚至威胁其人身财产安全。第 12 章对车联网安全进行了总结，并分析了未来发展趋势。

第 2 章　车联网匿名身份认证方案

2.1　引　言

IoV 中车辆可能会在大范围内移动并发起认证请求,这对于建立一个完全可信的来自所有车辆请求第三方实时处理是困难的。分布式系统[147]通过将计算和存储功能扩展到多个服务管理器(Server Manager,SM)来分散地管理 IoV。分布式 IoV 的无缝覆盖为车辆提供了稳定的连接和高效率的请求处理。

虽然分布式系统有很多优点,但由于其开放性的无线通信,隐私安全问题不容忽视。假名认证被广泛用来保护车辆隐私以及确保身份和消息的合法性。然而,在身份认证中仅仅使用假名是不够的,因为攻击者可通过链接大量的假名来获取一辆车的连续位置[16],这将侵犯到驾驶人的隐私并可能对行车安全造成威胁。因此,不可链接性——阻止包含攻击者和其他车辆在内的非授权参与者将大量假名链接到同一辆车,是 IoV 中身份认证的关键安全要求之一。

为了实现不可链接性,在现存的假名方案中采取了两种策略:

(1) 第三方为注册车辆初始分配一组具有有效期的假名,车辆在每次会话中使用不同的假名[16-17,148]。但是当先前一组假名到期失效或使用完时,车辆必须从第三方获取一组新的合法假名。

(2) 车辆之间互相交换它们的假名[124-125,127],其存在一个主要的安全问题就是假名和其他标识符之间的映射关系必须随着假名的变化而变化;否则,将导致假名的唯一性无法被保证,这对在一个有争议的情景中追溯车辆的真实身份(即可追踪性)会产生影响。因此,这种方法需要一个可信的第三方来管理和控制假名的交换。

总体而言,这两种策略在很大程度上依赖于与可信的第三方的大量交互。虽然它们[116,149-151]可以通过密码学手段在一定程度上减小通信开销,但分布式系统的引入和车辆的高移动性使得车辆频繁地在多个 SM 中切换并发起认证请求。传统的切换认证需要在 SM 间进行通信来提供本地车辆数据,这给车辆的身份认证进一步带来时延。因此,上述假名方案与传统切换认证的结合不能有效地实现在多个 SM 下的不可链接的身份认证。

为了解决这一问题,本章通过 SM 建立一个安全可信的分布式数据库并同步地共享本地数据。这使得当车辆移动进入到一个不同的 SM 域中时,SM 可以根据本地数据作出决策。区块链作为一个流行的分布式数据库,有着分散、数据一致性以及防篡改的特性,可以很好地满足上述要求。然而现有的基于区块链的假名身份认证[152-155]忽视了不可链接性,因此,本章引入区块链和同态加密来设计一个基于区块链的不可链接的身份认证方案(Blockchain-based Unlinkable Authentication,BUA)。本章的主要内容如下:

（1）采用区块链来创建一个分布式系统，其中每个 SM 作为链中的一个服务节点并保持车辆注册数据的一致性，提高切换认证的效率。

（2）基于上述分布式系统，令车辆自身生成大量关联其真实身份的假名来确保不可链接性和可追踪性。此外，SM 用它们的本地数据就可以验证假名的合法性及假名使用者的身份。

（3）安全性分析和实验表明，相比于其他协议，本章所介绍的 BUA 方案需要更少的计算和通信开销，同时还具有更好的隐私保护能力。

2.2 预 备 知 识

2.2.1 同态加密

同态加密（Homomorphic Encryption，HE）是在密文上进行计算并将结果以加密的形式给出。其中的 Paillier PKE[156] 主要由 3 个算法组成：密钥生成算法、加密算法和解密算法。

（1）密钥生成算法：基于大素数 p 和 q，令 $m=pq$，则

$$\lambda = \mathrm{lcm}(p-1,\ q-1) = \frac{p-1,\ q-1}{2}$$

然后，定义 $\mu=(L\ (g^\lambda \bmod n^2)^{-1} \bmod n$，其中 $L(x)=(x-1)/n$，并选择一个生成器 $g=(n+1)\in \mathbf{Z}_{n^2}^*$，则公钥 $\mathrm{pk}=(n,\ g)$，私钥 $\mathrm{sk}=(\lambda,\ \mu)$。

（2）加密算法 E_{pk}：对于一条消息 $m\in \mathbf{Z}_n$，选取一随机数 $r\in \mathbf{Z}_n^*$ 和公钥 pk，加密计算为

$$c = E_{\mathrm{pk}}(m,\ r) = g^m r^n \bmod n^2$$

（3）解密算法 D_{sk}：给定一个密文 $c\in \mathbf{Z}_{n^2}^*$，解密计算为

$$m = D_{\mathrm{sk}}(c) = L(c^\lambda \bmod n^2) \cdot \mu \bmod n$$

另外，其 Paillier PKE 还具备两种同态属性，列举如下：

加法属性：$E_{\mathrm{pk}}(m_1,\ r_1) \cdot E_{\mathrm{pk}}(m_2,\ r_2) = E_{\mathrm{pk}}(m_1+m_2,\ r_1 \cdot r_2)$

乘法属性：$E_{\mathrm{pk}}(m_1,\ r_1)^{r_2} = E_{\mathrm{pk}}(m_1 \cdot r_2,\ r_1^{r_2})$

容易发现，如果 r_2 是 m_1 的逆值，乘法属性的结果为 $E_{\mathrm{pk}}(1,\ R)$，其中 R 可认为是一个新随机数。

Paillier PKE 的数字签名被定义为 $\mathrm{Sig}(m)=(S_1,\ S_2)$，其中

$$\begin{cases} S_1 = L(h(m)^\lambda \bmod n^2) \cdot \mu \bmod n \\ S_2 = (h(m)g^{-S_1})^{\frac{1}{n} \bmod \lambda} \bmod n \end{cases}$$

签名的验证为 $h(m)=g^{S_1} \cdot S_2^n \bmod n^2$。

2.2.2 区块链和共识机制

区块链是一系列的块，这些块包含了网络中完整的交易记录。通常，一个块包括主数据、先前块的散列值、当前块的散列值、时间戳和其他信息[157]。主数据记录服务数据，本章 BUA 方案中记录了车辆身份的逆和一个密文，块中的交易通过 Merkle 树来汇总，并把树的根记录为当前块的散列值。通过记录先前块的散列值来形成按时间顺序的链。时间戳

用于对比和验证。其他信息可以为块的签名、随机数或用户所定义的数据。

现有区块链技术分为公有链、私有链和联盟链。本章选用由几个组织建立的联盟链，主要原因如下：

（1）在半集中的分布式账本中，链中成员需要注册许可，并且要事先选取参数与节点。

（2）联盟链可以根据应用场景决定对公众的开放程度。

（3）部分节点参与共识，这有着高效率的共识时间。

因此，可采用联盟链来控制访问权和提高性能以及安全性。

这里简单介绍实用拜占庭容错算法（Practical Byzantine Fault Tolerance，PBFT）的共识步骤[157]。PBFT 可以容忍 $(n-1)/3$（n 是链中的总节点数）的故障节点和错误节点。每个 SM 轮流作为块的生成者，负责产生一个新的候选块并广播给其他共识节点。每个节点会验证它的有效性并将带有该块散列值的预备消息广播给每个节点。当收到的预备消息数量超过总节点数的 2/3 时，每个节点生成确认消息并将其广播给每个节点。当确认消息超过 2/3 时，此块被链接到区块链上。

2.3　方　案　设　计

2.3.1　系统结构与攻击模型

文献[147]中设计了一个两层模型，上层包含一个审计部门（AD）和多个服务管理器（SM）构成的区块链网络，底层由 RSU 和车辆（Vehicle，V）组成。其系统结构如图 2.1 所示。

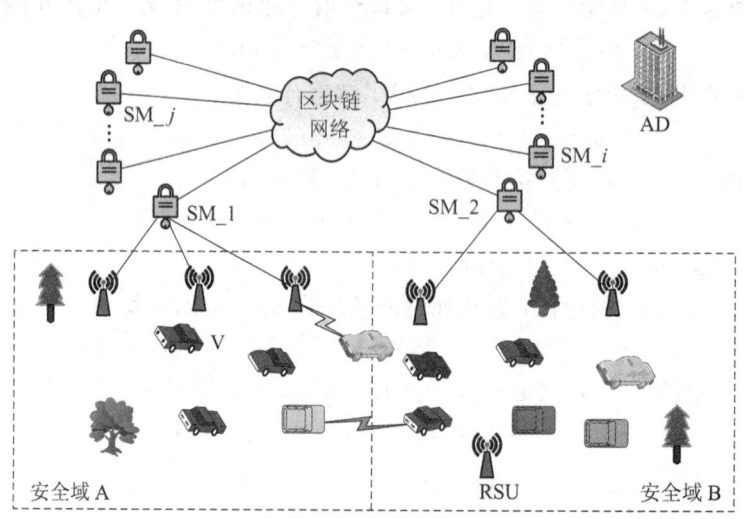

图 2.1　两层模型的系统结构

图 2.1 中各组成部分的含义如下：

（1）AD（Audit Department，审计部门）：作为一个完全可信的第三方被放置在一个独立的环境中。它仅为注册区块链的新 SM 提供授权。

（2）SM：每个 SM 都有一个称为安全域的逻辑覆盖区域。它作为一个完整的节点来存储每辆车的注册数据，并扮演生成块的角色来打包一段时间内网络中的事务到一个块中。

另外，它还为车辆提供了注册服务和可追溯性。

（3）区块链网络：由每个域的 SM 组成，每个 SM 在车辆的注册阶段通过 PBFT 算法安全地生成一致的分类账。

（4）RSU：它是一种路边基础设备，被添加到车载网络中作为为车辆提供网络接口的节点来促进和 SM 的通信。一个 RSU 被一个 SM 管理，并且广播其所属的 SM 的信息。

（5）V(车辆)：每个车辆配备一个车载单元(On Board Unit，OBU)来支持本地计算和车载网络中的操作，允许在任意的 SM 下进行注册，并支持和 RSU 进行无线通信。

本章采用的攻击模型存在 3 个假设：

（1）发送方的数据包可能被攻击者伪造、修改、截获，因此会存在中间人攻击和重放攻击。

（2）恶意车辆也许会发送由伪造身份生成的错误假名给 RSU 或使用其他车辆的假名来冒充其他合法车辆；同样，车辆也可以在通信过程中否认其行为。

（3）攻击者也许会破解 RSU 并窃听车辆的机密信息或者通过关联车辆的不同会话推测车辆用户的隐私信息(假设攻击者不能通过破解 SM 来记录车辆的历史认证数据)。

2.3.2　BUA 的实现流程

图 2.2 展示了 BUA 方案中车辆的注册和认证流程。

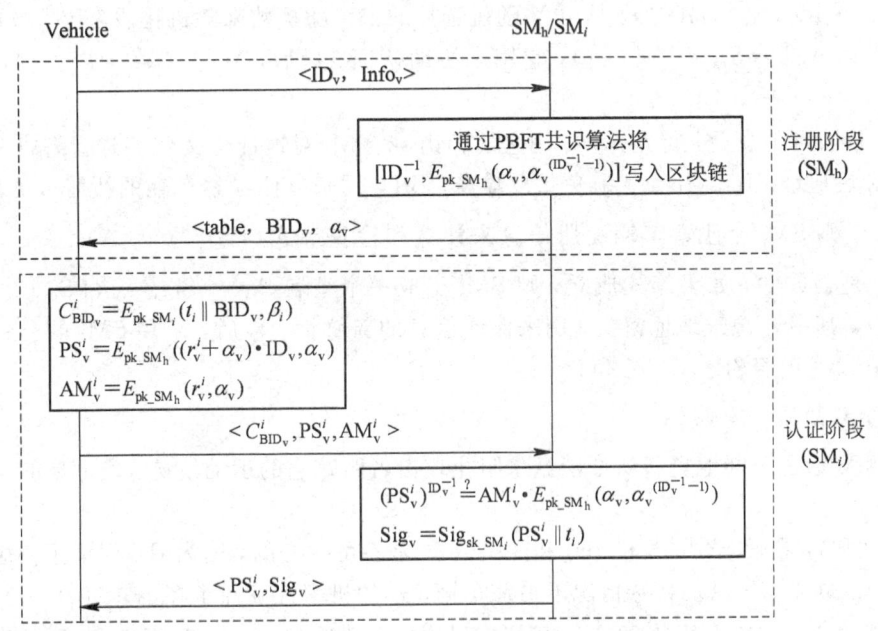

图 2.2　注册和认证流程

1. 系统初始化

（1）SM 在 AD 处使用同态密钥注册以获得参与区块链的权限。

（2）该 SM 获得授权后，首先发送授权凭证和同态公钥给区块链中已经注册的 SMS，如果被认证合法，链中的 SMS 把新 SM 的同态公钥添加到它们的公钥列表上，并反馈当前的公钥列表给新 SM，使得所有的 SMS 在后续阶段有一个一致的公钥列表(即 table〈ID_{SM}, pk_SM⟩）。

2. 车辆注册

车辆仅需执行一次离线注册。

（1）车辆 V 选择一个就近的 SM 作为它的家乡域（记为 SM_h），用它的真实身份 ID_v 和用于身份证明的相关身份信息 $Info_v$ 执行注册。

（2）当车辆身份合法时，SM_h 首先选择一个随机数 α_v 构造 $E_{pk\_SM_h}(\alpha_v, \alpha_v^{(ID_v^{-1}-1)})$。接着，通过 PBFT 一致性算法把 $[ID_v^{-1}, E_{pk\_SM_h}(\alpha_v, \alpha_v^{(ID_v^{-1}-1)})]$ 写入区块链。与此同时，将生成一个块地址 BID_v 对应其所在区块链中的位置。最后，SM_h 发送 ＜table⟨ID_{SM}, pk_SM⟩, α_v, BID_v＞给车辆 V。

3. 分布式认证

在所提 BUA 方案中，每个 RSU 被一个 SM 管理，RSU 会定期广播它所在 SM 的身份（ID_{SM}）来向车辆报告当前的行驶区域。

（1）V 首先根据 RSU 广播的 SM 身份（假设为 ID_{SM_i}）确定进入的域，然后从公钥列表中选择 SM_i 的公钥来加密它的块地址 BID_v、时间戳 t_i 和一个随机数 β_i，即生成地址密文 $C_{BID_v}^i = E_{pk\_SM_i}(t_i \parallel BID_v, \beta_i)$。

为了保护车辆的真实身份，V 使用 SM_h 的公钥和随机数 α_v 来生成假名 $PS_v^i = E_{pk\_SM_h}((r_v^i + \alpha_v) \cdot ID_v, \alpha_v)$，其中 r_v^i 是由 V 随机选择的一个随机数来随机化假名。同时，V 也提供辅助信息 $AM_v^i = E_{pk\_SM_h}(r_v^i, \alpha_v)$，它用来协助认证。最后，V 把 ⟨$C_{BID_v}^i$, PS_v^i, AM_v^i⟩ 发送给 SM_i。

（2）接收到信息后，首先，SM_i 用它的私钥 sk_SM_i 对地址密文 $C_{BID_v}^i$ 进行解密来获取时间戳 t_i 和块地址 BID_v。t_i 为了避免重放攻击，BID_v 用来方便检索车辆的注册数据。如果 t_i 是正确的，则 SM_i 会搜索车辆注册信息来计算和检查等式 $(PS_v^i)^{ID_v^{-1}} = AM_v^i \cdot E_{pk\_SM_h}(\alpha_v, \alpha_v^{(ID_v^{-1}-1)})$ 是否成立。如果等式成立，则 SM_i 生成一个签名 $Sig_v = Sig_{sk\_SM_i}(PS_v^i \parallel t_i)$ 并将它返回给 V，其中 t_i 源于地址密文，用来保证信息的新鲜性。最后，V 用 SM_i 的公钥验证签名以认证 SM_i 的身份。

4. 更新阶段

车辆 V 通过不断地更新认证消息来阻止攻击者跟踪它的运动轨迹。需更新的认证消息包括：

（1）假名：在假名中，身份 ID_v 和随机数 α_v 是不可改变的，因为 ID_v 保证了假名和真实身份之间的联系，用以在特殊情况下追踪车辆。α_v 的机密性确保了在不知道 ID_v 的情况下，假名不能通过同态加法来更新。因此，本方案用随机数 r_v 来更改假名，即 $PS_v^j = E_{pk\_SM_h}((r_v^j + \alpha_v) \cdot ID_v, \alpha_v)$。

（2）地址密文：在 C_{BID_v} 中，块地址是不能被更改的固定值。时间戳 t_i 和随机数 β_i 是可改变的，这增加了破解块地址的难度。其中，用于加密的公钥需要为当前域的公钥（即 pk_SM_c）。所以新的地址密文为 $C_{BID_v} = E_{pk\_SM_c}(t_j \parallel BID_v, \beta_j)$。

（3）辅助信息：AM_v 作为身份认证的辅助信息来使用，随着假名的更新，随机数 r_v 也在改变，即 $AM_v^j = E_{pk\_SM_h}(r_v^j, \alpha_v)$。

2.4　安全性分析

本节主要说明所提 BUA 方案符合安全需求，并使用自动检测工具 ProVerif 来验证其正确性。

2.4.1　隐私保护

隐私保护包括匿名性和不可链接性。匿名性保证了真实身份的机密性，不可链接性确保了攻击者不能通过链接大量的消息来推测车辆的连续位置。

对于匿名性，车辆用 pk_SM_h 加密它的真实身份，假名被车辆用于认证以防止真实身份的泄露。同时，假名的更新可以用真实身份来实现，这使得用户担负起保护自己隐私的责任。脚本中通过质询 $attacker(ID_v)$ 来验证攻击者是否可以在协议的某一阶段截获到质疑的信息 ID_v。

不可链接性比匿名性更强，因为它假定攻击者有收集和推测信息的能力。在认证阶段，随机数和时间戳使认证消息随机化，车辆的每次身份认证都使用一个独一无二的消息，并且攻击者对车辆一无所知会导致其将不同的认证消息链接到同一辆车变得困难。在脚本中添加符号"!"为车辆和 SM 形成多个会话。然后，通过验证 choice 来证实攻击者是否可以区分不同的进程，choice 原语用来观察协议过程中不同元素的等价性。图 2.3 说明了隐私保护的两个方面，即攻击者不能获得任何有关车辆真实身份的信息和链接不同会话消息到同一个车辆上。

```
--Query...
Starting query not attacker_ID(ID_v[ ])
RESULT not attacker_ID(ID_v[ ]) is true.
```

(a) 匿名性

```
--Observational equivalence
RESULT Observational equivalence is true(bad
not derivable).
```

(b) 不可链接性

图 2.3　安全需求

2.4.2　相互认证

BUA 方案需要身份认证来确保通信建立在互相信任的基础上。

车辆发送信息 $\langle C_{BID_v}^i, PS_v^i, AM_v^i \rangle$ 给 SM，其被标记为事件 VSendAuth。收到信息后，SM 首先解密地址密文来搜索区块链，然后计算 $(PS_v^i)^{ID_v^{-1}}$ 和 $AM_v^i \cdot E_{pk\_SM_h}(\alpha_v, \alpha_v^{(ID_v^{-1}-1)})$，如果结果相同，车辆就被认为是合法的，该过程用事件 SMAcceptV 来标记。最后，SM 给车辆发送一个签名，用事件 SMReplyV 标记。车辆用签名来认证 SM 被标记为事件 VAcceptSM。

相互认证被建模为上述 4 个事件间的对应关系。原语 $event(e(\cdots))--\gt event(e'(\cdots))$ 意味着事件 e 每次发生之前都有一次事件 e' 需要执行。图 2.4 说明 BUA 方案保证了双向认证。

```
--Query...                                      --Query...
Starting query...                               Starting query...
RESULT event(SMAcceptV(PS_i_1247))==>           RESULT event(VAcceptSM(pk_SMi_143))==>
        event(VSendAuth(C_BID_1246, PS_i                (event(SMReplyV(PS_i_144, Sig_145))==>
        _1247, AM_i_1248)) is true.                     event(SMAcceptV(PS_i_144)) is true.
```

(a) SM对车辆V的认证   (b) 车辆V对SM的认证

图 2.4   双向认证

2.4.3   不可抵赖性与可追溯性

车辆不能抵赖它的不当行为,也不能声称消息由其他人创建,在有争议的情景下追踪车辆的真实身份仍然是有必要的。

每条认证消息由假名和地址密文合并而成,它们是根据车辆的真实身份和块地址得到的。由于真实身份和块地址的唯一性和机密性,因此只有真正的所有者才能生成正确的认证信息,而时间戳保证了认证的时间。因此,没有车辆可以抵赖它的身份和认证时间。匿名性保证了 ID_v 的机密性。如图 2.5(a)所示,attacker (BID$_v$)表明了块地址的机密性,即不可抵赖性。

当一个恶意车辆被发现并被报告时,SM$_h$ 是唯一能够通过解密假名来找出相应违法车辆真实身份的实体,并在区块链中撤销它。图 2.5(b)中显示了 attacker (sk$_{SM_h}$)的结果,表明了 SM$_h$ 私钥的机密性,即可追踪性。

```
--Query...                                      --Query...
Starting query not attacker_ID(BID_v[ ])        Starting query not attacker_skey(sk_SMh[ ])
RESULT not attacker_ID(BID_v[ ]) is true.       RESULT not attacker_skey(sk_SMh[ ]) is true.
```

(a) 不可抵赖性   (b) 可追踪性

图 2.5   不可抵赖性和可追踪性

2.5   实   验

本节从计算开销和通信开销两方面评估 BUA 方案的效率,并将它和近期的分布式身份认证方案[153,155]进行比较。为了更好地评估,实验中使用模拟工具 SUMO(v032.0)在我们截取的部分上海市地图(4.17 km×3.03 km)上模拟了 200~1000 辆车的运动轨迹。仿真结果给出了每个时间间隔内车辆的固定坐标。用 31 个半径为 500 m 的 RSU 和 4 个 SM 来覆盖此地图,以一个 SM 中的最大车辆数来代表整个分布式系统的开销。

2.5.1   计算开销

在认证阶段,车辆只负责发送信息和验证反馈信息。验证者需要处理信息来验证用户和反馈车辆信息。在 BUA 方案中,车辆需要生成认证消息和通过签名来验证 SM。为了与其他方案比较,我们考虑多个验证者的情况。对于多个验证者(SM),车辆需要用不同的公钥计算多个地址密文、计算一个假名和一条辅助消息,对于反馈的签名,车辆根据当前的需求仅验证一个即可。验证者(SM)通过解密地址密文来提取块地址并执行一次同态加法和乘法来验证车辆。如果车辆合法,SM 就生成一个签名,其中主要运算是模幂(T_{me})和模乘(T_{mm})运算。在 BLA[153] 中,认证被分为两个阶段:首次访问和后期认证。前一阶段的两个主要运算是哈希函数(T_h)和基于椭圆曲线的点乘(T_{pm_ec}),后一阶段的运算是签名。由于签名具体的形式没有给出,在这里不对其进行分析。在 BSeIn[155] 中,最耗时的操作是双线性(T_{bp})和基于双线性的点乘(T_{pm_bp})。用户需要执行多接收器的加密计算、基于属性的签名和对称解密(T_d),验证者需要执行解密、签名认证以及对称加密(T_e)的运算。为了方便起见,直接以密码学的基本运算进行比较。表 2.1 给出了各方案间计算成本的详细比较。通常用不同操作的时间[151, 155, 158]来估算计算开销。

表 2.1 计算开销的比较

协议	实体	操作
BLA	车辆	$(2k^2+k+3)T_{pm\_ec}+(2+2k)T_h$
	验证者	$(k+3)T_{pm\_ec}+5T_h$
BSeIn	用户/车辆	$(4k+1)T_{pm\_bp}+(5+2k)T_h+T_e+T_d$
	验证者-验证点(vdn)	$4T_h+(k+2)T_{bp}+kT_{pm\_bp}+T_d$
	验证者-云网关/工业网络网关(cg/ig)	$5T_h+kT_{pm\_bp}+T_e$
BUA	车辆	$(k+3)T_{mm}+(2k+6)T_{me}+T_h$
	验证者	$3T_{mm}+3T_{me}+T_h$

注:vdn—validation node; cg/ig—cloud gateway or industrial gateway.

从图 2.6(a)车辆端在不同验证者数量下的计算开销来看,BLA 的增加速率是最快的。图 2.6(b)呈现了不同数量的车辆下 $k=15$(k 代表验证者的数量)时验证者端的计算开销,表 2.2 表明了在不同数量的验证者和车辆下的验证者端的开销。由于双线性配对运算,BSeIn 的开销是最大的。BUA 方案要优于 BLA 和 BSeIn 的。

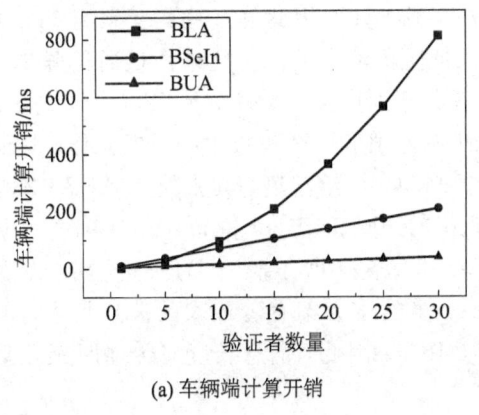

(a) 车辆端计算开销

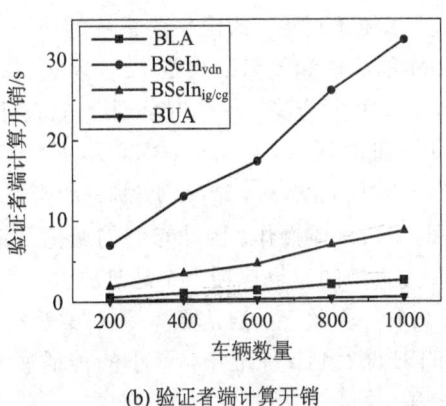

(b) 验证者端计算开销

图 2.6 计算开销

表 2.2　验证者端在不同车辆和不同验证者数量下的计算开销　　　（s）

车辆＼验证者	方案	1	6	11	16	21	26	31
200	BLA	0.1275	0.2866	0.4457	0.6048	0.7640	0.9231	1.0822
	$BSeIn_{vdn}$	1.0336	3.1648	5.2960	7.4272	9.5584	11.689	13.821
	$BSeIn_{ig/cg}$	0.1557	0.7709	1.3861	2.0014	2.6166	3.2319	3.8471
	BUA	0.1251	0.1251	0.1251	0.1251	0.1251	0.1251	0.1251
400	BLA	0.2372	0.5334	0.6048	1.1257	1.5037	2.2597	2.8058
	$BSeIn_{vdn}$	1.9237	5.8901	9.8565	13.8229	17.789	21.756	25.722
	$BSeIn_{ig/cg}$	0.2897	1.4347	2.5798	3.7248	4.8698	6.0149	7.1599
	BUA	0.2329	0.2329	0.2329	0.2329	0.2329	0.2329	0.2329
600	BLA	0.3169	0.7125	0.7640	1.4218	1.8993	2.8542	3.5439
	$BSeIn_{vdn}$	2.5697	7.8681	13.167	18.465	23.763	29.062	34.361
	$BSeIn_{ig/cg}$	0.3870	1.9166	3.4461	4.9757	6.5052	8.0348	9.5643
	BUA	0.3111	0.3111	0.3111	0.3111	0.3111	0.3111	0.3111
800	BLA	0.4763	1.0708	0.9231	1.7179	2.2949	3.4487	4.2820
	$BSeIn_{vdn}$	3.8618	11.8242	19.787	27.749	35.711	43.673	51.636
	$BSeIn_{ig/cg}$	0.5816	2.8802	5.1788	7.4774	9.7760	12.075	14.373
	BUA	0.4675	0.4675	0.4675	0.4675	0.4675	0.4675	0.4675
1000	BLA	0.5913	0.3295	1.0822	2.0141	2.6905	4.0432	5.0202
	$BSeIn_{vdn}$	4.7949	14.6813	24.568	34.454	44.341	54.227	64.113
	$BSeIn_{ig/cg}$	0.7221	3.5761	6.4302	9.2842	12.138	14.992	17.846
	BUA	0.5804	0.5804	0.5804	0.5804	0.5804	0.5804	0.5804

2.5.2　通信开销

为了便于讨论，假定生成系统的质数 p 和 q 是 32 Byte，因此群 G 中的元素为 64 Byte，Paillier 的加密和签名结果是 128 Byte。我们以认证阶段消息的总长度来衡量通信开销。在 BLA 和 BSeIn 方案[153, 155]中，对 k 个验证者，车辆分别广播 $\sigma=(L, R, S_1, \cdots, S_k, P_1, \cdots, P_k)$ 和 $\delta=(V_1, V_2, \cdots, V_k, T, C)$。$C$ 是一个哈希值和一个拼接串的异或操作，其他元素都属于群 G。然后，ig/cg 反馈一个密文和一个 MAC[155] 给车辆，其中使用 AES - 256 和 SHA - 1 做具体操作。因此它们的通信开销分别为 $128k+180$ Byte 和 $177+64(k+1)$ Byte。BUA 方案中的车辆广播 k 个地址密文、一个假名和一条辅助消息。作为回应，SM 发送一个假名和一个签名。通信成本是 $128(k+4)$ Byte，虽然本方案有着最大的消息长度，但是在 IEEE 802.11p 标准中，最小的传播速率为 3 Mb/s。因此，消息长度对传播时延几乎没有影响。

对于节点的共识，BLA 方案将用户第一次认证之后的认证结果达成共识，这促进了之后的认证。当基于属性的签名有效时，BSeIn 方案需要记账节点来将用户的事务包装到一个块中,因此云或者工业网关可以通过区块链交易来响应用户。对比它们,BUA 方案有着相同的传输时延,因为 3 种方案都在一轮交互中实现了认证,不同之处在于 BUA 方案是在注册阶段执行共识算法而不是在认证阶段。通过实验测试,当共识节点大于 15 个时,共识时间将大于 1 s,这将对时延敏感的车辆认证效率产生很大影响。因此,与其他两种有竞争力的方案相比,本章的 BUA 方案在总通信开销上具有很大的优势。

本章 BUA 方案在 IoV 中的可行性总结为:BUA 方案可以保证车辆在只执行一次注册的情况下依赖区块链网络实现高效的分布式认证。BUA 方案把区块链中最耗时的共识过程安排在了注册阶段而不是认证阶段。因此,该方案可以应对车辆的时延要求、高移动性和拓扑约束。

本 章 小 结

根据车联网的特性和安全要求,本章为 IoV 提出了一个具有不可链接性的身份认证方案(BUA)。它使用区块链使分散的 SMS 组成一个分布式数据共享数据库。基于这个系统,车辆通过同态加密自动生成不同的假名来发起身份认证请求。SM 通过本地数据验证车辆的合法性。BUA 方案保证了严格的不可链接性和更强大的匿名性。但是,该方案的不可链接性并不能抵抗 SMS 之间的共谋。因此,未来的工作不仅要抵御由于合谋而发生的链接,还需要进一步加强车辆对 SM 的匿名性。

第 3 章　车联网中隐私增强的位置匿名路由方案

3.1　引　　言

车联网作为一种特殊的移动自组织网络（Mobile Ad-hoc NETwork，MANET），通过车辆与车辆（V2V）、车辆与基础设施（V2I）之间的无线通信，构建起动态自组织的分布式信息共享网络，为城市交通提供了一个安全、高效、舒适的环境[159-160]。在组网过程中，由于单个车辆的传输范围有限，车联网中各节点间的通信往往需要借助邻居车辆的路由。基于位置的路由是依靠节点的位置关系来转发消息的，由于其在处理高动态网络拓扑时的鲁棒性和可扩展性而备受关注，并被证明是最适合车联网的方法[58, 160]。

在车联网已有的位置路由协议中[162-168]，只关注如何建立高效稳定的通信路线，忽略了车辆的位置隐私保护，这导致了两个后果：

（1）中间车辆的位置泄露，即在消息转发过程中，要求中间车辆收集附近车辆的位置，选择离目的车辆较近的车辆作为下一跳。

（2）目的车辆的位置隐私泄露。具体来说，发送信息的车辆（即源车辆）要在其路由信息中披露接收信息的车辆（即目的车辆）的位置。

值得注意的是，车联网中位置信息的泄露将导致司机被跟踪定位，从而暴露更多的隐私信息，甚至威胁到司机的生命财产安全[169]。因此，在路由过程中保护车辆的位置信息对于车联网的大规模部署意义重大。遗憾的是，到目前为止，研究人员还没有提出一种针对车联网的具有位置隐私保护的路由方法。

针对 MANET，研究人员已经提出了一系列具有隐私保护的基于匿名位置的路由方案[170-174]，主要利用匿名区的机制来隐藏目的节点。现有的工作主要涉及两个阶段：位置共享和消息路由。具体来说，在第一阶段，中间节点通过 hello（或 beacon）消息周期性地与邻居节点共享其位置和速度。在第二阶段，源节点借助位置服务器构建包含目的节点的匿名区，作为消息中的目的地址。在这些工作之后，中间节点逐跳选择与匿名区接近的下一个转发节点。但是，如果直接将 MANET 中现有的基于匿名位置的路由方案应用到车联网中，会出现以下问题：

（1）由于很少关注中间车辆的位置隐私保护，中间车辆的周期性位置共享会暴露其位置甚至轨迹，导致司机被跟踪。

（2）目的车辆所在的匿名区以明文形式公开，这将暴露其所在的位置区域，攻击者可以通过监视该区域车辆的变化情况发起求交集攻击来缩小匿名区，降低目的车辆的匿名性，如图 3.1 所示。大量实验结果也证明了这一点。而更为严重的是，攻击者可以利用匿名区目的车辆和转发车辆的路由消息发送行为模式的不同，通过流量分析攻击，直接定位目的车辆，具体过程如图 3.2 所示，所示图为匿名区路由消息包传播快照。

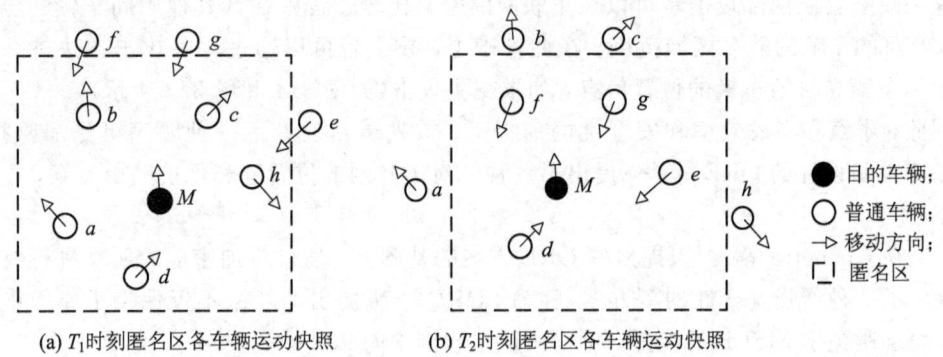

(a) T_1 时刻匿名区各车辆运动快照　　　　(b) T_2 时刻匿名区各车辆运动快照

图 3.1　求交集攻击

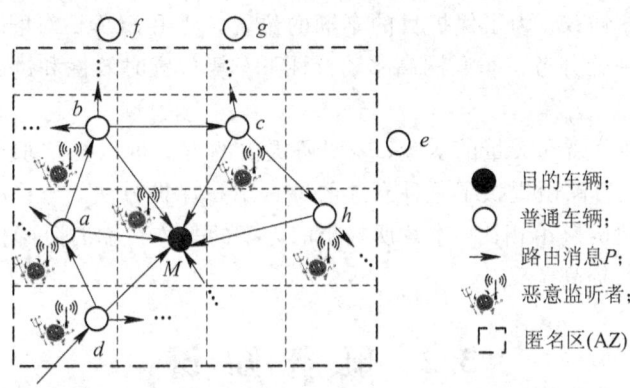

图 3.2　流量分析攻击

在图 3.1 中，源车辆和目的车辆在一次长时间通信或相邻两次通信过程中，攻击者可以通过观察匿名区节点的变化情况，通过求交集缩小目的车辆的匿名区，求交集后缩小的匿名区节点集合为 $\{M, d\} = \{a, b, c, d, M\}_{AZ_1} \bigcap \{f, g, e, d, M\}_{AZ_2}$，使得 M 被识别的概率增加到 0.5。在图 3.2 中，由于目的车辆 M 匿名区位置在路由消息包中以明文形式暴露，攻击者可以对该匿名区进行流量监测。对于特定的路由消息 P，这个区域的非目的车辆需要再次广播和转发，而目的车辆只接收不转发。利用这种不同的流量模式，攻击者可以有效定位目的车辆。

可见，在 MANET 中，现有的基于匿名位置的路由方法无法保护车联网中相应的位置信息。解决这个问题的关键是如何选择靠近目的车辆的下一跳节点，同时不暴露中间车辆的位置和匿名区。一种有效的方法是通过密文算法对位置和匿名区进行加密。顺序可见加密（Order Revealing Encryption，ORE）作为一种密文保持明文顺序的特殊加密方案，它既能保护用户数据的机密性，也能够保证密文数据和明文数据相同的大小关系。由于被 ORE 加密的位置仍然可以保持其原有的空间位置关系，因此为车联网路由的位置隐私保护提供了一种很有前景的方法。现有的大多数 ORE 方案[175-179]都依赖于复杂的密码学操作（如双线性映射），对密文造成较大的时延，这很容易导致当数据包到达指定位置时，目的车辆可能已经移出匿名区，导致数据包丢失[180]。更重要的是，在安全方面，大部分的 ORE 都容易泄露被比较对象的最重要的不同 bit 位(MSDB)。这一点在文献[178]中已经指出。应该注意到这一缺陷会使内部攻击者可以在车联网的密文比较过程中估计其他中间车辆的位置范围,以及目的车辆的匿名区域范围。在此基础上,攻击者可以通过一些攻击方法进一步推断出中间车辆和目的车辆的位置信息,如求交集攻击(如图 3.1 和图 3.2 所示)。

因此,本章在考虑效率和安全性的前提下,首先重新设计了一种顺序可见加密技术,然后基于重新设计的 ORE 算法,提出了一种针对车联网的位置隐私保护路由方案,主要内容如下:

(1) 在 Chenette 等人[176]提出的 ORE 方案的基础上,通过对加密前的明文进行线性扰动,提出了一种增强安全性的新方案(称为 SORE)。所提出的算法不仅保持了原版本的高效率,而且避免了 MSDB 的泄露,可以满足车联网中隐私保护的要求。

(2) 基于 SORE 算法,提出了一种车联网中的位置隐私保护路由方案(称为 LISTEN)。具体来说,为了保护中间车辆的位置,将假名变换和 SORE 整合在一起,设计了一种具有隐私保护的位置共享协议。为了保护目的车辆的位置,利用 SORE 对匿名区进行加密,在此基础上设计了一种充分考虑车联网高移动特性下车辆位置时效性和链路不稳定性的路由选择算法。

(3) 通过安全性分析和大量的实验,表明所提出的方案可以抵抗求交集攻击和流量分析攻击,为车联网位置路由提供了一种有效的位置隐私保护方法。与移动自组织网络中最先进的基于匿名位置的路由相比,本章所提出的方案的平均传输时延降低了约 50%,平均数据包到达率也有所提高。

3.2 预 备 知 识

顺序可见加密 ORE 是一种通过密文比较来确定明文数字关系的特殊的密码学方法,可以看作是保序加密(OPE)的推广。但与之前的 OPE 相比,它有一个公共的比对函数,只需要将两个密文作为输入,并输出底层明文的数字排序,用户就可以在本地完成密文比对,不需要与其他实体进行任何交互,更加灵活高效。2015 年,Boneh 等人[175]利用多线映射构建了第一个方案,在不透露其他信息的情况下,可以获得明文的数值排序。然而,这个过程需要昂贵的计算成本,这使得它并不实用。随后,Chenette 等人[176]首先给出了 ORE 的一些通用的形式化定义,包括语法、正确性和安全性,分别如下面的定义 3.1、3.2 和 3.3 所示,这些都是后续研究工作中的标准定义。

定义 3.1(ORE 的语法) 顺序可见加密是一组算法,ORE = {ORE. KG(.), ORE. Enc(.), ORE. Comp(.)}定义在一个有序明文空间上,$M = \{m \mid m \in \mathbf{N}^*, m \leqslant M\}$使用下面的语法:

(1) $ORE. KG(1^\lambda) \to MSK$:输入安全参数 λ 后,该算法输出一个密钥 MSK。

(2) $ORE. Enc(MSK, m) \to CT_m$:输入密钥 MSK 和明文数据 $m \in M$ 后输出密文 CT_m。

(3) $ORE. Comp(CT_m, CT_{m'}) \to b$:输入两个密文 CT_m、$CT_{m'}$后,密文比较算法输出结果 $b \in \{0, 1\}$。

定义 3.2(ORE 的正确性) 对于给定的安全参数 λ 和明文空间 M,其正确性为:$\forall m, m' \in M$,当 $m > m'$,有 $\Pr[ORE. Comp(CT_m, CT_{m'}) = 1(m > m')] = 1 - negl(\lambda)$成立,

其中 negl(λ) 为可忽略函数。同理，对于 $m < m'$ 和 $m = m'$，亦然。

定义 3.3(ORE 的安全性) 假设对于每一个有效的对手 A 存在一个模拟器 S、一个泄露函数 $L(.)$。ORE 的安全性可通过两个不可区分的游戏来证明，真实游戏 $\text{REAL}_A^{\text{ORE}}(\lambda)$ 和理想游戏 $\text{SIM}_{A, S, L(.)}^{\text{ORE}}(\lambda)$。其中有效对手 A 成功区分真实游戏和仿真游戏输出结果的优势定义为：$\text{negl}(\lambda) = |\Pr[\text{REAL}_A^{\text{ORE}}(\lambda) = 1] - \Pr[\text{SIM}_{A, S, L(.)}^{\text{ORE}}(\lambda) = 1]|$。

如果对于每一个有效的对手 A，都存在一个模拟器 S，使得 negl(λ) 是一个可忽略不计的函数，即两个游戏的输出在计算上是无法区分的，则 ORE 是一个基于模拟的安全方案，其泄露函数为 $L(.)$。

3.3 问 题 描 述

3.3.1 网络架构

本章采用的车联网系统架构如图 3.3 所示，其由位置服务器 LS、路侧单元 RSU 以及移动车辆 $U = \{U_1, U_2, \cdots, U_n\}$ 组成，该架构已在车联网基于位置路由研究中被广泛采用[4-5]，各组成元素的具体描述如下：

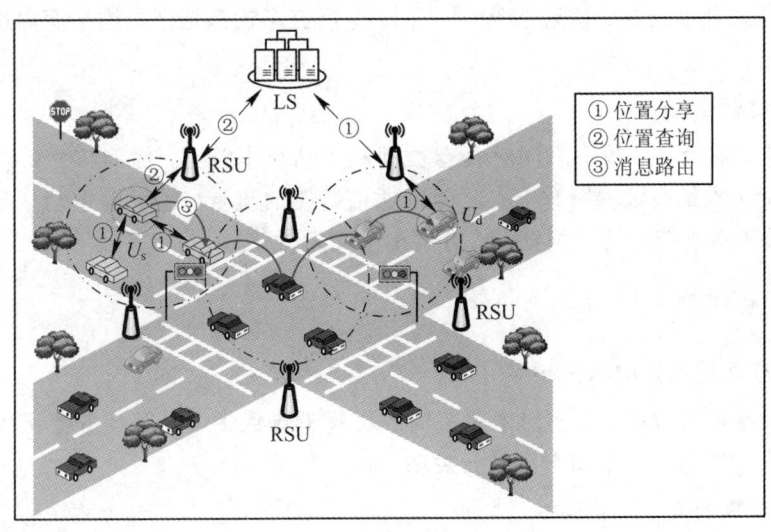

图 3.3 车联网系统架构

（1）位置服务器 LS：固定在车联网区域 G 中的某个位置（定义车联网中车辆可移动的最大范围为网络区域 G），负责对该区域内使用位置服务的车辆进行管理，具体包括两方面：一是车辆身份管理，即对使用位置服务过程中相关车辆身份信息的注册和撤销；二是车辆位置管理，在大规模车联网中，需要通过位置管理来跟踪车辆的实时位置，以便于同该车辆通信时能够快速准确地找到其所在位置，此过程涉及节点位置分享和位置查询。

（2）路侧单元 RSU：均匀分布在道路两侧，每个 RSU 负责其通信覆盖范围内车辆和 LS 之间的通信。值得注意的是，考虑到 RSU 分布的固定性，它同 LS 之间的通信常通过一个固定网络（如 Internet）[26]进行。

（3）移动车辆 U：每个移动车辆均配备定位系统 GPS 和无线接收单元 OBU，可以实时获取并向外发送自己的位置信息 Loc_U。具体来说，一方面移动车辆 U 需要定期向 LS 上传信息以更新自己的位置，该过程通过所在区域的 RSU 建立与 LS 的通信连接；另一方面，移动车辆 U 需要发送信息给其一跳范围内的邻居节点，实现位置共享以便于建立消息路由。

图 3.3 中，当两个车辆(源车辆 U_s 和目的车辆 U_d)间需要建立通信时，源车辆 U_s 首先从位置服务器处获取目的车辆的位置信息 Loc_{U_d}，生成包含该位置信息的路由消息。在传输过程中，通过逐跳的位置比较建立源车辆与目的车辆间多跳的消息传输路由。

3.3.2 假设和攻击者模型

1. 假设

(1)考虑到位置服务器 LS 负责节点位置管理(包括存储、更新、查询)，其在保证基于位置的路由安全建立过程中具有重要的作用，因此假设位置服务器是完全可信的，即任何外部攻击者无法从位置服务器处获取指定节点的位置信息。事实上，这一安全假设已经在许多基于位置的匿名路由研究中被采用[14-19]。

(2)假设源节点 U_s 知道目的节点 U_d 的 ID，它可以通过向位置服务器发送请求消息，查询获取目的节点的位置以及公钥信息。

(3)假设每辆车都能通过 GPS 或其他定位系统实时获取其准确的位置，通过一系列的安全措施抵抗来自第三方的位置欺骗[182]。同时，所有车辆都是在二维平面内运行且在短时间内保持匀速。

2. 攻击者模型

在本章中，假设一个攻击者同时具有被动和主动攻击能力，简而言之，它不仅可以被动地监视和记录本地范围内所有节点之间的通信链路的流量，还可以主动地篡改、冒充和重放流量。关于攻击能力的详细描述，可以参考文献[183]。

3.3.3 安全目标

1. 中间车辆的位置隐私保护

在位置共享的过程中，需要对中间车辆的位置进行保护，使得攻击者无法将车辆单次或连续的共享位置与同一中间车辆进行关联。

2. 目的车辆的位置隐私保护

在路由过程中，需要对目的车辆的位置进行保护，这使得攻击者无法通过各种手段定位目的车辆，包括求交集攻击，甚至是流量分析攻击。

3.4 改进的顺序可见加密方案

由于现有的 ORE[175-179] 没有同时兼顾效率和安全性，因此在车联网路由中很难应用于位置隐私的保护。对此，在文献[176]中只使用哈希运算的高效 ORE 的基础上，本章对其进行了改进，重新设计了一种安全高效的顺序可见加密方案(SORE)。通过在加密前对数据进行线性扰动，既保持了文献[176]中方案的效率，又避免了 MSDB 的泄露。具体方案如下：

假设数据的明文空间 $M=\{m|m\in \mathbf{N}^*, m\leqslant M\}$，且 $\forall m\in M$，m 可表示为 n 位二进制

（高位在左，低位在右）比特串 $m_b = m_{n-1}m_{n-2}\cdots m_0$，其中 $n = \log M$，$m_i \in \{0, 1\}$ 表示 m 二进制比特串中的第 i 位，且 $\forall i \in [\log m, n-1]$ 均有 $m_i = 0$。同时，将 m 的高 t 比特串记为 $pre(m_b, t) = m_{n-1}m_{n-2}\cdots m_{n-t}$，并定义编码函数 $E(m_b, t) = pre(m_b, t)\} \parallel 0_{n-t-1}0_{n-t-2}\cdots 0_0$，其中 $\parallel$ 为连接符，特别地，$E(m_b, 0) = 0$。例如，$M = 2^8$，$m = 26$，则 $m_b = 00011010$，$pre(m_b, 3) = 000$，$E(m_b, 3) = 00000000$，$pre(m_b, 5) = 00011$，$E(m_b, 5) = 00011000$。

（1）$SORE.KG(1^\lambda) \to (MSK, PP)$：可信第三方在初始阶段输入安全参数 λ，随机生成加密主密钥 $MSK = (\omega, \beta)$ 和公开参数 $PP = (\rho, H(\cdot))$。其中，ω，$\beta \in \mathbf{Z}_p^*$ 且 ω，$\rho \in [2^\lambda, 2^{\lambda+1})$，$M \in \mathbf{N}^*$。

（2）$SORE.Enc(MSK, m) \to CT_m$：对于 U_i 上传的数据 m，可信第三方生成密文 $CT_m = \{ct_{(m, t)} \mid \forall t \in [0, \sigma]\}$ 并回传给 U_i，具体过程如下。

① 选取随机数 $r_m \in (0, \omega)$ 作为扰动因子且对于不同明文 $r_m \neq r_{m'}$，计算 $\tilde{m} = m \cdot \omega + r_m$，则 $\tilde{m}_b = \tilde{m}_{\sigma-1}\cdots\tilde{m}_0$。其中，$\sigma = n + \lambda + 2$ 且 $\forall i \in [\log \tilde{m}, \sigma-1]$ 均有 $\tilde{m}_i = 0$。

② 计算 $ct_{(m, 0)} = H(m) \bmod \rho$，$ct_{(m, t)} = H(\beta \parallel E(\tilde{m}_b, t-1)) + \tilde{m}_{\sigma-t} \bmod \rho$，$\forall t \in (0, \sigma)$。其中 $\rho \geqslant 3$，$\rho \in \mathbf{Z}_p^*$。

（3）$SORE.Comp(CT_m, CT_{m'}) \to b$：以数据 m 和 m' 加密密文比较为例，若 $ct_{(m, 0)} = ct_{(m', 0)}$，输出 $b = 0$ 表明 $m = m'$。反之，$\forall t \in (0, \sigma)$，依次比较 $ct_{(m, t)}$ 和 $ct_{(m', t)}$，同时令 l 为使得 $ct_{(m, l)} \neq ct_{(m', l)}$ 的最小正整数。如果存在 $ct_{(m, l)} = ct_{(m', l)} + 1$，输出 $b = 1$ 时表明 $m > m'$；否则输出 $b = -1$ 时表明 $m < m'$。

下面分别证明改进的顺序可见加密（SORE）的正确性和安全性。

定理 3.1　所提出的 SORE 满足定义 3.2 所描述的正确性，也就是说，它生成的密文能够保留相应明文的数值顺序。

证明　以比较明文 m、m' 对应密文 CT_m、$CT_{m'}$ 为例，运行 $SORE.Comp(CT_m, CT_{m'})$ 比较算法，当输出 $b = 0$ 时，表明 $m = m'$；$b = 1$ 时，表明 $m > m'$；$b = -1$ 时，表明 $m < m'$。

首先，证明 $m > m' \Leftrightarrow \tilde{m} > \tilde{m}'$，$m < m' \Leftrightarrow \tilde{m} < \tilde{m}'$。具体地，由于 $\tilde{m} = m \cdot \omega + r_m$，$\tilde{m}'$，其中，$\omega \in [2^\lambda, 2^{\lambda+1})$，$r_m$，$r_{m'} \in (0, \omega)$，$m \in (0, M)$，故 $0 < \tilde{m}$，m。同时，令 $\Delta = \tilde{m} - \tilde{m}'$，若 $m > m'$，由于 $-\omega < r_m - r_{m'}$，则 $\Delta > 0$。反之，若 $\Delta > 0$，亦可得 $m > m'$，也即 $m > m' \Leftrightarrow \tilde{m} > \tilde{m}'$。同理可证 $m < m' \Leftrightarrow \tilde{m} < \tilde{m}'$。然后，分两种情况来证明定理 3.1 的正确性。

情况 1：当且仅当比较算法输出 $b = 0$ 时，表明 $m = m'$。

假设 $m = m'$，则 $H(m) = H(m')$，即 $ct_{(m, 0)} = ct_{(m', 0)}$，比较结果输出 $b = 0$。反之，若 $SORE.Comp(CT_m, CT_{m'}) = 0$，也即 $H(m) = H(m')$，由哈希函数的抗碰撞性，可得 $\Pr(m = m') = 1 - negl(\lambda)$。

情况 2：当且仅当比较结果输出 $b = 1$ 时，表明 $m > m'$；输出 $b = -1$ 时，表明 $m < m'$。

其中，情况 2 的证明过程可以参考文献[176]，此处不再赘述。

综上所述，定理 3.1 得证。

定理 3.2　所提出的 SORE 满足定义 3.3 所描述的安全性，即它只披露比较明文的数值排序，而不泄露 MSDB。

证明　由于本章采用了 Chenette 等人的方法作为 SORE 的基础，所以安全性证明与之相似，采用混合论证。具体来说，定义了两个混合实验 Hybrid H_0 和 Hybrid H_1，分别代表

$REAL_A^{ORE}(\lambda)$ 和 $SIM_{A,S,L(\cdot)}^{ORE}(\lambda)$。其中，在 Hybrid H_0 中运行密钥生成，对手获得比较密钥和相应密钥的加密算法的访问控制权。对手最终输出一个比特，游戏将其作为自己的输出。在 Hybrid H_1 中，对手与同一个 oracle 进行交互，但是比较密钥是由有状态的模拟器生成的，oracle 响应是由模拟器生成的，模拟器从泄露函数 $L(\cdot)$ 中接收泄露消息。最后只需要证明对于每一个有效的对手 A，存在一个模拟器 S，使得 Hybrid H_0 和 Hybrid H_1 的输出在计算上无法区分。上述方法的详细过程可以参考文献[177]，这里不再赘述。值得注意的是，在文献[177]中泄露的信息 $L(\cdot)=\{\forall m, m' \in M | (MSDB(m, m'), 1(m<m'))\}$，其中包含被比较的明文 $MSDB(m, m')$，以及它们的数字排序（如果 $(m<m')$，则 $1(m<m')=1$，否则 $1(m<m')=0$。与 Chenette 的方案相比，唯一不同的是 SORE 的泄露信息 $\tilde{L}(\cdot)$ 不会泄露比较明文的 MSDB，详细证明过程如下：

对于任意两原始明文 $m, m' \in M$，且 $m \neq m'$。假设 $MSDB(m, m')=l$，则有不等式 $1 \leqslant |m-m'| \leqslant 2^l$ 成立。考虑到在 SORE 中，明文需要在加密前进行变换，即 $\tilde{m}=m \cdot \omega+r_m$，$\tilde{m}'=m' \cdot \omega+r_{m'}$，其中 $\omega \in [2^\lambda, 2^{\lambda+1})$，$r_m, r_{m'} < \omega$，$m \in (0, M]$。令 $\Delta=|\tilde{m}-\tilde{m}'|=\omega \cdot |m-m'|+|r_m-r_{m'}|$，得到 $\omega \leqslant \Delta < \omega \cdot (2^l+1)$，则 $MSDB(\tilde{m}, \tilde{m}') \in [\lambda, l+\lambda+2)$，由于 $\lambda>n$，故 $MSDB(\tilde{m}, \tilde{m}') > MSDB(m, m')$，同时考虑到 $\tilde{l}$ 的具体值受 ω 的影响，且用户无法计算出 ω。故在密文比较过程中 $MSDB(\tilde{m}, \tilde{m}')$ 的泄露不会导致 $MSDB(m, m')$ 的泄露。

综上所述，定理 3.2 得证。

3.5　方　案　设　计

本章方案包括两个阶段：位置共享和消息路由。

3.5.1　节点位置共享

车辆间的周期性位置共享是消息路由的基础，其协议过程如图 3.4 所示，可分为以下两步：

（1）车辆（以 U_i 为例）定期将自己的最新位置上传到 LS，并根据 SORE 获得密文位置。

消息 ①：车辆共享位置至位置服务器 LS。

假设节点 U_i 在位置服务器 LS 处注册时，已经获取共享密钥 $K_{(LS, U_i)}$、LS 的公钥 PK_{LS}。以节点 U_i 第 k 次位置共享为例，首先通过 GPS 获取当前的位置 $Loc_{U_i}=(X_{U_i}, Y_{U_i})$ 以及该段时间的平均速度 v_{U_i}，并构造位置共享消息 $Loc\_Sh_{U_i}^{LS}$，通过其所在区域的 RSU 上传至位置服务器 LS。其中，$PSD_{U_x}^k=\{PID\_A_{U_x}^k, PID\_B_{U_x}^k\}$ 是 U_i 在第 $k-1$ 次共享位置时上传的假名，$F_{U_i} \in \left(\Delta T, \dfrac{Tr}{v_{U_i}}\right]$ 表示车辆 U_i 共享位置的时间周期（ΔT 为车辆 U_i 从 LS 处获取加密位置的最小时延，Tr 为车辆 U_i 的通信半径）。

消息 ②：车辆获取密文位置和假名证书。

位置服务器 LS 收到 $Loc\_Sh_{U_i}^{LS}$ 后，首先通过时间戳和签名验证该消息的合法性。然后，采用 SORE 算法，分别加密车辆 U_i 在第 k 次位置共享周期内移动的起始位置和结束位置 $(X_{U_i}^c, Y_{U_i}^c)$，生成位置密文 $(CT_{X_{U_i}^c}, CT_{Y_{U_i}^c})$（如式（3-1）所示）。

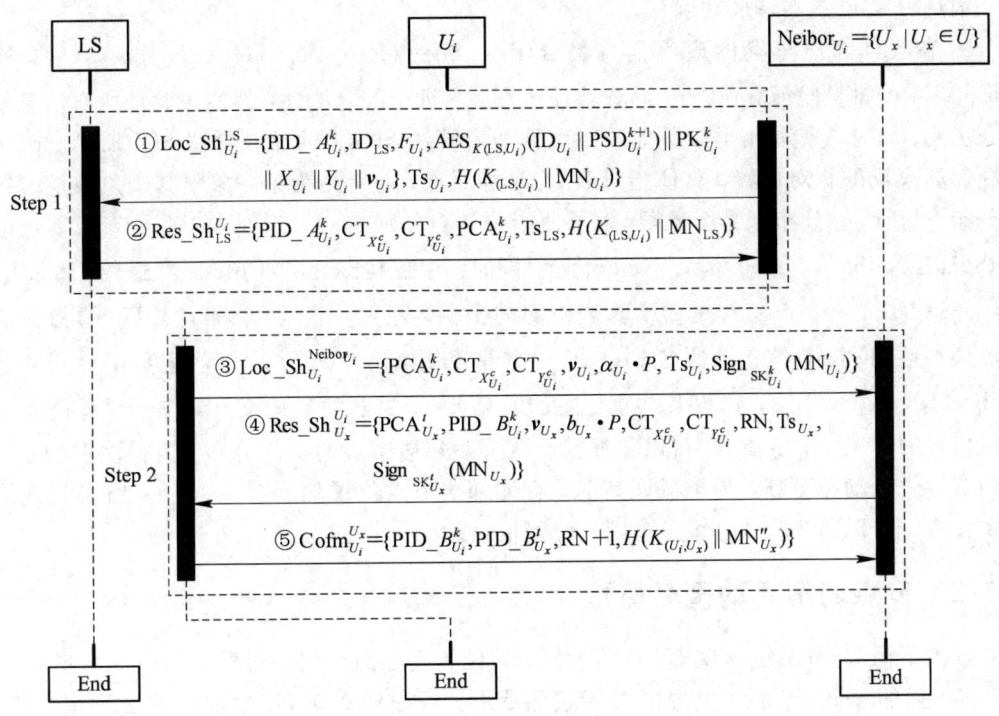

图 3.4　节点位置共享协议

$$\begin{cases} X_{U_i}^c = X_{U_i} + 2 \cdot (\mathrm{Ts}_{\mathrm{LS}} - \mathrm{Ts}_{U_i}) \cdot v_{U_i} \cdot \cos\theta_{U_i} \\ Y_{U_i}^c = Y_{U_i} + 2 \cdot (\mathrm{Ts}_{\mathrm{LS}} - \mathrm{Ts}_{U_i}) \cdot v_{U_i} \cdot \sin\theta_{U_i} \end{cases} \quad (3-1)$$

之后，LS 构建响应信息 $\mathrm{Res\_Sh}_{\mathrm{LS}}^{U_i}$ 并回复 U_i，其中 $\mathrm{PCA}_{U_i}^k = \{\mathrm{PID}_{B_{U_i}^k}, \mathrm{PK}_{U_i}^k, Pv, \partial\}$（其中 Pv 表示证书的有效期，∂ 为 LS 的签名）是由 LS 颁发给 U_i 的假名证书。同时，LS 需要存储位置$(X_{U_i}^s, Y_{U_i}^s)$、假名 $\mathrm{PSD}_{U_i}^{k+1}$、速度 v_{U_i} 等信息。

（2）车辆与邻居共享位置。在此过程中，本章方案将假名变更和基于 SORE 的位置加密整合在一起，以避免周期性位置共享造成的车辆位置甚至轨迹的泄露。在认证保护情况下，给出如下的消息交互方式：

消息 ③：车辆共享位置至邻居车辆。

在节点 U_i 接收到响应消息 $\mathrm{Res\_up}_{U_i}$ 后，验证其合法性，并构造包含位置信息的消息 $\mathrm{Loc\_Sh}_{U_i}^{\mathrm{Neibor}_{U_i}}$ 广播给其一跳邻居节点 Neibor_{U_i}。其中，$a_{U_i} \in \mathbf{Z}_p^*$，$a_{U_i} \cdot P$ 为椭圆曲线上的标量乘法，用于 DH 算法协商密钥。值得注意的是，考虑到车联网中位置共享的高并发性，为了提高处理能力，本方案采用支持批量消息验证的 ECDSA[184] 来实现公钥签名 $\mathrm{Sign}_{\mathrm{SK}_A}(.)$。

消息 ④：邻居车辆应答。

以邻居车辆 $U_x (U_x \in \mathrm{Neibor}_{U_i})$ 为例，在收到 $\mathrm{Loc\_Sh}_{U_i}^{\mathrm{Neibor}_{U_i}}$ 后，首先验证其合法性，计算共享密钥 $K_{(U_x, U_i)} = H(b_{U_x} \cdot a_{U_i} \cdot P)$ 并将其存储在本地列表。然后，生成应答消息 $\mathrm{Res\_Sh}_{U_x}^{U_i}$。$b_{U_x} \in \mathbf{Z}_p^*$，用于 DH 算法协商密钥，$\mathrm{RN} \in \mathbf{Z}_p^*$ 为选取的随机数，用于验证协商密钥的正确性。

消息 ⑤：位置共享成功确认。

U_i 在收到邻居车辆的应答消息集合 $\text{Res\_Sh} = \{\text{Res\_Sh}_{U_x}^{U_i} \mid U_x \in \text{Neibor}_{U_i}\}$ 后，通过 ECDSA^* 中的批量验证算法[185]，首先验证所有假名证书的合法性，然后再验证所有消息签名的合法性。同时，采用 3.4 节所提顺序可见加密算法 SORE 的比较算法 SORE. Comp(•)，判断邻居车辆的相对位置。具体指以 U_i 为坐标原点，左上角为第一象限其余象限逆时针依次分布，判断 U_x 分布于哪个象限（为了便于描述，分别将 U_i 各象限的邻居节点集合记为 $\text{Neibor}_{U_i}^1$、$\text{Neibor}_{U_i}^2$、$\text{Neibor}_{U_i}^3$、$\text{Neibor}_{U_i}^4$）。同时，生成确认消息 $\text{Cofm}_{U_i}^{U_x}$ 发送给 U_x。其中，$K_{(U_i, U_x)} = H(a_{U_i} \cdot b_{U_x} \cdot P)$ 是 DH 算法协商的密钥。随后，节点 U_i 将节点 U_x 的相关信息添加到本地列表，具体包括假名 $\text{PID\_B}_{U_x}^c$、共享密钥 $K_{(U_i, U_x)}$、平均移动速度 v_{U_x}、所属象限 $\text{Neibor}_{U_i}^c$，$c \in \{1, 2, 3, 4\}$ 以及共享位置的时刻 Ts_4。经过短暂的交互，在不泄露任何一方身份信息的情况下，节点 U_i 可以掌握其所有一跳邻居节点的空间分布。值得注意的是，考虑到节点位置动态更新，为了保证其本地存储邻居节点位置的新鲜性，U_i 保留时间范围在 $(\text{Ts}_{U_x} - F_{U_i}, \text{Ts}_{U_x} + F_{U_i})$ 内邻居车辆的位置信息。

3.5.2 节点间消息的匿名路由

以源车辆 U_s 和目的车辆 U_d 通信为例，其位置匿名路由建立过程分为以下两步：

（1）目的车辆 U_d 密文位置匿名区域的获取。首先源车辆 U_s 生成位置查询消息 $\text{Loc\_query}_{U_s}^{\text{LS}} = \{\text{PID\_A}_{U_s}^c, \text{ID}_{\text{LS}}, T_{\max}, \text{AES}_{K_{(\text{LS}, U_s)}}(\text{ID}_{U_s} \parallel \text{ID}_{U_d}), \text{Ts}_{U_s}, H(K_{(\text{LS}, U_s)} \parallel \text{MN}_{U_s})\}$ 发送给 LS。其中，为源车辆设置的消息有效期表示源车辆发送的消息到达目的车辆的时间间隔不能超过 $T_{\max}$。当位置服务器 LS 收到查询消息后，首先验证其合法性并通过对称解密获取目的车辆的身份 ID_{U_d}，从而查询目的车辆的位置信息 Loc_{U_d}，并依据 $T_{\max}$ 和该车辆的平均速度计算出 $T_{\max}$ 时间内车辆 U_d 的移动范围，即以 Loc_{U_d} 为圆心、$L = v_{U_d} \cdot T_{\max}$ 为半径的圆形区域。然后选取一个覆盖该圆形活动范围的区域作为目的车辆的匿名位置区域 AZ，为了刻划问题简单，选取该圆形区域外接正方形来表示目的车辆的匿名位置区域 AZ，即 $\text{AZ} = \{(X, Y) \mid X_{\text{sp}} \leqslant X \leqslant X_{\text{ep}}, Y_{\text{sp}} \leqslant Y \leqslant Y_{\text{ep}}\}$，其中，$(X_{\text{sp}}, Y_{\text{sp}}) = (X_{U_d} - L, Y_{U_d} - L)$，$(X_{\text{ep}}, Y_{\text{ep}}) = (X_{U_d} + L, Y_{U_d} + L)$。最后，构造响应消息 $\text{Res\_qu}_{\text{LS}}^{U_s} = \{\text{ID}_{\text{LS}}, \text{PID\_A}_{U_s}^c, \text{CT}_{\text{AZ}}, \text{Loc}_{\text{Flag}}, K_{(\text{LS}, U_d)} \cdot H_1(\text{ID}_{U_d}), \text{Ts}_{\text{LS}}', H(K_{(\text{LS}, U_s)} \parallel \text{MN}_{\text{LS}}')\}$ 发送给 U_s。其中，$\text{CT}_{\text{AZ}} = \{(\text{CT}_{X_{\text{sp}}}, \text{CT}_{Y_{\text{sp}}}), (\text{CT}_{X_{\text{ep}}}, \text{CT}_{Y_{\text{ep}}})\}$ 表示目的车辆密文位置匿名区，$\text{Loc}_{\text{Flag}} = (X_f, Y_f)$，$\text{Loc}_{\text{Flag}} \in \text{AZ}$ 为 LS 在匿名区 AZ 内随机选取的一个位置点，作为路由方向导向点。

（2）基于位置的匿名路由建立。在匿名路由建立过程中，中间转发车辆通过比较自身密文位置和目的车辆匿名区密文位置的关系选择下一跳消息转发车辆。

首先，源车辆 U_s 查找本地邻居节点列表，依据各节点移动速度和所在象限估计其邻居车辆当前 t_{now} 时刻可能的活动位置 LZ。以邻居节点 U_x 为例，具体有以下 4 种情况：

① 当邻居节点 $\forall U_x \in \text{Neibor}_{U_s}^1$ 时，在当前时刻 t_{now} 的可能活动范围为
$$\text{LZ}_{U_x} = \{(X, Y) \mid (X - \Delta X)^2 + (Y - \Delta Y)^2 \leqslant R, X_{U_s} < X, Y_{U_s} < Y\}$$

② 当邻居节点 $\forall U_x \in \text{Neibor}_{U_s}^2$ 时，在当前时刻 t_{now} 的可能活动范围为
$$\text{LZ}_{U_x} = \{(X, Y) \mid (X - \Delta X)^2 + (Y - \Delta Y)^2 \leqslant R, X_{U_s} > X, Y_{U_s} < Y\}$$

③ 当邻居节点 $\forall U_x \in \text{Neibor}_{U_s}^3$ 时，在当前时刻 t_{now} 的可能活动范围为

$$LZ_{U_x} = \{(X, Y) \mid (X - \Delta X)^2 + (Y - \Delta Y)^2 \leqslant R,\ X_{U_s} > X,\ Y_{U_s} > Y\}$$

④ 当邻居节点 $\forall U_x \in \text{Neibor}_{U_s}^4$ 时，在当前时刻 t_{now} 的可能活动范围为

$$LZ_{U_x} = \{(X, Y) \mid (X - \Delta X)^2 + (Y - \Delta Y)^2 \leqslant R,\ X_{U_s} < X,\ Y_{U_s} > Y\}$$

其中，$\Delta X = X_{U_x} + (t_{\text{now}} - t_{U_x}) \cdot v_{U_x} \cdot \sin\theta_{U_x}$，$\Delta Y = Y_{U_x} + (t_{\text{now}} - t_{U_x}) \cdot v_{U_x} \cdot \cos\theta_{U_x}$。

　　然后，源车辆 U_s 依据当前 t_{now} 时刻的自身位置 $\text{Loc}'_{U_s} = (X'_{U_s}, Y'_{U_s})$ 和路由导向位置 Loc_{Flag}，选取下一跳路由节点集合 $N\_\text{set} = \{U_x \mid LZ_{U_x} \bigcap PZ \neq \varnothing\}$，其中 $PZ = \{(X, Y) \mid X'_{U_s} < X < X_f,\ Y'_{U_s} < Y < Y_f\}$。同时构造路由消息集合 $\text{Loc}\_R = \{\text{Loc}\_R_{U_s}^{U_x} \mid \forall U_x \in N\_\text{set}\}$，逐条单播给其对应的邻居车辆。其中，$\text{Loc}\_R_{U_s}^{U_x} = \{\text{PID}\_B_{U_s}^c, \text{PID}\_B_{U_i}^f, T_{\max}, \text{CT}_{AZ}, \text{Loc}'_{U_s}, \text{Loc}_{\text{Flag}}, \alpha_{U_s} \cdot H_1(\text{ID}_{U_d}), \text{AES}_{K_{(U_s, U_d)}}(\text{ID}_{U_s} \| \text{ID}_{U_d} \| \text{Mes}), \text{Tp}'_{U_s}, H(K_{(U_s, U_i)} \| MN_{U_s})\}$，$\alpha_{U_s} \in \mathbf{Z}_p^*$ 为 U_s 选取的随机数，$K_{(U_s, U_d)} = H(\alpha_{U_s} \cdot K_{(\text{LS}, U_d)} \cdot H_1(\text{ID}_{U_d}))$。以邻居车辆 U_i 为例，当收到该路由信息后，首先在本地邻居节点信息列表中，依据 $\text{PID}\_B_{U_s}^c$ 查找共享密钥 $K_{(U_s, U_i)}$ 以验证该消息的合法性。然后，判断自身当前时刻的位置 Loc'_{U_i} 是否属于 PZ，若不属于则丢弃该路由消息；若属于则进一步比较自身密文位置 $\{(\text{CT}_{X_{U_i}^s}, \text{CT}_{Y_{U_i}^s}), (\text{CT}_{X_{U_i}^e}, \text{CT}_{Y_{U_i}^e})\}$ 同匿名区 CT_{AZ} 的关系，分下列两种情况：

① 若 $\begin{cases} \text{CT}_{X_{sp}} \leqslant \text{CT}_{X_{U_i}^s} \leqslant \text{CT}_{X_{ep}} \\ \text{CT}_{Y_{sp}} \leqslant \text{CT}_{Y_{U_i}^s} \leqslant \text{CT}_{Y_{ep}} \end{cases}$ 或 $\begin{cases} \text{CT}_{X_{sp}} \leqslant \text{CT}_{X_{U_i}^e} \leqslant \text{CT}_{X_{ep}} \\ \text{CT}_{Y_{sp}} \leqslant \text{CT}_{Y_{U_i}^e} \leqslant \text{CT}_{Y_{ep}} \end{cases}$，则表明转发车辆 U_i 在时间段

$(t_{U_i}, t_{U_i} + F_{U_i})$ 内移动时经过的位置和目的车辆的匿名位置区域 CT_{LZ} 存在交集。那么，U_i 生成路由消息集合 $\text{Loc}\_R = \{\text{Loc}\_R_{U_i}^{U_x} \mid \forall U_x \in \text{Neibor}_{U_i}\}$，并逐条单播给其对应的邻居车辆。每一个收到该消息的邻居节点在验证该消息的合法性后，仅判断自己是否属于 CT_{AZ}。若属于，则一方面节点（以 U_x 为例）计算密钥 $K = H(K_{(\text{LS}, U_x)} \cdot \alpha_{U_s} \cdot H(\text{ID}_{U_d}))$ 解密信息 $\text{AES}_{K_{(U_s, U_d)}}(\text{ID}_{U_s} \| \text{ID}_{U_d})$ 以判断自己是否为接收消息的目的方；另一方面继续构造路由消息集合，向其周围邻居广播。如果不属于，该邻居节点会丢弃收到的路由消息。

② 反之，表明转发节点 U_i 不在目的车辆的密文位置区域 CT_{AZ} 内，则 U_i 继续寻找下一跳消息路由节点，其过程和上述源车辆 U_s 确定下一跳车辆 U_i 的方法相同，直到将路由消息逐跳转发到目的车辆的密文位置区域 CT_{AZ} 内。

3.6　方　案　分　析

3.6.1　安全目标分析

　　本小节从所提匿名路由方案的两个环节分别分析本章方案是否能很好地满足 3.3.3 节中的安全目标。

1. 中间车辆位置和轨迹隐私的保护

　　在节点位置共享过程中，为了防止车辆在同其邻居节点周期性位置共享过程中泄露轨迹隐私，本章方案采用假名对车辆身份进行匿名化，打破了车辆真实身份和位置信息的对

应关系，实现了位置隐私保护，这一方法的关键是保证车辆身份的匿名性和不可链接性。下面采用安全协议分析工具 ProVerif(PV)来证明其核心过程，具体的证明结果如图3.5(a)和图 3.5(b)所示。

```
-- Query not attacker_ID(id_Ux[])
Completing...
RESULT not attacker_ID(id_Ux[]) is true.

-- Query not attacker_ID(id_Ui[])
Completing...
RESULT not attacker_ID(id_Ui[]) is true.
```

```
-- Observational equivalence
Completing...
RESULT Observational equivalence is true (bad not derivable).
```

(a) 车辆身份的匿名性　　　　　　　　　　　(b) 车辆身份的不可链接性

图 3.5　具体的证明结果

值得注意的是，位置共享信息不仅包含中间车辆的当前位置，还包含其速度信息。如果仅采用假名变换机制将位置和身份分离，而不对共享位置进行加密，恶意攻击者就可以利用中间车辆共享的最后一个明文位置和速度来预测下一个共享位置。这样，恶意攻击者就能够将同一辆车的多个连续的位置共享信息以不同的假名关联起来，从而破坏车辆的位置隐私保护[16, 185]。因此，在设计的位置共享协议中，车辆共享的是由 SORE 算法加密后的位置。这样，恶意攻击者无法获得车辆的准确位置，大大降低了不同车辆假名关联的概率，提供了更强的轨迹隐私保护。

综上所述，本章方案设计的位置共享协议结合了假名变换机制和 SORE 加密位置机制，能很好地保护中间车辆的位置隐私。

2. 目的车辆位置和轨迹隐私的保护

在消息路由过程中，首先源车辆在获取目的车辆所在的位置区域时，位置服务器 LS 通过所提的顺序可见加密，将目的车辆的明文位置区域 AZ 转化为密文区域 CT_{AZ}。然后，车辆通过判断与相邻节点的密文位置的关系和 CT_{AZ} 确定下一跳节点。对于外部攻击者，由于无法解密 CT_{AZ} 从而确定目的车辆所在的具体位置区域，自然无法通过观察该区域节点的变化发起求交集攻击。对于内部攻击者，虽然可以判断自己是否属于 AZ 区域，但是由于 AZ 的边界点由 SORE 加密，避免了密文比较时的 MSDB 泄露(如定理 3.2 所证)，因此内部攻击者也无法结合自身位置，准确地判断出真实匿名位置区域。值得注意的是，顺序可见加密暴露了明文的数字顺序，内部节点存在通过本地一系列的密文位置比较夹逼出匿名区可能的范围。为了应对这一可能的攻击，下面将从两个方面来提高这种攻击实现的难度，一是设置不规则的匿名区。原本的方案采用了目的车辆圆形活动范围的外接正方形来设置匿名区，这样内部攻击者可能通过最少 6 个点的位置来估计出匿名区的最大范围。为了增加估计的难度，可以采用外接三角形来设置匿名区，具体加密实现可以参考文献[186]中把三角形分割成一系列的正方形，这样会产生更多攻击者需要对比的点，然后依旧可以采用本方案匿名路由方法。二是 LS 定期更换 SORE 的主密钥 MSK，避免内部节点密文位置长时间积累。

当路由消息传递到匿名区域 AZ 时，在该区域中的节点，无论是目的车辆还是转发车辆，在收到匿名消息后均需要转发给其邻居节点，因此各个节点对路由消息的行为模式相同，使得恶意节点无法通过流量分析确定目的车辆的位置。

综上所述，无论是外部攻击者还是内部攻击者，由于无法获知目的车辆的真实位置区域 AZ，因而无法发起求交集攻击和流量分析攻击，避免了目的车辆的位置与轨迹泄露。

3.6.2　计算开销分析

本章所提的匿名路由方案分为位置共享和消息路由两个阶段，其涉及的实体包括位置服务器 LS、源车辆、目的车辆以及中间转发车辆。这一小节将从上述两个阶段入手，分析相关实体计算开销。为了便于描述，定义了一些符号来表示相关运算的计算开销（值得注意的是，考虑到其本身较低的计算开销，忽略了有限域 $\mathbf{Z}_p^*$ 上的加减乘数运算），相关实体在不同环节的计算开销如表 3.1 所示。

表 3.1　相关实体在不同环节的计算开销

实体名称	计 算 开 销	
	位置共享阶段	消息路由阶段
位置服务器 LS	$(4(n+\lambda+3)+3)\cdot T_{\text{h}}+T_{\text{AES}(\cdot)}+2T_{\text{sm-ecc}}$	$4(n+\lambda+3)\cdot T_{\text{h}}+T_{\text{sm-ecc}}+T_{\text{mtp-ecc}}$
源车辆 U_{s}	$(3\mu+5)\cdot(T_{\text{sm-ecc}}+T_{\text{h}})+2T_{\text{AES}(\cdot)}+$ $2(\mu-1)\cdot T_{\text{pa-ecc}}$	$2T_{\text{sm-ecc}}+T_{\text{mtp-ecc}}+2T_{\text{AES}(\cdot)}+(2+l)T_{\text{h}}$
源车辆的邻居转发车辆 U_i	$3T_{\text{h}}+7T_{\text{sm-ecc}}+2T_{\text{pa-ecc}}$	$U_i\notin$ AZ：$(1+l)\cdot T_{\text{h}}$ $U_i\in$ AZ：$(2+\mu)\cdot T_{\text{h}}+T_{\text{sm\_ecc}}+T_{\text{AES}(\cdot)}$
目的车辆 U_{d}	/	$(2+\mu)\cdot T_{\text{h}}+T_{\text{sm-ecc}}+T_{\text{AES}(\cdot)}$

1. 位置共享阶段

根据位置共享协议，这个阶段分为两步。首先车辆(以源车辆 U_{s} 为例)上传位置至 LS 以获取密文位置和假名证书。该过程中 U_{s} 计算开销为 $2T_{\text{h}}+T_{\text{AES}(\cdot)}+T_{\text{ECDSA}^*\_\text{KG}(\cdot)}$，服务器 LS 的计算开销为 $T_{\text{AES}(\cdot)}+2T_{\text{h}}+2T_{\text{SORE.Enc}(\cdot)}+T_{\text{ECDSA}^*\_\text{S}(\cdot)}$。其中，$T_{\text{SORE.Enc}(\cdot)}$ 表示 SORE 算法加密操作的计算开销($T_{\text{SORE.Enc}(\cdot)}=(n+\lambda+3)\cdot T_{\text{h}}$)；$T_{\text{ECDSA}^*\_\text{KG}(\cdot)}$ 和 $T_{\text{ECDSA}^*\_\text{S}(\cdot)}$ 分别表示 ECDSA* 算法密钥生成和签名操作的计算开销($T_{\text{ECDSA}^*\_\text{KG}(\cdot)}=T_{\text{sm-ecc}}$，$T_{\text{ECDSA}^*\_\text{S}(\cdot)}=T_{\text{sm-ecc}}+T_{\text{h}}$)。然后，$U_{\text{s}}$ 将其位置信息共享给其邻居车辆。该过程中邻居车辆的计算开销为 $2T_{\text{ECDSA}^*\_\text{V}(\cdot)}+2T_{\text{sm-ecc}}+T_{\text{ECDSA}^*\_\text{S}(\cdot)}$。考虑到 U_{s} 周围会有多个邻居节点，因此其会在短时间内收到多个应答消息，为了提高消息的验证速率，将采用算法 ECDSA*_BV($\cdot$)进行批量验证处理，故 U_{s} 的计算开销为 $(\mu+1)T_{\text{sm-ecc}}+T_{\text{ECDSA}^*\_\text{S}(\cdot)}+T_{\text{ECDSA}^*\_\text{BV}_1(\cdot)}+T_{\text{ECDSA}^*\_\text{BV}_2(\cdot)}$。其中，$T_{\text{ECDSA}^*\_\text{V}(\cdot)}$ 表示 ECDSA* 验签算法的计算开销($T_{\text{ECDSA}^*\_\text{V}(\cdot)}=T_{\text{h}}+2T_{\text{sm-ecc}}+T_{\text{pa-ecc}}$)；$\mu$ 表示节点 U_i 周围一跳邻居节点的数量(也即 $\mu=|\text{Neigbor}_{U_i}|$)；$T_{\text{ECDSA}^*\_\text{BV}_1(\cdot)}$ 和 $T_{\text{ECDSA}^*\_\text{BV}_2(\cdot)}$ 分别表示 ECDSA* 批量验证算法验证 μ 个相同用户和 μ 个不同用户签密的计算开销。具体地，$T_{\text{ECDSA}^*\_\text{BV}_1(\cdot)}=(\mu+2)\cdot T_{\text{sm-ecc}}+\mu\cdot T_{\text{h}}+(\mu-1)\cdot T_{\text{pa-ecc}}$，$T_{\text{ECDSA}^*\_\text{BV}_2(\cdot)}=(2\mu+1)\cdot T_{\text{sm-ecc}}+\mu\cdot T_{\text{h}}+(\mu-1)\cdot T_{\text{pa-ecc}}$。

2. 消息路由阶段

以源车辆 U_{s} 和目的车辆 U_{d} 间一次单向匿名通信为例，首先源车辆 U_{s} 从 LS 处获取目的车辆 U_{d} 的密文匿名区域 AZ。该过程中，U_{s} 的计算开销为 $T_{\text{AES}(\cdot)}+2T_{\text{h}}$，LS 的计算开销

为 $T_{sm\text{-}ecc}+T_{mtp\text{-}ecc}+4T_{SORE.Enc(\cdot)}+T_{AES(\cdot)}+2T_h$。然后，源车辆 U_s 将建立到目的车辆 U_d 间的保护位置隐私的多跳路由。此过程中，源车辆 U_s 计算开销为 $2T_{sm\text{-}ecc}+T_{mtp\text{-}ecc}+T_{AES(\cdot)}+(1+l)\cdot T_h$。其中，$l=|N\_set|$ 表示邻居节点中符合要求的转发节点数量。对于中间转发车辆（以 U_i 为例），需要判断其是否属于密文匿名区域 AZ。虽然这个过程是通过密文比较来实现的，但考虑到算法 SORE. Comp$(CT_m,CT_{m'})$ 只涉及简单的相等判断操作，其计算开销可以忽略不计。若属于 AZ，则中间转发车辆 U_i 在匿名区内广播路由消息，计算开销为 $(2+\mu)\cdot T_h+T_{sm\text{-}ecc}+T_{AES(\cdot)}$（值得注意的是，目的车辆作为匿名区域 AZ 中的一员，和匿名区域中间转发节点具有相同的计算开销）。若不属于 AZ，则 U_i 需要继续转发路由消息，其计算开销为 $(2+l)\cdot T_h$。

3.7 实　验

3.7.1　实验环境搭建

在实验中，采用仿真软件 OPNET Modeler 14.5 模拟车联网场景，它是一款常用的无线网络仿真工具，具有模型库丰富、模型配置简易以及数据分析快捷等优点。它通过为系统模拟的各种场景来提供更加接近真实的网络环境，可实现对所设计网络方案的验证和比较。车辆的运动轨迹模型采用模拟器 SUMO - 1.6.0 生成，SUMO - 1.6.0 可以利用从 Openstreetmap 导入的真实地图文件来提供一个更真实的车联网场景。需要注意的是，SUMO 产生的车辆轨迹文件并不支持 OPNET 的运行，对此，实验中开发了一个转换工具来实现轨迹文件的格式转换，行动轨迹的生成与转化过程如图 3.6 所示。在该场景中部署

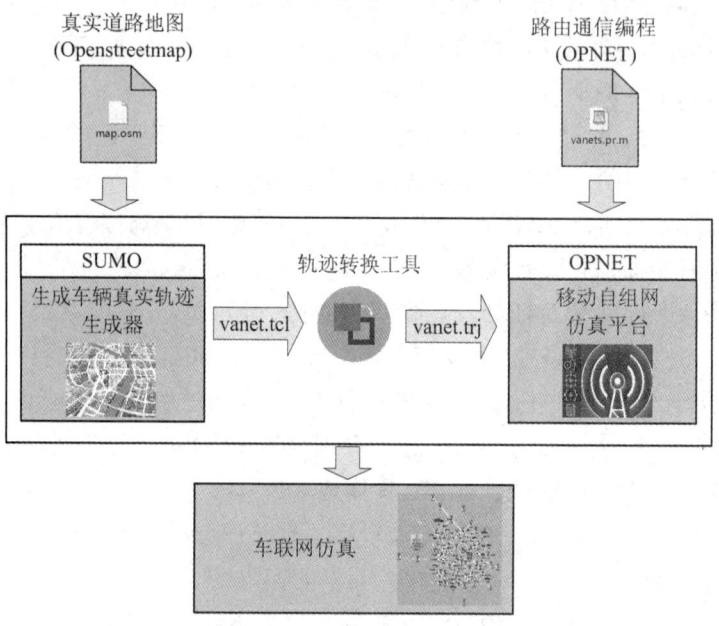

图 3.6　行动轨迹的生成与转化过程

了若干个移动节点模拟车辆，一个静止节点模拟 RSU，一个服务器模拟 LS。其中，RSU 和 LS 间采用有线连接，RSU 和车辆间采用无线通信。在仿真过程中，LS 和 RSU 在初始位置处保持静止，车辆按照导入的轨迹移动。

1. 具体实验环境

笔记本电脑的硬件配置信息为 3.30 GHz Core i5 - 4590 CPU，4GB DDR3 - 1600 RAM，操作系统为 Windows 7。实验中本节设置移动自组网场景的仿真参数如表 3.2 所示。本方案中顺序可见加密、位置共享以及消息路由的实现均采用 JAVA 编程语言，并使用了 JPBC 2.0 函数库(它集成了大量密码学常用算法，是目前较为流行的 JAVA 密码学库文件)。

表 3.2 车联网仿真基本参数设置

参 数	取 值
移动速度	5 m/s, 10 m/s, 30 m/s
移动范围	北京某地区的坐标如下： 纬度：116.332 119°E～ 116.559 18°E； 经度：39.863 253°N ～ 40.034 403°N
通信距离	车辆：350 m； RSU：3 km
数据传输率	11 Mb/s
车辆数目	200，400，600，800

2. 各算法及其参数选取

选取非奇异椭圆曲线 E：$\{(x, y) \in (F_q)^2 \mid y^2 = x^3 + ax + b(\bmod\ p), (a, b \in F_q, 4a^3 + 27b^2 \neq 0(\bmod\ p)\}$ 来构造加法群 G，并选取阶为 λ 的点 P 作为群 G 的生成元。其中，p 和 λ 均为 160 bit 的素数，这样可以达到 80 bit 的安全级别。时间戳采用 32 bit 表示；哈希运算选取 SHA1，其输出为 160 bit；对称加密算法选取 AES - 256，并设置为 CFB 加密模式，其输出密文和明文具有相同长度。

3.7.2 实验结果及分析

1. 位置共享阶段的性能评估

本节实验分别评估了在车辆位置共享阶段中位置服务器 LS、位置共享节点以及其邻居节点的计算时延和通信开销，分别如图 3.7～图 3.10 所示。

对于 LS，在位置共享过程中，共享位置的节点需要首先将本地位置上传到 LS 处，以获取加密的位置。在此过程中，分析了并发位置上传请求下其计算时延和通信开销随并发请求的节点数量的变化情况，具体如图 3.7 和图 3.8 所示，当并发节点的数量从 100 增加到 800 时，LS 的通信开销从 31.7 KB 增加到 253.6 KB，对于 11 Mb/s 的数据传输率来说，其发送时延将不超过 200 ms。LS 的计算时延从 61.4 ms 增加到 527.8 ms，仍具有较高的并发处理能力。值得注意的是，在本章方案中 LS 在对节点上传的位置进行加密时，充分考虑了消息的传输和处理时延对节点位置准确性的影响，通过对节点的位置进行补偿，保证

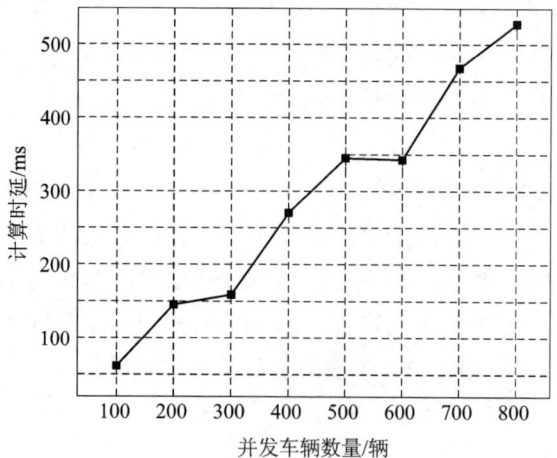

图 3.7　LS 的计算时延

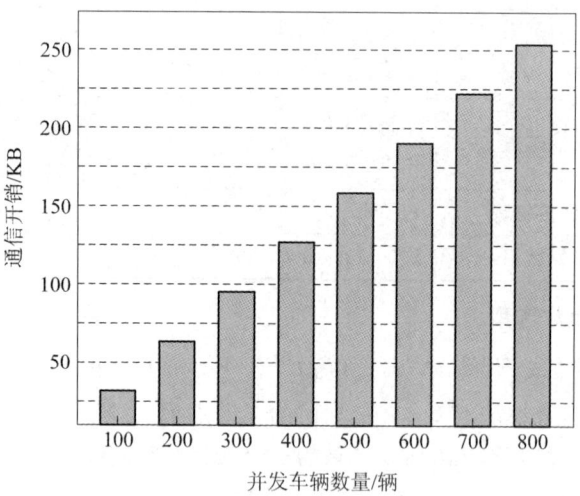

图 3.8　LS 的通信开销

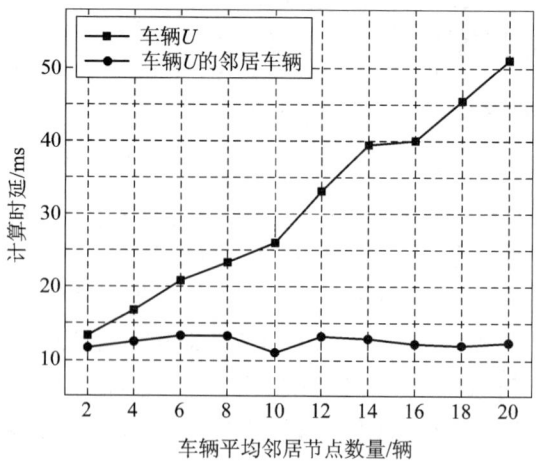

图 3.9　位置共享节点及其邻居的计算时延

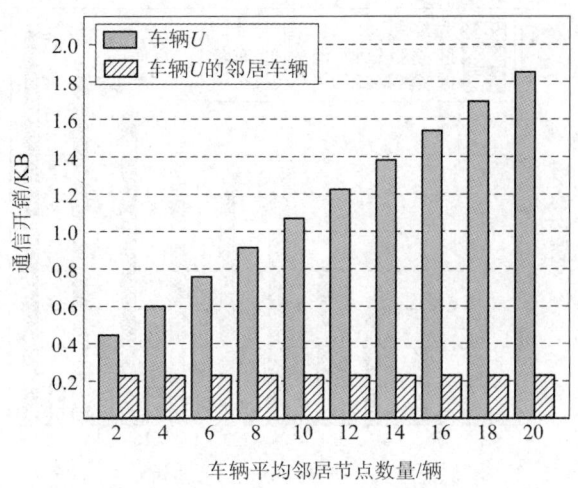

图 3.10　位置共享节点及其邻居的通信开销

了节点收到的加密位置为其最新位置对应的密文。

节点得到加密位置后，需要分享给其邻居节点。在该过程中，其一跳邻居节点的数量 μ 将影响其计算时延和通信开销。在本章方案中位置更新节点收到多个邻居节点的位置共享响应消息后，将采用批量验证技术提高消息处理的实时性，这样做的目的是降低节点由于移动导致的链路损耗问题。如图 3.9 和图 3.10 所示，当 μ 从 2 变化到 20 时，其计算时延从 13.3 ms 增加到 51.2 ms，通信开销从 0.45 KB 增加到 1.85 KB。对于位置共享节点周围的邻居节点，在其收到位置共享的消息后，需要对其进行响应，该过程（不考虑其同时作为位置更新节点的情况）中其计算时延和通信开销约为常数。计算时延约为 11.5 ms，通信开销约为 0.2 KB。

2. 消息路由阶段的性能评估

本节实验分别分析了在消息路由阶段中源节点和中间转发节点的计算时延和通信开销，分别如图 3.11 和图 3.12 所示。

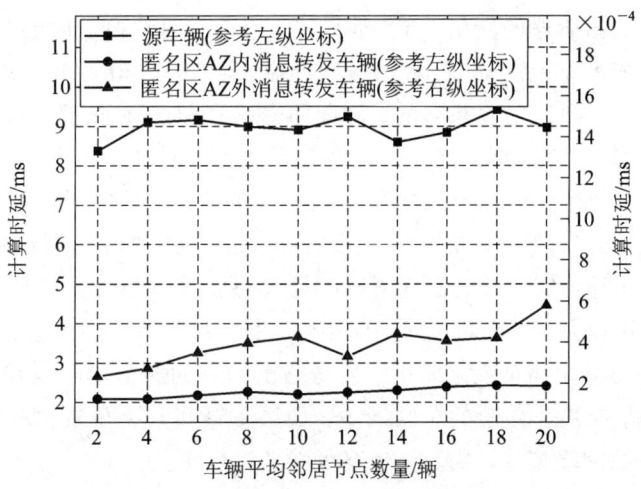

图 3.11　源节点及中间转发节点的计算时延

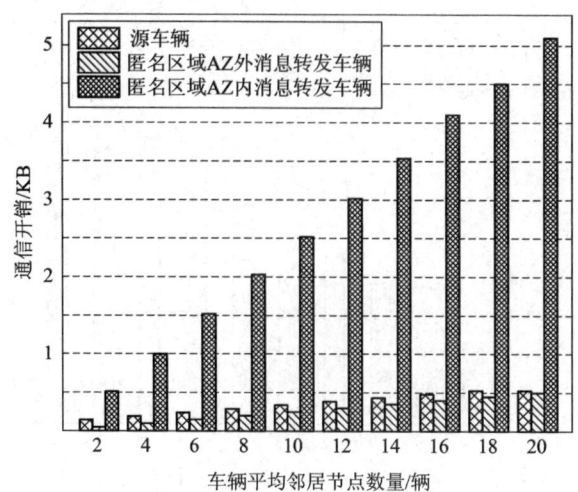

图 3.12 源节点及中间转发节点的通信开销

源车辆在获取了目的节点的密文匿名区域后,需要查询本地的路由表,通过简单计算和密文位置比较选取第一跳中间转发节点。该过程中的计算开销和通信开销约为常数,基本不随其邻居节点数量的变化而变化。

本方案的路由过程分为两阶段,即逐跳转发阶段和广播阶段。其中,逐跳转发阶段发生在路由消息未到达匿名区域之前,该阶段的中间转发节点仅需要依据本地的密文位置和匿名区域的位置的相对关系,逐跳地确定下一跳转发节点。因此,该过程中节点的计算开销和通信开销取决于下一跳节点的数量,开销随着相邻节点数目的增加而增加,这是由于相邻节点越多,满足位置条件的下一跳节点数就越多。在广播阶段,当中间转发节点判断自己在匿名位置区内时,将通过对称加密将路由消息广播给它的每一个邻居节点,在此过程中邻居节点的数量会影响其计算和通信开销,当邻居节点数量从 2 变化到 20 时,匿名区域内的中间转发节点(包括目的节点)的计算时延将从 2.08 ms 增加到 2.4164 ms,通信开销从 0.5 KB 增加到 5.1 KB。

下面评估消息路由阶段的路由性能(即源、目节点之间的通信时延与分组到达率)。实验中设定车辆平均速度 $V=20$ m/s,匿名区域半径 $L_{AZ}=0.4$ km,图 3.13 和图 3.14 分别反映了它们随车辆数量(N)和车辆共享位置时间间隔(F_{U_i})的变化情况,从中可知通信时延的变化受车辆数目的影响,车辆数目越大,通信时延越小。同时,由于节点数目较大时,车辆分布较为密集,从而使得网络拓扑相对稳定,所以当节点数较大时,受位置共享周期影响的通信时延波动较小。车辆将有更多的机会将路由消息快速转发到位置最佳的下一跳节点,使得通信时延小且稳定。分组到达率同时受节点数量和位置共享时间间隔的影响,具体来说,当节点数量较大、位置共享周期较小时,源到目的节点的分组到达率较高。这是由于车辆数量的增加使得相邻车辆之间用于发送路由消息的通信链路数量也增加了,从而实现了高分组到达率。在快速移动的车联网中,如果车辆间共享位置时间间隔太长,车辆将无法及时获得最新的网络拓扑,从而增加路由消息丢包率。

图 3.15 和图 3.16 分别反映了路由性能受到匿名区域大小(以其半径 L_{AZ} 表示)和位置共享周期的影响。此实验中设定车辆数目 $N=800$,平均速度 $V=20$ m/s,随着匿名区域

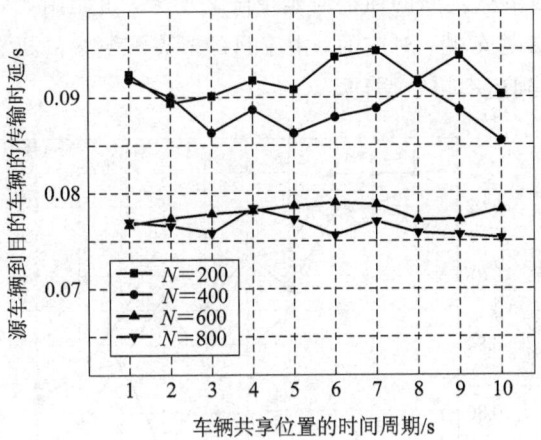

图 3.13　通信时延

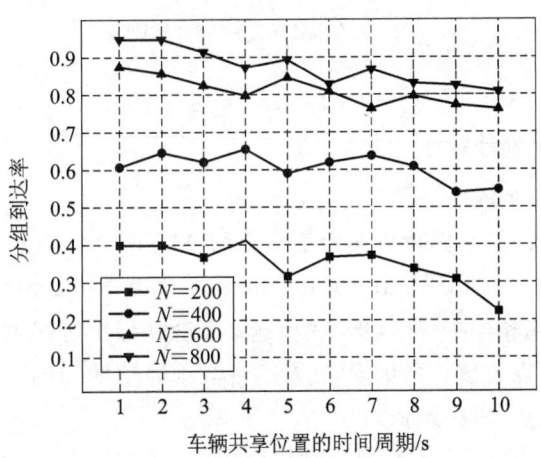

图 3.14　分组到达率

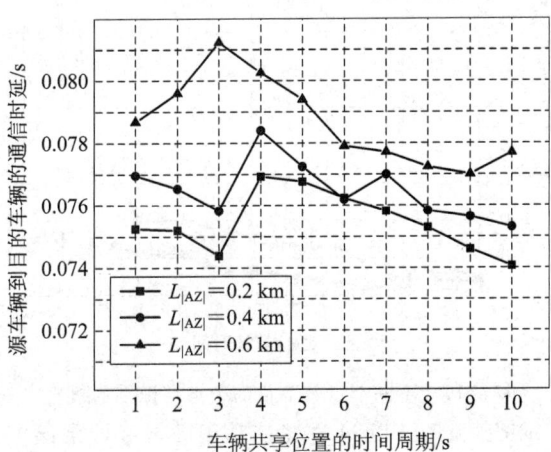

图 3.15　通信时延

AZ 的逐渐扩大，源、目节点之间的通信时延也随之增大，这是由于路由消息到达匿名区域 AZ 后，需要广播给更多的车辆。对应的，由于目的节点有更多的机会接收匿名区域中其他车辆的路由广播，分组到达率也会增加。

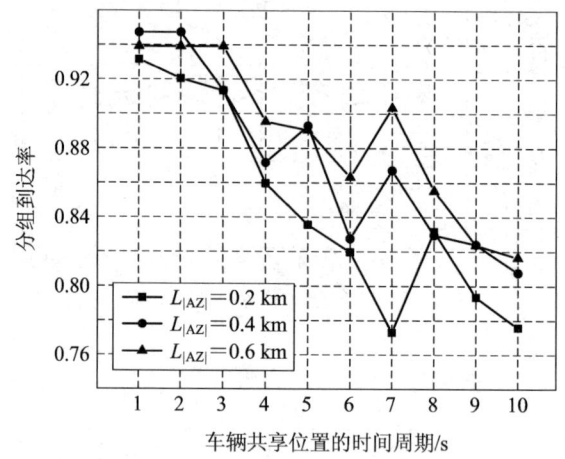

图 3.16 分组到达率

3. 同已有方案路由性能对比

1）目的节点隐私保护级别

本小节以基于位置的匿名路由方案中最突出的 ALERT[173] 作为比较方案，分析所提出的 LISTEN 方案。选取 PI(Probability of destination node being Identified，目的节点被识别概率)反映目的节点隐私保护等级(即 PI 值越小，隐私保护等级就越高)，并在网络中设置不同的匿名区域和节点速度，测量 PI 在源、目节点通信期间的变化。其中，ALERT 中 PI 的变化如图 3.17 和图 3.18 所示。

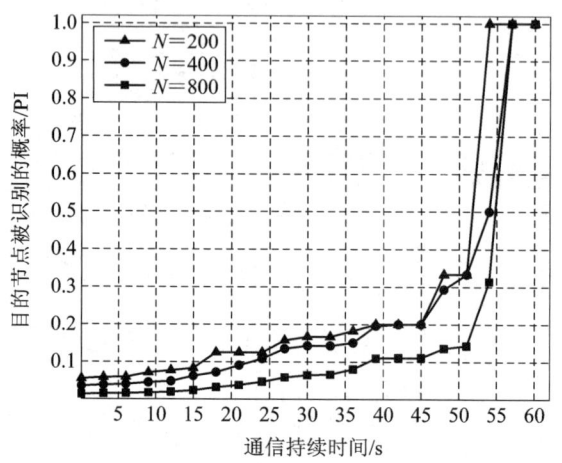

图 3.17 不同节点数下目的节点被识别的概率

值得一提的是，ALERT 和 LISTEN 方案都利用匿名区域来保护目标节点的位置隐私，不同点在于 ALERT 中的目的匿名区域暴露在路由消息中，这会导致求交集攻击，进而增加 PI。在通信期间，匿名区域中有两种类型的节点。一种是匿名区域中的初始节点，另一

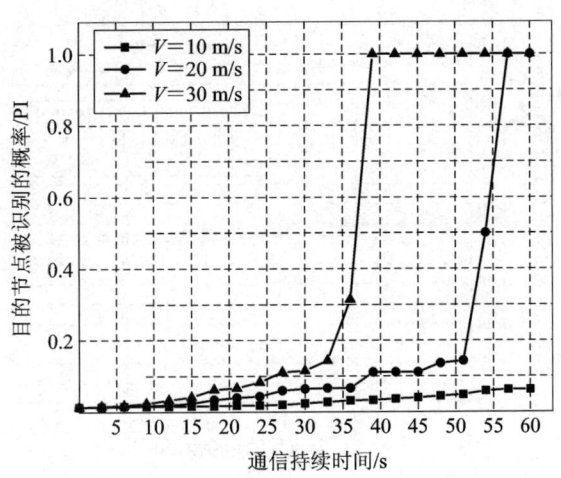

图 3.18　不同速度下目的节点被识别的概率

种是稍后移动到匿名区域的新节点。根据求交集攻击的原理，这些新增加的节点会在求交集的过程中被排除，因此，匿名区域目的节点被识别的概率可以通过匿名区域初始节点数量的变化来计算。更准确地说，设 PI＝1/K，K 是经过一段时间后仍然停留在匿名区域的初始节点数。在图 3.18 对应的实验中，设节点数目 $N＝800$，匿名区域半径 $L_{AZ}＝0.4$ km，以节点速度为 10 m/s 为例，在设置的匿名区域约有 72 个初始节点（即目标节点的初始隐私保护级别为 0.014），当通信持续时间从 2 s 增加到 60 s 时，PI 从 0.014 增加到 0.063，攻击者仍难以识别目的节点。但随着节点速度的增加，PI 会显著增加。更严重的是，当节点速度增加到 20 m/s 和 30 m/s 时，目的节点分别经过 55 s 和 45 s 的连续通信，最终均会被攻击者识别出来。实验 3.17 中设置了不同的节点数（匿名区 AZ 的半径仍设为 0.4 km）来分析 PI 随通信时长的变化。综上所述，可以看出一旦匿名区域固定并暴露，目标节点的隐私保护级别将不断降低，且始终低于初始级别。

在 LISTEN 方案中，采用 SORE 加密匿名区域，使得外部被动攻击者对其不可见，这样可以有效避免求交集攻击。虽然在密文比对过程中，泄露的位置关系会使得内部主动攻击者可以估计出匿名区域的近似范围（简称为 $\widetilde{AZ}$），但 $\widetilde{AZ}$ 比真正的匿名区 AZ 要大，导致攻击者识别目的节点的概率不超过 PI_{init}，$PI_{init}＝1/(\rho \cdot |AZ|)$，$|AZ|$ 表示匿名区面积，这意味着所提方案保持了目的节点的初始隐私保护级别。

2）路由性能

本节实验从源、目节点通信时延和分组到达率两个方面来将所提匿名路由方案同已有的 ALERT[173] 方案进行对比，选择标准位置路由协议 GPSR[187] 作为基准比较方案（GPSR 也是 IoV 中最具代表性的位置路由协议）。本实验设置匿名区域半径 $L_{AZ}＝0.4$ km，节点数 $N＝800$，位置共享的时间间隔 $F_{U_i}＝1$ s，分析不同节点速度下的通信时延和分组到达率，实验结果如图 3.19 和图 3.20 所示。

通过观察图 3.19 的结果可以发现，所有路由协议的通信时延都不受节点移动速度的影响，但相比较而言，所提出的 LISTEN 和 GPSR 方案的通信时延更小。根本原因在于，为应对求交集攻击，ALERT[173] 采用了两阶段广播方式来破坏源、目节点数据包的连续性，

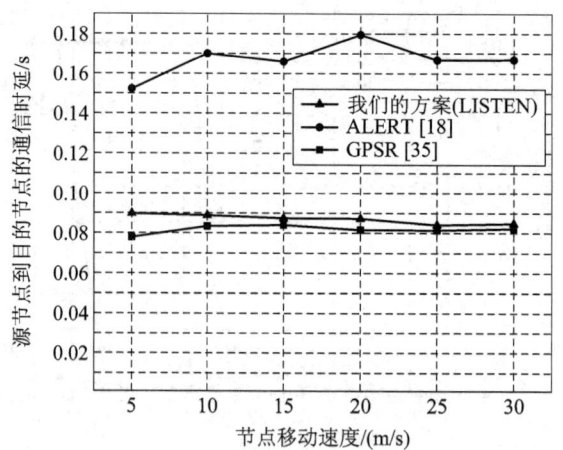

图 3.19　通信时延

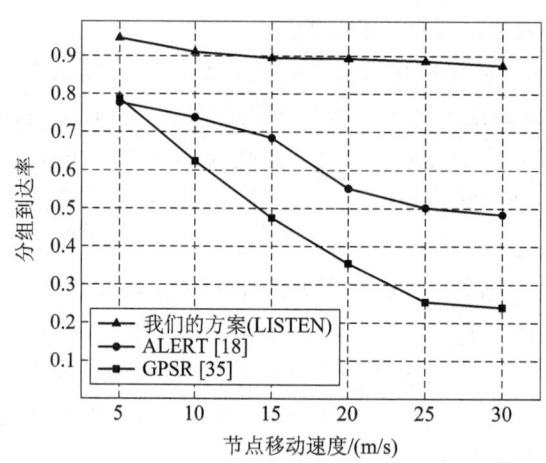

图 3.20　分组到达率

即源节点的数据包不直接传给目的节点,而是缓存在匿名区的中间转发节点中,等待与下一个数据包一起发送到目的节点,因此其端到端的时延较大。而 LISTEN 方案通过安全高效的 SORE 来保护匿名区域位置以避免求交集攻击,无需动态扩大匿名区域或中断路由消息的连续性。同时,位置密文的比较在路由建立过程中不耗费时间,所以 LISTEN 方案通信时延较低,但比 GPSR 要高,这是因为 LISTEN 方案不仅建立了路由而且实现了隐私保护,而 GPSR 只实现了以明文发送消息的路由。

　　如图 3.20 所示,当节点移动速度增加时,3 个方案中数据包的投递成功率都将降低。这是由于节点的移动性导致其通信链路不稳定,进而导致数据在传输过程中出现丢包。相比于 GPSR,ALERT[173] 和 LISTEN 方案采用广播机制在匿名域内传递消息,能在一定程度上减缓目的节点数据包的丢失。此外,LISTEN 方案在选择下一跳时不仅考虑了节点位置的时效性,而且还建立了多条路由路径,这有利于选择通信链路稳定的相邻节点作为下一跳。所以,LISTEN 方案比其他两个方案拥有更高的数据包到达率,且随着节点速度的增加仅缓慢下降。

　　综上所述，本章所提的基于位置的匿名路由方案，在增强对目的节点位置隐私保护的同时，相比于已有的方案具有较低的端到端通信时延和较高的数据包到达率。因此在车联网中具有更好的应用价值。

本 章 小 结

　　现有的移动自组网中，针对基于位置的匿名方案在位置共享环节存在泄露节点轨迹隐私和在消息路由环节难以有效抵抗对目的节点求交集攻击的问题。本章提出了一个增强隐私保护的位置匿名路由方案。首先设计了一个匿名的位置共享协议，通过对节点周期性位置共享过程中身份信息的保护来实现对其轨迹隐私的保护；然后采用顺序可见加密的方法，通过对目的节点所在匿名区域进行加密保护，使得路由消息在传递过程中，中间转发节点仅通过比较其本地位置密文和匿名区域密文位置的相对关系来选取下一跳节点，避免了目的节点匿名区域位置的暴露，进而有效解决了求交集攻击和流量分析攻击问题；安全性分析和大量的实验表明，与现有的方案相比，本章方案可以有效保护中间车辆和目的车辆的位置，同时，与移动自组网中最先进的基于位置的匿名路由相比，它在平均通信时延和数据包到达率方面也具有更好的路由性能。需要注意的是，本章仅利用 RSU 来转发位置共享消息，而没有利用 RSU 来辅助路由消息的转发。考虑到 RSU 的静态分布特性，设计 RSU 辅助的基于位置的路由可以进一步提高车联网的路由性能，这将是未来工作的重点。

第 4 章　基于迁移学习的车联网入侵检测方案

4.1 引　言

随着网络通信技术的不断发展，特别是 5G 技术的发展，车辆组网程度在不断提高。然而，正如前面所介绍的，随着车联网的快速发展，其易受远程攻击和恶意控制等安全问题也不断曝出[10, 188-189]。对此，现有的工作主要是利用入侵检测系统(Intrusion Detection System，IDS)在车联网中检测外部车辆网络流量[97, 190-191]。与基于规则的 IDS 相比，基于机器学习的 IDS 具有较强的海量数据处理能力和对未知攻击的检测能力，成为当前研究的热点[31-33]。其基本思想是通过从网络流量中提取数据特征来拟合检测模型，模型会将网络流量标记为正常流量或异常流量。当产生新的网络流量时，可以使用拟合良好的检测模型来判断其是否异常。

车联网中现有的基于机器学习的车联网入侵检测模型更新架构如图 4.1 所示。其中车联网云服务可以由汽车制造商或参与入侵检测系统的安全供应商提供。刚出厂的汽车上已经部署了初始的机器学习模型，但随着具有不同特征分布的新攻击的出现，原有模型的性能将急剧下降。为了应对这些新的攻击，需要实时更新基于机器学习的入侵检测模型。另外，需要从真实环境中上传网络流量数据到车联网云中，然后用新的数据训练新的检测模型，随后将新模型部署在车辆上，用于探测新的攻击。然而，标记数据需要大量的人力和时间成本，不可能在短时间内获得足够的标注数据来重新训练新的车辆检测模型。

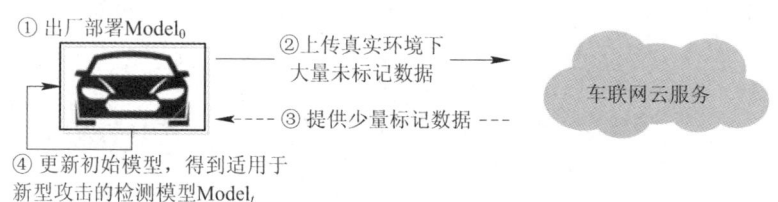

图 4.1　基于机器学习的车联网入侵检测模型更新架构

迁移学习[192-193]的出现在一定程度上解决了以上问题。广泛应用于图像识别、语音识别和自然语言处理等领域的半监督学习和生成对抗网络[194-195]的缺点是只能标记同分布的数据[196]。迁移学习的基本思想是在源域数据或模型的帮助下，在目标域中训练一个与新任务相对应的机器学习模型。它不仅可以在不同的机器学习任务之间转移已有的知识(异构转移学习)，还可以在同一任务下的不同特征分布模型之间转移(同构转移学习)。从云中发送的初始模型被认为是在源域中训练好的模型(初始的标记数据足以用于其训练)。另一种检测模型具有不同的特征分布，适用于新的攻击类型，被视为目标域模型。此外，还有很多基于深层神经网络的迁移学习研究，通过对时空位置进行建模，可以很好地捕捉图像、语音、文本等高维数据特征[197-199]。基于树的迁移学习方案可以处理表格数据，并且具有深层神经网络不具有的特征（例如模型可解释性、输入数据不变性、更容易调参等）[200-202]。本章主要研究入侵检测系统中的迁移学习。为了更好地帮助网络管理员发现异常，模型需具备高可解释性。入侵检测系统数据属于表格数据，因此本章选择了基于树的迁移学习算法。

作为一种新型网络，针对车联网的新攻击将不断出现[190-191, 203]。对于新的攻击，车联网云也很难及时识别，需要很长的时间来标记所获得的新攻击的网络流量数据。标记过程需要耗费大量的人力和时间成本，使得获取新的标记数据需要更长的时间。结果，车辆不能及时从云端获得新攻击的标记数据，因此不能及时更新检测模型。为了解决这一问题，本章基于车联网云在模型更新过程中能否及时提供少量标记数据提出了两个假设，并提出了一种基于迁移学习的模型更新方案。本章的主要内容如下：

（1）当车联网云能够及时提供一些标记数据时，提出了一种云辅助更新方案。该方案引入迁移学习来建立入侵检测模型，并在仅使用少量标记目标域数据的情况下，保证了更新模型的检测精度。

（2）当车联网云不能及时提供标记数据时，提出了一个本地模型更新方案。首先，车辆通过预分类器获得新攻击中未标记数据的伪标签；然后，使用伪标记数据执行多次迁移学习；最后，根据权重将多个迁移模型组合成更新的模型。本章保证了在车联网云完成新的攻击数据标记并发布新的检测模型之前，车辆能够在本地独立地更新模型以应对新的攻击。这些结果为车联网云服务在以后标记其他攻击类型的数据提供了支持。

（3）在 AWID 公共数据集[204]的两个数据集上进行了模拟实验，分析和验证了不同攻击类型下流量特征的差异。大量实验表明，当仅使用目标域中 10% 的标记数据时，云辅助更新方案可以达到 96% 的检测准确率，而传统方案的平均检测准确率为 88%；漏报率仅为6%，而传统方案平均为 11%。此外，当车辆只能获得 30% 的未标记数据时，本地更新方案仍然可以实现目标域中 92% 的检测准确率，而传统方案的检测准确率为 85%；漏报率仅为13%，而传统方案平均为 26%。

4.2　预 备 知 识

为了更好地定义车联网环境中的问题，本节首先给出源域和目标域的概念，将车辆拥有的初始模型设置为源域，并且在源域中车辆具有足够的标记数据来构建可靠的检测模型。当新的攻击出现时，适合新类型攻击的检测模型被视为目标域模型。考虑到车联网攻击的新特性，车联网云可能无法获得足够的标记数据来及时更新检测模型。

1. 源域

源域即初始模型所在的域。源域的数据 D_s：(X_s, Y_s) 由 $\{(x_{s1}, y_{s1}), (x_{s2}, y_{s2}), \cdots, (x_{sn}, y_{sn})\}$ 组成，其中 X_s 为源域数据（不含类别），Y_s 为类别，n 为源域数据集中包含的数据总数，类 Y_s 空间为 $\{0, 1\}$，其中正常为 1，攻击为 0，类 0 是源域中所有攻击类型的总称。

2. 目标域

目标域即具有新类型攻击的域。目标域数据 D_t：(X_t, Y_t) 由 $\{(x_{t1}, y_{t1}), (x_{t2}, y_{t2}),$

$\cdots, (x_{tm}, y_{tm})\}$组成，其中，$X_t$ 为目标域数据（不含类别），Y_t 为类别，m 为目标域数据集中包含的数据总数，类 Y_t 的空间是 $\{0, 1\}$，其中正常为 1，攻击为 0，类 0 是目标域中所有攻击类型的总称。

虽然 Y_s 和 Y_t 都只包含"正常"和"异常"信息，但源域和目标域中的攻击者可能不同。攻击者采用不同的攻击手段类型，导致底层流量特征的不同表现，也就是说，虽然 Y_s 和 Y_t 有相同的特征空间，但是它们在特定特征上的表现是不同的。为了进一步衡量从源域和目标域导出的数据之间的差异，引入最大平均差异（MMD）来衡量。

$$\text{dist}(X_s, X_t) = \| \sum_{i=1}^{N} \phi(x_{s_i}) - \sum_{i=1}^{M} \phi(x_{t_i}) \|^2 \qquad (4-1)$$

传统机器学习模型对数据的依赖性导致用 D_s 训练的检测模型在面对 D_t 时检测精度不高（已被后续实验充分验证）。传统的机器学习模型需要足够的训练数据，因此仅依靠目标域的少量数据 D_t 很难训练出可靠的入侵检测模型。因此，本方案通过迁移学习方法将 D_s 中包含的知识转移到目标域，并将 D_t 与转移学习算法相结合，构建了一个适合目标域的入侵检测模型，从而提高模型在目标域中的检测精度。

4.3 方案设计

4.3.1 云辅助更新方案

车联网云连接了许多车辆，这些车辆分布在现实世界的各个地方，并且拥有一定领域的知识。基于这种架构，本章充分利用车联网云的能力来构建入侵检测模型。标记的数据 $D_t^{\text{portion}}: \{D_t^1: (X_t^1, Y_t^1), D_t^2: (X_t^2, Y_t^2), \cdots, D_t^w: (X_t^w, Y_t^w)\}$ 可以由车联网云提供。现有的方案是基于假设 1 提出的，其体系结构如图 4.2 所示。

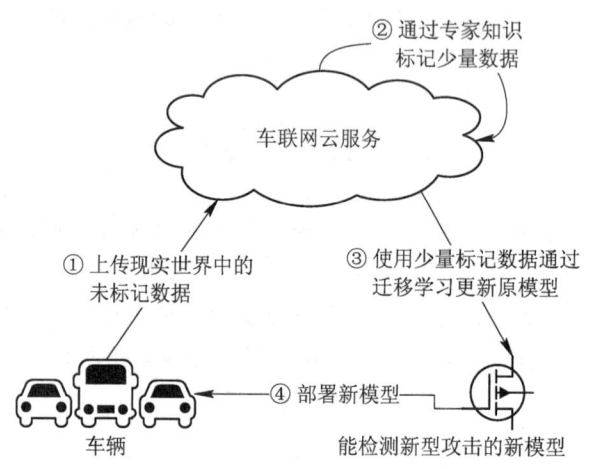

图 4.2　云辅助更新方案体系结构

假设 1　源域存储了足够的标记数据 $D_s: (X_s, Y_s)$。当新的攻击出现时，需要建立新的入侵检测模型。由于目标领域的陌生性和领域知识的有限性，不可能及时获得车联网云中目标领域的所有标记数据。因此，为了快速更新入侵检测模型，车联网云只能在有限的时间内从领域知识中获得少量的标记数据集 $D_t:(X_t,Y_t)$。

如引言所述，传统的机器学习需要足够的训练数据作为先决条件，因此车辆不能获得足够的目标域数据来建立可靠的入侵检测模型。基于实例的迁移学习过程如图 4.3 所示，三角形和圆形分别代表目标域和源域的数据。当仅使用少量目标域数据时，如图 4.3(a)所示，由于样本不足，难以确定分类边界，使得入侵检测模型的检测结果不准确。由于目标域数据和源域数据是从底层数据流特征中提取的，并且对于同一辆车具有相同的特征空间，因此它们具有很强的相似性。如图 4.3(b)所示，可以通过使用源域数据 D_s 来辅助目标域数据建立检测模型。然而，由于网络攻击类型等因素的不同，网络流量特征也不同。直接使用 D_s 和 D_t 按传统机器学习方案建立的入侵检测模型并不完全适用于目标域。如图 4.3(c)所示，引入迁移学习算法，在模型训练过程中，通过调整样本的权重(增加源域中重要数据实例的权重，减少不重要数据实例的权重)，可以在源域 D_s 中找到适合目标域的案例数据，并将这部分数据知识最大限度地转移到目标域模型的训练过程中，从而在目标域中获得一个可靠的入侵检测模型。

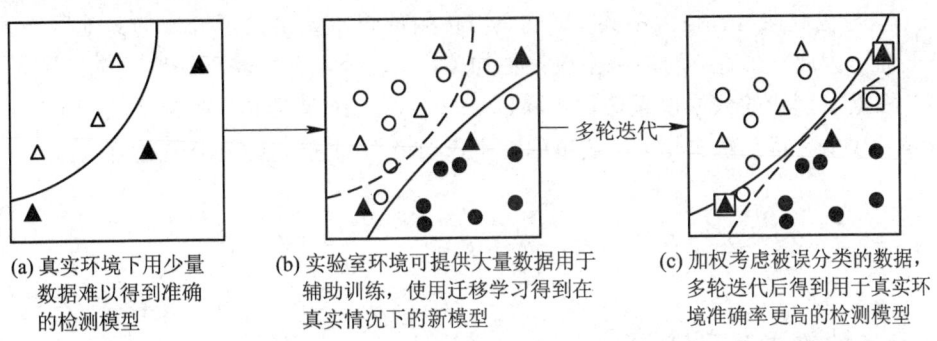

(a) 真实环境下用少量　　(b) 实验室环境可提供大量数据用于　(c) 加权考虑被误分类的数据，
数据难以得到准确　　　辅助训练，使用迁移学习得到在　　多轮迭代后得到用于真实环
的检测模型　　　　　真实情况下的新模型　　　　境准确率更高的检测模型

图 4.3　基于实例的迁移学习过程

基于上述思想，核心检测算法分为以下步骤：

(1) 初始化源域和目标域中的数据权重向量，$w^1=(w_1^1,w_2^1,\cdots,w_{n+m}^1)$，$w_i^1=\begin{cases}1/n,\ i=1,2,\cdots,n\\1/m,\ i=n+1,n+2,\cdots,m\end{cases}$。同时，根据源域和目标域的权重，根据公式(4-2)统一计算每个训练数据实例 x_i 的权重 p^t，并且设置参数 $\beta_t=1/(1+\sqrt{2\ln n/N})$，这里 β 是由函数 Hedge(β)[205]产生的。

$$p^t=\frac{w^t}{\sum\limits_{i=1}^{n+m}w_i^t} \tag{4-2}$$

(2) 分类器用于根据组合的训练数据 $T=D_s\bigcup D_t$ 和在 T 上的分布权重 p^t 训练分类器 $h_t(x)$，并且根据公式(4-3)计算 T 上的错误率 ε_t：

$$\varepsilon_t=\sum\limits_{i=n+1}^{m}\frac{w_i^t\,|\,h_t(x_i)-c(x_i)\,|}{\sum\limits_{i=n+1}^{m}w_i^t} \tag{4-3}$$

式中，$h_t(x_i)$ 是分类器中实例 x_i 的输出，$c(x_i)$ 是实例 x_i 的真实标签。在计算 ε_t 时，只考虑目标域中的训练数据 D_t，因为基于迁移学习的网络入侵检测方案将在目标网络环境中建立一个入侵检测模型，所以更加关注分类器在目标环境中的性能。只有当分类器在目标网络中具有较高的检测精度时，它才能对最终的检测模型更有意义。在计算最终误差时，进一步考虑样本权重的影响。在重要样本中，调整分类错误的样本权重可以有效地对重要但被误分类的样本给予更多的关注，有助于在后续分类中取得更好的结果。

（3）根据上述步骤，通过公式（4-2）和式（4-3）获得误差率 ε_t，并计算新的权重 β^t 和 w_i^{t+1}。

$$\beta^t = \frac{\varepsilon_t}{1-\varepsilon_t} \tag{4-4}$$

$$w_i^{t+1} = \begin{cases} w_i^t \beta^{|h_t(x_i)-c(x_i)|}, & i=1,2,\cdots,n \\ w_i^t \beta^{-|h_t(x_i)-c(x_i)|}, & i=n+1,n+2,\cdots,n+m \end{cases} \tag{4-5}$$

从公式中可以看出，对于源域中的 D_s 数据，当样本被错误分类时，在下一轮训练中该样本的权重将降低。这是因为当样本在目标域的检测模型中被错误分类时，它表明样本具有与目标域中的样本不同的特征，会对目标域检测模型的建立产生负面影响。因此训练过程中该样本的权重应该降低以减少其影响；与此同时，当目标域样本被错误分类时，也意味着该样本与源域样本有很大不同，即它具有由新的攻击或不同于源域的其他网络属性带来的新特征，因此，在后续的训练中应该更加关注，使分类器能够更好地适应目标域。

（4）根据上述新的数据权重迭代步骤（2）～（3），经过 N 轮后，根据公式（4-5）得到最终的检测模型，并得到输出结果。这里的结果仅由 $N/2$ 个单独的分类器整合。

$$h_f(x) = \begin{cases} 1, & \sum_{t=N/2}^{N} \ln \frac{1}{\beta_t} h_t(x) \geqslant \frac{1}{2} \sum_{t=N/2}^{N} \ln \frac{1}{\beta_t} \\ 0, & \text{else} \end{cases} \tag{4-6}$$

4.3.2 本地模型更新方案

随着时间的推移，车联网中的攻击类型不断变化，重要的网络流量特征也在不断变化，这就要求入侵检测模型不断更新。尽管车联网云服务比车辆具有更强的标记网络攻击数据的能力，但由于车联网是新兴的网络，其中的攻击类型具有不确定性，很难确保车联网云服务及时提供标记的数据。考虑到这点，本章进一步考虑了车联网云服务不能及时提供标记数据的情形。为了在车联网云完成新的攻击数据标记并发布新的检测模型之前，在本地独立地更新模型以响应新的攻击，提出假设 2，其体系结构如图 4.4 所示。

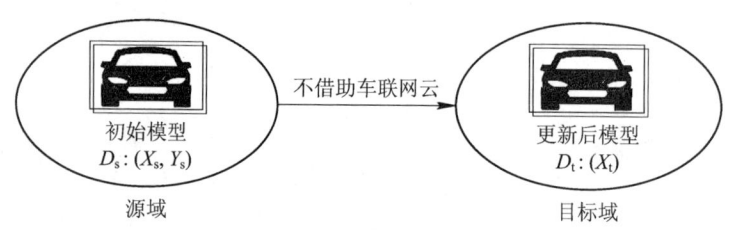

图 4.4　本地模型更新方案体系结构

假设 2　当车辆面临新类型的攻击时，车辆只能收集目标域中的未标记数据 $D_t：(X_t)$。由于是新的攻击数据，车联网云服务不能标记这些数据或及时发布新的检测模型。

由于假设 2 的存在，基于假设 1 的模型不能及时更新，因为未能获得 X_t 的标签 Y_t。目前，在迁移学习领域(主要是通过联合概率自适应或边缘概率自适应的方法，在满足相同分布的特征空间 X' 中将源域数据映射到目标域数据)已经有关于无监督迁移学习的研究。然而，这种基于矩阵运算的方案带来了巨大的计算开销，不能应用于车联网的环境。

本章认为在入侵检测领域，用户正常操作产生的流量通常是相似的。从假设 1 的实验结果可以看出，入侵检测系统在源域的误报率非常低。这意味着当把源域中的入侵检测系统直接应用于目标域时，正常流量 $y_t^i = 0$ 几乎不会被判断为异常，即 $h_s(x_t^i) \to 0$。对于异常流量，会产生较高的漏报率，即在异常流量下 $y_t^i = 1$，但由于 $h_s(x_t^i) \to 0$，流量将被视为正常流量，可以看出，当源域检测系统被直接应用于目标域时，如果检测到异常，则可以以更高的概率将流量判断为异常流量，也就是说，如果 $\exists x_t^j$，使得 $h_s(x_t^j) \to 1$，那么 $y_t^j = 1$ 的可信度很高。因此，在假设 1 的基础上，提出了一种针对未标记目标域数据的入侵检测方案。其主要思想是：当把源域检测系统直接应用于目标域时，误报率相对较低，可以通过检测源域中非常少量的异常流量来帮助我们在目标域中标记更多的数据。该入侵检测方案的主要步骤如下：

(1) 目标车辆通过收集目标域网络环境中其他车辆的数据来构建未标记的目标域数据 X_t。

(2) 目标车辆通过源域的 Y_t^1 入侵检测系统直接预测 X_t 中数据的伪标签：

$$Y_t^1 = \{y_t^1, \ y_t^2, \ \cdots, \ y_t^m \,|\, y_t^i = h_s(x_t^i)\} \tag{4-7}$$

(3) 在 Y_t^1 中选择标记为"异常"的数据，构造一个新的目标域数据，将新数据代入为假设 1 设计的方案中进行训练，得到检测模型 $f^1 = h_t^1(x)$。

(4) 将步骤(2)中的入侵检测模型 $h_s(x)$ 更改为由 $h_t^1(x)$ 训练完成的模型，并继续预测 X_t 中的伪标签 Y_t^2，重复 N 轮步骤(2)~(4)。

(5) 最终检测模型 f 根据图 4.5 所示的权重组合对模型 h_t^1 到 h_t^k 进行组合。这里 β 和 w 是 Hedge(β)[205] 的权重。

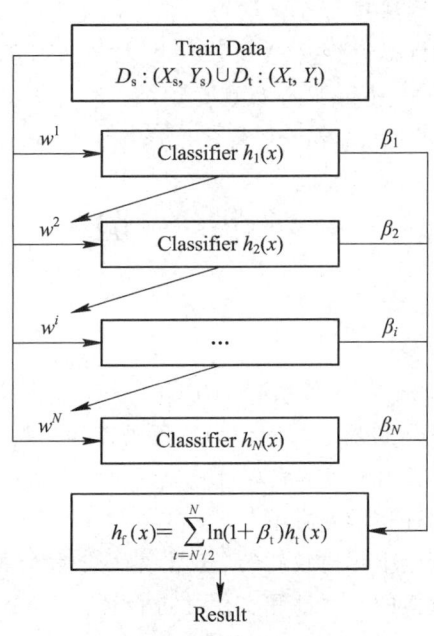

图 4.5　在迁移学习过程中组合模型

算法 4.1 基于假设 2 的检测模型。

输入：源域数据 $D_s:(X_s, Y_s)$，目标域数据 $D_t:(X_t)$，源域模型 $f_s = h_s(x)$，循环次数 K

输出：目标域检测模型 $f = h_t(x)$

---

1. $Y_t^1 = \{y_t^1, y_t^2, \cdots, y_t^m \mid y_t^i = h_s(x_t^i)\}$

2. **for** $k = 1:K$ **do**

3. $\quad Y_t^k = \{y_t^1, y_t^2, \cdots, y_t^m \mid y_t^i = h_s(x_t^i)\}$

4. $\quad$ 选 (X_t^k, Y_t^k)，其中 $Y_t^k = \text{attack}$

5. $\quad$ 训练 $f_k = h_k(x)$ 用 (X_t^k, Y_t^k) 和 $D_s:(X_s, Y_s)$

6. **end for**

7. $f_t = $ 合并从 h_1 到 h_k

因为在假设 1 中少量的目标域数据可以降低而非增加误报率，所以可以通过使用非常少量的目标域数据 (X_t^k, Y_t^k) 再次训练源模型，从而在一定程度上使源域模型能够正确分类目标域的"异常"样本。重复进行上述步骤可以提高检测模型的性能，并且逐渐将检测模型从源域转移到目标域。

假设当源域模型被直接应用于目标域时，误报率 $\text{FN} = R_{FN}$，并且数据集中异常样本的百分比是 $P_{\text{instrusion}}$。在假设 1 中，源域中的目标域数据样本数的占比为 $p_{\text{dsize}} = m/n$，当忽略误报率时，可由模型 $f_s = h_s(x)$ 标记正确的样本数为 $\text{num} = p_{\text{instrution}} \cdot m \cdot R_{FN}$。因此，当概率不为零时，可以从目标域中的未标记数据获得正确标记的异常样本。基于假设 1，这种样本可以用来逐步增加 num 的值，从而进入良性循环，逐步建立适合目标域的入侵检测系统。

例如，当需要从通用检测模型 h_0 转换到适用于特定类型车辆的检测模型 h 时，通用模型属于源域 D_s 并且具有足够的标记数据 (X_s, Y_s)。特定的检测模型属于目标域 D_t，在该域中只能获得有限的未标记数据 (X_t)。为了在不依赖车联网云服务的情况下获得高性能的目标域检测模型，根据上述算法执行迁移学习。首先，直接使用检测模型 h_0 对 X_t 进行分类，从中选择攻击数据作为伪标记数据 (X_t, Y_t)，并参与迁移学习以获得新的检测模型 h_1。然后，重复前面的步骤，从 h_1 获得新的检测模型 h_2。经过 K 轮迁移，最终获得检测模型 h_k。最后，根据如图 4.5 所示的权重组合，将多个迁移模型组合成最终的更新模型 h。

4.4 实　　验

4.4.1　实验环境

实验环境为 PC，Windows 7 64 位系统，CPU i7 - 6700 主频 3.4 GHz，内存 8 G，使用 Python 3 和 Scikit-learning[206] 机器学习库作为编程语言和工具，并使用 Weka 作为辅助软件完成部分数据预处理。考虑到无线网络环境复杂多变，本实验在 AWID 无线网络安全数据集上实现基于集成学习的迁移学习方案。

本实验利用无线网络安全中相对较新的、攻击类型非常全面的 AWID 数据集，对基于迁移学习的网络入侵检测方案的有效性和实用性进行评估。AWID 数据集是一个流行的开源数据集，它被广泛地应用于无人机（UAV）、车联网、移动自组织网络和其他研究领域[207-209]。实验中主要使用其中两个完全不同的数据集，即 AWID-Reduced 数据集中的

AWID-CLS-R-Trn 和 AWID-TK-R-Trn 6，分别记为数据集 1（Data1）和数据集 2（Data2）。数据集 1 包含 3 种主要类型的无线网络攻击；数据集 2 包含 9 种常见的无线网络攻击。数据集的具体描述见文献[204]。

　　为了说明方案的有效性，本章设计了大量的对比实验。首先，使用 AWID 的两个数据集作为本阶段使用的数据集，为了区分目标域和源域，将数据集中的攻击类型分别分配给相应的目标域和源域，以模拟不同的网络环境，具体的攻击类型如表 4.1 所示。由于现有的基于监督学习和半监督学习的入侵检测方案在严重缺乏数据的情况下无法建立检测模型，为了证明本章所提方案的有效性，本实验选择了机器学习和入侵检测领域常用的标准算法支持向量机（SVM）和随机森林（RF）作为对比标准，并使用了集成学习领域的最新算法，即 LightGBM 框架[210]作为对比，证明本章所提方案的有效性。

表 4.1　数据集中源域和目标域的攻击类型

数据集	源　　域	目　标　域
数据集 1	Injection Impersonation	Injection Impersonation Flooding
数据集 2	ARP Probe_response Cafe_latte Deauthentication	ARP Probe_response Cafe_latte Deauthentication Amok Evil Twin Fragmentation Authentication Request Beacon

4.4.2　不同攻击类型的底层流量差异

1. 基于特征距离的测量

　　对于上面提到的两个数据集，本实验使用最大平均差异 MMD 来度量不同攻击类型下流量特征的差异，进一步反映新的攻击出现时更新入侵检测模型的重要性。在实验过程中，对数据集 1 和数据集 2 进行了不同数量的采样，分别为 $100, 200, \cdots, 900$，其中在每个数据集中随机采样两个副本。采样结果如表 4.2 所示，其中"dis"表示两个采样数据集之间的 MMD 距离。

表 4.2　数据集采样结果

数据集	源域 Data1		目标域 Data1		源域 Data2		目标域 Data2	
	Data1_1	Data1_2	Data1_1	Data1_2	Data2_1	Data2_2	Data2_1	Data2_2
dis1	√	√	×	×	√	√	×	×
dis2	×	×	√	√	×	×	√	√
dis3	√	×	√	×	√	×	√	×
dis4	×	√	×	√	×	√	×	√

图 4.6 中的实验结果显示属于相同数据集的两个采样数据的 MMD 距离非常小，而不同数据集之间的采样数据的 MMD 距离非常大。因此，当网络域中的攻击类型相同时，数据的分布是相似的；当网络域中的攻击类型不同时，不同网络域中的数据特征的分布也不同。也就是说，当车辆面临新的攻击时，网络攻击的类型不同会导致底层流量的不同，严重影响入侵检测模型的准确性。

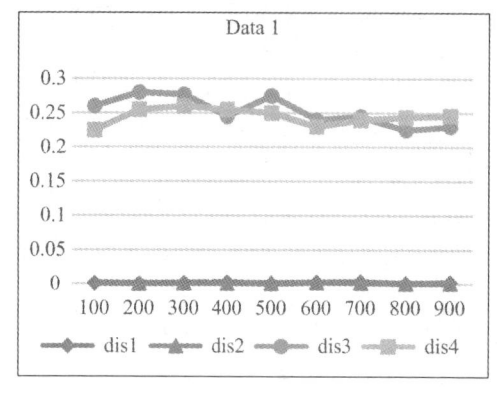

(a) Data 1的实验结果

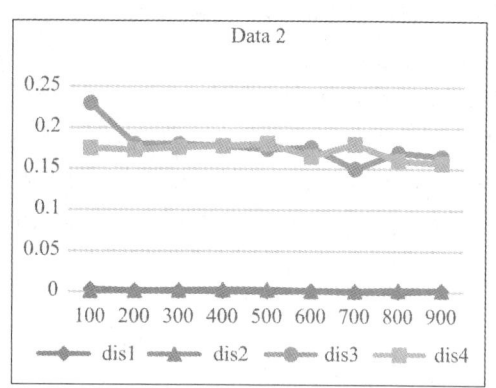

(b) Data 2的实验结果

图 4.6　两个数据集采样数据的 MMD 差异

2. 基于信息增益率的特征重要性差异

图 4.7(a)是 3 种攻击的 32 维特征重要性的雷达图像。从图中可以看出，3 种攻击的流量特征相差很大，其中第 23 维是区分伪装攻击最重要的特征，第 28 维是注入攻击最重要的特征。图 4.7(b)显示了 3 种攻击类型中每一种的前 10 个最重要特征，总共包括 17 个特征。从图中可以看出，不同攻击的流量特征有很大不同。因此，当车辆面临新的网络攻击时，网络流量特征会随着攻击类型的变化而变化。

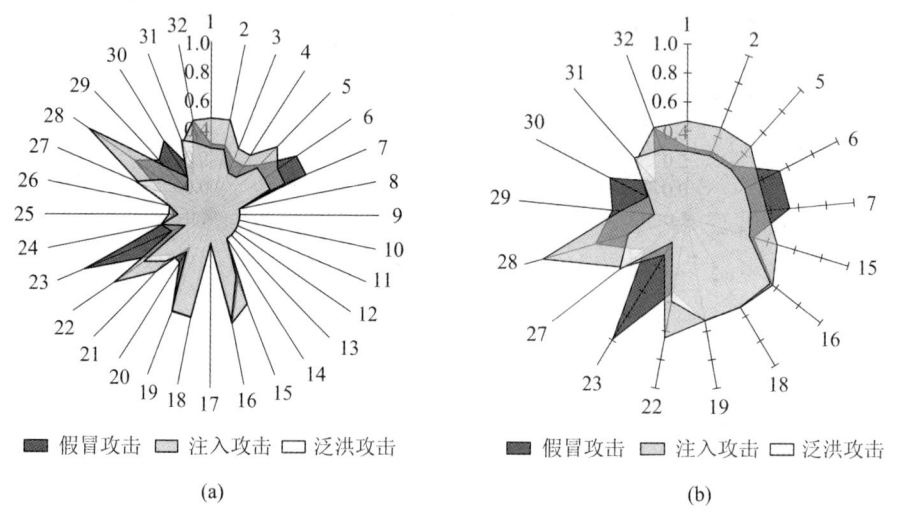

图 4.7　基于信息增益的不同网络下 3 种网络攻击特征图

3. 源域和目标域之间的数据差异对检测结果的影响

上述实验结果表明,不同攻击类型的流量特征是不同的,即当车辆面临不同的攻击时,采集到的目标域网络流量特征是不同的。当车辆不能更新入侵检测模型时,就只能使用源域检测模型来检测目标域中的流量。为了说明这样做带来的不良后果,实验中使用入侵检测领域中常用的检测算法 SVM 和 RF 来建立检测模型。仿真实验结果如图 4.8 所示。其中,IM 表示数据集中的伪装攻击,IN 表示数据集中的注入攻击,FL 表示数据集中的泛洪攻击,其中,"vs"之前的攻击类型出现在训练集中,"vs"之后的攻击类型出现在测试集中。

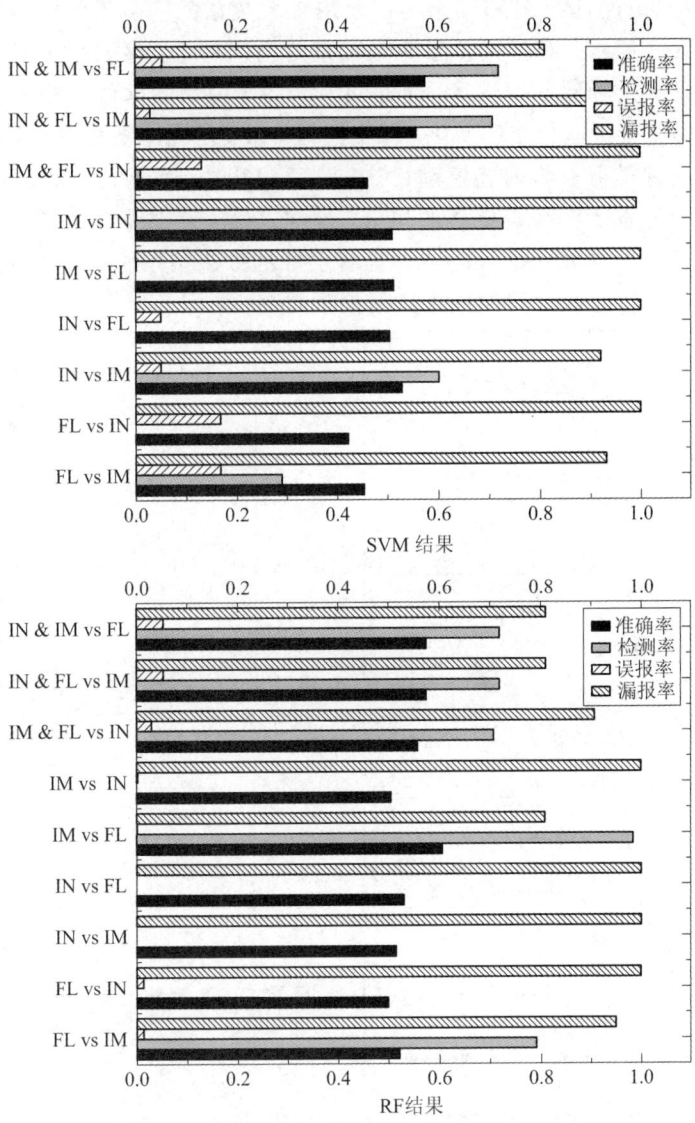

图 4.8 在源域和目标域中模型对不同攻击的识别准确率

从图 4.8 中可以看出,当将源域检测模型直接应用于目标域时,由于网络攻击类型的不同,检测模型的准确率不高于 60%,漏报率不低于 80%。这样的检测模型不能满足入侵检测系统的要求。可以想象,当车辆从源域进入目标域时,如果目标域包含了源域中不存在的网络攻击类型，那么如果不更新模型而直接使用源域训练检测模型，将很难检测到目标域中的网络攻击。

4.4.3 云辅助更新方案的实验结果分析

1. 仅使用源域数据

根据假设1，实验中首先将目标域数据以不同百分比添加到源域数据以建立检测模型，添加目标域数据的比例分别为1%、2%、3%、4%、5%、10%、20%、50%。然后，使用目标域中的剩余数据进行测试，并将结果与仅使用源域数据的检测模型的结果进行比较。仿真实验结果如图4.9所示，对于仅基于源域数据的检测模型，漏报率更高。这是因为源域和目标域之间的差异会导致底层流量分布的变化。基于源域数据的检测模型直接应用于目标域时，无法应对流量特征分布的变化，导致漏报率较高。在本章方案中，虽然只有少量的目标域数据通过转移学习参与训练模型，但在训练过程中不断调整源域数据的样本权重，使得目标域的有效样本能够获得更高的权重。这样，对模型训练产生了积极的影响，使得检测模型更适用于目标领域，在目标域中也有很好的效果，并显著降低了误报率。图4.9中本章方案指的是基于迁移学习的网络入侵检测方案。

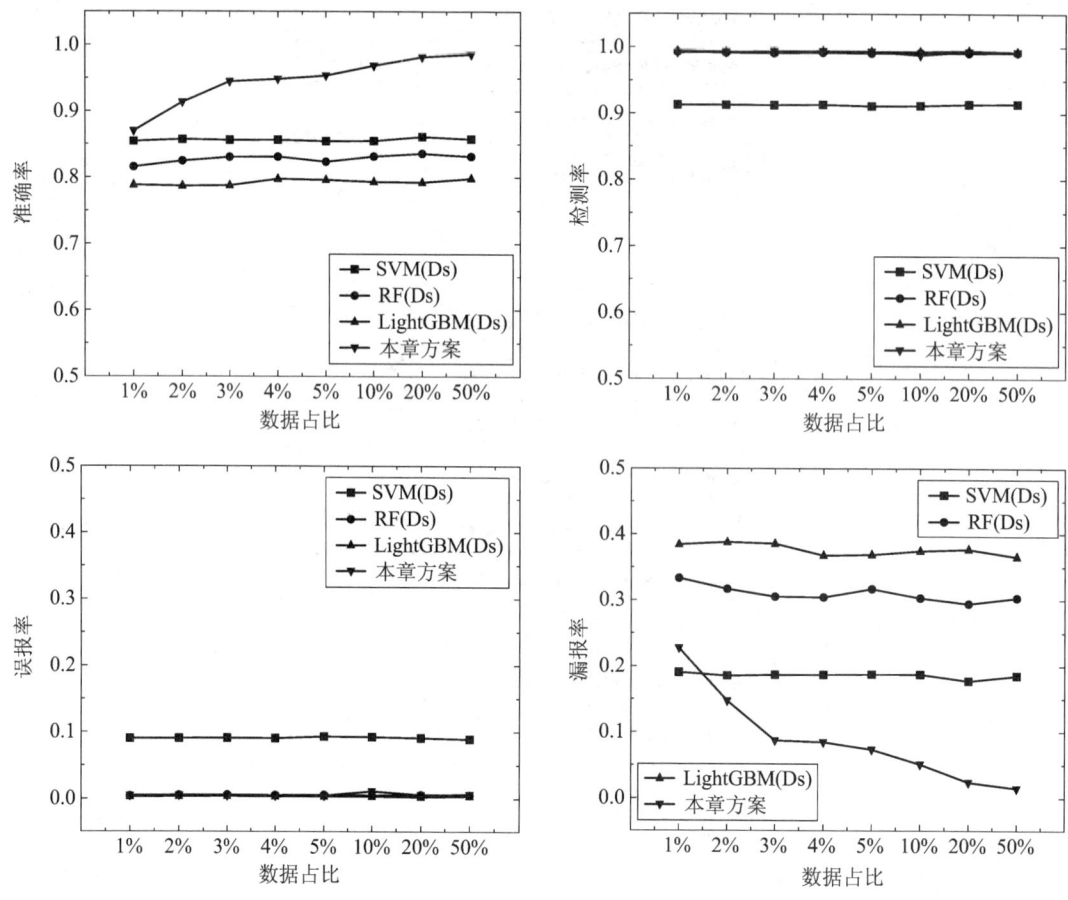

(a) Data 1实验结果

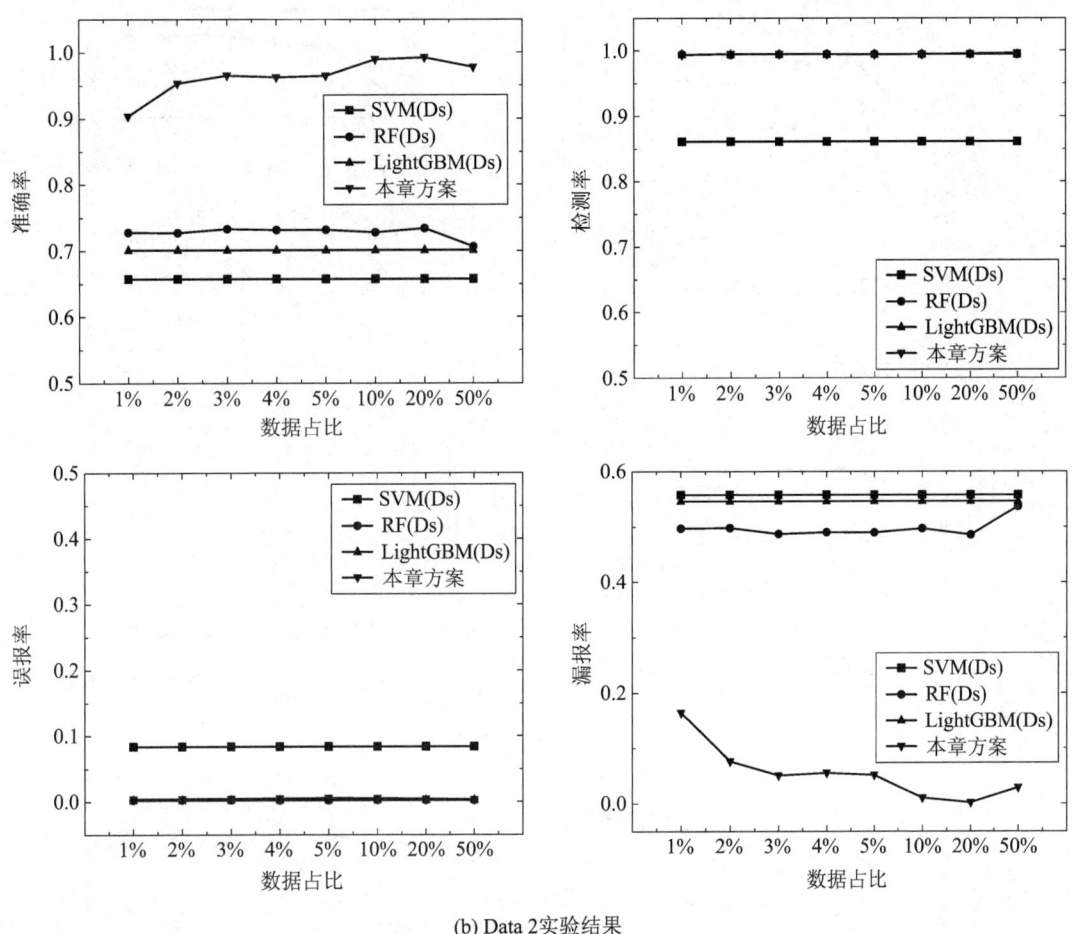

(b) Data 2实验结果

图 4.9 本章方案与仅使用源域数据的检测模型的结果对比

2. 仅使用目标域数据

为了证明少量的目标域数据不足以建立一个可靠的检测模型，下面将本章方案与仅使用少量目标域数据训练的检测模型的结果进行了比较（两方案使用的目标域数据量相同）。图 4.10 中的仿真实验结果表明，在 4 个评价参数下，仅使用少量目标域数据得到的模型性能非常不稳定，并且具有较低的检测准确率和较高的误报率。当然，当数据量超过一定规模时，仅使用目标域数据的方案逐渐趋于稳定。这是由于随着数据量的增加，建立的模型变得越来越可靠。然而，数据的增加意味着车辆需要消耗更多的通信和时间开销来获得大量的目标域数据，这不适用于车联网。本章所提出的迁移学习方案具有足够的稳定性、较高的准确率、较低的误报率和漏报率，并且在将源域数据和少量的目标域数据混合时，在不增加通信和时间开销的情况下，具有较好的检测准确率。

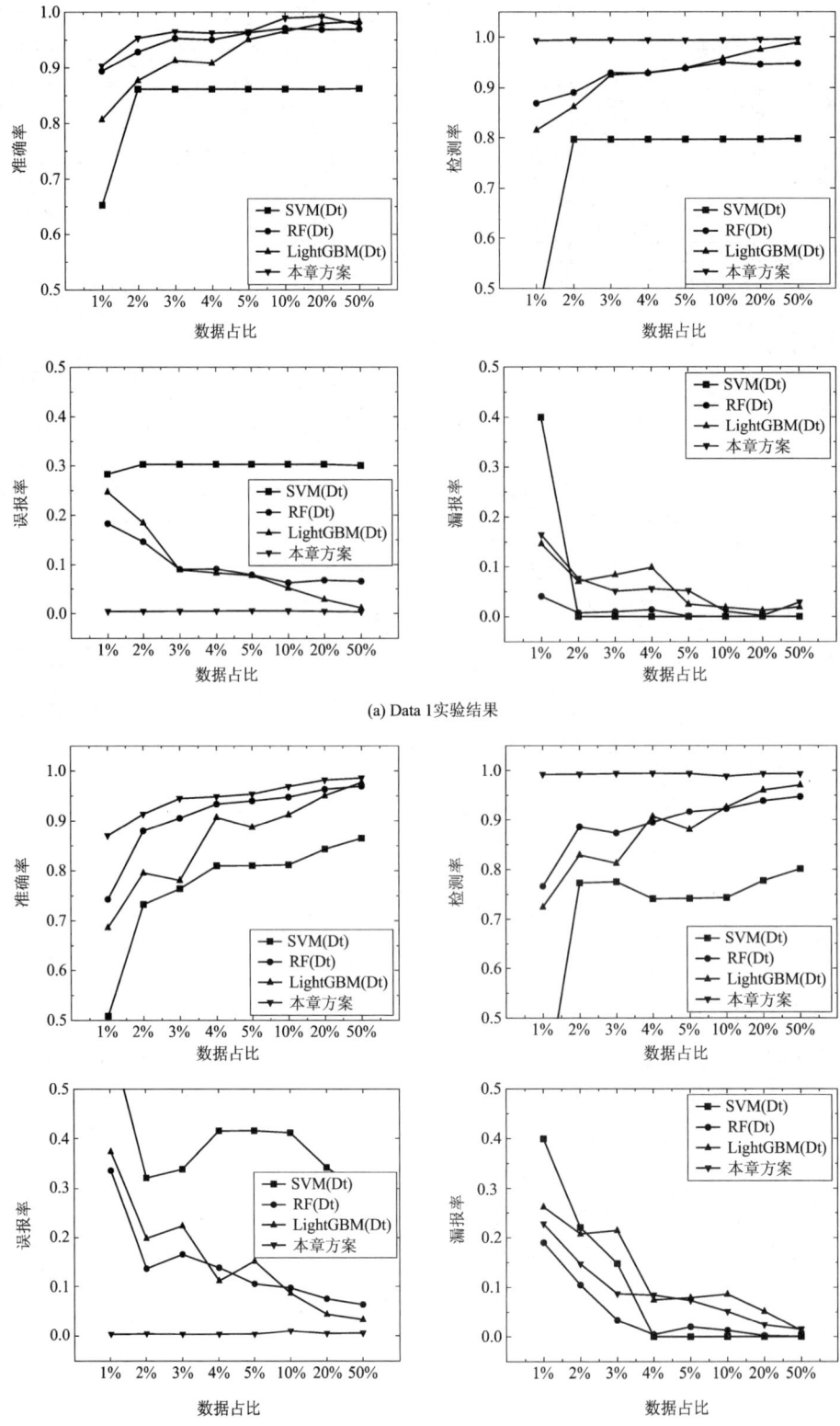

(a) Data 1实验结果

(b) Data 2实验结果

图 4.10　本章方案与仅使用目标域数据训练的检测模型的结果比较

3. 混合使用目标域和源域数据

将本章方案的结果与传统的机器学习方案进行比较，这些传统的机器学习方案混合了少量的目标域数据和源域数据，并且混合的目标域数据的数量和本方案相同。这样，在相同的通信开销和时间开销下，保证了两种方案的检测准确率。

仿真实验结果如图 4.11 所示。从图 4.11 中可以看出，传统的机器学习方案在混合了目标域和源域数据时也能在一定程度上保证检测结果的稳定性，但仍存在检测准确率低、误报率高等问题，尤其是在数据较少的情况下。本章方案在训练过程中调整样本的权重，在检测模型的迭代过程中改变误分类样本的权重，使检测模型越来越适合目标域，从而达到更好的检测效果。

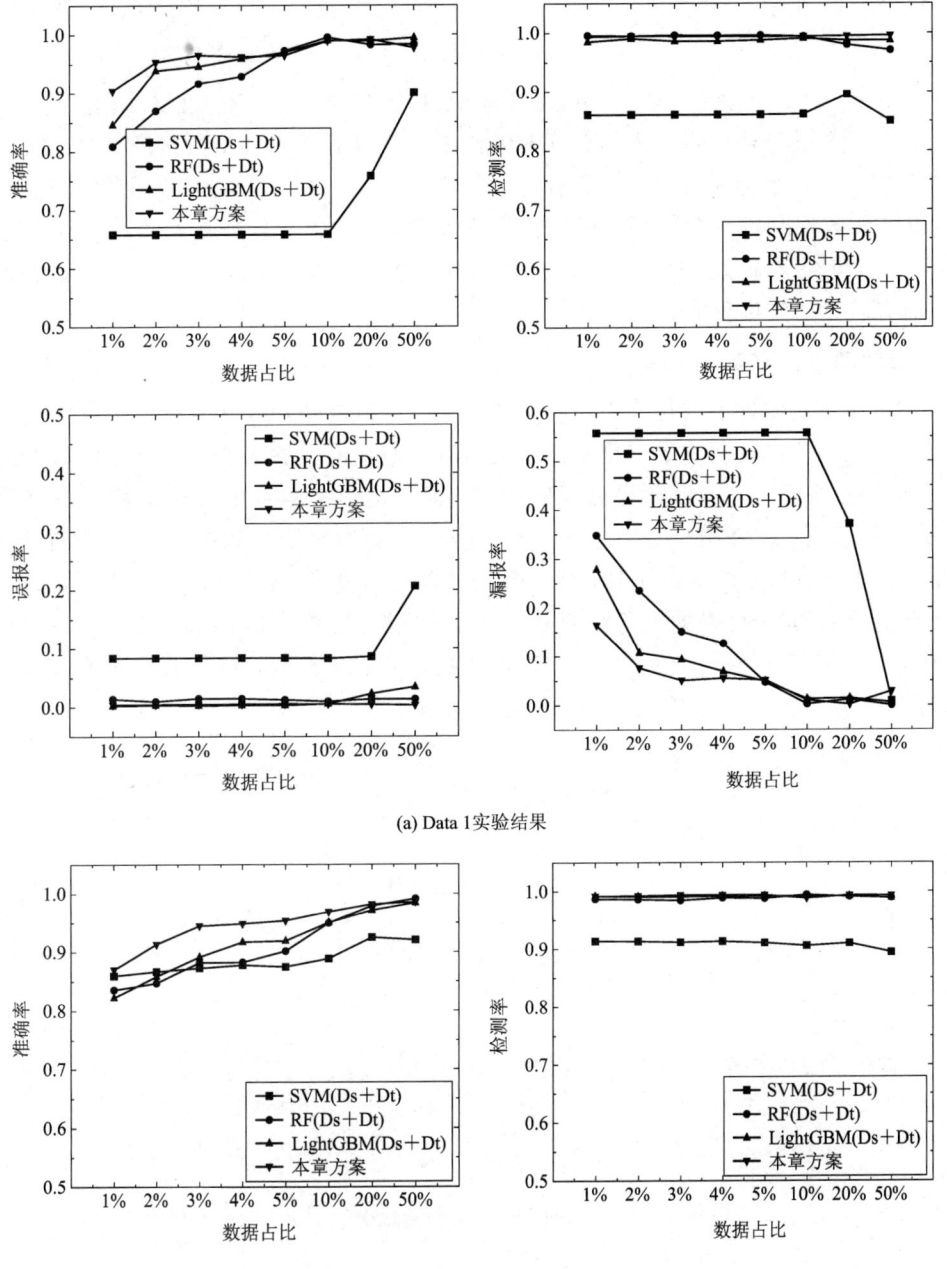

(a) Data 1实验结果

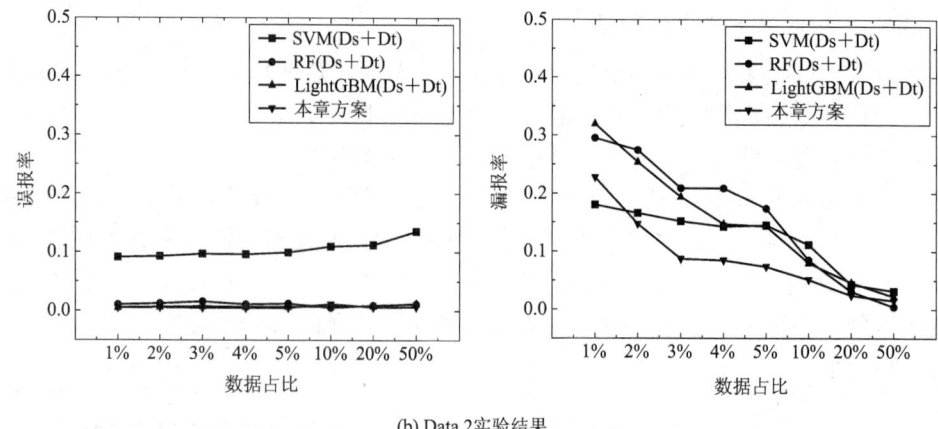

(b) Data 2实验结果

图 4.11　本章方案与仅使用混合使用源域和目标域数据训练的其他模型比较

上述实验不仅证明了本章方案比现有的传统方案具有更高的检测精度，而且表明本章方案在仅使用少量目标域数据时仍具有更好的检测精度。从图 4.11 可以看出，当仅使用目标域中的 5% 数据时，本章方案的检测精度仍高于其他方案，并且在检测率和误报率得到保证的同时，漏报率较低。这表明本章方案应用于实际车辆网络时，可以减少通信和时间开销，具有较好的实用价值。

4. 云辅助更新方案的效率

在假设 1 中检测模型被迭代更新，可以被应用到目标域，本节实验主要观察检测模型的准确率以及在不同迭代次数下更新模型的时间。前文的实验表明，当目标域数据占比为 5%～10% 时，检测模型可以取得更好的结果，因此本节实验考虑目标域数据占比分别为 5%～10% 的情况。仿真实验结果如图 4.12 所示，实验中将迭代次数 N 分别设置为 1～8。可以看出，当迭代次数为 3 或 4 时，检测模型可以达到最佳的检测精度。此时，更新车型的时间不超过 1 s，完全可以满足车辆的需求。迭代次数超过 4 次后，随着迭代次数的增加，过度的权重调整会导致检测模型过于依赖训练数据和过度拟合，检测的准确率反而趋于下降。因此，应该在实际过程中选择适当的迭代次数。

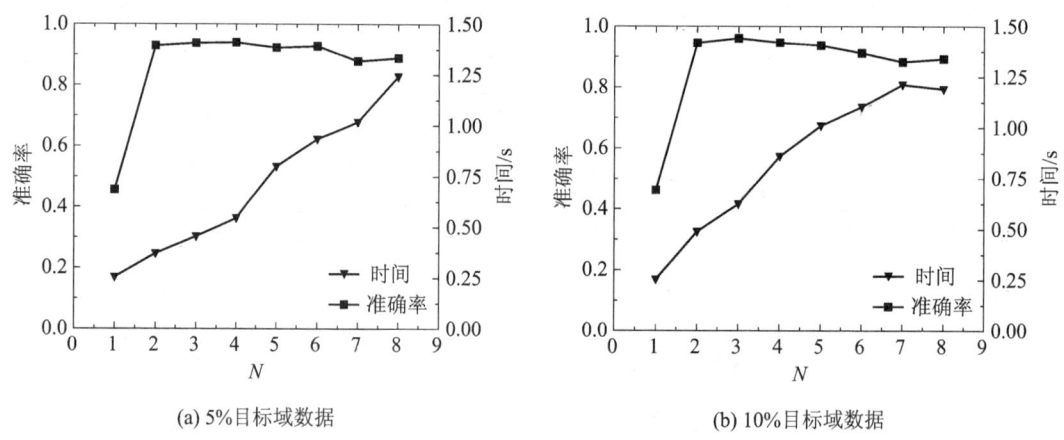

(a) 5%目标域数据　　　　　　　　(b) 10%目标域数据

图 4.12　基于假设 1 提出的模型在不同迭代次数下所需时间和准确率

4.4.4 本地模型更新方案的实验结果分析

1. 方案的精度比较

为了验证假设 2 的有效性，进行了相应的实验。因为在数据集 D_t 中只有 X_t 和未标记的 Y_t，所以不可能通过目标域的数据来进行有监督学习。因此，本章只比较在假设 2 下仅使用源数据模型建立的模型。考虑到将源域模型直接应用于目标域时具有较高的误报率，在此阶段需要对更多的目标域未标记数据进行训练，从中获得少量的异常数据。在实验中，目标域数据的占比分别为 1%、5%、10%、20%、30%、40%、50%、100%。仿真实验结果如图 4.13 所示。

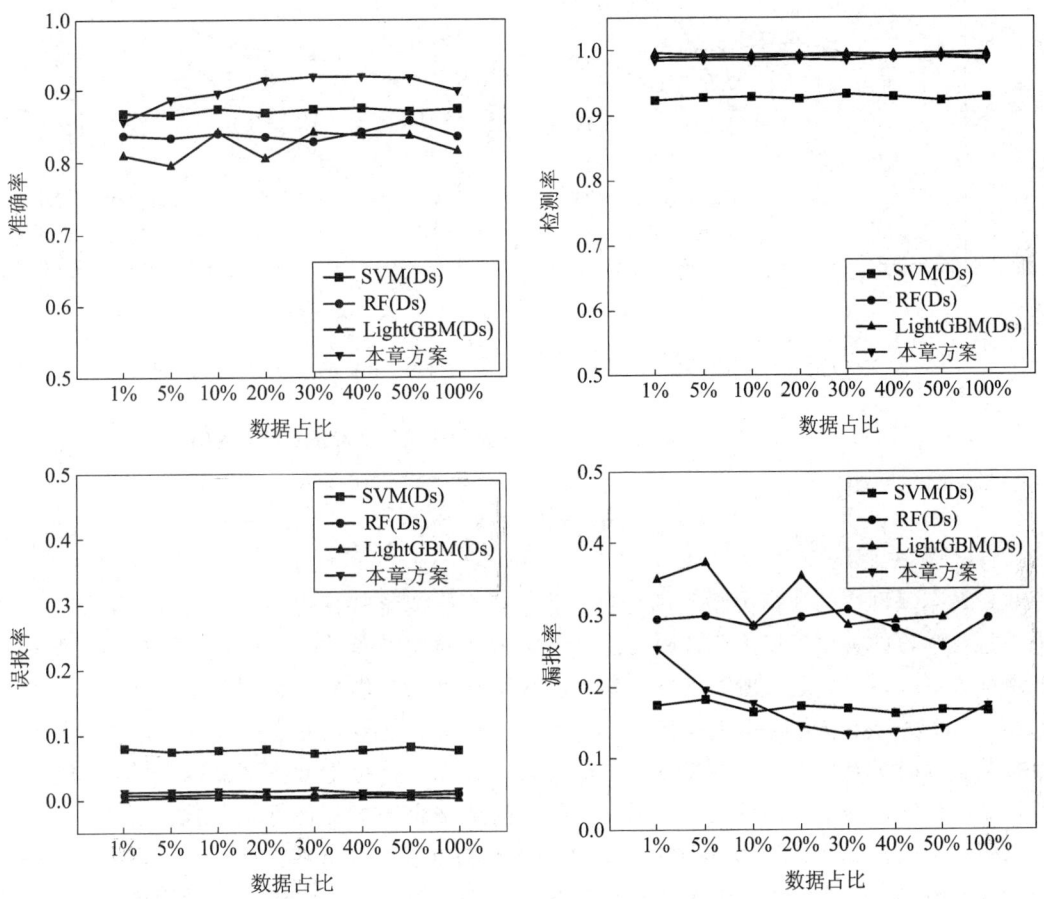

图 4.13 基于假设 2 的方案与仅使用源域数据的其他模型比较

实验结果表明，基于假设 2 的方案在数据较少和数据未标记的情况下仍能提高检测模型的准确率，在仅使用约 10% 的目标域数据的情况下，准确率显著提高。这表明该方案在没有标注数据的情况下仍然可以有效建立入侵检测模型。同时，只使用少量的目标域数据也减少了车辆获取目标域数据的通信和时间开销。

2. 本地更新方案的效率

假设 2 采用迭代方法在目标域的数据中添加伪标签，以便从目标域的未标记数据中获得更多的异常样本用于改善检测模型。因此，本小节实验主要计算并观察在不同迭代次数 N 下检测模型的准确率和模型更新所需的时间。前文结果表明，当加入 $20\%\sim30\%$ 的未标记目标域数据时，检测模型可以获得更好的结果，因此这里仅考虑未标记目标域数据占比分别为 20% 和 30% 的情况。仿真实验结果如图 4.14 所示，迭代次数从 1 增加到 8。从图 4.14(a) 可以看出，在未标记目标域数据为 20% 的条件下，$N=4$ 时检测模型可以达到最高的检测准确率，模型更新时间不超过 3 s，完全可以满足车辆的需求。当迭代次数进一步增加时，由于误报率低，会产生越来越多的假标签样本，越来越多的模型更新样本受到假标签的影响，反而降低了模型的准确率。

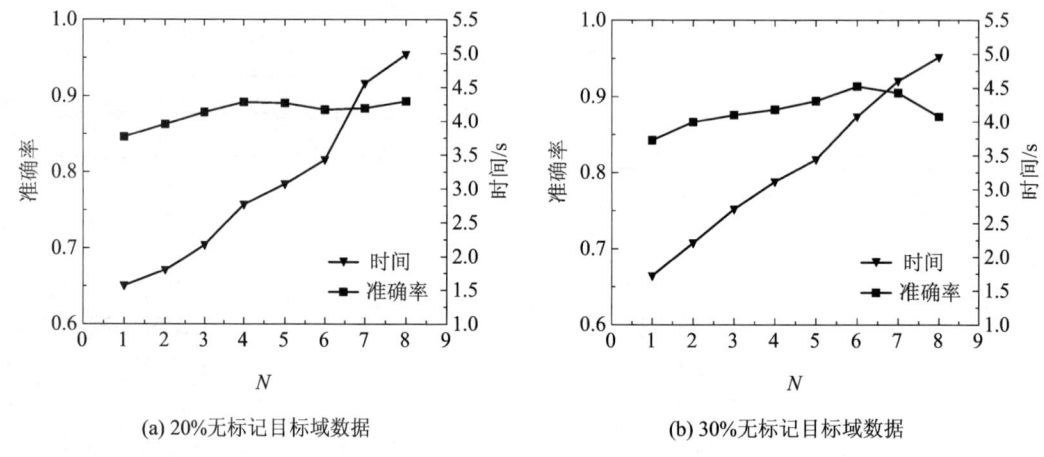

(a) 20%无标记目标域数据　　　　　　　　(b) 30%无标记目标域数据

图 4.14　基于假设 2 提出的方案在不同迭代次数下准确率和所需时间变化

本 章 小 结

针对车联网中的攻击类型不断变化、重要的网络流量特征也在不断变化的特点，本章采用迁移学习的方法，基于车联网云能否及时为新的攻击提供少量标记数据提出了两种模型更新方案。第一个是云辅助更新方案，车联网云可以提供少量数据。第二个是本地更新方案，车联网云不能及时提供任何标记的数据。云辅助更新方案确保了仅使用少量标记的目标域数据时更新模型的检测精度。本地更新方案基于伪标记数据更新入侵检测模型。它保证了模型可以被更新以应对新的攻击，而不需要来自云的任何标记数据。之后在无线网络入侵检测数据 AWID 的两种数据集上进行了仿真实验，分析和验证了不同攻击类型下流量特征的差异。此外，还对本章提出的方案和传统网络中的方案进行了全面的比较。结果表明，本章所提出的两个方案相比现有的方案，精度至少提高了 23%。

第 5 章　基于边缘计算的车联网攻击检测模型

5.1　引　　言

随着车联网技术的快速发展，车辆传感器的数目和种类日益增多，车联网数据呈现爆发式增长。为了满足汽车安全驾驶的需要，车辆所产生的海量数据需要被实时处理和分析。近年来，越来越多的研究人员提出在车联网的云平台下部署边缘微服务器来为接入互联网的汽车提供近距离的计算和存储服务，以满足数据实时处理的需要。

边缘计算架构可以细分为云平台和边缘两大实体。云平台（Cloud Platform）是大型计算机集群，一般部署在主要城市，而边缘（Edge）可以是基站（Base Station）或者 RSU，除了可以部署在主要城市，还可以部署在郊区、小镇和农村等远离云平台的地方。现有车联网下的边缘计算架构如图 5.1 所示。Car OEM 公司运用边缘计算架构，将部署在全球各地的边缘收集的车辆数据进行聚合，以训练更好的自动驾驶模型[211]。Microsoft 与 Google 也在 2018 年提出了利用边缘计算来为车联网提供服务[212-213]。然而，车辆在连接到互联网后将面临各类网络攻击，这给司乘人员的安全带来了严重威胁。因此，车联网安全一直是研究者关注的焦点。随着边缘计算架构在车联网中的应用，如何确保在边缘计算架构下的车辆能够抵抗网络攻击，成为目前研究的一个热点。其中利用车联网流量数据和传感器数据来进行攻击检测是一个重要方向[214]。

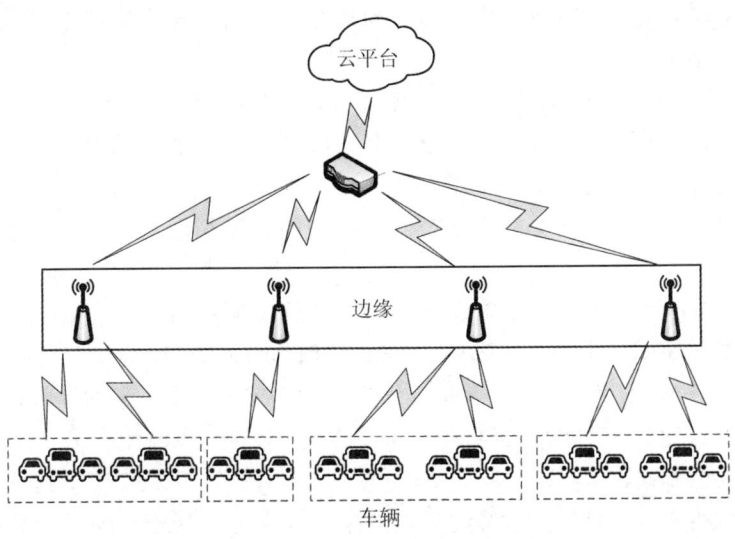

图 5.1　边缘计算架构

现有基于边缘计算架构的车联网攻击检测模型分为两种。第一种是基于边缘构建本地模型的方法[215-222]，边缘直接使用自身收集到的数据来训练本地模型，但这种方法只能对在其数据收集范围内发生的攻击进行有效检测，对其他种类攻击的检测却无能为力，这是因为本地模型在训练阶段没有相关的其他攻击的数据样本作为支撑。为了克服该问题，出现了基于云平台构建全局模型的方法[211-212, 223-227]。云平台从边缘收集数据并聚合边缘数据来训练全局模型，在训练完成后再将全局模型(GM)分发至各个边缘使用。该方法的主要问题在于：

（1）把存在于某些边缘的错误传播到全局模型中，从而降低了全局模型在正常边缘的检测效果。这些错误包括边缘对车辆上传数据进行标记时产生的错误或因标记错误导致本地模型产生的拟合错误等。后续仿真实验结果也证明了这一点，如图 5.7 所示，当有一半边缘的本地数据集均有错误，而且它们的错误数据量之和占整个数据总量的 15% 时，聚合了这些错误数据的全局模型会将这些错误扩散到剩下的一半正常边缘中，导致这些正常边缘使用全局模型进行检测的精准率(Precision)与召回率(Recall)平均下降了 17.398% 和15.520%。

（2）现有全局模型构建了一个全网通用的模型，但它没有充分考虑对某些边缘的本地数据集的适配，当某些边缘的本地数据集与训练全局模型所使用数据集的样本分布存在较大差异时，全局模型在这些边缘的攻击检测效果会下降。后续仿真实验结果也证明了这一点，如图 5.10 所示，在这些边缘上，全局模型的精准率与召回率平均低于本地模型6.928% 与 5.638%。

为了解决上述问题，本章结合全局模型和本地模型，提出了两种应用于边缘计算架构的车联网攻击检测模型，主要内容如下：

（1）提出了边云协同的攻击检测模型(Cloud-to-Edge Collaborative Attack Detection Model，CECM)，通过改进决策树模型中最优划分属性的选择过程，使云平台与各个边缘共同协作来确定全局最优划分属性，以降低包含错误数据的边缘对模型的影响。在此基础上，通过基于本地数据集的剪枝操作来为不同边缘生成树结构不同的边缘模型，从而加强对本地数据集的适配。

（2）提出了边边协同的攻击检测模型(Edge-to-Edge Collaborative Attack Detection Model，EECM)，每个边缘聚合其他边缘的本地模型形成一个边缘模型，从而提升边缘模型对多种样本分布的泛化能力，抵抗错误训练数据带来的影响。此外，提出了可变权重的优化随机森林算法，调整不同本地模型对检测结果的影响程度，以提升边缘模型适配本地数据集的能力。

（3）对提出的两种模型从网络负载和计算复杂度方面进行了分析比较，给出了选择上述两种模型的指导原则。采用 AWID(Aegean WiFi Intrusion Dataset，爱琴海天线入侵数据集)公开数据集进行了大量的仿真实验，结果表明，当占全局一半的异常边缘的本地数据集的错误数据占比达到 25% 时，CECM 与 EECM 相比与全局模型在另一半正常边缘的精准率和召回率要分别高出 33.274%、28.315% 和 38.812%、32.865%，这说明所提模型抵抗错误传播的能力更强。当某些边缘的本地数据集与训练全局模型所使用数据的样本分布存在较大差异时，CECM 与 EECM 的精准率与召回率要比全局模型高出 5.283%、4.130%和 7.808%、4.932%，这说明所提两种模型对边缘数据的适配能力更强。此外，本章两种模型所产生的网络传输时延相比于全局模型分别减少了 89.12％和 75.88％。

5.2　预备知识

5.2.1　CART 模型与基尼指数

一棵决策树[228-230]包含一个根节点、若干个内部节点和若干个叶节点；叶节点对应决策结果，其他每个节点则对应一个属性测试；每个节点包含的样本集合根据属性测试的结果被划分到子节点中；根节点包含样本全集。从根节点到每个叶节点的路径对应一个判定测试序列。CART(Classification And Regression Decision Tree)模型使用基尼(Gini)指数来选择划分属性，基尼指数是一个样本被选中的概率乘以它被分错的概率，即表示一个被随机选中的样本在子集中被分错的可能性。当一个节点中所有样本都是一个类时，基尼指数为 0。

假设 y 的可能取值为 J 个类别，令 i 属于 $\{1, 2, \cdots, J\}$，p_i 表示被标定为第 i 类的概率，则基尼指数的计算方式为

$$I_{\mathrm{G}}(p) = \sum_{i=1}^{J} p_i \sum_{k \neq i} p_k = \sum_{i=1}^{J} p_i(1 - p_i) = \sum_{i=1}^{J} (p_i - p_i^2) = \sum_{i=1}^{J} p_i - \sum_{i=1}^{J} p_i^2 = 1 - \sum_{i=1}^{J} p_i^2$$

5.2.2　Aegean WiFi 数据集

本章采用 AWID 作为实验数据集[204]，该数据集由 Kolias 等人于 2016 年发表于《IEEE Communications Survey & Tutorials》。目前该数据集被广泛用于无线网络和物联网中的攻击检测研究[231-233]。

AWID 原始数据集由两部分构成，分别是 AWID-CLS 与 AWID-ATK，二者通过标记方法区分，前者的标记被分为 4 类，后者的分类方式则更加具体，为 16 类。选取 AWID-CLS-F 为实验数据集，其具有极大的数据容量，能够满足现代无线攻击检测系统处理大数据的需求。

AWID-CLS-F 数据集又分为 AWID-CLS-F-Trn 与 AWID-CLS-F-Tst，前者用于模型训练，后者用于模型评估。AWID-CLS-F-Trn 包含 37 817 835 条记录，其中 1 085 372 条为 normal 数据，其他为异常数据。收集数据的正常时间与攻击时间的比例为 9∶1。AWID-CLS-F-Trn 经过 96 h 的收集，包含 96 个 CSV 文件，总体积约为 15 GB。每条记录记载着 802.11 数据帧的信息，包含了 802.11 数据帧的所有可能字段。AWID-CLS-F 的攻击样本标签可以分为 3 种，即 Flooding、Impersonation 和 Injection，除此之外的样本标签统一为 normal。AWID-CLS-F 中每一条原始记录包含 154 个特征和 1 个标签，其中除了 SSID 为字符型特征外，其他全为数值型特征。该数据集有些特征之间的数据值域范围具有极大的差异，例如 MAC 地址和信号强度，MAC 地址由十六进制数转换而来，数值能够达到 12 位数，如 824688891917，而信号强度基本为两位数，如−33，所以在训练之前需要对这些特征进行正则化处理。如果某个特征不适用于某条特定记录，则可在数据集中使用"?"作为缺省值，为了不影响数据集的分布，将"?"代表的特征值使用平均值进行替代。这 154 个特征中，有些有助于提升攻击检测模型的性能，而有些只是噪声，可能引起模型误判。

5.3 模 型 设 计

本节提出两种基于边缘计算架构的车联网攻击检测模型,分别是边云协同的攻击检测模型(CECM)和边边协同的攻击检测模型(EECM),并给出了在边缘计算架构下构建这两种攻击检测模型的流程和构建模型过程中使用的关键算法。

5.3.1 边云协同攻击检测模型

边云协同攻击检测模型的设计思想是在每次决策树的迭代过程中让云平台与边缘协同决定全局最优划分属性,以降低包含错误数据的边缘对模型的影响,从而提升抵抗错误传播的能力。由于各边缘本地数据集分布的差异,CECM 会根据本地数据集分布的不同而为每个边缘构建结构不同、叶节点标签不同的边缘模型,从而提升边缘模型对本地数据集的适配能力。

在 CECM 下边缘,需要与云平台不断计算和交互模型参数来完成最终模型的构建,二者都是参与模型建立的重要实体。边云协同攻击检测模型的构建流程如图 5.2 所示。

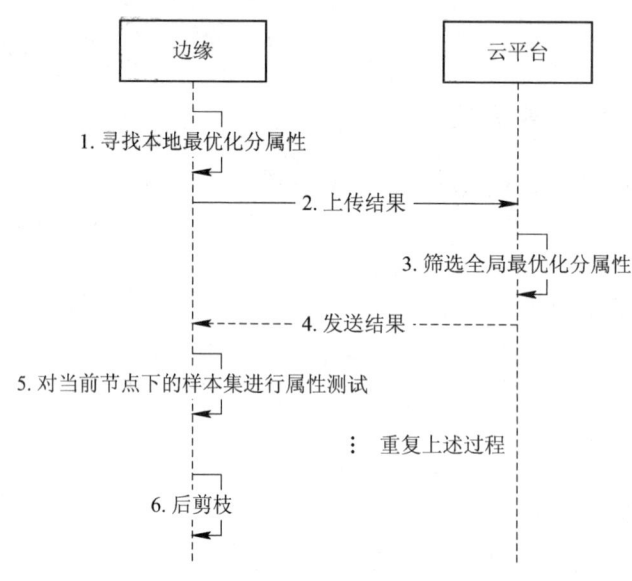

图 5.2　边云协同攻击检测模型的构建流程

边云协同攻击检测模型的构建步骤如下:

(1) 该模型改进了 CART 确定最优划分属性的过程,使其可以在边缘计算架构下让不同的边缘实体共同决定一个全局的最优划分属性,这样建立的次级模型可以综合不同边缘的数据集信息。各个边缘基于本地数据集,计算根节点样本集的最优划分属性,包括特征编号、最优划分值及对应的基尼指数(a_*,a^v_*,gini)。为了计算最优划分属性,边缘需要依次遍历属性域 A 中的所有属性,并遍历单个属性 a 下经过处理后的值 a^v(如果特征 a 为连续值,则采用二分法将连续属性离散化,a^v 取离散化后的属性值;如果特征 a 为离散值,a^v 可取单个属性值或多个属性值的组合),并利用 a^v 对 D_v 进行属性测试以构建新的分支。属性测试是指使用当前选定的特征以及特征值作为基准对当前节点的数据集进行划分,划分的方法是依次遍历该数据集的每个样本，并将该样本下对应特征的值与基准进行对比；对于离散值，可以将属于基准的归为一类，而将不属于基准的归为另外一类；对于连续值，可以将小于等于基准的归为一类，而将大于基准的归为另外一类。由此可以将一个数据集划分为两个数据集，即构建一个二叉结构，并依据 5.2 节中的公式计算当前节点的基尼指数。每次计算完成后取基尼指数更小的划分属性作为本地最优划分属性。

（2）各个边缘上传经过步骤（1）计算得到的本地最优划分属性（a_*，a_*^v，gini）至云平台。

（3）云平台选取基尼指数最小的本地最优划分属性作为全局最优划分属性。

（4）云平台将全局最优划分属性发送至各个边缘。

（5）边缘使用全局最优划分属性对当前节点下的样本集进行属性测试以构建新的分支。

以上 5 个步骤是为了尽可能利用各个边缘的本地数据集，以降低错误数据对全局模型的影响。

由于边缘数据集分布存在差异，不同边缘应用相同的划分属性对各自数据集进行属性测试，会生成不同的树结构。为了使不同边缘能够同步应用全局最优划分属性，需要改进原始 CART 算法来统一不同边缘的树结构。改进后的算法引入了一种具有特殊标记的分支节点来保证各个边缘初始模型树结构的一致性，称该种具有特殊标记的节点为陪伴节点（Companion Node）。陪伴节点不含数据集，因此其基尼指数为 0，具有最高的纯度。不同边缘应用同一个全局最优划分属性对本地样本集进行属性测试时，会产生以下 3 种树结构不统一的情况：

① Edge 1 的 Node 1 在经过上一次属性测试后依然不构成叶子节点的条件，这一点可以由基尼指数给出，而 Edge 2 对应位置上的 Node 2 在经过上一次的属性测试后已经构成了成为叶子节点的条件，因此被标记为叶子节点。而在该次属性测试中，Edge 1 的 Node 1 的数据集在（a_*，a_*^v）下仍然可以被分为两个样本标签存在差异的数据集，因此可以继续利用该（a_*，a_*^v）对 Node 1 中的数据进行划分来提升其子节点的纯度。而对应位置上 Edge 2 的 Node 2 因为满足了成为叶子节点的条件，所以无论（a_*，a_*^v）为何值，使用其划分出来的两个数据集的样本标签都相同，因此没有必要继续利用（a_*，a_*^v）进行 Node 2 数据集的划分。此时，算法将 Node 2 继续标记为叶子节点，并添加两个不含数据集的陪伴节点作为其左、右子节点，如图 5.3 所示。

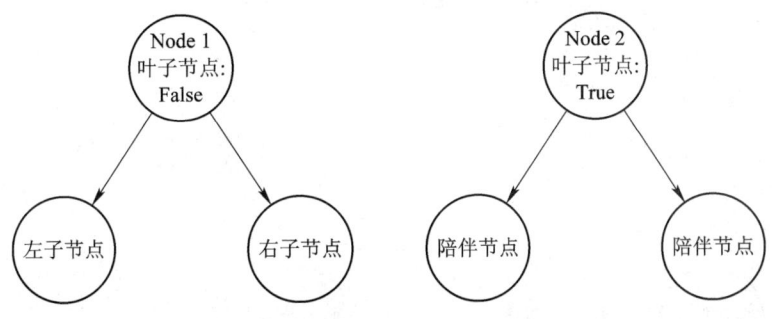

图 5.3　树结构不统一的情况 1

② 这是情况 1 的一种延续，该种情况下的 Node 1 可以被看作情况 1 中任何一个子节

点，而 Node 2 是情况 1 中对应位置上的陪伴节点。在该种情况下，Edge 1 的 Node 1 在经过上一次属性测试后在(a_*, a_*^v)下依然可构建分支，而对应位置上 Edge 2 的 Node 2 已经被标记为了陪伴节点，陪伴节点不含任何数据，故不可使用(a_*, a_*^v)对陪伴节点进行划分。此时，可以继续添加 2 个陪伴节点作为 Node 2 的左、右子节点，如图 5.4 所示。

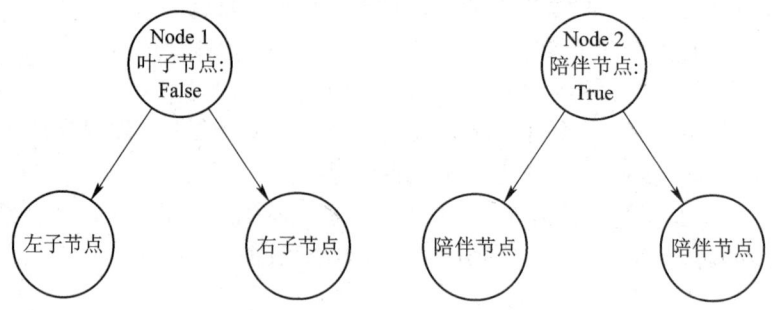

图 5.4　树结构不统一的情况 2

③ Edge 1 的 Node 1 在经过上一次属性测试后使用(a_*, a_*^v)仍然可构建分支，而对应位置上 Edge 2 的 Node 2 虽然既不是叶子节点也不是陪伴节点，但是使用(a_*, a_*^v)进行划分时，其中一个子节点的数据集为空集，也就是说使用该(a_*, a_*^v)对 Node 2 进行划分不能提高 Node 2 子节点的纯度。但是在将来，若应用其他(a_*, a_*^v)进行属性测试，能够将 Node 2 的数据集划分为两个都不为空的子数据集来提高子节点纯度，那么就应该保留 Node 2 至下一次属性测试。此时，为了应用其他的(a_*, a_*^v)，可以根据目前的(a_*, a_*^v)将 Node 2 划分至左节点或右节点的情况添加一个左或右子节点继承来自 Node 2 的所有属性，并添加一个陪伴节点作为另一个子节点，这样就将 Node 2 保留到了下一次属性测试，如图 5.5 所示。

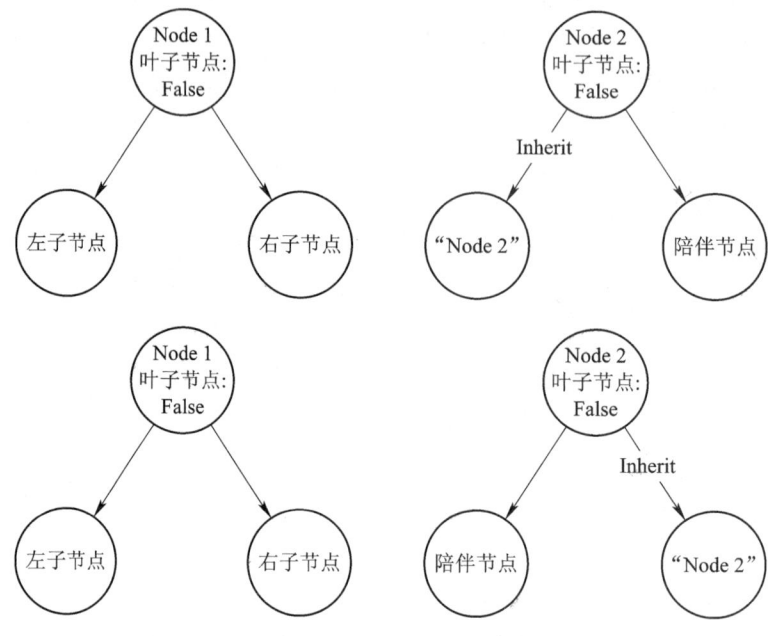

图 5.5　树结构不统一的情况 3

在引入陪伴节点后，边云协同攻击检测模型使用全局最优划分属性来划分数据集并构建分支节点的算法见算法 5.1。

算法 5.1　使用全局属性构建树分支。

输入：D_v——当前节点的数据集；

　　　(a_*, a_*^v)——划分属性；

　　　node——当前节点

输出：新的划分节点

---

1. **if** node$\rightarrow$ isLeaf$=$true **or** node$\rightarrow$isCompanion$=$true **then**

2. node $\rightarrow$ left $=$ new companion node

3. node $\rightarrow$ right $=$ new companion node

4. **else**

5. 根据(a_*, a_*^v)将 D_v划分成左、右两个子节点

6. node $\rightarrow$ left $=$ lchild

7. node $\rightarrow$ right $=$ rchild

8. **if** lchild $\rightarrow$ D $=$ φ **then**

9. node $\rightarrow$ left $\rightarrow$ isCompanoin $=$ true

10. **end if**

11. **if** rchild $\rightarrow$ D $=$ φ **then**

12. node $\rightarrow$ right $\rightarrow$ isCompanoin $=$ true

13. **end if**

14. **end if**

15. **return** node

以上为一次递归过程所需要进行的步骤，在此之后各个边缘重复步骤(1)～(5)，直至所有边缘的初级模型均达到递归终止条件。使用该过程建立起的各个边缘的初级模型的树结构是相同的。

(6) 为了能够适配单个边缘的本地数据集分布，提升模型对边缘间数据集分布差异的适应性，边云协同攻击检测模型会基于单个边缘的本地数据集进行后剪枝算法。后剪枝算法首先会删除初级模型中那些以陪伴节点为根节点的子树；然后通过判断单个节点是否具有子节点来为真实叶子节点打上叶子节点标记，并将该叶子节点数据集中占比最多的类记为该节点的分类结果；最后构建子树序列并通过交叉验证来选取最优子树，从而完成剪枝算法。由于边缘样本分布存在差异，由此方式建立起来的决策树模型具有不同的树结构或叶子节点标签，该过程可以进一步加强模型对边缘节点数据集分布差异的适应性。

5.3.2　边边协同攻击检测模型

边边协同攻击检测模型的设计思想是通过聚合各个边缘的本地模型，降低由错误数据训练出来的本地模型对边缘模型的影响，从而提高抵抗错误传播的能力。又因为本地数据

分布的差异会导致各个边缘的本地模型对同一样本产生不同的分类结果,本章提出了一种改进的变权向量随机森林算法,通过调整各个本地模型对分类结果的贡献比例,增强模型对边缘数据分布差异的适应性。

在边边协同攻击检测模型中,边缘负责单个 CART 模型的构建和多个本地模型的聚合,是模型建立的重要实体;云平台仅负责模型参数的存储和传输,没有参与模型的计算过程。边边协同攻击检测模型的构建流程如图 5.6 所示。

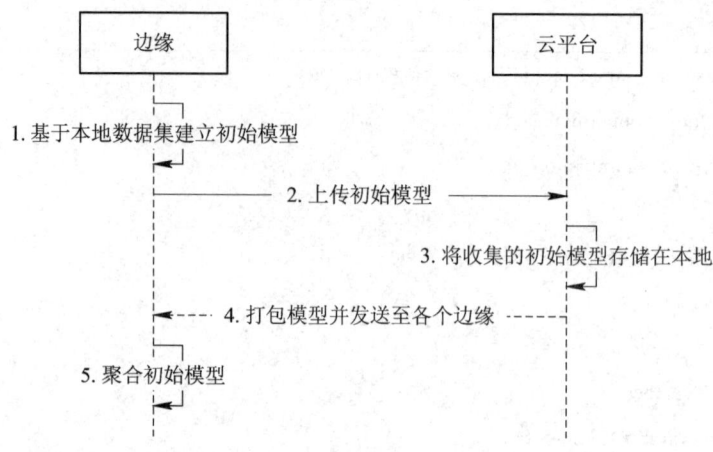

图 5.6　边边协同攻击检测模型的构建流程

边边协同攻击检测模型的构建步骤如下:

(1) k 个边缘基于本地数据集 $D_1(X,y)$,$D_2(X,y)\cdots D_k(X,y)$ 建立本地的 CART 模型(本地模型)$h_1(x,\Theta_1)$,$h_2(x,\Theta_2)$,$\cdots$,$h_k(x,\Theta_k)$。

CART 是在一般决策树算法的基础上,对选取最优划分属性的准则进行了修改的算法。对于回归任务和分类任务,CART 分别使用均方差和基尼指数来选取最优划分属性,并使用贪心算法进行求解,即求得使均方差或基尼指数取得最小值的划分属性。在求解时,CART 先遍历每个特征及特征下的每个值,并计算使用该属性进行划分可以得到的均方差或基尼指数。对于连续型的特征,该算法将单个特征下的特征值进行排序,并取相邻两个值的平均值作为划分点来计算其均方差或基尼指数。对于离散型特征,该算法选取单个特征值或多个特征值的组合来作为划分点,并计算其均方差或基尼指数。重复上述过程,直至找到使当前数据集的均方差或基尼指数最小的划分点,则一次完整的递归结束。该算法将在多次递归中重复寻找子数据集的最优划分点,并构建分支节点,直至达到递归的终止条件。

(2) 在构建完本地模型之后,边缘将在本地构建的 CART 模型 $h_i(x,\Theta_i)$ 上传至云平台。

(3) 云平台将接收到的 CART 模型存储在本地。

(4) 在收到所有边缘的 CART 模型后,云平台打包模型并发送至各个边缘。

(5) 边缘基于本地数据集 D_i,其包含 m 个样本和 p 个特征,将 D_i 中的样例带入 k 个本地模型中进行计算,可生成新数据集 $D_i'(X,y)$,新数据集 $D_i'(X,y)$ 包含 m 个样例和 k 个特征,且每个特征代表一个本地模型对当前样例的分类结果。基于该新数据集 $D_i'(X,y)$ 对

多个本地模型 $h_1(x, \Theta_1)$, $h_2(x, \Theta_2)$, $\cdots$, $h_k(x, \Theta_k)$ 进行聚合,构建最终的边缘模型。

在聚合本地模型的过程中,每个本地模型对测试样本的分类结果均对最终的分类结果有贡献,降低边缘模型误判的概率,从而提升边边协同攻击检测模型抵抗错误传播的能力。由于本地样本分布存在差异,不同边缘训练得到的本地模型会有所不同,因此这些本地模型对相同输入样例的分类结果也可能存在差异。本章通过引入权重向量来调整各个模型对最终分类结果的贡献权重,以提升边缘模型对边缘的本地数据集的适配能力。由于边缘模型由本地模型聚合而成,边缘模型的泛化性能将大于本地模型。首先,边缘为每个新的特征引入权重向量来量化本地模型对分类结果的贡献度,由此得到目标函数 Fh_i,Fh_i 是一个通过权重向量聚合得到的边缘模型,其分类结果代表最终的检测结果。Fh_i 的表达式为

$$\mathrm{Fh}_i = \sum_{i=1}^{n} \omega_i h_i(x, \Theta_i) \tag{5-1}$$

接着,令 $\boldsymbol{\omega} = (\omega_1, \omega_2, \cdots, \omega_n)$ 为权重向量并使用均方误差来度量目标函数的损失,因此可以得到未引入惩罚参数的损失函数:

$$J(\boldsymbol{\omega}) = \min_{\boldsymbol{\omega}} \frac{1}{2} \sum_{i=1}^{m} \left[\mathrm{Fh}_{\boldsymbol{\omega}}(x^{(i)}) - y^{(i)} \right]^2 \tag{5-2}$$

然后,为了求解权重向量,需要令损失函数取得最小值,这时可以得到权重向量 $\boldsymbol{\omega}$ 的表示方式:

$$\boldsymbol{\omega} = \arg\min_{\boldsymbol{\omega}} \sum_{i=1}^{m} \left[\mathrm{Fh}_i(x^{(i)}) - y^{(i)} \right]^2 \tag{5-3}$$

其含义为在损失函数取得全局最小值或者局部最小值时的一个权重向量。

最后,为了防止过拟合问题,本方案在损失函数中引入了惩罚参数 λ,并依次对权重向量中的每个权重求偏导。通过多次求解在不同参数条件下的目标函数,并对比目标函数基于训练集和交叉验证集在不同迭代次数下的准确率曲线,边缘可以找到并选定合适的学习率(Learning Rate)α、惩罚参数(Penalty Parameter)λ 以及梯度下降时的迭代次数(Iteration Time)N。这种求解方式的意义在于:选定合适的学习率可以降低欠拟合的概率并在一定程度上减少模型的训练时间;选定合适的惩罚参数可以在避免过拟合的同时,避免让各个本地模型对最终分类结果的贡献值相同;选定合适的迭代次数可以避免欠拟合并防止在达到局部最优解后算法不停止,这样可以减少训练时的时间消耗。当确定合适的模型参数后,利用 Gradient Decent 方法求解权重向量 $\boldsymbol{\omega}$,具体过程见算法 5.2。

算法 5.2　本地模型聚合算法。

输入:$h_1(x, \Theta_1)$, $h_2(x, \Theta_2)$, $\cdots$, $h_n(x, \Theta_n)$——本地模型;

　　　　$D_i(X, y)$——本地数据集

输出:$\boldsymbol{\omega}$——权重向量

---

1. 根据本地模型和 $D_i(X, y)$ 生成新的数据集 $D_i'(X, y)$;

2. 构建损失函数 $J(\boldsymbol{\omega}) = \min\limits_{\boldsymbol{\omega}} \dfrac{1}{2} \sum\limits_{i=1}^{m} \left[\mathrm{Fh}_{\boldsymbol{\omega}}(x^{(i)}) - y^{(i)} \right]^2 + \dfrac{\lambda}{2m} \sum\limits_{j=1}^{n} \omega_j^2$

3. 为每个 ω_j 计算偏导数:$\dfrac{\partial J(\boldsymbol{\omega})}{\partial_i} = \left(\dfrac{1}{m} \sum\limits_{i=1}^{m} (h_{\boldsymbol{\omega}}(x^{(i)}) - y^{(i)}) x_j^{(i)} \right) + \dfrac{\lambda}{m} \omega_j$

4. 选择合适的学习率 α、惩罚参数 λ 和迭代次数 N

5.   **for** $j=1$ to N **do**

6.   **for** $i=1$ to n **do**

7. $\omega_i = \omega_i - \alpha \dfrac{\partial}{\partial \omega_i} J(\boldsymbol{\omega})$

8.   **end for**

9.   **end for**

5.4　两种模型的比较分析与选用场景

本节主要对比分析边云协同攻击检测模型与边边协同攻击检测模型中云平台和边缘节点的交互过程，并从理论上分析两种模型的网络负载和计算复杂度，最后根据这两种模型各自适应的边缘计算架构场景给出选择模型的指导原则。

5.4.1　网络时延比较

在 CECM 中，每个边缘同时利用本地数据集建立 CART 模型，在一次递归过程中计算各自的本地最优划分属性并将结果上传云平台。这个过程实质上是将原来云平台的计算任务卸载至边缘，利用边缘的算力快速建立模型。此外，边缘只需上传最优划分属性（a_*，a_*^v，gini），相比于上传原始数据所占用的网络带宽可以忽略不计，缓解了云平台的网络负载。云平台根据一定的策略选取全局最优划分属性并广播至各个边缘。在这个过程中，云平台充当仲裁者，负责确定类与类的边界。在持续建立模型的同时，边缘采用全局最优划分属性来构建分支节点，如此往复，直至递归结束。虽然云平台与边缘需要进行多次交互，但是此交互过程的总网络时延不会过长。因为模型参数相比于原始数据的体量可以忽略不计，且交互的次数由 CART 的深度决定，一般情况下树深度不会超过 15。

在 EECM 中，边缘在本地训练模型，本质上是从云端进行任务卸载的过程。利用边缘的算力进行模型的构建，可以加快模型的训练速度。此外，边缘与云平台只交互模型参数，不交互原始数据，这有助于减轻网络的负载。由于智能网联汽车产生的原始数据量极其庞大，所有车辆的原始数据汇集至同一个云平台会不可避免地造成严重的网络拥塞，而模型参数相比于原始数据所占的带宽量可以忽略不计，因此该模型可以减轻云平台的网络负载，加快响应速度。

由于在两种模型的构建过程中边缘均只上传模型参数，所以相比于传输原始数据，传输模型参数的时延可以忽略不计，即节点处理时延，排队时延和发送时延可以忽略不计，只需考虑传播时延。根据文献[234]，设云平台与边缘的传播时延为 t，样本特征数为 m，则单个边缘建立最终模型的时延对比如表 5.1 所示。

表 5.1　本章两种模型的训练总时延

模型	总网络时延
EECM	$2t$
CECM	$t\mathrm{lb}(m)$

因为 EECM 的边缘与云平台只交互两次，所以总时延是 $2t$，而 CECM 需要边缘与云平台不断进行交互来建立最终模型，最大交互次数为 $\mathrm{lb}(m)$，所以总时延是 $t\mathrm{lb}(m)$。

5.4.2　计算复杂度比较

由文献[235]可知 CART 模型的近似时间复杂度为 $O(nm\mathrm{lb}(m))$，其中 n 为样本总数，m 为特征数，设边缘数为 k，则云平台与单个边缘在本章两种模型下的计算复杂度对比如表 5.2 所示。

表 5.2　云平台与边缘在本章两种模型下的计算复杂度对比

实体	EECM	CECM
云平台	$O(1)$	$O(k)$
边缘	$O(nm\mathrm{lb}(m))+O(nk\mathrm{lb}(m))$	$O(nm\mathrm{lb}(m))$

在 CECM 中，由于云平台需要承担类边界的仲裁工作，所以计算复杂度为 $O(k)$，而边缘在一次递归中的计算复杂度为 $O(nm)$，最多交互次数为 $O(\mathrm{lb}(m))$，所以总的计算复杂度为 $O(nm\mathrm{lb}(m))$。在 EECM 中，由于云平台只承担模型参数的中转功能，不参与模型计算，所以计算复杂度为 $O(1)$，而边缘除了要利用自身数据建立起 CART 模型外，还需要聚合其他边缘的模型，这部分工作的计算复杂度为 $O(nm\mathrm{lb}(m))+O(nk)$，所以总的复杂度为 $O(nm\mathrm{lb}(m))+O(nk\mathrm{lb}(m))$。

5.4.3　两种模型的适用场景

在 CECM 中，云平台充当确定类边界的仲裁者角色，需要运行一定的算法来确定最优划分属性，且由于决策树模型的特点，每次递归时边缘和云平台都需要进行一次交互，因此该模型对云平台的整体网络状态和算力有一定的要求。对边缘而言，由于不用整合其他边缘的模型信息，因此边缘的计算压力较小，所以当用户边缘的算力受限时，可以采用 CECM 来平衡云平台和边缘的计算压力。在 EECM 中，云平台只充当模型存储和中转的角色，所以该模型对云平台的网络带宽（云平台与单个边缘只交互 2 次模型参数）和算力（没有参与模型的计算过程）要求不高。由于构建模型的任务由云平台全部卸载至边缘，该模型对边缘的算力有一定的要求，所以当用户云平台的负担过重时，可以采用 EECM 作为解决方案。

5.5　实　　验

本节内容包括实验评测指标、实验结果以及结果分析等。

5.5.1　实验准备

1. 数据集准备

（1）在 AWID 源数据集中有大量用"？"标注的缺省值，为了不影响数据分布，本实验对每条记录的缺省值采用取平均数的方式进行填充。

（2）计算每个特征的方差，删除对分类结果没有贡献的 129 个方差接近于零的特征，所以最终数据集包含 24 个特征及其标签。

（3）由于处理后数据集的每条记录仍然包含字符串型的数据，为了使其能够用于训练模型，本实验将非数值型特征通过字典映射的方式转化为数值型特征，例如将以字符串类型存储的不同 SSID 使用不同的整数来表示。

2. 硬件及软件准备

实验设备为 laptop，硬件配置为 1.8 GHz Intel Core i5，8 GB 1600 MHz DDR3，Intel HD Graphics 6000 1536 MB 和 128 GB SSD，操作系统为 macOS X，编程语言为 Python 3.7，编程库为 sklearn、numpy、pandas 等。

本实验在单台主机上部署了 1 个云平台和 8 个边缘，边缘使用线程进行模拟，通过本地回环网卡进行交互，每个边缘含有 8000 条数据。此外还使用 OPNET 对实验环境的边缘计算架构进行仿真，各个边缘的不同数据占比如表 5.3 所示。

表 5.3　各个边缘的不同数据占比

实体	正常/(%)	泛洪/(%)	伪装/(%)	注入/(%)
边缘 1、2	85	5	5	5
边缘 3、4	5	85	5	5
边缘 5、6	5	5	85	5
边缘 7、8	5	5	5	85

3. 模型准备

本实验选取了以下两种模型作为对比模型。

（1）基于 CART 的全局模型（GM）：云平台收集 8 个边缘的数据，整合成一个全局数据集，再使用 CART 进行训练后得到的攻击检测模型。

（2）基于 CART 的本地模型（LM）：边缘 3 或边缘 1 基于本地数据集使用 CART 进行训练后得到的攻击检测模型。

5.5.2　实验结果分析

1. 边缘错误数据占比对模型检测效果的影响

为了分析边缘错误数据占比对 GM、CECM 和 EECM 在正常边缘和异常边缘上检测效果的影响，本实验将 8 个边缘分为两组：边缘 1、3、5、7 为一组，边缘 2、4、6、8 为一组。图 5.7 所示为每次将边缘 1、3、5、7 的占本地数据集 5% 的样本标签随机翻转为其他种类的标签，并计算出的模型在边缘 2、4、6、8 测试集上的精准率和召回率。图 5.8 所示则是每次翻转 1% 后所得结果。由于本地模型只受本地数据集的影响，所以此实验不考虑本地模型。

通过对比 3 种模型在正常边缘进行攻击检测的精准率和召回率曲线，可知 CECM 和 EECM 的精准率和召回率的总体降低幅度要小于 GM，当总错误数据占比从 2.5% 增长至 25% 时，CECM 与 EECM 的精准率的下降幅度各为 17.213% 和 10.675%，而召回率的下降幅度则各为 15.281% 和 9.968%，GM 的精准率和召回率则分别下降了 50.537% 和

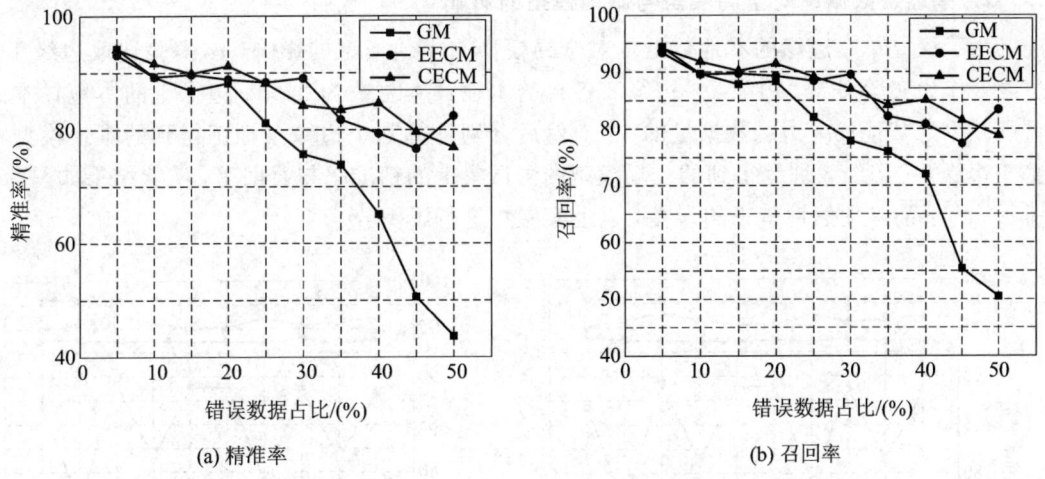

(a) 精准率　　　　　　　　　　(b) 召回率

图 5.7　3 种模型在正常边缘上的精准率和召回率

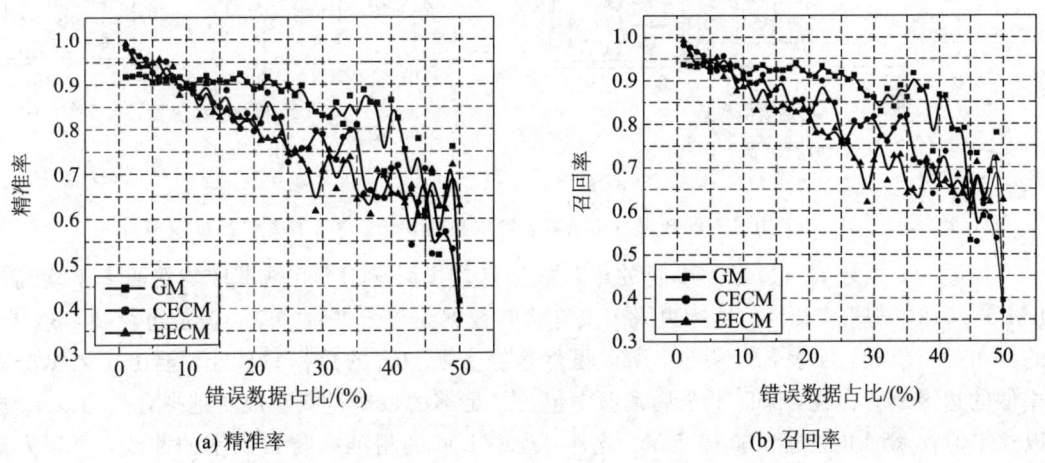

(a) 精准率　　　　　　　　　　(b) 召回率

图 5.8　3 种模型在异常边缘上的精准率和召回率

43.822%，大于 CECM 与 EECM。这表明：由于聚合了不同边缘的本地数据集，GM 的检测性能将会直接受到单边缘错误数据的影响。当边缘的错误数据占比上升时，总数据集的错误数据占比也会随之线性增长。当边缘 1、3、5、7 的错误数据占比为 5% 时，总错误数据占比为 2.5%；当边缘 1、3、5、7 的错误数据占比达到 50% 时，总错误数据占比则会达到 25%。CECM 和 EECM 受影响较小的原因是，CECM 通过云平台与边缘协同确定全局最优划分属性，降低了错误数据对 CECM 性能的影响；EECM 则通过调整错误数据生成的本地模型对最终分类结果的权重，降低了错误数据对 EECM 性能的影响。观察图 5.8 可以发现，当异常边缘的错误数据占比不超过其本地数据集的 9% 时，CECM 和 EECM 在这些边缘上进行攻击检测的性能依然要高于 GM。然而，当错误数据占比超过 9% 后，CECM 和 EECM 的表现则要比 GM 差，这是因为 CECM 与 EECM 对本地数据集的适配能力更强，这也就意味着本地错误数据对它们的影响更大。

2. 单边缘数据量对全局模型与本地模型的影响

为了探究单个边缘的本地数据量对全局模型与本地模型的影响，本实验选取边缘1～边缘8作为实验对象，边缘2～边缘8各自的本地样本总数为8000，边缘1的本地样本总量则减少为其他任一边缘数据量的5%，然后分别计算基于边缘1训练得到的本地模型与基于边缘2～边缘8训练得到的全局模型的测试集上的精准率与召回率，实验结果如图5.9所示。为了消除偶然性带来的误差，以上实验均进行了10次。

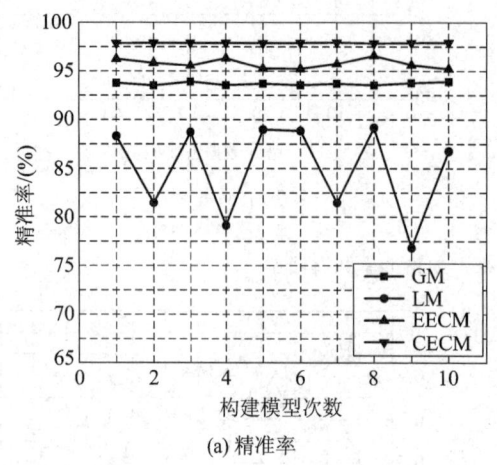 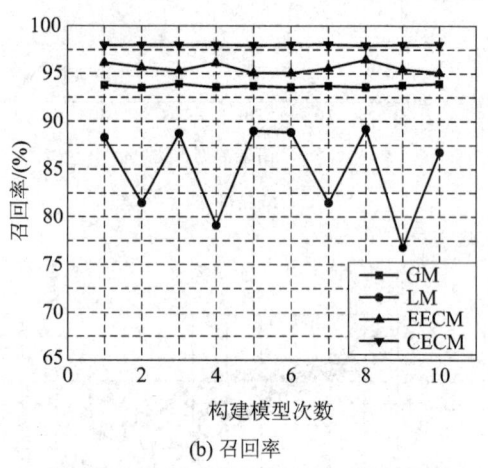

图 5.9 边缘1的数据占比只有总数据集的5%时的精准率和召回率

如图5.9所示，当边缘1本身的绝对数据量较少时，GM的精准率与召回率平均高出LM 13.542%与8.728%。虽然边缘1没有将其数据集与云平台共享，但是边缘2与边缘1的分布是相似的，如表5.3所示。所以虽然边缘1所包含的数据量较小，但由于数据分布相似的边缘2的存在，保证了全局模型中包含了足够的数据量能够成功地拟合到边缘1。所以这个时候GM的性能要高于LM。此外，观察LM的精准率与召回率的曲线，可以发现LM的精准率与召回率的变化幅度较大，没有收敛，这说明当边缘的数据量较少时，本地模型还会面临欠拟合的问题。CECM和EECM的精准率与召回率分别比GM高4.326%、4.321%和2.197%、1.887%。

3. 单边缘数据差异对全局模型与本地模型的影响

为了探究单边缘本地数据分布差异对全局模型与本地模型的影响，实验选择了边缘1、3、5、7作为实验对象。假设边缘1没有参与全局模型的构建，计算由边缘1训练得到的本地模型和由边缘3、5、7训练得到的全局模型在边缘1测试集上的精准率与召回率，模型间的性能对比如图5.10所示。

由图5.10可见，当边缘1没有参与全局模型训练时，LM的精准率与召回率平均高出GM 6.928%与5.683%。由表5.3可见，边缘1与边缘3、5、7的数据分布存在较大的差异，边缘1的85%的数据均为normal数据，而边缘3、5、7的则为Flooding、Impersonation和Injection数据，由于全局模型在使用过程中没有对边缘1的数据分布进行适配且没有相应的数据作为支撑，所以GM在边缘1测试集上的性能要低于LM。同样的，考虑到对本地数据集的适配度，CECM和EECM的精准率与召回率分别比GM高5.283%、

4.130％ 和 7.808％、4.932％。

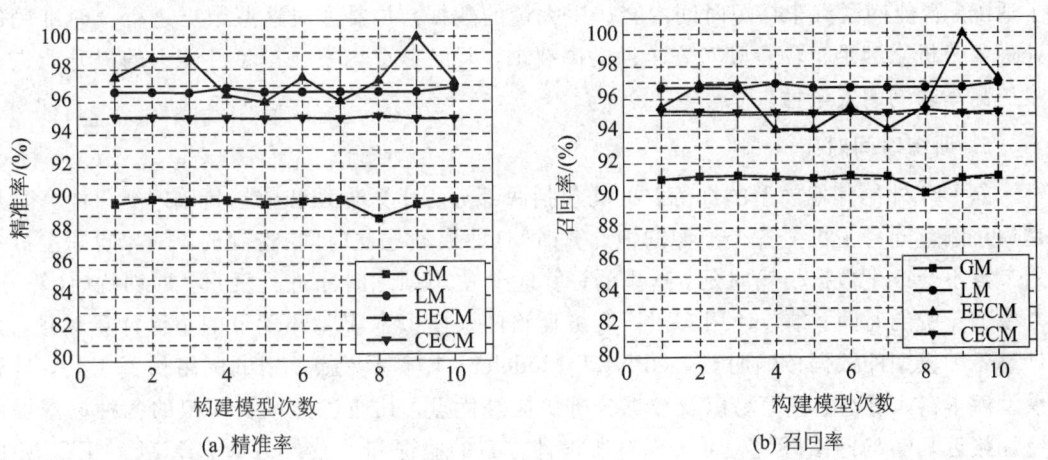

(a) 精准率　　　　　　　　　　　(b) 召回率

图 5.10　当边缘 1 的数据分布与其他节点有明显不同时的精准率与召回率

4. 检测效果对比

使用全局模型、本地模型、边边协同模型和边云协同模型对同一个数据集进行攻击检测的精准率和召回率如图 5.11 所示。

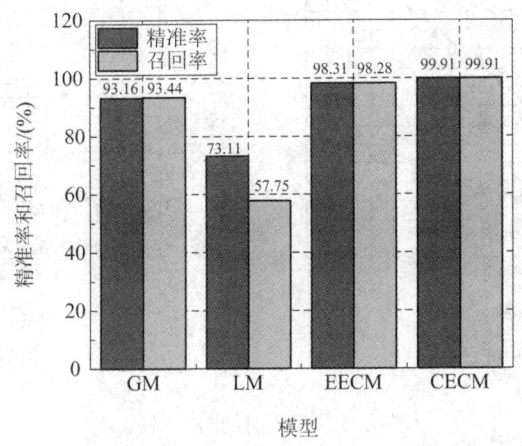

图 5.11　4 种模型的性能对比

由图 5.11 可以看出，GM 进行攻击检测的精准率和召回率都能够达到 90％ 以上，因为 GM 聚合了边缘的本地数据集，所以在训练模型时有大量的攻击数据作为支撑。但由于错误传播和缺乏对本地数据集的适配，GM 的检测效果会有所下降。另一方面，因为本地数据集没有大到能够覆盖所有的数据分布情况，所以 LM 只能够检测在其数据区域收集范围内发生过的攻击。相比于 GM，本章提出的两种模型的精准率与召回率都有所提升，CECM 分别提高了 6.75％ 和 6.75％，而 EECM 则分别提高了 5.15％ 和 4.84％；相比于 LM，CECM 分别提高了 26.80％ 和 42.16％，而 EECM 则分别提高了 25.20％ 和 40.53％。以上数据说明 3 种基于大量数据集训练得到的模型的性能均要优于基于少量数据集训练得到的模型性能，这也说明了只有充分利用各个数据集的信息，才能训练出泛化性能较好的模型。

本章模型性能相比现有模型都有所提升，这是因为本章模型对不同边缘的本地数据集进行了适配。智能网联汽车在短时间内会产生大量的数据，并要求对这些数据进行及时准确的处理和分析来满足车辆行驶对安全性的高要求，所以本章方案在模型性能上的提升能进一步提高车联网的安全性。

5. 训练时间对比

除 LM 外的其他模型的训练时间均包括两部分：计算时延和数据传输时延。计算时延是通过测量同一主机上各个模型的纯计算时间（即模型建立时间）得到的，因为同一主机上的节点不会产生数据传输时延。这里的计算时延使用训练时间进行度量，即训练（计算）一个模型花费的时间。本节使用 OPNET 仿真软件来模拟本实验环境下的边缘计算场景，并计算各种模型的数据传输时延。OPNET Modeler 14.5 是一款常用的网络仿真工具，具有模型库丰富、模型配置简易以及数据分析快捷等优点，其通过为系统模拟的各种场景提供更加接近真实的网络环境，可实现对所设计方案的验证和比较。GM、CECM 和 EECM 的训练时间和网络时延对比见图 5.12。通常的网络时延包括发送时延、传播时延、处理时延和排队时延，由于除发送时延（传输数据参数）外，其他时延可忽略不计，故可使用网络时延来衡量数据传输时延。

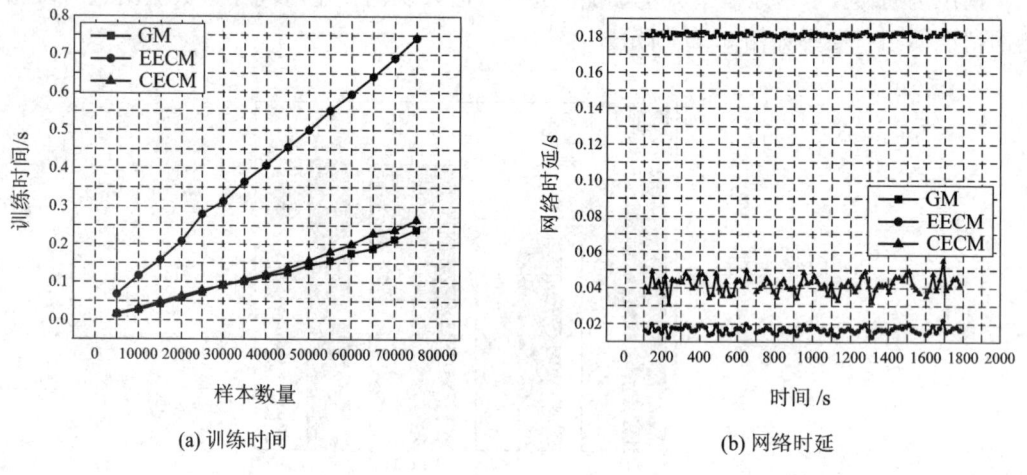

(a) 训练时间　　　　　　　　　　　(b) 网络时延

图 5.12　训练时间与网络时延

由于 LM 只使用单个边缘的数据进行训练，所以其模型建立过程不涉及数据传输。并且 LM 建立模型的方式与 GM 类似，所以此处不与 LM 作对比。由图 5.12(a) 可见，随着训练集规模的增长，各个模型的训练时间也随着增长。建立 CECM 的时间相比于 GM 有所增加，这是因为云平台需要运行一定的算法来选取最优划分属性，这部分工作会花费一定的时间。建立 EECM 的时间明显高于其他模型的原因是每个边缘需要整合多个本地模型为一个边缘模型，聚合过程需要花费时间。图 5.12(b) 是使用 OPNET 进行网络仿真的结果，对比建立 3 种模型时的整个网络时延可见，建立 CECM 与 EECM 的整体网络时延要远远低于 GM，分别降低了 75.88% 和 89.12%。这是因为本章两种模型均不要求边缘向云平台传输原始数据。传统的 GM 由于要求云平台聚合各个边缘的本地数据，且由于本地数据量的增长要远远大于云平台带宽的增长，大量的原始数据会造成云平台的拥塞，从而使数据传输时延大大增加。

6. 边缘节点数目对检测效果的影响

由于边缘节点数目直接关系着数据集的大小，是影响模型性能的重要因素，因此实验对比了边缘节点数目从 1 增至 8 的情况下，使用各种模型(本地模型除外)进行攻击检测的精准率和召回率曲线，如图 5.13 所示。由于本地模型是基于单个边缘的数据集训练得到的，其数据集规模的增长与总边缘节点数目无关，所以此实验不与本地模型进行比较。

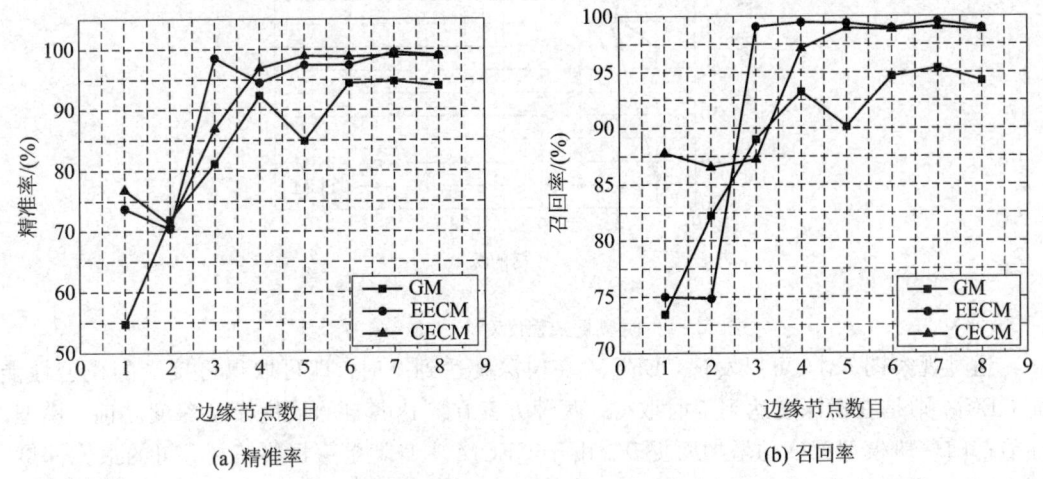

图 5.13 边缘节点数目对检测效果的影响

由图 5.13 可见，随着参与模型训练的边缘节点数目的增长(即训练集规模的增长)，3 种模型的精准率和召回率都在逐渐上升，最终达到了可接受的水平。通过对 3 种模型的精准率和召回率曲线的对比，可以看出当参与训练的边缘节点数目从 4 增至 8 时，本章提出的两种模型的精准率和召回率都要高于 GM，说明本章提出的两种模型的检测性能要优于现有的 GM 方案。

7. 基本算法对模型精准率的影响

由于不同最优划分属性的选取指标会影响不同决策树算法的性能，实验使用 ID3 替换本章的 CART，这意味着本实验使用信息增益而不是基尼指数作为选取最优划分属性的标准。使用 ID3 与 CART 作为基础算法的精准率对比见表 5.4。

表 5.4 基本算法对本章两种模型精准率的影响

模　　型	使用 CART 的精准率	使用 ID3 的精准率
EECM	99.762%	99.744%
CECM	99.925%	97.168%

由表 5.4 可见，使用 ID3 作为基础算法，两种模型的精准率依然能够达到 95% 以上，具有良好的检测性能。且相比于使用更加优秀的 CART 算法，使用 ID3 算法的模型的精准率没有明显下滑，这说明本章提出的两种模型具有强大的优势。

8. 模型复杂程度对检测效果的影响

由于深度参数是影响决策树模型性能的重要因素，本实验为 CART 算法选择不同的最大树深度，以分析本章模型对深度参数的敏感程度。基于边缘 1 绘制的不同树深度下两种模型的 F1 - Score 见图 5.14。

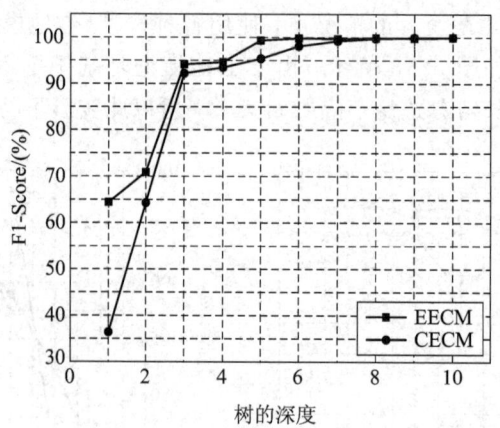

图 5.14　模型复杂程度对 F1 - Score 的影响

　　通过观察图 5.14 可以发现，EECM 在树深度达到 5 时，即可取得可接受的模型性能，而 CECM 则是在树深度达到 7 时取得。两种方案在到达各自的最优模型深度之前，模型的性能都随着树模型深度的增加而提升。由于 CECM 本身就是一棵决策树，树的最大深度自然会影响模型的泛化性能，而且本地 CART 模型（本地模型）的泛化性能会极大地影响 EECM 的检测表现，所以对模型参数的调优也是使用本章两种模型进行攻击检测的重要步骤。

本 章 小 结

　　本章针对现有全局模型的错误扩散及未适配本地数据集的问题，提出了两种基于边缘计算架构的车联网攻击检测模型——CECM（边云协同的攻击检测模型）和 EECM（边边协同的攻击检测模型）。与现有的 GM（全局模型）相比，由于每个异常边缘上都存在不成比例的错误数据，所以本章所提方案的模型在异常边缘上的性能没有达到预期的水平，但在正常边缘表现出了优势。在没有错误传播的情况下，本章所提模型在正常边缘的精准率要分别高出全局模型 6.75% 与 5.15%。具体来说，如果某些边缘的数据分布与云平台收集的数据有明显差异，本章所提方案的模型的精准率和召回率与现有的全局模型相比，分别提高了 5.283%、4.130% 和 7.808%、4.932%。在将来，还会将对本地数据集进行适配的程度也纳入到考虑范围，继续提升本章模型在异常边缘中的检测性能。

第 6 章　基于自适应的轻量级 CAN 总线安全机制

6.1　引　　言

随着车联网技术的快速发展，智能网联汽车在为人们生活提供便利的同时，网络攻击事件[7-12,14-15,188,236-239]频发，其安全问题凸显。在各类安全事件中，攻击者都是通过智能网联汽车与外部网络的接口如 OBD、T-BOX 和蜂窝网络等入侵车内总线网络，进而控制车辆的。车内网络包括总线网络和电子控制单元 ECU，其中 ECU 节点是车内核心电子元件，它根据总线上的报文信息，完成相应的控制功能和动作，如电机启/停、车门的开启/关闭等。不同 ECU 节点之间的通信是通过车内总线来实现的。目前车内总线主要包括 CAN、LIN[240]、FlexRay[241]、MOST 等。其中，CAN 总线是目前最广泛应用的车内总线，主要负责车内各个子系统间的通信。为提高数据通信的实时性，CAN 总线采用广播明文报文、无需认证的方式，连接在总线上的 ECU 节点可同时接收到报文，增强了 ECU 节点通信的实时性，提高了系统的可靠性和灵活性。但攻击者可通过车辆与外部网络的接口窃听总线上的报文，通过模糊测试[10,237]等逆向工程技术分析报文实际含义，发现指定 ECU 的功能，进而重放甚至伪造报文，控制车内 ECU 节点，威胁行车安全。如何实现 CAN 总线上报文的安全传输，成为亟待解决的问题。

本章首先对现有车内网 CAN 总线安全方案进行了分析与研究。随后，针对现有方案存在的问题，提出了一种自适应的 CAN 总线安全机制。本章主要内容如下：

（1）针对现有方案难以适用于差异化的报文需求和动态车内网络环境的问题，在 6.3 节提出了基于模糊决策的安全策略选取方案。通过对报文特点和车内总线网络的分析，针对性地选取了影响安全策略的因素集，采用层次分析法和模糊决策的思想，对于不同的报文和动态变化的车内网环境，自适应地选取了较为合理的安全策略，以满足报文的差异化需求和动态变化的车内网络环境。

（2）针对目前 CAN 总线的认证和加密方案中缺乏高效的密钥管理方案的问题，通过将车内网 ECU 节点的通信转化为无向图，并以节点的通信频率作为图的边权重，采用马尔可夫聚类的方法，按照通信频率将 ECU 节点划分为层次化的域，在此基础上使用树形域密钥结构对车内 ECU 节点进行密钥管理，并结合自适应的安全策略选取方案，在 6.4 节中设计了差异化的安全策略及其通信协议。

（3）针对本章所提出的方案，首先从可行性、安全性等方面进行全面的理论分析，并通过 ProVerif 工具进一步验证所提方案的安全性；随后通过实验验证了自适应模糊决策的有效性，并对 ECU 分域和密钥管理方案进行性能分析，与现有方案进行对比，结果表明本章方案所需的存储开销和计算开销十分有限，适用于计算能力受限的 ECU 节点和高实时性需求的 CAN 总线网络。

6.2　现有的 CAN 总线安全研究

由于 CAN 总线协议存在诸多安全问题，易受到窃听、重放、伪造报文攻击，因此众多研究者分别对车内网 CAN 的报文认证、加密协议以及密钥管理等方面进行了研究[78-86, 242-254]。

1. 现有 CAN 总线报文认证方案

1) 基于 64 bit 的 MAC

由于 CAN 总线的数据域载荷较少，为了保证足够的安全性，将由报文生成的 MAC 以单独的报文传输，其中 MAC 占用报文的数据域字段。这种基于 64 bit 的 MAC 可保证总线报文的不可伪造性，但总线负载至少增加了一倍。根据文献[82]，在实际 CAN 总线中，为了保证稳定的通信环境，一般需要总线负载保持在 50% 以下。以 LeiA[84] 为例，LeiA 是一种轻量级的 CAN 总线认证协议，允许车内关键 ECU 节点之间进行相互认证。该方案采用 MAC 来验证报文的完整性以及来源的真实性，即 $MAC = MAC(K_{id_i}^e, c_{id_i}, data)$，其中 $K_{id_i}^e$ 是生成 MAC 的密钥，c_{id_i} 是与 MAC 生成相关的计数器，用于防止重放攻击，data 表示报文的数据域内容。首先，发送 ECU 与接收 ECU 生成会话密钥 $K_{id_i}^e$。当发送 ECU 想要发送报文时，首先要更新自己的计数器并计算报文的 MAC，并以单独的报文格式发送至总线。接着，接收 ECU 收到报文后也要先更新计数器，验证 MAC 是否与收到的 MAC 一致。若一致，则接收；否则进入重同步的过程。重同步的过程是指验证 MAC 不一致时，接收 ECU 向发送 ECU 发送验证失败消息。当发送 ECU 收到验证失败消息时，广播包含当前计数器以及使用计数器生成的 MAC 的报文，达到与接收 ECU 重新同步计数器的目的。LeiA 使用扩展标识符字段发送 2 bit 的控制字段和 16 bit 的计数器。图 6.1 给出了 LeiA 方案的数据帧格式。

	SOF	标识符	SRR	IDE	扩展标识符	RTR	控制字段	数据字段	CRC	ACK	EOF
原报文	1 bit	11 bit	1 bit	1 bit	18 bit	1 bit	6 bit	64 bit	16 bit	2 bit	7 bit

	SOF	标识符	SRR	IDE	控制字段	计数器	RTR	控制字段	MAC	CRC	ACK	EOF
MAC	1 bit	11 bit	1 bit	1 bit	2 bit	16 bit	1 bit	6 bit	64 bit	16 bit	2 bit	7 bit

图 6.1　LeiA 方案的数据帧格式

2) 基于截断的 MAC

为了保证稳定的总线网络环境，提高 CAN 总线通信的实时性，可将认证信息截断与原报文一起传输。这种方式很好地保证了 CAN 总线的通信效率，但与方法 1) 相比，有限长度的 MAC 降低了安全性。如 Woo 等人[11] 提出使用数据加密和认证技术来保证总线报文的机密性与完整性。发送 ECU 将报文的数据域内容加密生成密文，即 $C = E_{EK}(CTR_{ECU_s}) \oplus$

M，其中 M、C 分别表示明文和密文，EK 表示认证密钥，$\text{CTR}_{\text{ECU}_s}$ 表示发送 ECU 的计数器。使用基于 Hash 的消息认证码 HMAC 实现消息认证：将生成的密文 C、发送方 ECU 的标识 ID_s 和保存的计数器 $\text{CTR}_{\text{ECU}_s}$ 作为 Hash 函数的输入，即 $\text{MAC} = H_{\text{AK}}(\text{ID}_s, C, \text{CTR}_{\text{ECU}_s})$，AK 表示认证密钥。将生成的 MAC 截断为 32 bit，并分为两部分，一部分使用扩展标识符字段传输，另一部分占用 CRC 校验位传输，如图 6.2(a)所示。该方案认为采用 32 bit 的 MAC 可以保证足够的安全性。这是由于：① 该方案不考虑攻击者对 ECU 固件的攻击，即攻击者可以访问 32 bit MAC 生成的数据库；② 由于攻击者无法得知认证密钥 AK，无法生成报文对应的合法 MAC。若采用穷举的方式遍历 2^{32} 种 MAC 后再发送至总线，则时间代价太大。假设 CAN 总线数据传输速率为 500 kb/s，则传输 2^{32} 个数据帧需要 11 930 个小时。当攻击者在短时间内向总线传输大量的恶意数据帧时，总线网络会产生一个 CAN Bus Off 错误帧，阻止非法数据帧的传输。故认为该方案是安全的。除了占用扩展标识符字段和 CRC 字段外，Bravo 等人[86]提出 CAN 总线的认证方案，占用数据域中的 5 Byte 来传输认证信息，如图 6.2(b)所示。

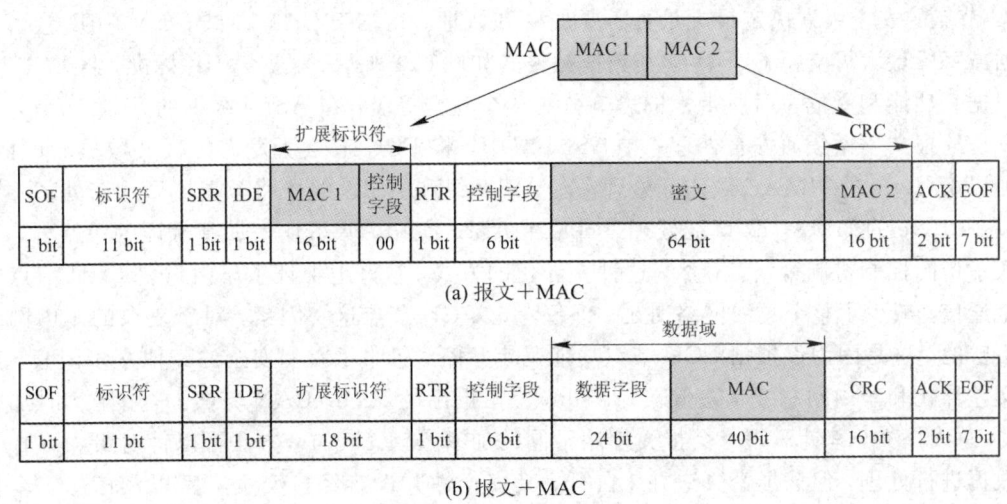

图 6.2　采用截断 MAC 认证的数据帧格式

3）基于复合 MAC 的延迟认证

CAN 总线报文中 CRC 用于检验传输过程中是否出现错误，文献[83]中提出将生成的 MAC 分为 4 部分，每个部分占用随后传输的 4 条报文的 CRC 循环校验位传输，复合 MAC 的延迟认证的数据帧格式如图 6.3 所示。对数据字段较长的报文来说，这种复合认证方式在保证足够的 MAC 长度的同时，不增加额外的总线负载，但这种方式会导致认证的延迟，且占用 CRC 的方式无法校验传输过程中的错误。

2. CAN 总线报文加密方案

CAN 总线报文加密机制是指 ECU 节点使用相应的密钥加密报文的数据域传送至总线。只有拥有密钥的 ECU 节点可以解密报文。报文加密传输可以在攻击者多重步骤的初期就阻拦该攻击。另一方面，由于 ECU 节点的计算存储能力有限以及 CAN 总线实时性需求较高，故计算开销小的轻量级加密算法更适用于车内 CAN 总线网络。LCAP 方案[87]采用流密码 RC4 加密数据帧扩展标识符以及数据域字段。文献[243]中建议采用 tiny 加密算法，

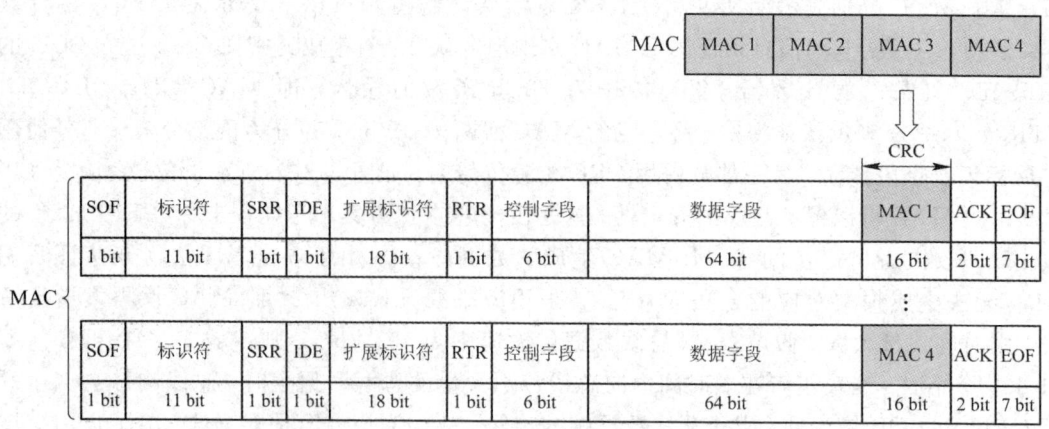

图 6.3 复合 MAC 的延迟认证的数据帧格式

并用实验证明该方案时延较小,具有可行性。文献[244]中提出在 CAN-FD 总线中根据 ECU 节点的安全级别决定报文是否需要加密和认证。相较于 CAN 总线,CAN-FD 总线的数据域字段最大可支持 64 Byte,其数据帧格式如图 6.4 所示。根据 ASIL 标准,将 ECU 节点根据其功能和受危害时所带来的影响分为 4 个安全等级:在 ASL0 级中的 ECU 节点,其所发送的报文不做任何安全处理;在 ASL1 级中,将 ECU 节点所发送的报文数据域广播,并加以 16 Byte 的 HMAC 做认证处理;在 ASL2 级和 ASL3 级中将数据域做加密处理并且加以 16 Byte 的 HMAC 做认证处理,同时在 ASL3 级中,除了加入加密认证的策略外,还加入了访问控制机制策略。显然,这种差异化的方式,很好地保证了车内重要 ECU 节点的安全通信,减少了整个总线网络时延。但仅考虑 ECU 节点这一因素,对于复杂的车内网络是不够的。这是因为仅根据 ECU 节点功能确定策略,忽略了影响安全的其他众多因素,如报文差异化和车内网总线状态等。Trillium 公司提出的 SecureCAN 方案[245]用于实时加密 CAN 总线报文,其针对每一个报文使用不同的加密密钥。该加密方法可以针对最大 8 Byte 的数据进行处理,但该加密算法并未公开,其安全性并没有经过安全专家以及信息安全社群的检验。

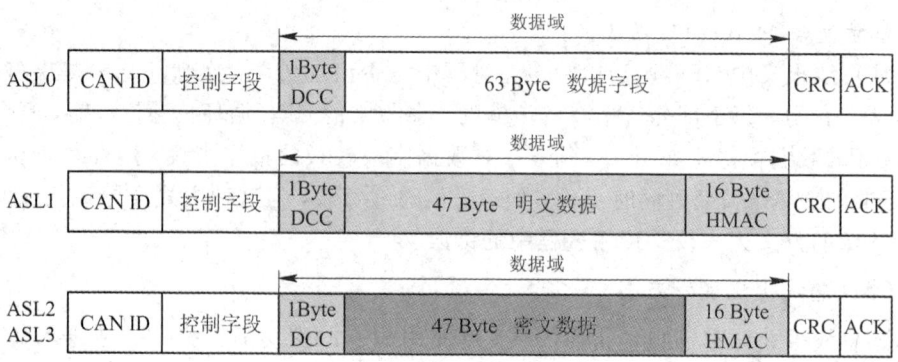

图 6.4 CAN-FD 数据帧格式

3. ECU 节点的密钥管理方案

(1) ECU 节点两两共享密钥(见文献[247])。此类方案在任意两个 ECU 节点均共享对称密钥。假设 ECU 节点总数为 n，则每个 ECU 需存储 $(n-1)$ 个密钥，密钥总数为 $O(n^2)$，其方案如图 6.5 所示，ECU_1 与 ECU_2 共享密钥 K_{11}，与 ECU_3 共享密钥 K_{12}，与 ECU_4 共享密钥 K_{13}；若某报文的发送节点为 ECU_1，接收方为 ECU_2、ECU_3 和 ECU_4，则分别使用密钥 K_{11}、K_{12} 和 K_{13} 生成 8 bit 的 MAC_{k11}、MAC_{k12} 和 MAC_{k13}，与原报文一同发送。可以看出，该方案中较短的 MAC 提供的安全性有限。

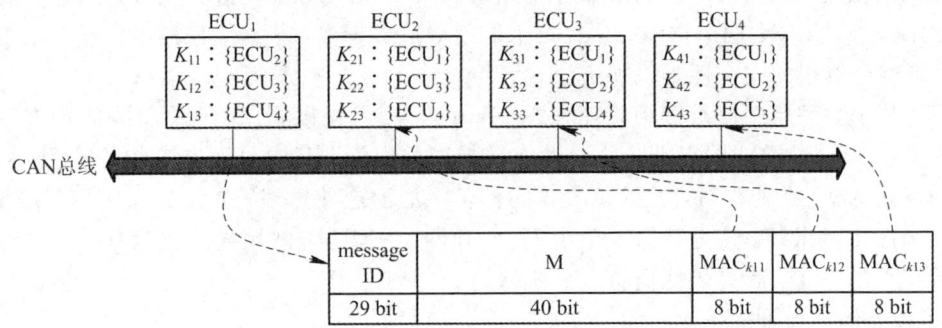

图 6.5　ECU 节点两两共享密钥方案示意图

（2）将认证密钥与 message ID 相关联。由于总线报文使用唯一 message ID 标识，且不包含发送和接收 ECU 地址，基于这种面向消息的通信方式，文献[79]中提出 CANAuth 方案，每条报文对应唯一的一个认证密钥。但由于多个发送方节点均可发送同一报文，也就是说同一 message ID 的报文可能来自不同的发送 ECU，所以该方案无法唯一确定发送方的身份。另一方面，由于 message ID 字段长度为 11 bit，故密钥总数量至多为 2^{11}，则每个节点最多需保存的密钥数量为 2^{11}，这对存储能力有限的 ECU 节点来说是不小的挑战。

（3）每个 ECU 节点属于多个群组，每个群组内共享认证密钥。文献[80]中提出 LiBrA-CAN 方案，假设每个组有 g 个成员，则可将 n 个节点分为 C_n^g 个群组，组内共享用于生成 MAC 的认证密钥。这种方式可在群组内恶意节点占少数的情况下，发现恶意节点，提供足够的安全性。但该方案密钥数量与节点数量成指数关系，这意味着每个 ECU 节点都需要存储大量的密钥。其方案如图 6.6 所示。

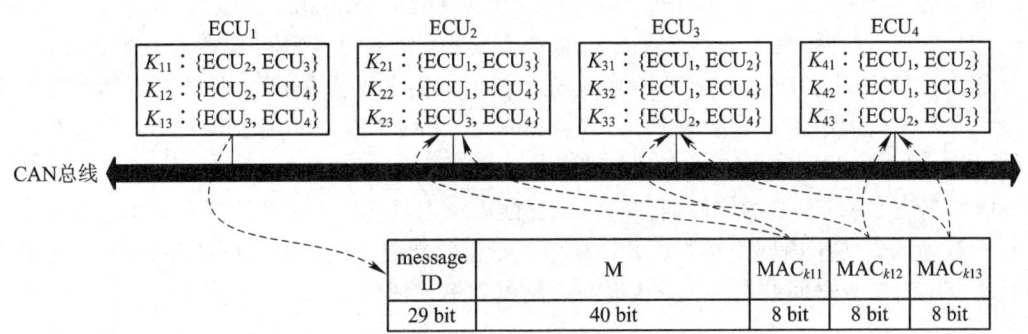

图 6.6　LiBrA-CAN 方案示意图

其中，ECU_1 与 ECU_2、ECU_3 共享密钥 K_{11}，与 ECU_2、ECU_4 共享密钥 K_{12}，与 ECU_3、ECU_4 共享密钥 K_{13}，分别使用密钥 K_{11}、K_{12}、K_{13} 生成 8 bit 的 MAC_{k11}、MAC_{k12} 和 MAC_{k13}，与原报文一同发送。以 ECU_2 为例，拥有密钥 K_{11} 和 K_{12}，可以认为该节点获取的

MAC 为 16 bit，即 MAC_{k11} 和 MAC_{k12} 的长度之和。这种方式将安全级别提高了一倍，但需存储大量的密钥。

（4）基于信任组的 ECU 群组划分结构，以减少密钥分发过程的开销。文献[248]认为与外部网络相连的 ECU 节点信任值较低，将其分为低信任组，其余节点分为高信任组。高信任组节点共享认证密钥 K_h，为每个传出报文生成身份认证信息，同群组的其余节点可以验证收到的报文。低信任组中的节点并不知道 K_h，故无法对报文进行认证。但该方案将车内众多 ECU 节点分为两个群组，导致每个群组内成员较多。若高信任群组内某一节点受到攻击，则整个群组的安全性难以保证。

（5）基于物理层的群组密钥管理方式。Jain 等人[251]提出利用 CAN 总线的物理特性来生成组密钥。CAN 总线的电平分为显性电平与隐性电平。其中显性电平的逻辑为 0，隐性电平的逻辑为 1。在仲裁时，显性位覆盖隐性位。基于这种物理特性，通过 ECU 节点成对的交互来派生组密钥。该方案需要单个 ECU 和网关 ECU 之间预先建立信任。但这种基于物理层特性的方式，其有效性仍待进一步探讨。

4. 现有研究存在的主要问题

通过对 CAN 总线中安全机制的分析与研究，可以发现现有方案仍存在以下问题：

（1）现有方案难以实现安全性和网络性能之间的权衡，单一固定的安全机制难以适用于差异化的报文需求以及动态变化的车内网络环境。如 CAN 总线报文主要包括控制指令以及车内传感器参数等与行车相关的数据信息。对于控制指令来说，需要保证报文内容的完整性和来源的真实性，以确保行车安全。而对于车内传感器信息来说，无论是与行车安全密切相关的车内参数信息，还是与用户隐私相关的车辆位置信息、司机驾驶习惯等，均需要保证报文的机密性。因此报文的类型和内容不同，其安全需求也不同。另一方面，车辆内部的网络状态等信息也会直接影响总线安全策略的选取，如当车内总线负载较大情况下，应尽量采用不增加总线负载的安全策略；然而当车内入侵检测系统发现异常时，应该提高整体的安全级别，选择较为安全的策略。显然，现有的方案没有考虑这两点内容，对所有的报文和动态变化的车内网络环境选择无差别的安全策略，浪费 CAN 总线资源，增加了不必要的计算开销和存储开销。因此在充分考虑报文安全需求、实时性需求以及车内 CAN 总线的动态网络环境后，提出一种自适应的安全策略选取方案就尤为重要。

（2）在对车内网 CAN 总线的加密或认证方案中，需要计算和存储能力有限的 ECU 节点存储大量的密钥，且未针对 CAN 总线实时性需求高的特点提出合理且有效的密钥管理方案。由于车内网中含有大量的 ECU 节点和 CAN 总线具有高实时性等特点，传统的密钥管理方案难以直接应用于车内网络，而目前已有方案需要消耗大量的计算时间和存储开销。根据车内 CAN 总线的广播通信、高实时性需求以及 ECU 节点计算存储能力有限、拓扑结构较为固定等车内网络特点，设计高效、安全的密钥管理方案，并对 ECU 节点进行分域，减少域间节点之间的通信，减少时延，是亟需解决的问题。

6.3 基于模糊决策的安全策略选取

6.3.1 系统架构

本节提出了一种自适应的安全策略选取方案，该方案综合考虑报文的安全需求以及动态变化的车内网络环境，基于模糊决策选取较为合理的安全策略，其架构如图 6.7 所示，主要包括因素集和策略集的确定、基于模糊决策的差异化安全策略选取两部分。

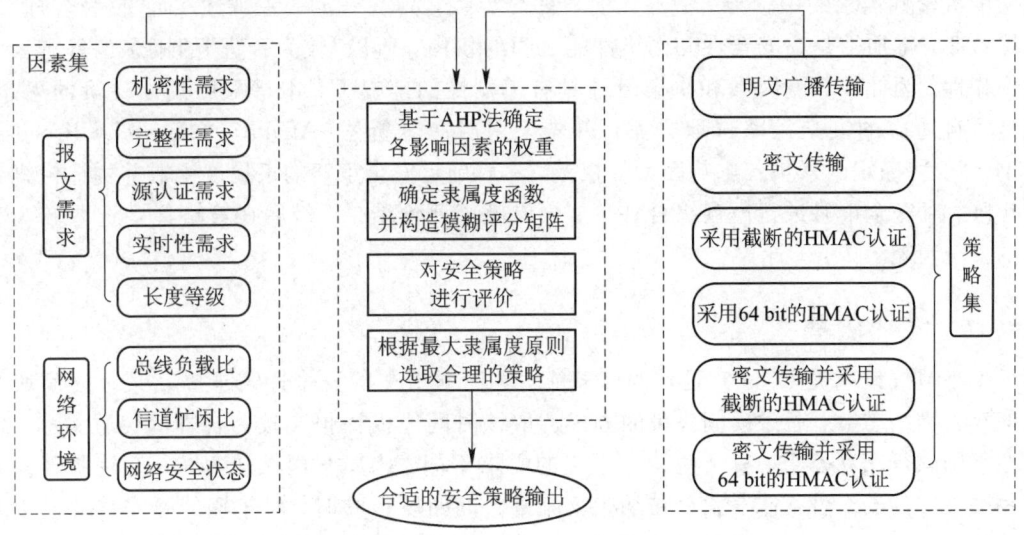

图 6.7　基于模糊决策的安全策略选取架构

基于模糊决策的安全策略选取架构主要包括以下两部分：

1. 因素集和策略集的确定

1）因素集的确定

通过对车联网环境以及车内网 CAN 总线的分析，将影响安全策略选取的因素分为报文的安全需求和动态变化的车内网络环境两个方面，其中报文方面主要考虑报文的机密性需求、完整性需求、源认证需求、实时性需求和报文长度 5 点；车内网络环境方面主要考虑总线负载比、信道忙闲比（Channel Busy Ratio，CBR）以及车内入侵检测系统（IDS）反馈的车内网络安全状态 3 点，这 3 点均来自于实时的网络状态。综上所述，本章方案通过报文需求和实时的车内网络环境确定该时间段内报文的安全策略。

2）策略集的确定

参考目前对车内 CAN 总线的研究，已有研究者提出多种针对车内 CAN 总线的安全策略，本章方案依据报文的安全需求总结并提出了在车内 CAN 总线中常用的 6 种安全策略，包括报文的明文广播传输、密文传输、采用截断的 HMAC 认证、采用 64 bit 的 HMAC 认证、密文传输并采用截断的 HMAC 认证和密文传输并采用 64 bit 的 HMAC 认证。

2. 基于模糊决策的差异化安全策略选取

模糊决策是基于模糊数学[255]理论对具有模糊性的对象或者目标，通过定量分析进行决策的一种方法。在现实生活中常会遇到根据多种因素在多种方案中选取较为合理的方案的情况。但由于人们在认知上所具有的一定的主观性和差异性，使得决策的条件和目标具有模糊性。在这种情况下，模糊数学提出了一种解决思路：应用模糊集合论，把不易量化的因素和信息进行量化处理，采用数学语言定量地描述问题和决策目标，将定量数据用于最终的决策，为优选的决策方案提供定量的标准，即模糊决策就是将模糊的信息定量化。该方法目前已被广泛应用于自动化控制、工程工业设计、经济效益评估等多个学科和领域。

在本章所提方案中，根据报文的安全性需求以及当前车内网络环境等多种因素，确定该时间段内该报文较为合理的安全策略。由于报文的安全性需求具有一定的模糊性，比如报文的机密性需求的"高"与"低"并无明显的分界线，具有一定的主观性；而"较为合理"的传输策略，本质上是在安全性和网络性能之间的权衡，所以"较为合理"的概念也具有一定的模糊性。因此在影响因素和决策目标具有模糊性的前提下，本章采用模糊决策的思想，设计了自适应的安全策略选取方案。首先采用层次分析法（Analytic Hierarchy Process，AHP）[256-257]确定因素集各影响因素的权重，然后确定安全策略的隶属度函数并构造模糊评判矩阵，对安全策略进行模糊综合评价，合成模糊评价结果，最后在策略集中选取较为合理的安全策略。

6.3.2　具体步骤

本小节假设网关 ECU 有足够的计算能力，根据报文的安全性需求以及某一时间段 T 内的车内网络参数，通过模糊决策的方式选取该时间段内该报文较为合理的传输策略。由于在不同的行车状态下，对某些特定报文的需求不同，比如车辆在转弯时，对轮胎转向角等相关报文的安全性需求较高；在某些车流量大的路段行驶时，对车辆的障碍传感器以及制动指令等相关报文的安全性需求较高。因此，为提高效率，网关 ECU 可在特定行车状态下针对性地选择重要报文作为输入。比如车辆点火时，选择与油温、水温等相关的报文进行模糊决策，以减小计算量，提高细粒度的安全级别。

1. 确定因素集和策略集

1）确定因素集

本章方案考虑影响安全策略的因素主要包括报文需求和网络环境。其中报文需求主要有以下 5 点：

（1）机密性需求（C_{msg_i}）：设 C_{msg_i} 表示报文 msg_i 的机密性需求，其中 $C_{msg_i} \in (0, 1]$。CAN 总线报文主要包括控制指令和传感器信息等。相较于控制指令，与行车相关的传感器参数信息，如油温、车速、水温等的机密性需求更高。因为这些信息若被攻击者窃听并破解，可能暴露行车安全的重要信息或者驾驶员行驶习惯等用户隐私。通过专家知识分级，综合考虑报文内容、类型、发送和接收 ECU 等因素，将机密性需求由高到低分为 4 个等级，即 $C_{msg_i} = \{c | c = (n-k)/n; k = 0, 1, 2, 3; n = 4\}$。当 $C_{msg_i} = 1$ 时，说明报文的机密性需求最高。

（2）完整性需求（I_{msg_i}）：设 I_{msg_i} 表示报文 msg_i 的完整性需求，其中 $I_{msg_i} \in (0, 1]$。完整性是指接收 ECU 可以验证收到的报文未被修改。报文的完整性需求与报文内容以及发送和接收 ECU 有关。根据专家知识对报文进行分析，可将报文的完整性需求由高到低分为 4 个等级，即 $I_{msg_i} = \{i | i = (n-k)/n; k = 0, 1, 2, 3; n = 4\}$。当 $I_{msg_i} = 1$ 时，说明报文的完整性需求最高。本章方案采用基于 Hash 的消息认证码 HMAC 来进行报文完整性验证。

（3）源认证需求（A_{msg_i}）：设 A_{msg_i} 表示报文 msg_i 的源认证需求，其中 $A_{msg_i} \in (0, 1]$。源认证是指接收 ECU 可以验证报文是否来自它所声称的发送方，若一致，则接收报文；反之，则丢弃。对于车内控制指令以及重要的传感器参数来说，源认证是必要的。这里的重要传感器参数信息是指需根据这些参数作出决策，比如变速器温度等。根据专家知识或由制造商对报文内容、发送和接收 ECU 等进行分析，可将报文的源认证需求由高到低分为 4 个

等级，即 $A_{\mathrm{msg}_i}=\{a\,|\,a=(n-k)/n;\ k=0,1,2,3;\ n=4\}$。当 $A_{\mathrm{msg}_i}=1$ 时，说明报文的源认证需求最高。本章方案采用 HMAC 来进行报文的源认证。

（4）实时性需求（T_{msg_i}）：设 T_{msg_i} 表示报文 msg_i 的实时性需求，其中 $T_{\mathrm{msg}_i}\in(0,1]$。这里的实时性是指报文的优先级。CAN 总线设定根据 message ID 确定报文优先级，显性电平的逻辑为 0，隐性电平的逻辑为 1。在仲裁时，显性位覆盖隐性位。优先级高的获得总线的控制权，可以向总线继续发送数据域内容。在这种竞争向总线发送数据的方式中，发送报文优先级高的 ECU 抢占总线，优先级低的 ECU 中断传输，等待总线空闲再次竞争。由此可以推断，制造商在设计 CAN 总线通信矩阵时，为了使某些报文能够及时发送到总线，会将这些报文的优先级设定为较高，即 message ID 较小。依据这个思路，将实时性需求这一参数与报文的优先级相结合，根据报文 11 bit 的 message ID 来划分实时性需求级别。由于 message ID 为 11 bit 的十六进制数，设其起始位为 y，则 T_{msg_i} 的取值如式（6-1）所示。当 $T_{\mathrm{msg}_i}=1$ 时，表示报文的实时性需求最高。

$$T_{\mathrm{msg}_i}=\begin{cases}1, & 0x1\leqslant y\leqslant 0x4\\[2pt]3/4, & 0x5\leqslant y\leqslant 0x8\\[2pt]1/2, & 0x9\leqslant y\leqslant 0xB\\[2pt]1/4, & 0xC\leqslant y\leqslant 0xF\end{cases} \tag{6-1}$$

（5）长度等级（L_{msg_i}）：设 L_{msg_i} 表示报文 msg_i 的长度等级，其中 $L_{\mathrm{msg}_i}\in(0,1]$。本章方案采用 MAC 进行认证，则需选择是将 MAC 添加在原报文的数据域中未使用的部分，还是将生成的 MAC 以单独的报文传输。若报文的数据域为 8 Byte，则只能采用将 MAC 以单独的报文传输；若报文的数据域长度较短，可将生成的 MAC 截断后与原报文一起发送。可以看出，足够长度的 MAC 提高了认证的安全性，但增加了通信开销；而截断的 MAC 降低了总线开销，但随着 MAC 长度的减少，安全性降低。故报文长度等级对策略选择的影响不容忽视。这里设报文长度为 l bit，如式（6-2）所示，其中 $L_{\mathrm{msg}_i}=1$ 时，表示报文长度等级最高。

$$L_{\mathrm{msg}_i}=\begin{cases}1/4, & 0\leqslant l\leqslant 16\\[2pt]1/2, & 16<l\leqslant 32\\[2pt]3/4, & 32<l\leqslant 48\\[2pt]1, & 48<l\leqslant 64\end{cases} \tag{6-2}$$

本章方案考虑的车内网络环境主要有以下 3 点：

（1）总线负载比（B_t）：总线负载率是指 1 s 内车内 CAN 网络总线传输数据占总线带宽的百分率，用来表示该时间段内总线资源被使用的情况，可通过监测总线获得该时间段内的总线负载率。为保证稳定的通信环境，总线负载率应低于 50%，使得 ECU 节点间的通信效率较高。在使用 MAC 进行报文认证时，若将 MAC 以单独报文传输，可保证较高的安全性，但同时至少增加了一倍的报文数量，大大增加了总线负载率；将 MAC 截断，占用原报文未使用的数据字段传送，是很好的折中方案。这是在网络性能和安全性之间的权衡。因此在选取安全策略时，总线负载率是一个不得不考虑的因素。本方案假设由网关 ECU 节点检测某时间段内的总线负载率，并统计该时间段内总线负载率大于 50% 的时间长度 t_1 占总时长 $t(t\neq 0)$ 的比例，用总线负载比 B_t 表示，即 $B_t=t_1/t$，$B_t\in(0,1]$，该值越接近于 1，则该时间段内的总线负载比越高。

（2）信道忙闲比（CBR_t）：CAN 总线采用 CSMA 机制，节点每次向总线传输数据域前会检测信道是否繁忙。信道忙闲比用来表示信道的拥塞程度。可以看出，信道越繁忙，低优先级报文的等待时间越长。定义信道忙闲比（CBR_t）为监测时间 T 内，检测信道为繁忙状态的时间所占比例，令 $CBR_t = \sum_{i=1}^{n} k_i/n$；$k_i \in \{0, 1\}$；$CBR_t \in (0, 1]$，其中，$n$ 为信道检测次数，k_i 在信道繁忙时为 1，信道空闲时为 0。CBR_t 的值越大，说明信道越繁忙。

（3）当前网络安全状态级别（S_t）：定义当前网络安全状态级别 S_t 为当前时间段 T 内车内入侵检测系统反馈的车内网络安全级别。目前已有学者提出多种车内 CAN 总线入侵检测方案，如基于报文信息熵[90]、基于数据帧频率[91, 93, 95]、建立基于马尔可夫的数据帧时间序列来检测入侵等多种方案[94, 96-97]。本章方案假设入侵检测系统反馈的当前网络安全状态为 $S_t = \{s \mid s = (n-k)/n; k = 0, 1, 2, 3; n = 4\}$，依次表示非常安全、安全、不安全、非常不安全。当 $S_t = 1$ 时，表示当前网络安全状态级别最高。

综上所述，报文需求和网络环境的取值范围均在 (0, 1] 之内，将这些因素作为因素集 U 中的元素，表示为 $U = \{U_1, U_2, \cdots, U_n\}$，其中 n 为因素集中元素的个数。随着车联网技术的发展，可将新出现的影响安全策略的其他因素加入策略集 U 中，符合具体应用情况即可。

2）确定策略集

目前研究者提出的 CAN 总线认证方案中，MAC 的传输方式主要分为单独的报文传输以及与原报文一并传输两种：以单独的报文形式传输的 64 bit MAC 提供较高的安全性，但成倍地增加了总线负载；与原报文一并传输虽不增加总线负载，但有限长度的 MAC 降低了安全性。本章依据报文的安全性需求总结并提出了在车内 CAN 总线中常用的 6 种安全策略。设策略集 P 表示 CAN 总线安全机制提供的所有的可选策略的集合，表示为 $P = \{P_1, P_2, P_3, P_4, P_5, P_6\}$，其中 P_1 表示明文广播传输，P_2 表示密文传输，P_3 表示明文传输并采用截断的 HMAC 认证，P_4 表示明文传输并采用 64 bit 的 HMAC 认证，P_5 表示密文传输并采用截断的 HMAC 认证，P_6 表示密文传输并采用 64 bit 的 HMAC 认证。其中，策略集具有可扩展性，也就是说，在实际应用时可以添加新的安全策略到策略集中，以满足个性化的安全需求。

2. 选取安全策略

在确定了影响安全策略选择的因素集和策略集之后，本章方案可基于模糊决策的思想自适应地选取较为合理的策略。本小节将影响策略选择的因素集 $U = \{U_1, U_2, \cdots, U_n\}$ 作为模糊输入，基于 AHP 法和模糊决策，在策略集中选取较为合理的策略并输出，具体流程如图 6.8 所示。

1）基于 AHP 法确定各影响因素的权重

在确定影响因素集 $U = \{U_1, U_2, \cdots, U_n\}$ 之后，需要确定报文需求和网络环境对最终选取策略的影响程度，即各个因素的权重。权重越大，说明该因素对安全策略的选取影响越大；反之，权重越小，说明影响越小。

AHP 法是一种将定性数据定量化的多目标决策分析方法，通常把相关因素分解成目标、准则、方案等多个层次，通过比较两两因素的重要程度建立对比矩阵，依次确定各因素相较于上层因素的权重，再通过加权的方式，确定最终权重或是作出最终决策，将复杂问

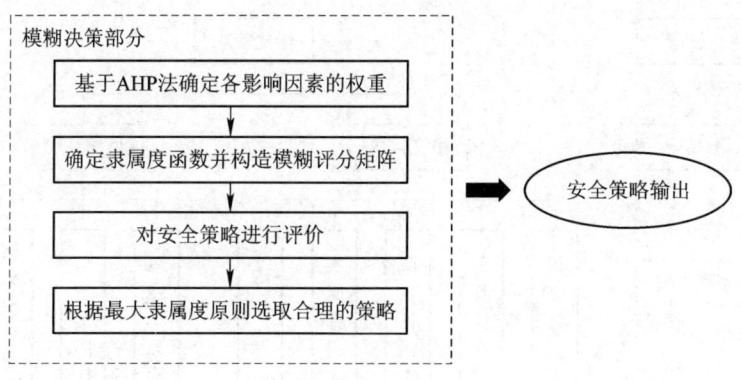

图 6.8　模糊决策模块的具体流程

题层次化、系统化。该方法适用于具有多因素的分层复杂系统中，其中定量数据信息较少，且目标值又难以定量描述。AHP 法已被广泛应用于安全科学和环境科学等领域。

由于报文需求具有一定的模糊性和复杂性，且各影响因素之间具有层次性，故选择 AHP 法用于确定报文需求和网络环境在安全策略选取中所占的权重。基于 AHP 法的权重确定过程如图 6.9 所示。

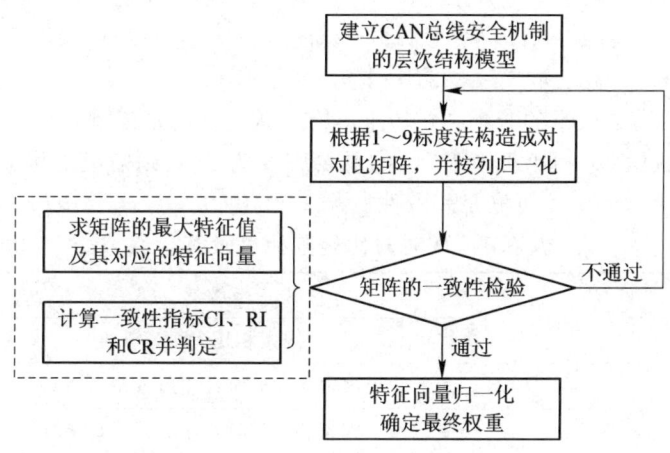

图 6.9　基于 AHP 法的权重确定过程

基于 AHP 法的权重确定过程分为以下 4 步：

（1）将因素集按照其属性分成两大类：报文需求和网络环境，并建立 CAN 总线安全机制的层次模型，如图 6.10 所示。设因素集 $U = \{U_1, U_2, \cdots, U_n\}$，其中 n 为影响因素的个数，$U_i(1 \leqslant i \leqslant n)$ 表示影响因素，且满足 $\sum\limits_{i=1}^{n} U_i = U$ 且 $U_i \bigcap U_j = \varnothing (i \neq j)$。根据 CAN 总线安全机制的层次模型，在本章方案中因素集 $U = \{U_1, U_2\}$，其中 U_1 为报文需求因素集，U_2 为网络环境因素集。对于子准则层因素：$U_1 = \{u_1, u_2, u_3, u_4, u_5\}$，其中 u_1 为报文的机密性需求，u_2 为报文的完整性需求，u_3 为报文的源认证需求，u_4 为报文的实时性需求，u_5 为报文的长度等级。$U_2 = \{u_6, u_7, u_8\}$，其中，u_6 为车内 CAN 总线负载比，u_7 为 CAN 总线的信道忙闲比，u_8 为车内网络安全状态。

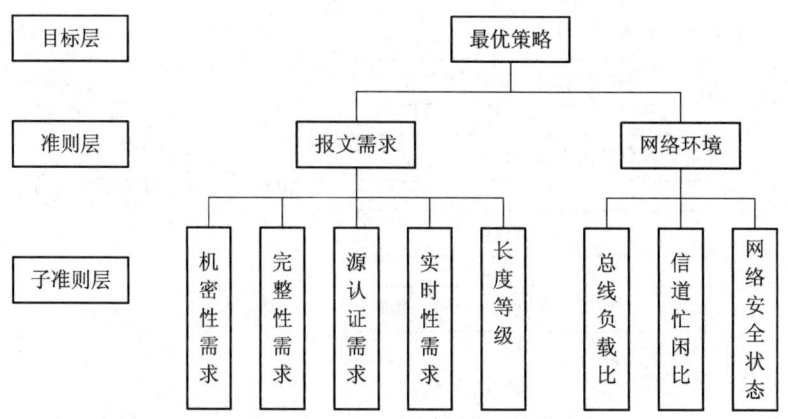

图 6.10　CAN 总线安全机制的层次模型

（2）构造因素集的成对对比矩阵 $\boldsymbol{M}_u = (m_{ij})_{n \times n}$，$m_{ij} > 0$，其中 n 为每层的因素个数，m_{ij} 表示因素 i 相对于因素 j 的重要程度，m_{ij} 越大，表明 i 相比于 j 越重要。本章方案采用 Santy 等人[256]提出的一致矩阵法，采用 $1 \sim 9$ 标度法来衡量影响因素的重要程度，如表 6.1 所示。通过对同一层次的影响因素两两比较，由专家或制造厂商进行重要度评估，由上至下建立每一层的对比矩阵。这里要求矩阵 $\boldsymbol{M}_u = (m_{ij})_{n \times n}$ 为一致矩阵，即矩阵 $\boldsymbol{M}_u$ 需满足：

（1）$m_{ij} > 0$ 且 $m_{ji} = 1/m_{ij}$（$i, j = 1, 2, \cdots, n$）；

（2）$m_{ij} m_{jk} = m_{ik}$，$\forall i, j, k = 1, 2, \cdots, n$。

这是因为需要满足权重的分配在逻辑上具有一致性。例如若因素 U_1 相比于因素 U_2 的重要程度为 m_1，因素 U_2 相比于因素 U_3 的重要程度为 m_2，则需满足因素 U_1 相比于因素 U_3 的重要程度为 m_1/m_2，才可满足一致性。

表 6.1　成对对比矩阵标度及其含义

标度	含　义
1	表示两个因素相比，同等重要
3	表示两个因素相比，前者比后者稍微重要
5	表示两个因素相比，前者比后者明显重要
7	表示两个因素相比，前者比后者强烈重要
9	表示两个因素相比，前者比后者极端重要
2，4，6，8	表示上述相邻判断的中值
倒数	若 i 和 j 的相对重要性之比为 m_{ij}，则 j 和 i 的相对重要性之比为 $m_{ji} = 1/m_{ij}$

在通过影响因素两两比较建立对比矩阵 $\boldsymbol{M}_u = (m_{ij})_{n \times n}$，并按列进行归一化得到矩阵 $\boldsymbol{M}_u' = (m_{ij}')_{n \times n}$ 之后，求矩阵 $\boldsymbol{M}_u'$ 最大特征值 $\lambda_{\max}$ 及对应的特征向量 $\boldsymbol{W}'$。其步骤如下：

① 将矩阵 $\boldsymbol{M}_u$ 按列归一化，得到矩阵 $\boldsymbol{M}_u' = (m_{ij}')_{n \times n}$，其中 $m_{ij}' = m_{ij} / \sum\limits_{k=1}^{n} m_{kj}$，（$i, j = 1, 2, \cdots, n$）；

② 对矩阵 $\boldsymbol{M}_u'$ 按行求和，得向量 $\overline{\boldsymbol{W}} = [\overline{w_1}, \overline{w_2}, \cdots, \overline{w_n}]^{\mathrm{T}}$，其中 $\overline{w_i} = \sum\limits_{j=1}^{n} m_{ij}'$，（$i, j = 1,$

$2, \cdots, n)$；

③ 对向量 $\overline{W}=[\overline{w_1}, \overline{w_2}, \cdots, \overline{w_n}]^{\mathrm{T}}$ 归一化，得特征向量 $W=[w_1, w_2, \cdots, w_n]^{\mathrm{T}}$，其中

$w_i = \overline{w_i}/\sum\limits_{k=1}^{n}\overline{w_k}, (i=1, 2, \cdots, n)$；

④ 求最大特征值 $\lambda_{\max}$，其中 $\lambda_{\max} = \sum\limits_{i=1}^{n}(M_u'W)_i/nw_i$。

（3）对矩阵进行一致性检验，即检验矩阵的不一致性是否在允许范围内。根据文献 [256]，一致性指标 CI 用来表示矩阵的不一致程度，令 $CI=(\lambda_{\max}-n)/(n-1)$，$CI \geqslant 0$。CI 越接近于 0，说明矩阵 M_u 的一致性程度越高。平均随机一致性指标 RI 用于衡量 CI 接近于 0 的程度：$RI=(CI_1+CI_2+\cdots+CI_n)/n$，而 RI 与矩阵的阶数 n 有关[256]，如表 6.2 所示。由于随机因素可能造成矩阵的一致性的偏离，因此通过将一致性指标 CI 和平均随机一致性指标 RI 进行比较来检验矩阵的一致性。定义一致性比率 $CR=CI/RI$，CR 值越小，则 M_u 的一致性程度越高。因此，一般规定当 $CR<0.1$ 时，判断矩阵基本满足完全一致性。本章方案设定当 $CR \geqslant 0.1$ 时，需要对 M_u 中的元素重新赋值并不断进行调整，直到修改之后的 M_u 通过一致性检验。

表 6.2　平均随机一致性指标 RI

n	1	2	3	4	5	6	7	8	9	10	11
RI	0	0	0.58	0.90	1.12	1.24	1.32	1.41	1.45	1.49	1.51

矩阵 $M_u=(m_{ij})_{n \times n}$ 归一化后且通过一致性检验，得 $M_u'=(m_{ij}')_{n \times n}$，对向量 W 归一化，得到该层权重 $\pmb{\alpha}=[\alpha_1, \alpha_2, \cdots, \alpha_n]^{\mathrm{T}}$，其中 $\alpha_i = w_i/\sum\limits_{k=1}^{n}w_k(i=1, 2, \cdots, n)$，为该层因素 u_k 对上层因素 U_i 的权重。

（4）确定子准则层各因素相对目标层的权重。若准则层权重 $\overline{\pmb{\alpha}}=[\alpha_1, \alpha_2]$，子准则层对因素 U_1、U_2 的权重分别为 W_1 和 W_2，则根据加权法，最终所有因素的权重为 $\pmb{\alpha}=[W_1 \cdot \alpha_1, W_2 \cdot \alpha_2]$。

2）确定安全策略对评语集的隶属度函数，构造模糊评分矩阵 $\pmb{R}$

首先，由专家或制造商分析因素集各元素对安全策略的影响，构造策略评分等级矩阵集合 $\pmb{G}=\{G_1, G_2, \cdots, G_8\}$。其中 G_i 依次表示各影响因素 C_{msg_i}、I_{msg_i}、A_{msg_i}、T_{msg_i}、L_{msg_i}、B_t、CBR_t、S_t 的评分矩阵。在评分矩阵 $\pmb{G}=(g_{ij})_{6 \times 4}$ 中，当影响因素依次取不同的值时，策略 P_i 的得分用 g_{ij} 表示。如 C_{msg_i} 的策略评分矩阵 G_1，其中 g_{ij} 表示 C_{msg_i} 依次取 $\{0.25, 0.5, 0.75, 1\}$ 时，各个策略 P_i 的得分情况。这里策略评分矩阵的构造需符合实际需求。如对于机密性需求高（$C_{\mathrm{msg}_i}>0.5$）的报文，采用加密传输的策略 P_2、P_5、P_6 得分明显高于明文传输的策略 P_1、P_3、P_4；而对于机密性需求不高（$C_{\mathrm{msg}_i} \leqslant 0.5$）的报文，采用加密传输的策略 P_2、P_5、P_6 得分仅略高于明文传输的策略 P_1、P_3、P_4。

接下来先介绍隶属度函数的概念。对于具有模糊性的概念，隶属度函数 $S(x)$ 是为了描述元素 x 对模糊集合 S 的隶属关系[255]。$S(x)$ 是将元素 x 映射到实数区间 $[0,1]$ 的函数。$S(x)$ 越接近于 1，说明 x 属于 S 的程度越高。常见的隶属度函数形式有正态分布、抛物线型分布、半梯形分布与梯形分布、矩形分布与半矩形分布等。本章方案为了确定安全策略

P_i 对于评语集元素 v_j 的隶属度，即 P_i 在因素 u_i 的影响下更接近于哪种评价结果，选取降半梯形分布隶属度函数。

设评语集为所有评价结果组成的集合，用 $V=\{v_1,v_2,\cdots,v_m\}$ 表示，m 为评价结果的总数。本章方案选取 $V=\{$差，较差，较好，好$\}$。用隶属度 r_{ij} 表示策略 P_i 在因素 u_i 的影响下对于评语集元素 v_j 的隶属程度，其中 $r_{ij}\in[0,1]$。r_{ij} 越接近于 1，说明 P_i 对 v_j 的隶属度越高。本章方案选取降半梯形分布隶属度函数，其中 $j=\{1,2,3,4\}$ 分别表示 v_j 可能的 4 种取值$\{$差，较差，较好，好$\}$，则相应的 r_{ij} 依次表示为 r_{i1}、r_{i2}、r_{i3}、r_{i4}，式中 $a_1<a_2<a_3<a_4$，g_{ij} 表示该策略的得分，来源于策略评分矩阵 $\boldsymbol{G}$。

P_i 对 v_j 的分布隶属度函数如下：

当 $j=1$ 时，令

$$r_{i1}=\begin{cases}1, & g_{ij}\leqslant a_1 \\ \dfrac{a_2-g_{ij}}{a_2-a_1}, & a_1<g_{ij}<a_2 \\ 0, & g_{ij}\geqslant a_2\end{cases}$$

当 $j=2$ 时，令

$$r_{i2}=\begin{cases}\dfrac{g_{ij}-a_1}{a_2-a_1}, & a_1<g_{ij}\leqslant a_2 \\ \dfrac{a_3-g_{ij}}{a_3-a_2}, & a_2<g_{ij}<a_3 \\ 0, & g_{ij}\geqslant a_3 \text{ 或 } g_{ij}\leqslant a_1\end{cases}$$

当 $j=3$ 时，令

$$r_{i3}=\begin{cases}\dfrac{g_{ij}-a_2}{a_3-a_2}, & a_2<g_{ij}\leqslant a_3 \\ \dfrac{a_4-g_{ij}}{a_4-a_3}, & a_3<g_{ij}<a_4 \\ 0, & g_{ij}\geqslant a_4 \text{ 或 } g_{ij}\leqslant a_2\end{cases}$$

当 $j=4$ 时，令

$$r_{i4}=\begin{cases}0, & g_{ij}\leqslant a_3 \\ \dfrac{g_{ij}-a_3}{a_4-a_3}, & a_3<g_{ij}<a_4 \\ 1, & g_{ij}\geqslant a_4\end{cases}$$

其中，$a_1<a_2<a_3<a_4$。其分布隶属度函数坐标如图 6.11 所示。

从图 6.11 可以看出，当 $g_{ij}\leqslant a_1$ 时，r_{i1} 取最大值，r_{i2}、r_{i3}、r_{i4} 接近于 0，即 P_i 的评价结果更接近于差；当 $a_1<g_{ij}<a_2$ 时，随着 g_{ij} 的增大，r_{i1} 减小，r_{i2} 增大，r_{i3}、r_{i4} 接近于 0，即 P_i 的评价结果隶属于差($j=1$)和较差($j=2$)的程度较高，其他区间同理。

网关 ECU 在获取某条报文的参数信息以及该时间段内的网络环境参数时，根据策略评分集合 $\boldsymbol{G}$，依次获取该策略集 $P_i(i=1,2,\cdots,6)$ 相应的分数 g_{ij}，将 g_{ij} 代入隶属度函数，构成每个安全策略的模糊评判矩阵 $\boldsymbol{R}$。如式(6-3)，其中 $\sum\limits_{j=1}^{4}r_{ij}=1$ $(i=1,2,\cdots,n)$。

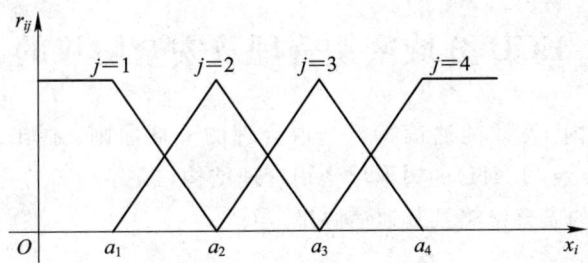

图 6.11　安全策略的降半梯形分布隶属度函数示意图

$$R = \begin{bmatrix} r_{11} & r_{12} & \cdots & r_{1m} \\ r_{21} & r_{22} & \cdots & r_{2m} \\ & & \cdots & \\ r_{n1} & r_{n2} & \cdots & r_{nm} \end{bmatrix} \qquad (6-3)$$

3）对安全策略进行评价

由 1）得到各影响因素在安全策略确定中所占的权重 $W=(w_1, w_2, \cdots, w_n)$；由 2）得到策略 P_i 在因素 u_i 的影响下对评语集 v_j 的隶属度，即模糊综合评判矩阵 $R=(r_{ij})_{n\times m}$；根据式（6-4），计算从总体上看 P_i 对 v_j 的隶属度 $B=(b_1, b_2, \cdots, b_m)$，其中 b_i 表示 P_i 对 v_j 的隶属度，即综合考虑各个因素的影响，确定 P_i 对于评语集 v_j 的隶属度。

$$B = W \cdot R = (w_1, w_2, \cdots, w_n) \begin{bmatrix} r_{11} & r_{12} & \cdots & r_{1m} \\ r_{21} & r_{22} & \cdots & r_{2m} \\ & & \cdots & \\ r_{n1} & r_{n2} & \cdots & r_{nm} \end{bmatrix} = (b_1, b_2, \cdots, b_m) \qquad (6-4)$$

如对于策略 P_1，有

$$B_1 = W \cdot R_1 = (w_1, w_2, \cdots, w_8) \begin{bmatrix} r_{11} & r_{12} & \cdots & r_{14} \\ r_{21} & r_{22} & \cdots & r_{24} \\ & & \cdots & \\ r_{81} & r_{82} & \cdots & r_{84} \end{bmatrix} = (b_{11}, b_{12}, b_{13}, b_{14}) \qquad (6-5)$$

其中，b_{11}、b_{12}、b_{13}、b_{14} 分别表示 P_1 对评语集元素｛差，较差，较好，好｝的隶属度。计算各策略对评语集 V 的隶属度 $B=\{B_1, B_2, B_3, B_4, B_5, B_6\}$，其中 B_i 表示策略 P_i 的模糊评价结果向量。

4）根据最大隶属度原则，选取较为合理的安全策略

由 3）得到安全策略 P_i 的模糊评价向量 $B_i=(b_{i1}, b_{i2}, b_{i3}, b_{i4})$，再根据最大隶属度原则，确定策略 P_i 的评价结果，即当 $b_{ir} = \max\limits_{1\leqslant j\leqslant 4}\{b_j\}$ 时，P_i 在总体上隶属于第 r 等级。依次确定 $P_i(i=1, 2, \cdots, 6)$，在综合考虑多种因素下，总体上更倾向于评价结果。在所有评价结果中选取处于最高级评价的安全策略。若处于最高级评价结果的策略有多个，则选择隶属度更大的策略作为模糊决策的输出。

网关 ECU 将模糊决策选取的安全策略广播到 CAN 总线，与该报文相关的发送 ECU 和接收 ECU 更新该报文在下一时间段 T 的策略。

6.4 ECU 分域密钥管理及安全协议的设计

本节主要根据车内 ECU 的通信特点选取合理的分域原则，提出基于逻辑密钥树[258] (Logical Key Hierarchy，LKH)的树形域密钥管理结构，并结合 6.3 节的自适应的安全策略选取，设计差异化的安全策略及其通信协议。

6.4.1 预备知识

1. 攻击者模型

攻击者主要通过以下两种方式入侵 CAN 总线：

（1）车载诊断工具 OBD。由于 OBD 可以读取 CAN 总线上的报文，可以向总线发送报文，攻击者可以通过 OBD 设备获取 CAN 总线上的数据，发送伪造数据帧，进而控制某些关键 ECU[10]。

（2）车载应用程序。车载应用软件使用 WiFi、蜂窝网络等与外部网络相连，为用户提供多种服务。攻击者可以在用户不知情的情况下，利用车载软件的漏洞或者自行开发恶意车载应用，窃听数据并将非法的控制命令注入车内总线，从而控制车内关键 ECU[11]。

在以上场景中，本章默认攻击者具有以下能力：

（1）窃听攻击。这是其他攻击的基础。由于 CAN 总线广播明文报文，所有节点都可以接收到总线上的报文。攻击者可以通过访问车载网络的可用接口，窃听总线上的数据帧，并通过大量的历史记录来分析数据帧，进而破解 CAN 通信矩阵，逆向解析通信协议，发现特定 ECU 的功能。如 Koscher 等人[10]发现有效的总线报文数量有限，通过迭代测试、模糊测试等发现了总线报文的实际意义。

（2）伪造并发送报文。在了解了 CAN 总线的通信矩阵后，攻击者可以准确地伪造报文，实现特定攻击。因 CAN 总线没有认证机制，接收 ECU 无法分辨报文是否来自合法的 ECU。例如，攻击者能够伪造燃油油位的数据帧并发送到显示面板，改变车速表读数并在仪器上显示故障信息等，这些非法的信息可能会误导司机，威胁行车安全。

（3）重放攻击。攻击者只需要在适当的时候通过恶意节点发送报文到 CAN 总线，接收 ECU 无法识别报文是否合法，故由重放攻击带来的威胁也是不可忽视的。比如攻击者能够通过再次发送之前的报文打开车门、启动发动机，甚至驱动汽车等。Hoppe 等人[236]和 Koscher 等人[10]分别在仿真环境和实际场景中实现了重放攻击。

在本节提出的攻击模型中，不考虑由汽车制造商控制的 ECU 固件的攻击，因为这些需要长时间占用目标车辆并需要丰富的车辆专业知识，并且，仅限于攻击者的多项式计算和存储能力。因此，目前的密码学算法，包括 AES 和 HMAC，能够不受攻击。因为目前还没有已知的密码原语能够在多项式时间内被打破。

2. 安全目标

考虑到上述攻击者的能力，为了保护车内 CAN 总线报文的安全传输，本节提出的 CAN 总线安全机制应满足如下需求：

（1）报文机密性：报文仅能被合法节点接收，不能泄露给未被授权的节点，即不能被恶意节点获取。因此，对报文进行加密处理，可以有效防止攻击者通过窃听总线来破解 CAN 总线通信矩阵，保证总线报文的传输安全和行车安全。

（2）报文内容的完整性：报文在传输到总线的过程中，不会被恶意节点修改、伪造、重放等，保证原始报文从真实的发送方无修改地到达合法的接收 ECU，保证合法的接收 ECU 收到的报文是真实可信的。若报文被未经授权的节点修改，则接收 ECU 能够通过一定的方式分辨出信息已被修改。

（3）报文来源的真实性：接收节点可以判断报文是否来自于它所声称的发送方，对于伪造来源的报文能予以鉴别。若恶意节点向总线发送报文，并声称报文是由某合法节点发送的，则接收方可以判断报文是否来源于合法节点。

（4）安全高效的密钥管理协议：为了实现车内 ECU 间的安全通信，安全机制应提供一个高效、安全的密钥分发协议，保证密钥的前向、后向安全性和新鲜性。其中前向、后向安全性是指在第 k 次会话中，ECU 使用的认证密钥和用于加密的会话密钥与第 $k+1$ 次和第 $k-1$ 次生成的认证密钥和会话密钥无关。如果前向、后向安全性无法保证，则在任何密钥更新周期都无法保证报文的机密性和完整性；密钥新鲜性是指在第 k 次会话中的认证密钥和加密密钥都是新生成的。为了保证密钥的新鲜性，生成密钥的随机数种子 $seed_{n1}^{k}$ 和 $seed_{n2}^{k}$ 是不断改变的。

6.4.2　ECU 分域密钥管理及安全协议

ECU 分域密钥管理及安全协议主要分为 3 个部分：基于马尔可夫聚类[259-260]（the Markov Cluster Algorithm，MCL）的 ECU 节点分域，基于 LKH 的域密钥分发与管理，差异化的安全策略制定。其主要架构如图 6.12 所示。

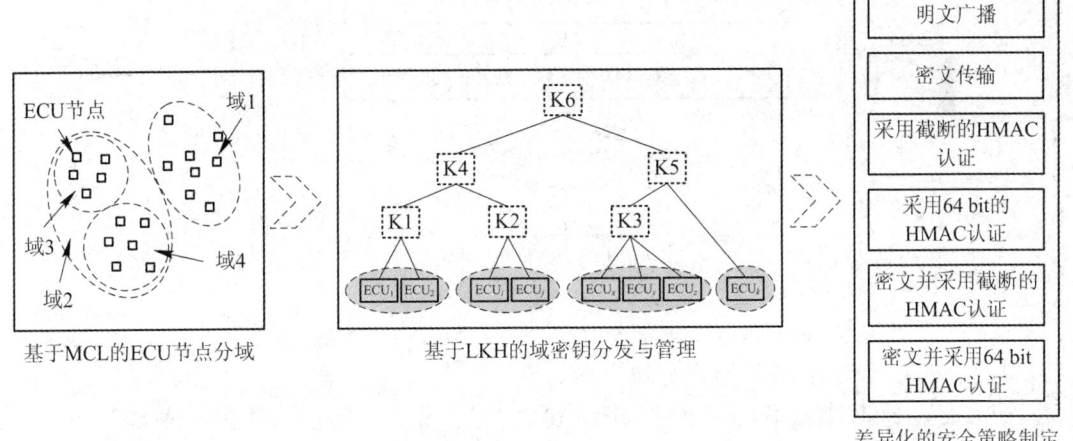

图 6.12　ECU 分域密钥管理及安全协议设计的主要架构

1. 基于 MCL 的 ECU 节点分域

如何设计合理高效的 ECU 节点分域规则是本小节要解决的问题。本小节采用基于 MCL 的聚类算法对 ECU 节点进行分域。聚类算法是将包含 n 个数据的集合按照某种标准划分为若干个簇的过程，最终属于同一簇的数据具有较高的相似性，而不相似的数据归于不同的簇。图聚类是聚类算法中的一种，是基于图这种拓扑结构，将图中的顶点及边进行分簇，得到若干个子图，使得每个子图内的顶点具有较高的相似性，而子图间顶点的相似性较低。常见的图聚类算法主要包括谱聚类、MCL 聚类等。其中，MCL 聚类是将图内的顶点分成若干簇，若从某一簇内的某点开始随机游走，那么到达同一簇内顶点的概率远大于离开当前簇到达簇外其他顶点的概率。因此，在图上进行随机游走的过程中，就可以发现图的某些顶点是比较密集的，可将其聚成一簇。这里随机游走过程中的每一步状态都可以用概率进行描述，因此在图 G 上的一次随机游走是指从某一点开始，按照某一概率跳转到下一相连接的邻居节点，直到某一节点结束的过程。MCL 聚类实际上是不断迭代随机游走的过程，通过随机矩阵迭代进行膨胀和扩展操作，将图的顶点集划分成较为聚集的多个子集，使得最终的随机矩阵收敛。

基于 MCL 聚类的思想是根据 ECU 节点的通信频率对 ECU 划分域。基于 MCL 聚类的 ECU 节点分域流程如图 6.13 所示，首先构建 ECU 节点通信图 $G(V, E)$，其中图 G 中的顶点 V 表示 ECU 节点，$|V|$ 表示 ECU 的总数，顶点之间的边 E 表示 ECU 之间的通信，边上的权重表示节点间的通信频率。本章方案定义通信频率 CF_{ij} 为单位时间 T 内的 ECU_i 与 ECU_j 之间的通信次数。这里需要说明的是，与外部网络有接口的 ECU，比如 OBD、T-BOX 等节点，更易成为攻击者入侵车内 CAN 总线的入口。因此，对于与外部网络有接口的 ECU，应将单个 ECU 分为一个域。

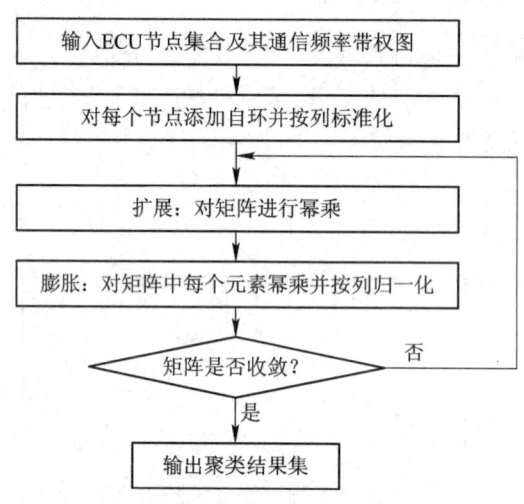

图 6.13　基于 MCL 聚类的 ECU 节点分域流程

基于 MCL 聚类的 ECU 节点分域步骤如下：

（1）根据 ECU 节点通信频率带权图，建立 ECU 节点间通信的邻接矩阵 $\boldsymbol{C}=(c_{ij})_{n \times n}$，其中 n 为 ECU 节点的总数量，$c_{ij}(0 < i, j \leqslant n)$ 表示 ECU_i 与 ECU_j 之间的通信频率 CF_{ij}。

（2）为 ECU 通信矩阵 $\boldsymbol{C}=(c_{ij})_{n \times n}$ 增加自环，即为各顶点增加一条连接到自身的边，即矩阵对角线元素加 1，设定当 $i=j$ 时，$c_{ij}=1$；并将 $\boldsymbol{C}=(c_{ij})_{n \times n}$ 按列进行归一化，计算得到通信频率的概率矩阵 $\boldsymbol{C}'=(c'_{ij})_{n \times n}$，其中 $c'_{ij} = c_{ij} / \sum\limits_{i=1}^{n} c_{ij}$。

（3）扩展操作：这一步用来模拟随机游走的过程，将密集的顶点聚集起来。选取扩展参

数 e，对矩阵 $\boldsymbol{C}'$ 幂乘，即 $\boldsymbol{C}' = (\boldsymbol{C}')^e$。通过对当前的状态转移矩阵进行幂乘，使两个顶点之间的相似度转化为两个顶点与共同邻接点的相似度的乘积之和。例如当 $e=2$ 时，$\boldsymbol{C}' = \boldsymbol{C}' \times \boldsymbol{C}'$，此时 c'_{ij} 表示顶点 i 经过一步到达顶点 j 的概率；当 $e=3$ 时，$\boldsymbol{C}' = (\boldsymbol{C}')^3$，此时 c'_{ij} 表示顶点 i 经过两步到达顶点 j 的概率；经过的步数越多，则随机游走离开所在簇进入另外一个簇的可能性越大。因此，增大扩展值 e，会减弱同一簇间的紧密性，使得不同的区域之间的联系加强。

（4）膨胀操作：为了让 ECU 节点之间的区别度更明显，使得稠密子图内部随机游走的概率逐步增大，并且使稠密子图之间随机游走的概率降至最低，选取非负实数 r 为膨胀参数，对矩阵 $\boldsymbol{C}'$ 中的每个元素进行 r 次幂乘，并按列进行归一化，得到矩阵 $\boldsymbol{C}'' = (c''_{ij})_{n \times n}$，其中 $c''_{ij} = (c'_{ij})^r / \sum\limits_{i=1}^{n} c'_{ij}$。

（5）迭代操作（3）、（4）步，直到状态稳定不变，即矩阵 $\boldsymbol{C}' = (c''_{ij})_{n \times n}$ 收敛。

（6）将 ECU 节点的聚类结果集输出。

循环 MCL 聚类的过程是将每轮的输出作为下一轮的输入，即以第 i 次输出的 ECU 节点聚簇结果集，构造新的图 $G_i(V_i, E_i)$，每个集合作为图中的顶点，整个集合的 ECU 与其余集合的 ECU 节点的通信频率之和作为边的权重，再次进行 MCL 聚类，直到最终形成一个簇，根据每次聚类结果集建立 ECU 节点分域的树形逻辑结构。

2. 基于 LKH 的域密钥分发与管理

由于车内 CAN 总线网络对实时性需求较高，要求在节点通信过程中时延最小，再加上 ECU 节点的计算能力有限，本小节根据上述聚类结果集，建立基于 LKH 的树形域密钥结构，尽可能地减少 ECU 节点跨域通信带来的通信开销。

LKH 是一种集中式的密钥管理方式，中心控制节点使用树的结构存储密钥，树中的每个节点对应一个密钥。叶子节点表示真实节点，存储其成员密钥；内部节点代表虚拟节点，可看作群组中的簇头节点，存储该群组的密钥；根节点代表中心控制节点，存储群组的所有密钥。每个真实节点需要存储所在群组的所有密钥，即从叶子节点到根节点这条路径上的所有节点对应的密钥。

逻辑密钥树 LKH 的结构如图 6.14 所示，建立 3 层的树形结构，其中 n_i 表示真实节点，椭圆节点表示相应的密钥编号，存储相应的密钥 K_i。例如对于节点 n_1 来说，需要存储相应的密钥 $\{K_{31}, K_{21}, K_{11}, K_{00}\}$，其中 K_{31} 表示节点 n_1 的用户密钥，与中心控制节点共享；K_{21} 表示 n_1 与 n_2 共享的群组密钥；K_{11} 表示 n_1、n_2、n_3 以及 n_4 共享的群组密钥；K_{00} 表示所有节点共享的群组密钥。

基于 LKH 的树形域密钥结构建立过程如下。首先，由于目前车内 ECU 节点的数量为 $50 \sim 100^{[261]}$，本章方案对 ECU 节点用唯一的 8 位二进制数标识，作为 ECU 的 ID 号，表示为 ECU_i；然后根据基于 MCL 聚类对 ECU 节点分域的结果集建立树形域密钥逻辑结构。基于 LKH 的树形域密钥结构如图 6.15 所示，图中的叶子节点代表 ECU 节点，虚拟节点代表域，同一父节点的兄弟节点被认为是同一个域。每个 ECU 节点需保存从叶子节点至根节点的路径上的所有密钥。设 $K^s_{i,j}$ 表示域的密钥编号，其中 i、j 分别表示按节点 ID 排序时，域内的起始节点和结束节点的 ID；s 表示密钥树的层编号。在图 6.15 中，ECU_1 与 ECU_2 属于域 1，ECU_i 与 ECU_j 属于域 2，域 3 则包含域 1 与域 2，则 ECU_i 需存储域 2 的

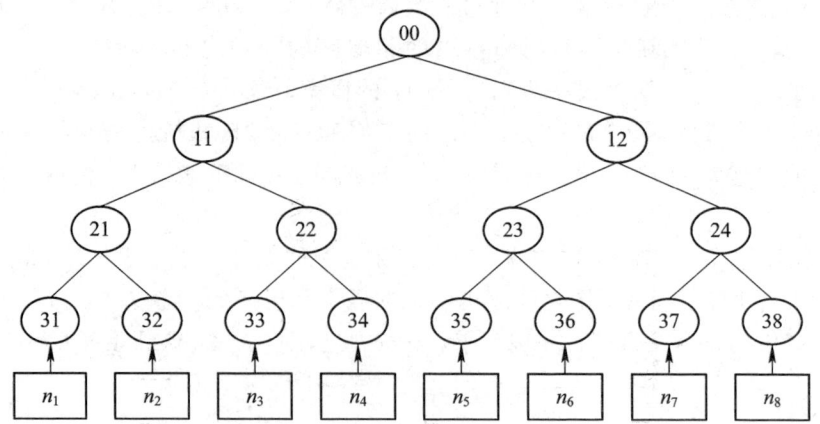

图 6.14　逻辑密钥树 LKH 的结构

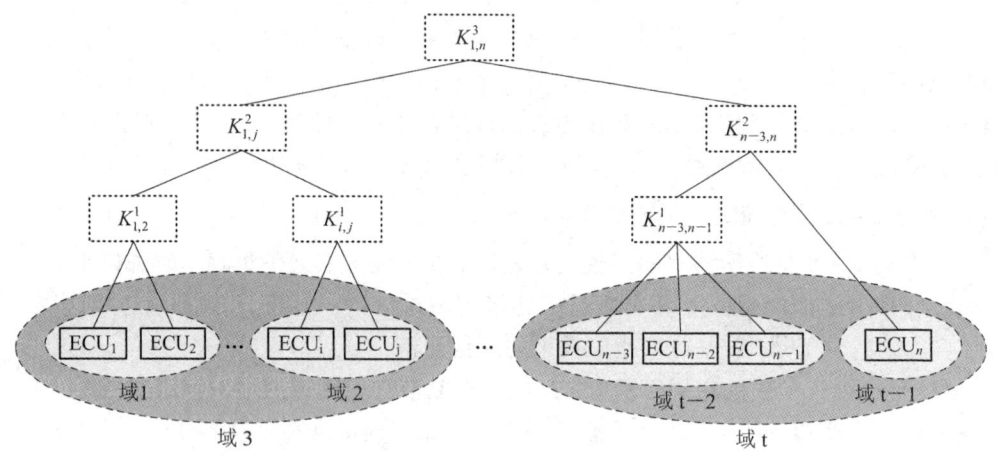

图 6.15　基于 LKH 的树形域密钥结构

域内密钥 $K_{i,j}^1$ 和域 3 的域内密钥 $K_{1,j}^2$。

在建立 ECU 节点的 LKH 树形域密钥逻辑结构后，由网关 ECU，即 GECU 进行密钥分发。假设域 n 的 ECU 节点与网关 ECU 预共享密钥 GK_{E_n}，且密钥的下载是通过安全信道[244]进行的。网关 ECU 作为控制节点存储所有的密钥。加载预共享密钥的过程只在汽车出厂以及更换某个 ECU 时进行。车辆启动时，网关 ECU 根据图 6.15 的树形逻辑结构，按固定的顺序分发密钥。设 $ECU_i \in Y_n$，其中 Y_n 表示域 n。网关 ECU 分发密钥的步骤如下：

（1）网关 ECU 选择两个随机数种子 $seed_{n_1}^k$ 和 $seed_{n_2}^k$，其中 $seed_{n_1}^k$ 和 $seed_{n_2}^k$ 分别表示第 k 次会话的随机数，用于生成 Y_n 的域内会话密钥和认证密钥，用 Y_n 内 ECU 与网关 ECU 预共享的加密密钥 GK_E 加密随机数种子后广播，如式（6-6）和式（6-7）所示。

$$Y_n \parallel E_{GK_{E_n}}(seed_{n_1}^k) \tag{6-6}$$

$$Y_n \parallel E_{GK_{E_n}}(seed_{n_2}^k) \tag{6-7}$$

（2）Y_n 的 ECU 节点收到消息后用对应的密钥解密，得到随机数种子 $seed_{n_1}^k$ 和 $seed_{n_2}^k$，并分别计算 Y_n 的会话密钥 EK_n 与认证密钥 AK_n，如式（6-8）和式（6-9）所示，其中

KDF()表示用于密钥派生的单向 Hash 函数。

$$EK_n = KDF(seed_{n_1}^k) \tag{6-8}$$

$$AK_n = KDF(seed_{n_2}^k) \tag{6-9}$$

（3）为了验证是否成功共享会话密钥 EK_n 与认证密钥 AK_n，网关 ECU 用上面生成的 EK_n 与 AK_n 分别加密保存 CTR_n 并广播。其中，CTR_n 和 CTR_n' 为密钥分发时与 Y_n 相关的计数器。网关 ECU 与 Y_n 内 ECU 节点分别保存，如式（6-10）和式（6-11）所示。

$$E_{EK_n}(Y_n \| CTR_n) \tag{6-10}$$

$$E_{AK_n}(Y_n \| CTR_n) \tag{6-11}$$

（4）Y_n 内节点收到消息后用上面生成的相应密钥解密，将得到的 CTR_n 值与自己保存的 CTR_n' 值对比。若二者相等，则认为成功共享了相应的密钥；否则，ECU 节点需向网关 ECU 发送错误帧，表示并未成功共享密钥。Y_n 的会话密钥 EK_n 与认证密钥 AK_n 的分发算法如表 6.3 所示。

表 6.3　会话密钥和认证密钥的分发算法

步骤	实　体	操　　作
1	GECU	选择随机数种子 $seed_{n_1}^k$、$seed_{n_2}^k$
2	GECU	发送加密后的随机数种子，如式（6-6）和式（6-7）所示
3	$ECU_i \in Y_n$	收到并解密，得到相应的随机数种子 $seed_{n_1}^k$、$seed_{n_2}^k$
4	$ECU_i \in Y_n$	计算会话密钥 EK_n，如式（6-8）所示，及认证密钥 AK_n，如式（6-9）所示
5	GECU	计算并发送数据帧，验证是否成功共享密钥，如式（6-10）和式（6-11）所示
6	$ECU_i \in Y_n$	收到并解密，得到 CTR_n，与自己保存的 CTR_n' 相比，若不一致，发送错误帧至 GECU

网关 ECU 以域为单位，依次分发会话密钥 EK 与认证密钥 AK。在车辆点火时以及一定的时间周期 T 内，网关 ECU 按上述方式再次按域分发密钥，更新 EK 与 AK。

3. 差异化的安全策略制定

在完成密钥 EK 与 AK 分发后，即可根据 6.3 节设计的自适应安全机制，在策略集 $P=\{P_1, P_2, P_3, P_4, P_5, P_6\}$ 中选取相应的策略，完成 ECU 节点之间的通信。本小节分别介绍方案选取的 6 种差异化安全策略。实际应用中可根据实际需求，扩展并增加更多的安全策略。

在自适应选取安全策略以及对 ECU 节点分域，建立树形逻辑结构，完成密钥分发之后，根据不同报文，执行相应的安全策略。6 种差异化安全策略的具体说明如下：

1）策略 P_1——明文广播传输

发送 ECU 节点对原报文明文广播，不对报文进行任何处理。

2）策略 P_2——密文传输

假设 ECU_i 想要给 ECU_j 发送报文，且 ECU_i，$ECU_j \in Y_n$，其通信协议流程如图 6.16 所示，具体步骤如下：

（1）ECU_i 更新相应的报文计数器 CTR_{mes_i}，并选取相应的密钥 EK_n 加密明文 M 以及 CTR_{mes_i} 后得到密文 C 并发送至总线，即 $C=E_{EK_n}(M \| CTR_{mes_i})$。

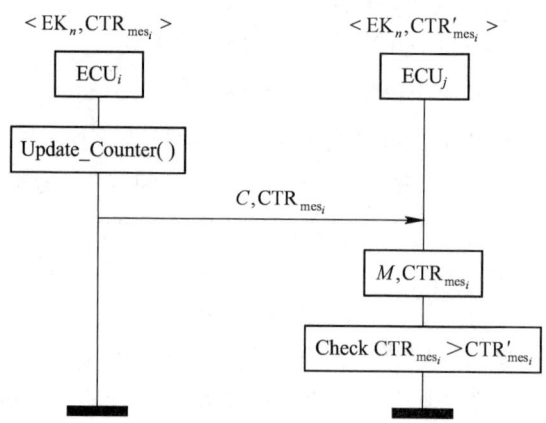

图 6.16　安全策略 P_2 的通信协议流程

（2）ECU_j 根据 message ID 确定相应的安全策略，并根据发送方 ID 选取相应的密钥 EK_n，解密后得明文 M 及 CTR_{mes_i}，将 CTR_{mes_i} 与自己保存的计数器 CTR'_{mes_i} 进行对比。若 $CTR_{mes_i} > CTR'_{mes_i}$，则更新 CTR'_{mes_i} 后接收报文，否则丢弃该报文。

3）策略 P_3——采用截断的 HMAC 认证

策略 P_3 的通信协议流程如图 6.17 所示，假设 ECU_i 向 ECU_j 发送报文，ECU_j 需要对报文是否被修改以及是否真实来源于 ECU_i 进行认证，这里使用 HMAC 对报文内容的完整性以及来源的真实性进行认证，设原报文长度为 l bit，本章方案选取生成 HMAC 的前 $(64-l)$ bit。设 ECU_i，$ECU_j \in Y_n$，其具体步骤如下：

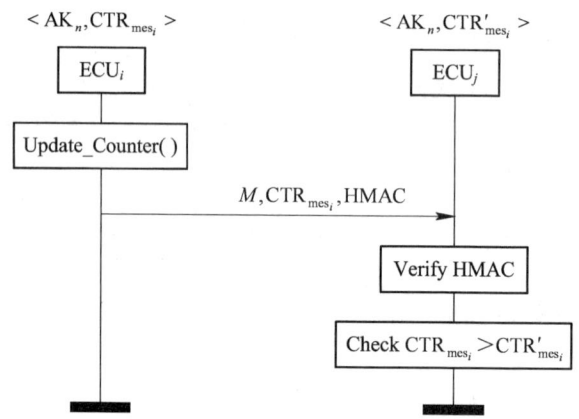

图 6.17　安全策略 P_3 的通信协议流程

（1）ECU_i 更新相应的报文计数器 CTR_{mes_i}，使用 AK_n 生成 HMAC，取前 $(64-l)$ bit，与明文 M 以及计数器 CTR_{mes_i} 一并发送至总线，这里 $HMAC = H_{AK_n}(M \| ECU_i \| CTR_{mes_i})$。

（2）ECU_j 根据 message ID 确定相应的安全策略，根据发送方 ID 确定认证密钥 AK_n，并计算 $HMAC' = H_{AK_n}(M \| ECU_i \| CTR_{mes_i})$，将 $HMAC'$ 与收到的 HMAC 对比。若一致，则对比 CTR_{mes_i} 与自己保存的计数器 CTR'_{mes_i}。若 $CTR_{mes_i} > CTR'_{mes_i}$，更新 CTR'_{mes_i} 后接收报文，否则丢弃该报文。

4）策略 P_4——采用 64 bit 的 HMAC 认证

策略 P_4 认证的过程与 P_3 一致，不同的是，这里是将生成的 HMAC 取前 64 bit，以一条单独的报文发送至 CAN 总线。策略 P_3 和 P_4 的数据帧格式如图 6.18 所示。

	SOF	标识符	SRR	IDE	扩展标识符	RTR	控制字段	数据字段	MAC	CRC	ACK	EOF
P_3报文＋MAC	1 bit	11 bit	1 bit	1 bit	18 bit	1 bit	6 bit	l bit	$(64-l)$ bit	16 bit	2 bit	7 bit

数据域（位于 数据字段 与 MAC 之上）

	SOF	标识符	SRR	IDE	扩展标识符	RTR	控制字段	数据字段	CRC	ACK	EOF
报文	1 bit	11 bit	1 bit	1 bit	18 bit	1 bit	6 bit	64 bit	16 bit	2 bit	7 bit

数据域（位于 数据字段 之上）

	SOF	标识符	SRR	IDE	扩展标识符	RTR	控制字段	MAC	CRC	ACK	EOF
MAC	1 bit	11 bit	1 bit	1 bit	18 bit	1 bit	6 bit	64 bit	16 bit	2 bit	7 bit

数据域（位于 MAC 之上）

图 6.18　策略 P_3 和 P_4 的数据帧格式

5）策略 P_5——密文传输并采用截断的 HMAC 认证

策略 P_5 的通信协议流程如图 6.19 所示，假设 ECU_i 想要给 ECU_j 发送报文，且 ECU_i，$ECU_j \in Y_n$，ECU_j 需对报文内容的完整性以及来源的真实性进行认证。其具体步骤如下：

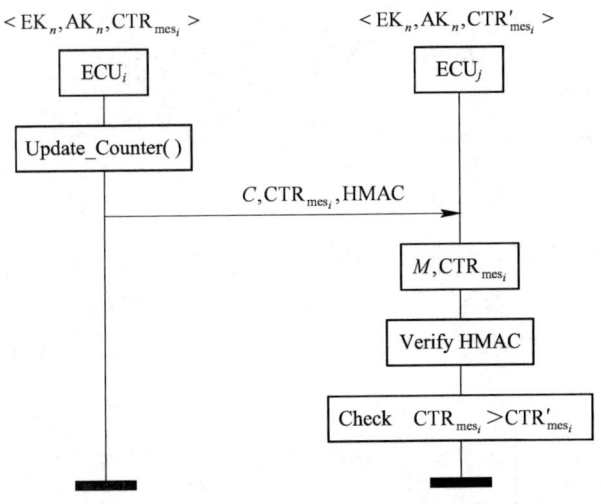

图 6.19　安全策略 P_5 的通信协议流程

（1）ECU_i 更新相应的报文计数器 CTR_{mes_i}，选取相应的会话密钥 EK_n 加密报文，即 $C = E_{EK_n}(M \parallel CTR_{mes_i})$。根据 AK_n 生成 HMAC，其中 $HMAC = H_{AK_n}(M \parallel ECU_i \parallel CTR_{mes_i})$，这里设原报文长度为 l bit，本章方案选取生成 HMAC 的前 $(64-l)$bit，并将密文 C 与截断后的 HMAC 一起发送至总线。

（2）ECU_j 根据收到的 message ID 确定相应的安全策略，根据发送方 ID 确定密钥 EK_n 和 AK_n。用 EK_n 解密后得到明文 M 及 CTR_{mes_i}，并用认证密钥 AK_n 生成 $HMAC'$，即 $HMAC' = H_{AK_n}(M \parallel ECU_i \parallel CTR_{mes_i})$。与收到的 HMAC 进行对比，若一致，则对比 CTR_{mes_i} 与自己保存的计数器 CTR'_{mes_i}，若 $CTR_{mes_i} > CTR'_{mes_i}$，更新 CTR'_{mes_i} 后接收报文，否则丢弃该报文。

6）策略 P_6——密文传输并采用 64 bit 的 HMAC 认证

HMAC 的生成以及加解密过程与策略 P_5 一致，唯一的区别是将生成的 HMAC 以一条单独的报文发送。策略 P_5 和 P_6 的数据帧格式如图 6.20 所示。

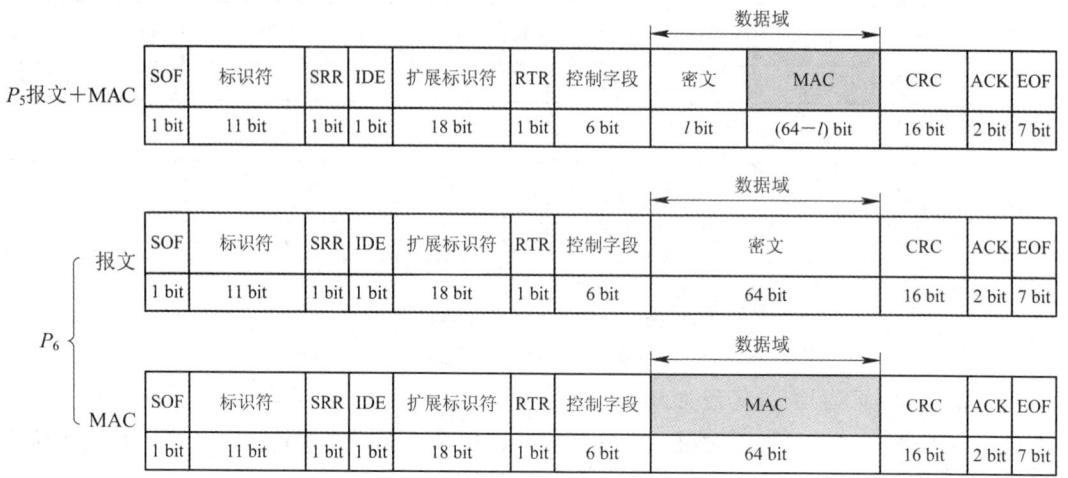

图 6.20　策略 P_5 和 P_6 的数据帧格式

6.5　理论与实验分析

6.5.1　理论分析

1. 可行性分析

根据 message ID 的长度，CAN 总线报文可分为 CAN 标准帧和 CAN 扩展帧。其中 CAN 扩展帧将 29 bit 的 ID 标识符分为标识符与扩展标识符两部分，标识符字段主要用来确定报文的优先级。本节主要讨论如何将本章所提方案应用在 CAN 扩展帧中，如图 6.21 所示。

							CAN扩展帧				
SOF	标识符	SRR	IDE	扩展标识符	RTR	控制字段	数据字段		CRC	ACK	EOF
1 bit	11 bit	1 bit	1 bit	18 bit	1 bit	6 bit	64 bit		16 bit	2 bit	7 bit

控制字段	发送方ID	保留字段
4 bit	8 bit	6 bit

图 6.21　将本章所提方案应用在 CAN 扩展帧中

　　本章方案将 18 bit 的扩展标识符字段分为 3 部分：4 bit 的控制字段、8 bit 的发送方 ID 以及 6 bit 的保留字段。其中控制字段用于说明报文的类型，包括密钥分发帧、策略标识帧、数据传输帧等，具体定义如表 6.4 所示。未使用的字段暂保留，可用于今后的扩展。8 bit 的发送方 ID 字段是 ECU 节点的唯一标识，用于实现报文的源认证。

表 6.4　控制字段编码定义

编　　码	定　　义
0001	密钥分发帧，网关 ECU 分发密钥
0010	密钥分发帧，网关 ECU 发送验证 ECU 是否成功共享密钥
0011	密钥分发帧，ECU 向网关 ECU 报告错误
0100	策略标识帧，说明该报文应选取的安全策略
1000	数据传输帧，安全策略 P_6
1001	数据传输帧，安全策略 P_5
1010	数据传输帧，安全策略 P_4
1011	数据传输帧，安全策略 P_3
1100	数据传输帧，安全策略 P_2
1101	数据传输帧，安全策略 P_1

　　本章方案充分利用 CAN 扩展帧的扩展标识符字段，标识报文类型以及发送方 ID。该方案具有可行性，这是由于在 CAN 总线中，18 bit 的扩展标识符字段与 11 bit 的标识符字段共存，且报文的优先级是根据 11 bit 的标识符字段决定的，占用扩展标识符字段并不会干扰 CAN 总线的仲裁过程。故本章方案对 CAN 扩展帧的修改具有可行性，易于实施，且具有一定的可扩展性。

2. 安全性分析

1）报文机密性

　　安全策略 P_2、P_5、P_6 均采用 AES-128 算法来确保 CAN 总线报文的机密性。当车辆启动时，ECU 节点与网关 ECU 使用长期共享的密钥 GK_{E_n} 以及随机数种子 $seed_{n_1}^k$ 生成会话密钥 EK_n。合法 ECU 节点长期存储密钥 GK_{E_n}，攻击者不能获得该密钥。由于 AES-128 算法的安全性已被证明[262]，这意味着攻击者无法根据随机数种子 $seed_{n_1}^k$ 获得会话密钥 EK_n。攻击者无法获得会话密钥 EK_n，也就无法解密 CAN 总线上加密的报文。

2）报文认证

　　这里的报文认证是指接收 ECU 可以验证报文内容的完整性和来源的真实性。安全策略 P_3、P_4、P_5、P_6 选取 HMAC 进行报文认证。其中策略 P_3 和 P_5 采用截断的 $(64-l)$ bit 的 HMAC，策略 P_4 和 P_6 采用截断的 64 bit 的 HMAC 认证数据的来源。假设 HMAC 长度为 x bit，若攻击者能够访问生成 HMAC 的数据库，即可对 ECU 进行固件攻击，则根据文献[263]，攻击者在进行 $O(2^x)$ 次数据库查询后，x bit HMAC 的安全性可能被破坏。这就意味着若攻击者能够完全控制 ECU，是有可能生成合法的 x bit HMAC 的。但这种情况不满足 6.4.1 节中提出的攻击者模型假设。此外，假设攻击者可以根据报文生成合法的 HMAC，但由于攻击者不知道该报文生成 HMAC 所用到的认证密钥 AK，唯一的方式是在密钥空间进行穷举，在 2^x 种可能中选择一个 x bit 的字符串作为认证密钥。如果攻击者穷举 HMAC 发送至 CAN 总线，这种在短时间内向总线发送大量恶意数据帧的方式会造成总线网络传输一个 CAN BUS OFF 的错误帧表示通信失败的错误状态。所以本章方案的报文认证是安全的。

3）防重放攻击

在安全策略 P_2、P_3、P_4、P_5、P_6 中，发送 ECU 和接收 ECU 分别维护报文计数器 CTR_{mes_i} 和 CTR'_{mes_i}，用于报文同步和生成 HMAC。因此，本章方案对于重放攻击是安全的。

4）密钥的前向、后向安全性

如果外部设备与车内 CAN 总线的连接过期，网关 ECU 会广播包含新的随机数种子的密钥请求消息。由于密钥请求消息是加密后传输的，因此外部设备无法知道用于前向会话的密钥；同样，也无法获得用于后向会话的密钥。例如，即使第 k 次会话中的 EK_n 暴露，也是无法获得第 $k-1$ 次和第 $k+1$ 次的 EK_n 的，这是因为第 k 次的 $seed_n^k$ 与第 $k-1$ 次的 $seed_n^{k-1}$、第 $k+1$ 次的 $seed_n^{k+1}$ 均无关，很好地保证了密钥的前向、后向安全性。同理，本章方案也可保证认证密钥 AK_n 的前向、后向安全性。

5）密钥的新鲜性

每次会话密钥及认证密钥的产生均来源于随机数种子，且由网关 ECU 节点随机生成，随机数种子之间毫无关联，故新的随机数种子与旧的随机数种子相同的概率可以被忽略，也就是说 $seed^1$、$seed^2$、$seed^3$ 和 $seed^k$ 是不同的值，所以本章方案保证了密钥的新鲜性。

3. 基于 ProVerif 的分析

安全协议分析工具 ProVerif[264] 是由 Bruno Blanchet 开发的用于密码学协议的自动形式化验证分析的工具。本章方案主要基于 Dolev-Yao 模型，利用 Horn 子句抽象相应的密码协议并实施分析，能够描述各种密码学原语，包括对称密钥密码学、公钥密钥密码学、Hash 函数和 Diffie-Hellman 密钥协商等。

本小节采用 ProVerif 工具对本章方案的策略集中的安全策略进行分析。在本章方案的策略集中，策略 P_2、P_5、P_6 采用密文传输，需保证报文的机密性；策略 P_3、P_4、P_5、P_6 对报文进行认证，经过总结分析，验证的安全属性分别为消息的机密性和消息认证。

定理 6.4.2 节中所提的安全策略可有效建立节点间的安全通信，实现对交互消息的认证保护以及机密性保护。

证明 首先需要形式化定义安全目标对应的安全属性，包括对关键事件的定义及对事件关系的描述。通过总结分析，定义了以下 3 个关键事件：

（1）**event** Abroad(ID，C，CTR，HAMC)：节点 A 生成并发送具有认证和保密功能的消息。

（2）**event** Auth()：节点 B 接收到来自 A 的消息，完成解密和消息完整性验证。

（3）**event** BAcceptA()：节点 B 通过对比本地计数器，在确保消息的新鲜性后接收该消息。

然后，依据上述 3 个关键事件在协议中发生的先后顺序将其插入到验证过程的形式化描述中后，使用 query 语句描述安全属性，包括消息的机密性和消息认证。

（1）消息的机密性。该属性是关于机密性的问题，表现为在协议的完整过程中不存在

对称加密密钥 k 的泄露。证明该属性的 query 语句如下：

> Query attacker (k)

（2）消息认证。消息的认证包含两部分，即消息内容的完整性和消息来源的真实性，所以本属性是关于完整性和身份认证的问题。因而该事件可描述为在节点 B 接收消息之前完成了对该消息的完整性和发送方身份真实性的认证。证明该属性的 query 语句如下：

> Query event（BAcceptA（））＝＝＞event（Auth（））&& event（Abroad（ID, C, CTR, HAMC））

ProVerif 工具对安全属性（1）、（2）的自动化证明结果截图如图 6.22（a）和（b）所示，图中事件推理结果为 true，说明其已证明 query 语句所述的安全属性。因此，综合安全属性（1）和（2），可证定理成立。

(a) 安全属性(1)

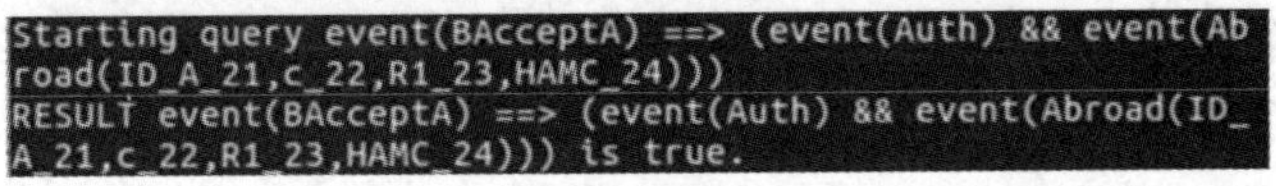

(b) 安全属性(2)

图 6.22　基于 ProVerif 分析的自动化证明结果

6.5.2　实验分析

1. 实验环境

在硬件实验部分，本实验用微控制单元（MiCrocontroller Unit，MCU）模拟车内 ECU，其中 MCU 分别为 TI TM320F28335（时钟频率为 30～150 MHz）、TI TM320C28346（时钟频率为 300 MHz）和 Infineon TC275（时钟频率为 200 MHz）。在软件实验部分，采用 CANoe V10.0 by Vector 软件模拟车内 CAN 总线网络环境，在该软件中使用 CAPL（类 C）语言作为编程语言。实验环境为 PC，Windows 7 64 位系统，i7‐6700 主频 3.4 GHz，内存 8 G，使用 Python 语言作为编程语言。

2. 基于硬件对 ECU 节点的模拟分析

实验使用 TI TM320F28335、TI TM320C28346 和 Infineon TC275 3 个不同时钟频率的 MCU 模拟车内 ECU 节点，测得 ECU 节点执行加解密以及认证算法所需计算开销。本章方案设定加解密算法采用 AES‐128，认证算法采用 HMAC-SHA256。选取 ECU 的时钟频率依次为 30 MHz、60 MHz、90 MHz、120 MHz、150 MHz、200 MHz、300 MHz，计算并测量 ECU 加解密以及认证操作所需的时间。为了获得更准确的评估结果，将每个算法重复 10 000 次，获得平均计算时间，实验结果如图 6.23 所示。

实验结果表明，随着 ECU 时钟频率的提高，ECU 节点执行加解密算法和认证算法的执行时间逐渐在减少。另外，ECU 节点执行认证算法所需时间较加解密算法所需时间更长一些。可以看出，当 ECU 的时钟频率大于 150 MHz 时，完成加解密和认证算法所需的时间均小于 1 ms。

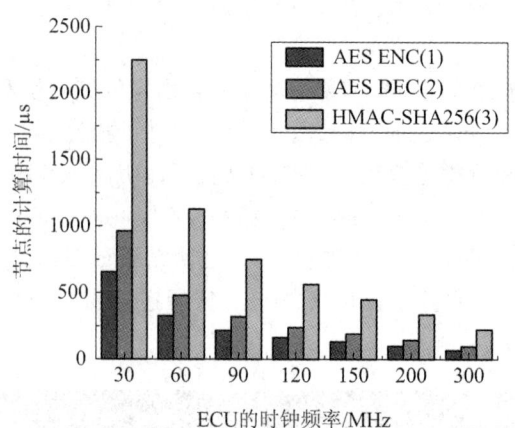

图 6.23　ECU 节点加解密及认证所需执行时间

3. 自适应模糊决策部分

为了证明本章所提自适应 CAN 总线安全策略选取方案的有效性，本节采用 PC 模拟网关 ECU 节点进行自适应模糊决策的过程，改变车内网络参数，观察网络环境的变化对最终选择安全策略的影响。本小节选取在国内某品牌汽车上某时间段内所采集的 CAN 总线报文数据集，数据集中包括 731 622 条报文，根据 message ID 可分为 51 种。根据该数据集模拟某时间段 T 内的总线网络环境，并对 51 种不同 message ID 的报文类型随机生成$[0,1]$内的实数，分别用于模拟报文的安全需求（机密性需求、完整性需求和源认证需求），并按6.3.2 节确定报文的实时性需求和长度等级。

实验根据图 6.10 所示的 CAN 总线安全机制的层次模型，选取并构造准则层成对对比矩阵 $\boldsymbol{M}_{u1}$，子准则层对准则层的层次对比矩阵 $\boldsymbol{M}_{u2}$ 和 $\boldsymbol{M}_{u3}$。根据 AHP 法，首先计算并得到相应的权重 $\bar{\boldsymbol{\alpha}}$、$\boldsymbol{W}_1$、$\boldsymbol{W}_2$ 以及因素集各个元素的总权重 $\boldsymbol{\alpha}$，具体数据如下：

$$\boldsymbol{M}_{u1} = \begin{bmatrix} 1 & 1/2 \\ 2 & 1 \end{bmatrix}, \boldsymbol{M}_{u2} = \begin{bmatrix} 1 & 1/3 & 1/3 & 1/6 & 1/4 \\ 3 & 1 & 1 & 1/2 & 1 \\ 3 & 1 & 1 & 1/2 & 1 \\ 6 & 2 & 2 & 1 & 2 \\ 4 & 1 & 1 & 1/2 & 1 \end{bmatrix}, \boldsymbol{M}_{u3} = \begin{bmatrix} 1 & 3 & 1 \\ 1/3 & 1 & 1/3 \\ 1 & 3 & 1 \end{bmatrix}$$

$$\bar{\boldsymbol{\alpha}} = [0.3333, 0.6667]$$

$$\boldsymbol{W}_1 = [0.0587, 0.1859, 0.1859, 0.3718, 0.1976]$$

$$\boldsymbol{W}_2 = [0.4286, 0.1429, 0.4286]$$

$$\boldsymbol{\alpha} = [0.01956, 0.06196, 0.06196, 0.1239, 0.0658, 0.2857, 0.09527, 0.2857]$$

接下来构造模糊评分矩阵。

本实验选取并设定（策略模糊）评分等级矩阵 $\boldsymbol{M}_1, \boldsymbol{M}_2, \cdots, \boldsymbol{M}_8$，其中 $\boldsymbol{M}_i$ 依次表示各影响因素 C_{msg_i}、I_{msg_i}、A_{msg_i}、T_{msg_i}、L_{msg_i}、B_t、CBR_t、S_t 的模糊评分矩阵。

表 6.5 为报文机密性需求的模糊评分矩阵，即当 C_{msg_i} 分别取$\{0.25, 0.5, 0.75, 1\}$时策略 P_i 的得分。

表 6.5　C_{msg_i} 的模糊评分矩阵

取值 策略	0.25	0.5	0.75	1
P_1	50	41	30	21
P_2	50	61	70	85
P_3	50	41	30	21
P_4	50	41	30	21
P_5	50	61	70	85
P_6	50	61	70	85

表 6.6 为报文完整性需求的模糊评分矩阵，即当 I_{msg_i} 分别取 $\{0.25，0.5，0.75，1\}$ 时策略 P_i 的得分。

表 6.6　I_{msg_i} 的模糊评分矩阵

取值 策略	0.25	0.5	0.75	1
P_1	50	61	70	85
P_2	50	41	30	21
P_3	50	55	62	70
P_4	50	61	70	85
P_5	50	55	62	70
P_6	50	61	70	85

表 6.7 为报文源认证需求的模糊评分矩阵，即当 A_{msg_i} 分别取 $\{0.25，0.5，0.75，1\}$ 时策略 P_i 的得分。

表 6.7　A_{msg_i} 的模糊评分矩阵

取值 策略	0.25	0.5	0.75	1
P_1	50	41	30	21
P_2	50	41	30	21
P_3	50	55	62	70
P_4	50	61	70	85
P_5	50	55	62	70
P_6	50	61	70	85

表 6.8 为报文实时性需求的模糊评分矩阵，即当 T_{msg_i} 分别取 $\{0.25，0.5，0.75，1\}$ 时策略 P_i 的得分。

表 6.8　T_{msg_i} 的模糊评分矩阵

取值 策略	0.25	0.5	0.75	1
P_1	50	61	70	81
P_2	50	57	64	75
P_3	50	49	47	45
P_4	50	47	44	40
P_5	50	43	36	25
P_6	50	41	30	21

表 6.9 为报文长度等级的模糊评分矩阵，即当 L_{msg_i} 分别取 $\{0.25, 0.5, 0.75, 1\}$ 时策略 P_i 的得分。

表 6.9　L_{msg_i} 的模糊评分矩阵

取值 策略	0.25	0.5	0.75	1
P_1	50	50	50	50
P_2	50	50	50	50
P_3	50	41	30	21
P_4	50	61	70	81
P_5	50	41	30	21
P_6	50	61	70	81

表 6.10 为车内总线负载比的模糊评分矩阵，即当 B_t 分别取 $\{0.25, 0.5, 0.75, 1\}$ 时策略 P_i 的得分。

表 6.10　B_t 的模糊评分矩阵

取值 策略	0.25	0.5	0.75	1
P_1	50	50	50	50
P_2	50	50	50	50
P_3	50	50	50	50
P_4	50	41	30	21
P_5	50	50	50	50
P_6	50	41	30	21

表 6.11 为车内信道忙闲比的模糊评分矩阵，即当 CBR_t 分别取 $\{0.25, 0.5, 0.75, 1\}$ 时策略 P_i 的得分。

表 6.11　CBR_t 的模糊评分矩阵

策略 \ 取值	0.25	0.5	0.75	1
P_1	50	50	50	50
P_2	50	50	50	50
P_3	50	50	50	50
P_4	50	41	30	21
P_5	50	50	50	50
P_6	50	41	30	21

表 6.12 为车内网络安全状态的模糊评分矩阵，即当 S_t 分别取 $\{0.25, 0.5, 0.75, 1\}$ 时策略 P_i 的得分。

表 6.12　S_t 的模糊评分矩阵

策略 \ 取值	0.25	0.5	0.75	1
P_1	21	30	41	50
P_2	25	33	41	50
P_3	55	53	52	50
P_4	61	56	53	50
P_5	81	70	61	50
P_6	85	73	62	50

在完成实验准备工作之后，改变车内总线网络环境参数 $\{B_t, CBR_t, S_t\}$，根据上述的真实数据集模拟某时间段 T 内的总线环境，按 6.3 节所提方案确定数据集中不同的报文在不同的网络环境参数下自适应选取的安全策略。通过改变车内网络参数，观察各个安全策略的占比情况。如 6.3.2 节所述，网络参数 $\{B_t, CBR_t, S_t\}$ 的所有取值可能为 $\{0.25, 0.5, 0.75, 1\}$，这里使用向量 $\boldsymbol{\beta} = \{\beta_1, \beta_2, \beta_3\}$ 来表示 $\{B_t, CBR_t, S_t\}$ 的一组可能的取值。详细的实验结果如图 6.24、图 6.25 和图 6.26 所示。

图 6.24(a)、(b)分别为两组不同网络参数下各个安全策略在车内网络环境中的占比情况。可以看到，在信道忙闲比和网络安全状态不变的情况下，将图(a)中总线负载比从 0.25 增加到图(b)所示的 1，则需要额外传输 64 bit MAC 的安全策略 P_4 和 P_6 在整个总线网络的所有报文中所占的比重由 64.52% 降低到 37.77%，而其他策略所占比重则明显增加，这说明在总线负载增加的情况下，本章所提的自适应方案会减少选择需要额外 MAC 传输的安全策略，尽可能地不增加额外的总线负载，提高通信效率。

图 6.25(a)、(b)表示在总线负载比和网络安全状态不变的情况下，各个安全策略在车内网络环境中的占比情况。信道忙闲比由图(a)中的 0.25 增加到图(b)中的 1，则需要额外传输 64 bit MAC 的安全策略 P_4 和 P_6 在整个总线网络的所有报文中所占的比重由 37.77% 降低到 4.46%。这说明在信道忙闲比增大的情况下，为了使报文尽快发送、提高实时性和

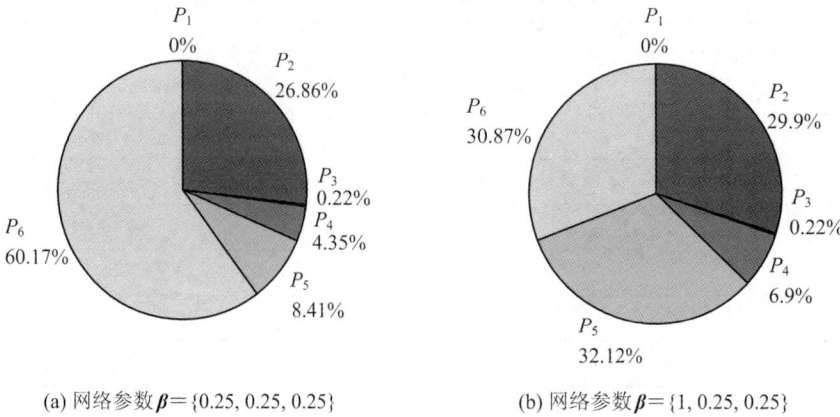

图 6.24　改变总线负载比后各个安全策略的占比情况

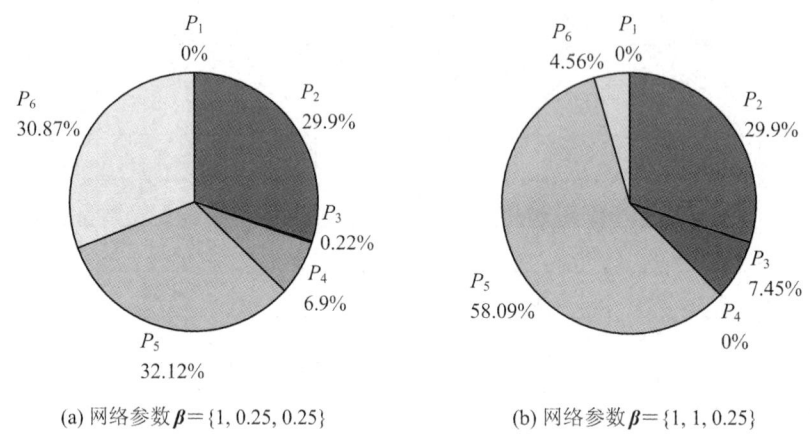

图 6.25　改变信道忙闲比后各个安全策略的占比情况

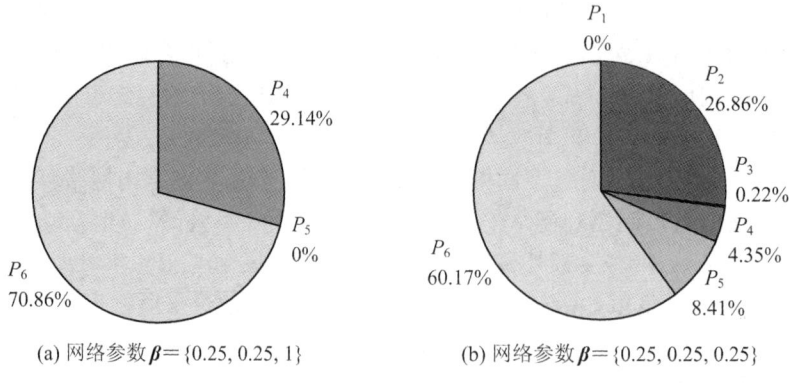

图 6.26　改变网络安全状态后各个安全策略的占比情况

减少时延，根据本章所提的自适应方案会减少选择需要额外 MAC 传输的安全策略，以提高实时性。

图 6.26(a)、(b)表示在总线负载和信道忙闲比不变的情况下，各个安全策略在车内环

境中的占比情况。可以看出，在总线负载比和信道忙闲比不变的情况下，若车内网络安全状态从 1 降低到 0.25，即网络安全级别降低，则需要提高车内总线网络的安全级别，对报文进行认证或加密。根据本章所提的自适应方案，当网络安全状态级别降低时，自适应方案根据报文的安全需求，选取差异化的安全策略。加密传输的安全策略 P_2、P_5、P_6 的占比从 70.86% 提高到 95.44%，说明在车内网络安全状态级别降低时，为了提高安全等级，本章所提方案会将报文进行加密传输，以防止攻击者窃听攻击，保证报文传输的机密性。

4. ECU 节点分域以及域密钥管理部分

本小节针对 6.4.2 节所提协议从存储开销和计算开销两个方面分别进行性能分析和对比。

1）存储开销

存储开销主要是指每个 ECU 节点需要存储的密钥数量。本章方案与现有方案[79-80, 242]对比情况如表 6.13 所示。如 6.4 节所述，本章所提协议根据 ECU 节点的通信频率进行 MCL 聚类，并根据聚类结果集建立基于 LKH 的树形域密钥结构。这里设 ECU 节点的总数为 n，每个 ECU 节点需要存储沿其所在叶子节点至根节点的路径上的所有域密钥，其中每个域的域内密钥有 2 个，包括加密密钥 EK 和认证密钥 AK。为了方便计算，假设树形域密钥结构为 n 个节点的满 m 叉树（$m \geq 2$），则每个 ECU 需要存储 $2\lceil(\log_m n(m-1)+1)\rceil$ 个密钥，其中 $\lceil(\log_m n(m-1)+1)\rceil$ 是 n 个节点的 m 叉树的高度。当树形域密钥结构为满 m 叉树（$m \geq 2$）时，其内部节点个数为 $(n-1)/(m-1)$，即域的数量为 $(n-1)/(m-1)$，也就是说，所需密钥的总数为 $2(n-1)/(m-1)$，其数量级为 $O(n)$。如 6.2 节所述，在文献[80]中，每两个 ECU 节点之间共享用于生成 MAC 的对称密钥，用于报文认证，则每个 ECU 节点所需存储的密钥的数量为 $(n-1)$，所需密钥的总数量为 $n(n-1)/2$，数量级为 $O(n^2)$。在 Libra-CAN[80]中，每个 ECU 节点属于多个群组，则 n 个节点最多可组成 2^n 个群组。若设每个组有 g 个成员，则 n 个节点可分为 C_n^g 个群组，每个 ECU 节点属于 C_{n-1}^{g-1} 个群组，需保存 C_{n-1}^{g-1} 个密钥。在 CANAuth[79]中，将认证密钥与 message ID 相关联，而 message ID 字段长度为 11 bit，故密钥总数量至多为 2^{11}，每个节点最多需保存的密钥数量为 2^{11}。可以看出，本章方案采用的树形域密钥结构，减少了每个 ECU 节点存储的密钥数量以及密钥总数量。

表 6.13　各方案的密钥数量对比

	每个节点存储密钥数量	域密钥数量	所需密钥总数量	密钥总数的数量级
文献[247]	$n-1$	—	$\dfrac{n(n-1)}{2}$	$O(n^2)$
Libra-CAN[80]	C_{n-1}^{g-1}	C_n^g	C_n^g	$O(2^n)$
CANAuth[79]	2^{11}	—	2^{11}	—
本章方案	$2\lceil(\log_m n(m-1)+1)\rceil$	$\dfrac{2(n-1)}{m-1}$	$\dfrac{2(n-1)}{m-1}$	$O(n)$

2）计算开销

计算开销主要是指在密钥更新过程中，平均每个 ECU 节点所需的计算时间。这里假设车内网中 ECU 节点具有相同的时钟频率(其中网关 ECU 的时钟频率为 300 MHz)。通过改变 CAN 总线的数据传输速率,可测量网关 ECU 分发密钥所需时间。其中,密钥分发过程所需时间包括以下 5 步所需时间:① 网关 ECU 加密随机数并广播;② 数据帧传输;③ ECU 节点解密数据帧并生成密钥;④ 网关 ECU 加密计数器并广播;⑤ ECU 节点解密数据帧并对比。图 6.27 显示了本章方案密钥分发时间的实验结果。本章方案中需网关 ECU 执行两次 AES 加密、ECU 节点执行两次 AES 解密共两次数据帧的传输时延。这里采用 CANoe 仿真软件模拟车内总线网络环境,测得通信时延。然后将 ECU 计算开销用于模拟 ECU 节点计算时延。

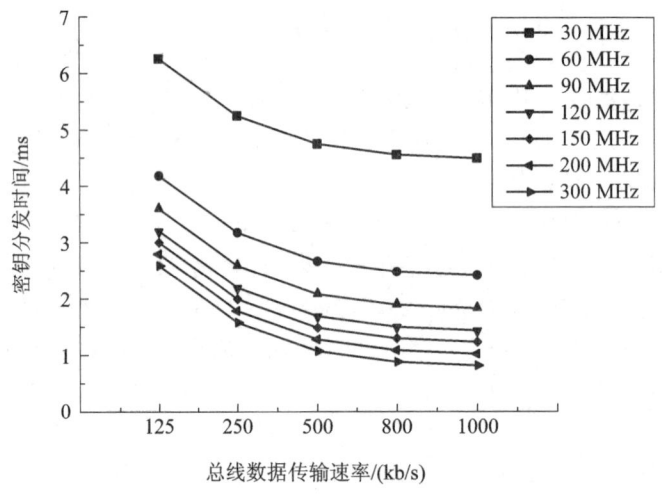

图 6.27 本章方案密钥分发时间的实验结果

可以看到,随着 ECU 节点时钟频率的增加以及总线数据传输速率的增加,密钥分发时间随之减少。对于 30 MHz 的 ECU 节点,在 125 kb/s 的 CAN 总线速率下,密钥分发时间不超过 5 ms,说明由于采用分域的形式,网关 ECU 广播报文,本章方案初始密钥分发时间不随着 ECU 数量的增加而增加,在不增加额外的存储开销的同时,具有良好的可行性。

5. 安全策略的性能分析

本小节使用 CANoe V10.0 by Vector 仿真软件模拟车内 CAN 总线网络环境,同时建立了一个动态链接库(Dynamic Link Library, DLL)在 CANoe 中执行安全协议,并将基于硬件的评估结果作为安全策略分析中的 ECU,执行加解密和计算认证算法所需时延。假设车内网络中 ECU 节点具有相同的时钟频率,改变 CAN 总线的数据传输速率,可测量 ECU 节点的通信响应时间。其中,通信响应时间包括以下 3 步所需时间之和:① 发送方执行安全策略后发送;② 报文传输;③ 接收方收到数据帧后,进行 HMAC 验证或解密。

图 6.28 表示不同安全策略下不同时钟频率 ECU 在总线数据传输速率不同时所需的通信响应时间。其中策略 P_1 采用明文广播,不对报文做任何处理,ECU 节点的通信响应时间只包括报文传输的时延,故本章方案只对其他 5 个安全策略的 ECU 通信响应时间进行测量。可以看到,随着总线数据传输速率的增加,ECU 节点所需的通信响应时间逐渐减少。同时,时钟频率越高的 ECU 节点所需的通信响应时间越少。因此,根据 ECU 节点不同的计算能力,参考车内 CAN 总线数据传输速率,本章所提方案可以自适应地选取差异化的安

全策略,在保证报文传输安全性的同时,减少通信时延和计算开销,适用于高实时性的
CAN 总线网络环境。

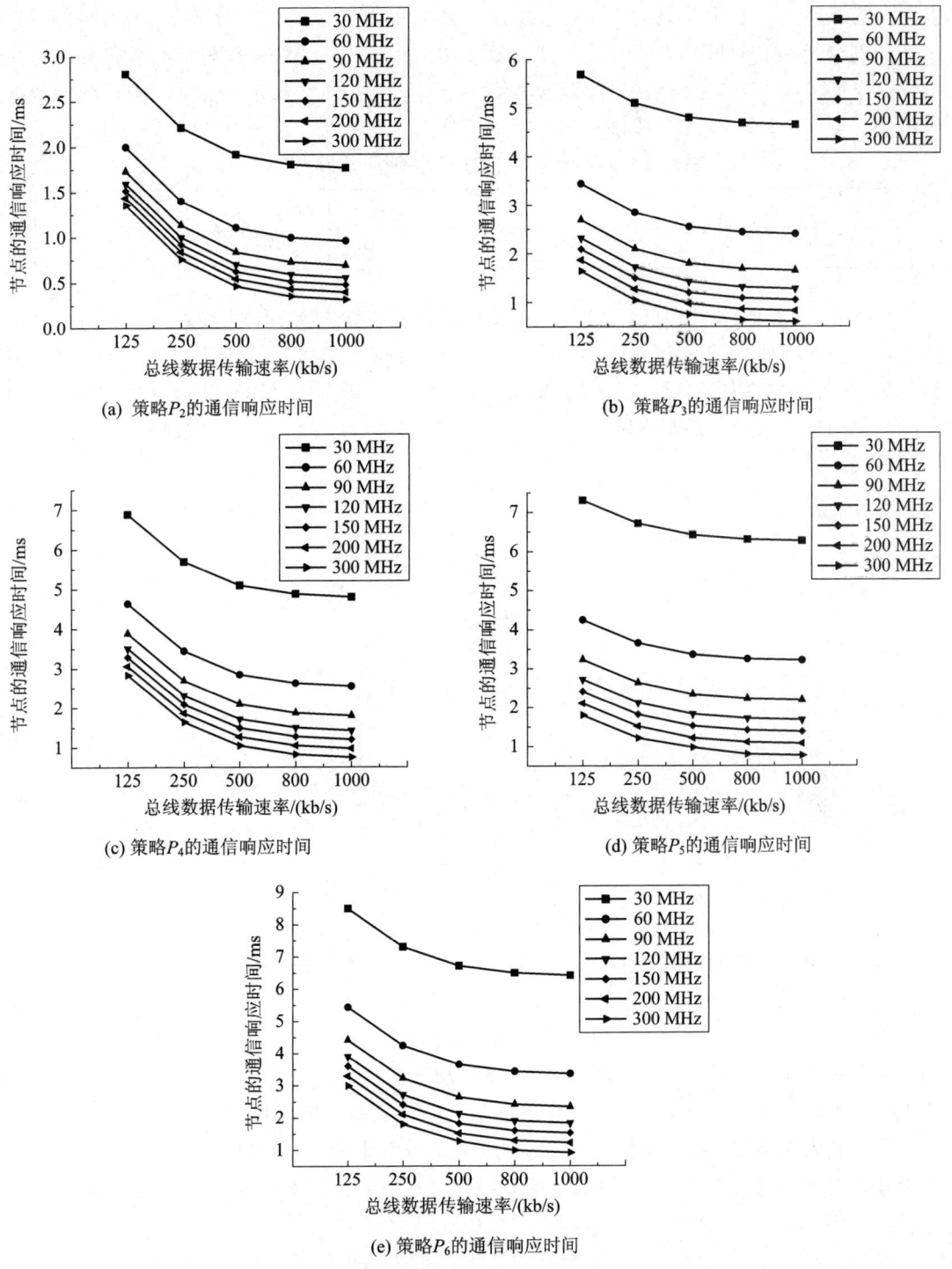

(a) 策略P_2的通信响应时间

(b) 策略P_3的通信响应时间

(c) 策略P_4的通信响应时间

(d) 策略P_5的通信响应时间

(e) 策略P_6的通信响应时间

图 6.28 不同安全策略下的 ECU 节点通信响应时间

6. 对比实验

这里将本章所提自适应安全机制与 LeiA 方案[84]以及 Woo 等人所提方案[11]进行对比，根据在某品牌汽车上所采集的 CAN 总线报文数据集中选取的时间序列 $T = \{t_1, t_2, \cdots, t_8\}$，分别测量在 t_i 时间段内的总线负载以及使用 LeiA 方案、Woo 方案和本章方案的总线负载以及 ECU 节点的通信响应时间。实验设定 ECU 节点频率均为 150 MHz，总线的数据传输速率均为 1 Mb/s，本实验随机选取的时间序列中所有报文数量如表 6.14 所示。

表 6.14　实验选取的时间序列包含报文数量

时刻	t_1	t_2	t_3	t_4	t_5	t_6	t_7	t_8
报文数量	4428	1634	2623	5556	5119	3561	920	486

如图 6.29 所示，随着时间的变化，总线负载在不断变化。Woo 方案将 MAC 与报文一并传输，故不增加总线负载，该方案的变化趋势与总线负载的变化重合；LeiA 方案将 MAC 以额外的报文传输，故总线负载增加一倍。本章所提方案采用自适应的模糊决策，根据差异化的报文和动态的车内网络环境改变策略，虽然会增加较少的总线负载，但远低于 LeiA 方案。

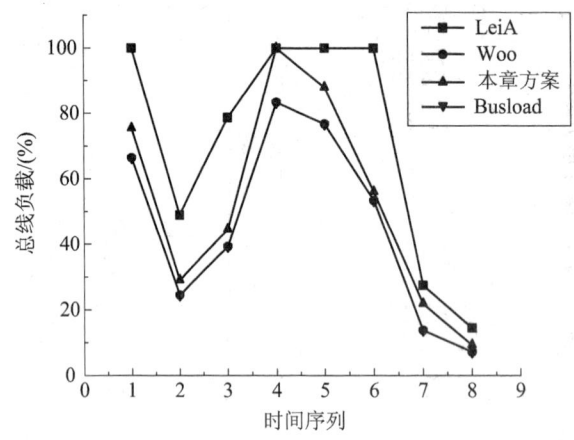

图 6.29　LeiA、Woo 与本章方案的总线负载比较

本小节根据选取的时间序列中的报文数量，测量并计算每个时刻 ECU 节点需要处理的报文的通信响应时间。为方便计算，这里假设 ECU 节点需要处理的报文数量为该时刻报文的总数。在实际情况中，每个 ECU 节点只接收与自己相关的报文，故实际的 ECU 节点响应时间远小于本实验结果。由图 6.30 可以看出，本章所提方案的 ECU 节点响应时间介于 LeiA 和 Woo 方案之间，这是由于本章所提方案根据报文需求以及车内网络环境自适应的动态调整安全策略，在安全性与网络性能之间权衡。由图 6.22 可以看到本章方案并未较多地增加总线负载以及 ECU 节点的通信响应时间，在保证安全性的同时，降低了通信开销与计算开销。

表 6.15 将 LeiA 方案、Woo 方案与本章方案在安全性和网络性能方面进行了比较。其中安全性包括是否支持加密以及用于认证的 MAC 的长度。网络性能包括对总线负载的影响和 ECU 节点的通信响应时间。可以看到，本章方案相较于 LeiA 和 Woo 方案，引入加密

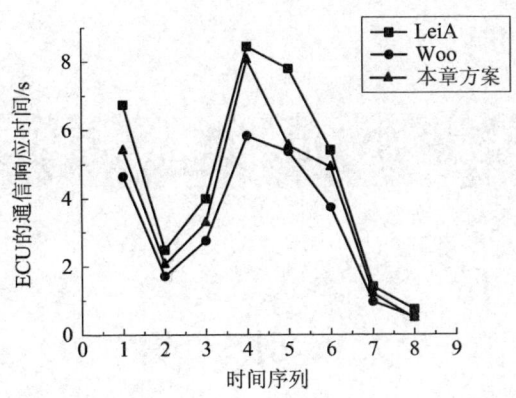

图 6.30　LeiA、Woo 与本章方案的 ECU 响应时间比较

机制提高了安全性，且对网络性能并没有较大的影响。

表 6.15　**LeiA、Woo 和本章方案的安全性与网络性能比较**

	是否支持加密	MAC 的长度	对总线负载的影响	ECU 通信响应时间
LeiA	否	64 bit	较大	较大
Woo	是	32 bit	较小	较小
本章方案	是	64 bit/32 bit	较小	较小

本 章 小 结

随着车联网的快速发展，智能网联汽车在为人们生活提供便利的同时，其存在的安全问题日益突出。对此，本章提出了一种自适应的 CAN 总线安全机制以实现 CAN 总线上报文的安全传输。首先，基于模糊决策提出了自适应的安全策略选取。通过对报文特点和车内总线网络的分析，给出了影响安全策略的因素集合，采用层次分析法和模糊决策的方法，针对不同的报文和动态变化的车内网环境，自适应地选择较为合理的安全策略，以满足报文的安全需求和动态的车内网络环境。其次，针对目前 CAN 总线的认证和加密方案中缺乏高效的密钥管理方案的问题，通过将车内网络 ECU 节点的通信转化为无向图，并以节点的通信频率作为图的边权重，采用 MCL 聚类方法根据通信频率将 ECU 节点划分为层次化的域，并在此基础上使用逻辑密钥树的密钥管理结构对车内网络的 ECU 节点进行密钥管理。结合自适应的安全策略选取方案，设计了差异化的安全策略及其通信协议。通过理论分析，验证了所提方案的安全性；同时，大量实验也表明了自适应模糊决策的有效性。与现有方案进行对比，所设计的 ECU 分域和密钥管理协议需要的存储开销和计算开销十分有限，适用于计算能力受限的 ECU 节点和高实时性需求的 CAN 总线网络。

第7章　基于改进 SVDD 的 CAN 总线异常检测方案

7.1　引　言

面对入侵者主要通过控制局域网(CAN)总线协议发起恶意攻击,常用的防护方法是利用异常检测技术来检测车辆是否受到攻击或发生异常,以报警或阻止潜在的车辆事故。

机器学习不需要人工干预和大量的预备知识,因此分类型的机器学习异常检测技术已成为当下 CAN 总线异常检测的主流。然而,现有的基于预测算法的 CAN 总线异常检测方案性能较差[94,96-98,268],这主要是因为车联网环境中报文变化多样。此外,车联网中正常报文多而异常报文少,除了特殊的公司和政府以外,一般用户很难在车联网中获取足够的攻击报文。分类型的机器学习算法需要至少两种不同类型的数据(如攻击报文和正常报文),这在车联网中很难实现;而基于 SVDD(Support Vector Data Description,支持向量数据描述)的单分类方案只需要正常的报文信息就可以建立检测模型,所以基于 SVDD 的单分类方案更适用于目前车联网中的异常检测。

实际上现有的基于 SVDD 的异常检测方案仍不能直接应用于 CAN 总线异常检测,主要存在以下问题:

(1) 由于每辆车每秒会产生超过 3000 条 IoV 报文数据,机器学习算法计算量大,不能满足高实时性要求,只使用 SVDD 模型来检测所有的报文将导致很大的计算开销。

(2) 现有的基于 SVDD 的异常检测模型会将所有的正常数据纳入模型中,但是其漏报率较高,并且没有考虑某些局部特征(如时间相关性)。实际上,车辆某些报文的变化是有一定规律的。例如,一个报文指出燃油箱燃油存储容量的最大值为 100,最小值为 0。以前的 SVDD 模型将超过 0～100 条的报文视为异常,这样会导致一些异常无法检测到,比如车辆移动时剩余燃油量数值从 20 变为 50,这将导致驾驶员无法正确判断车辆的剩余燃油量。

(3) 车联网中的大部分报文都在一定的范围内且具有规律性,以往的 SVDD 模型可能会出现模型冗余过多、漏报率高等严重问题。

为了避免上述的局限性(计算开销大、不满足高实时性要求等),本章提出了一种新的基于改进 SVDD 模型的 CAN 总线异常检测方案。对于简单冗余的报文,建立了一个表来记录这些报文(约 35% 是简单冗余报文),可以大大减少检测时间和计算开销。两个改进的 SVDD 模型分别为 M-SVDD(马尔可夫支持向量数据描述)和 G-SVDD(高斯支持向量数据描述),它们分别是之前的 SVDD 与马尔可夫链和高斯核函数的组合。M-SVDD 模型能有效地反映特征之间的内在联系,G-SVDD 模型则通过减少 SVDD 模型的冗余来提高检测精度。本章主要内容如下:

(1) 对 CAN 总线报文进行分类,以减少计算负荷和时间开销,满足高实时性要求,使资源有限的 IoV 车辆不再受制于较高的计算负荷和时间开销。

（2）通过 M-SVDD 方案来获得 CAN 总线报文的时间相关性，从而检测出乱序攻击。

（3）通过 G-SVDD 方案来减少以往 SVDD 模型的冗余，可以有效地降低误报率。

（4）所提出的 G-SVDD 方案能有效地检测数据域修改攻击和乱序攻击，精准率分别达到了 97.89％和 98.12％。此外，大量的实验表明，召回率对比同类实验分别提高了 10％和 30％，时间开销相比以往的方案也至少减少了 30％。

7.2　预 备 知 识

7.2.1　CAN 总线报文

CAN 总线数据帧结构如图 7.1 所示，每个 CAN 总线报文由 SOF（起始位）、标识符、RTR（远程请求位）、控制字段、数据字段、CRC（冗余检验位）、ACK（应答位）和 EOF（结束位）组成。标识符和数据字段是 CAN 总线数据帧中最关键的部分，标识符可以唯一代表一个报文，相当于报文的名字，数据字段是 CAN 总线报文中最重要的部分，它包含了报文的所有内容。

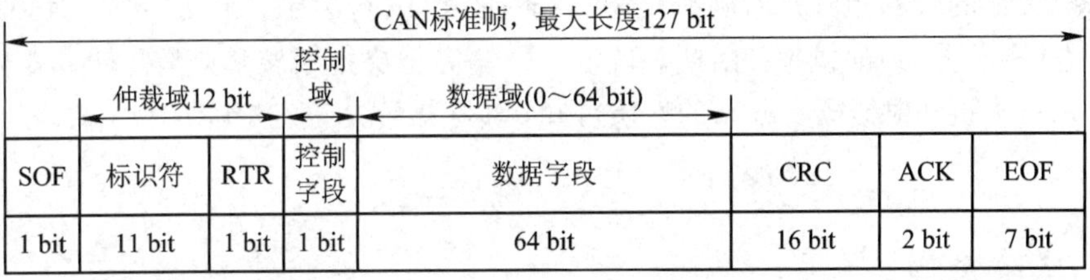

	CAN标准帧，最大长度127 bit						
	仲裁域12 bit		控制域	数据域（0～64 bit）			
SOF	标识符	RTR	控制字段	数据字段	CRC	ACK	EOF
1 bit	11 bit	1 bit	1 bit	64 bit	16 bit	2 bit	7 bit

图 7.1　CAN 总线数据帧结构

7.2.2　SVDD

SVDD 的主要思想是：① 通过非线性映射将原始训练样本 X 映射到高维的内积空间（或特征空间）；② 在特征空间中找到一个包含映射到特征空间的全部或大部分训练样本的最小超球体（最优超球体）；③ 在非线性映射中，如果特征空间中新样本点的图像落入最优超球体，则将该样本点视为正常样本点；否则，该样本被视为异常样本点。最优超球体的范围由其中心和半径决定。在 SVDD 中，通常将一个样本类视为目标数据集，其他所有样本类视为异常数据集。SVDD 算法的简单模型如图 7.2 所示。

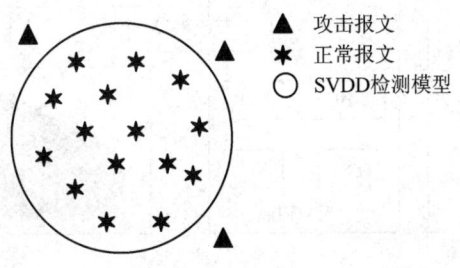

▲ 攻击报文
★ 正常报文
○ SVDD检测模型

图 7.2　SVDD算法的简单模型

7.2.3 马尔可夫链

马尔可夫链是一组具有马尔可夫性质的离散随机变量的集合。马尔可夫性质的数学术语表述为：在任何给定的时间内，一个过程未来状态的条件分布只取决于当前状态而非过去状态(无记忆属性)。具有马尔可夫性质的随机过程称为马尔可夫过程，一个简单的马尔可夫过程是一个一阶过程，其中每个状态的转移只依赖于前一个状态。设 $\{X_n, n=0, 1, 2, \cdots\}(X_n, n=0, 1, 2, \cdots)$ 是一个随机序列，对于任何正整数 n，有

$$P(X_{n+1} = x \mid X_1 = x_1, X_2 = x_2, \cdots, X_n = x_n) = P(X_{n+1} = x \mid X_n = x_n) \quad (7-1)$$

上述过程也被称为马尔可夫链，其核心是转移矩阵。如果马尔可夫转移矩阵确定了，那么这个马尔可夫链的模型也就确定了[269]。

若一个马尔可夫链的状态空间是有限的，则可在单步演变中将所有状态的转移概率排列成矩阵，该转移矩阵可以通过公式(7-2)得到：

$$\boldsymbol{P}_{n, n+1} = (P_{in, in+1}) = \begin{bmatrix} P_{0,0} & P_{0,1} & \cdots & P_{0,n} \\ P_{1,0} & P_{1,1} & \cdots & P_{1,n} \\ & & \cdots & \\ P_{n,0} & P_{n,1} & \cdots & P_{n,n} \end{bmatrix} \quad (7-2)$$

马尔可夫链的转移矩阵是右随机矩阵。矩阵的第 in 行表示，当 $X_n = X_{in}$ 时，X_{n+1} 取所有可能状态(离散分布)的概率。因此，马尔可夫链完全决定于转移矩阵，转移矩阵也完全决定于马尔可夫链。根据概率分布的性质可知，转移矩阵是正定矩阵：

$$\forall i, j: P_{i,j} \geqslant 0, \ \forall i: \sum_j P_{i,j} = 1 \quad (7-3)$$

7.2.4 系统模型

系统模型如图 7.3 所示。该系统由攻击者、接口模块、CAN 总线和包含各种 ECU 的车内网组成。攻击者可以通过监听和嗅探的方式，从接口模块获取 CAN 总线报文，然后将攻击报文注入车辆。CAN 总线再向各种 ECU 广播攻击报文从而攻击汽车。接口模块主要包括 USB（Universal Serial Bus）、OBD（On-Board Diagnostics）、CD（Compact Disk）、

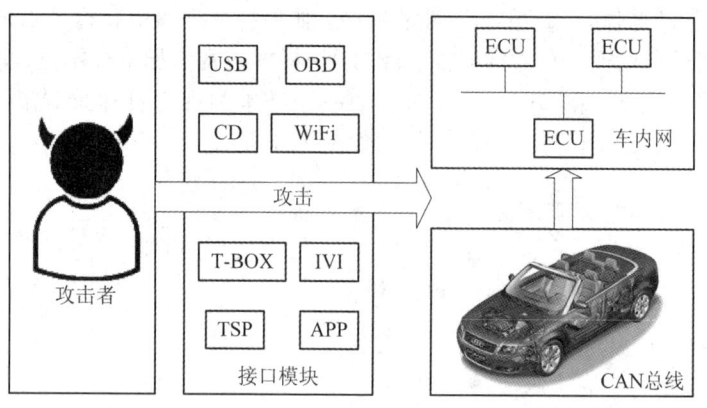

图 7.3 系统模型

WiFi (Wireless Fidelity)、T-BOX (Telematics BOX)、IVI (In-Vehicle Infotainment)、TSP (Telematics Service Provider)、APP(Application)等。

7.2.5　攻击者模型

对汽车网络的攻击主要有 DoS 攻击、重放攻击、乱序攻击、数据修改攻击等。在本章中,攻击者可以通过车辆接口将攻击报文注入车辆中。这些攻击报文中可能有一个或几个 bit 与正常的报文不同,也可能是以错误的顺序注入的正常报文,因为顺序混乱也容易导致车辆状态的改变。对于 DoS 攻击和重放攻击,基于信息熵的方案可以有效避免。因此,本章考虑的攻击者的攻击手段主要是数据修改攻击和乱序攻击。

7.3　方 案 设 计

7.3.1　主要思路

本章的主要内容包括以下 3 个部分:

(1) 传统的解决方案只对数据进行简单的处理,对所有的报文进行机器学习异常检测,这会导致检测时间开销较大,不符合车联网高实时性的特点。因此,本章提出通过观察车辆报文的特征对报文进行分类,并对简单冗余信息进行简单的查表检测,可以有效地减少检测时间。

(2) 传统的基于 SVDD 的机器学习检测方案无法检测数据与时间的相关性特征,导致检测效果差,无法检测出无序攻击。因此,本章提出了 M-SVDD 方案,通过马尔可夫转移矩阵记录时间关联报文的转移概率,从而有效地检测出乱序攻击。

(3) 由于 M-SVDD 方案会产生模型冗余区域,检测效果一般,因此本章进一步提出了 G-SVDD 方案,将高斯核函数投影到 SVDD 模型中,使模型边缘更接近训练数据分布,可以有效地减小模型冗余区域,从而提高检测精度。

7.3.2　方案概述

本节对 Kia Soul 的 72 万条 CAN 总线报文进行了统计实验,共发现了 45 种不同的标识符 ID。通过上述实验,可将车联网报文分为 A、B、C、D 4 类,如表 7.1 所示。

表 7.1　车联网报文分类

数据类型	定　　义	举例(以标识符 00a1 为例)
A 型数据	标识符 ID 后面跟随数据域保持不变或变化很小	$00\ 00\ 00\begin{Bmatrix}00\\01\\02\end{Bmatrix}00\ 00\ 00\ 00$(变化很小)
B 型数据	标识符 ID 后面跟随数据域变化比 A 型大,但是每个子数据域变化较小	$00\begin{Bmatrix}00\\01\\02\end{Bmatrix}00\begin{Bmatrix}10\\20\\30\end{Bmatrix}00\ 01\ 33\ 00$

续表

数据类型	定 义	举例(以标识符 00a1 为例)
C 型数据	标识符 ID 后面跟随数据域中有某些子数据域变化较为复杂,但有一定的规律性(比如线性)	$00\begin{Bmatrix}00\\02\\04\\\vdots\\80\\82\end{Bmatrix}04\ 02\begin{Bmatrix}10\\20\\30\end{Bmatrix}20\ 10\ 00\ 01$
D 型数据	标识符 ID 后面跟随数据域有某些子数据域变化较为复杂且无法观察到规律	$00\begin{Bmatrix}00\\2d\\9e\\\vdots\\18f\\3c\end{Bmatrix}04\ 00\ 35\begin{Bmatrix}01\\04\\07\\\vdots\\82\\85\end{Bmatrix}06\begin{Bmatrix}01\\02\\03\end{Bmatrix}21$

1. 建立正常报文表和正常报文模型的流程

如图 7.4 所示,正常报文表和正常报文模型的建立流程如下:

(1) 读取当前 CAN 总线上的报文,并将 ID(标识符)和数据域内容传给检测模型。

(2) 根据算法 7.1 提取 A 型数据,并将该类型数据存入表 T,将该部分标识符存入集合 γ,出现的其余标识符存入集合 η。

(3) 使用高斯核函数拟合 B、C、D 型数据,生成 G-SVDD 模型。

(4) 使用算法 7.2 提取具有时间相关性的子数据特征域,并建立相应的 M-SVDD 模型。

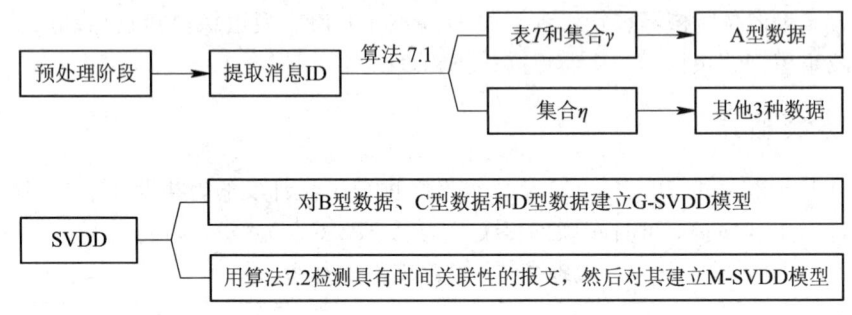

图 7.4　正常报文表与正常报文模型的建立流程

2. 异常报文检测机制

异常报文检测流程如图 7.5 所示,首先提取 ID,如果 ID 不在集合 η 和集合 γ 中,则视为异常消息。如果该 ID 属于集合 η,则将其与表 T 中对应的 ID 项进行比较,看数据域的内容是否相匹配。若匹配则通过,否则发出警告;如果属于集合 γ,则判断该 ID 是否为时间关联型数据。如果是时间关联型数据,则使用 M-SVDD 模型对该部分数据进行异常检测,如果不是时间关联型数据,则使用 G-SVDD 模型对该部分数据进行异常检测。

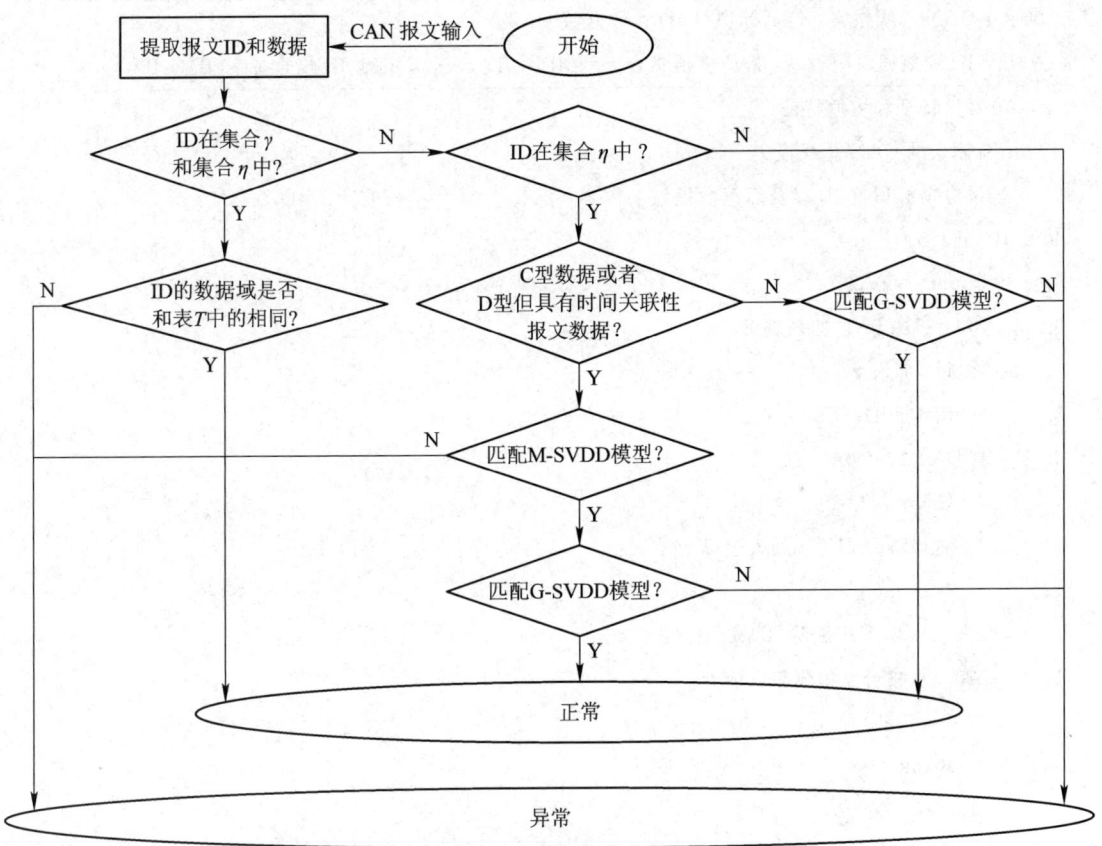

图 7.5　异常报文检测流程

7.3.3　A 型数据简单正常模型提取与建立(数据预处理阶段)

在对 Kia Soul 的 72 万条 CAN 总线报文进行统计实验后,发现车联网内有 35%~40% 的数据为 A 型数据,且大多数数据域内容为全 0,对于此类数据用 SVDD 算法拟合会出现 计算开销的浪费,并且 SVDD 拟合总会出现冗余区域,同时,A 型数据域基本是固定不变 的,这也会在一定程度上导致漏报率增加。

若能将车联网 CAN 总线报文中的所有常值和多值特征(即 A 型数据)取出直接建表生 成正常报文模型,对其余具有较为复杂关系的特征报文进行 SVDD 机器学习来构造超球体 模型进行异常检测,会减少约 35% 的计算开销和检测时间,大大提高实用性并降低误报、 漏报率。

对于类似于 A 型数据(简单冗余数据)的数据,通过算法 7.1 进行检测,可得到表 T 和 集合 γ。

算法 7.1 是将所有标识符 ID 中标识符后跟随数据域为常值或多值(设定常值上限为 5, 多值上限为一个 16 进制单位)的标识符 ID 提取生成一个集合 γ,其余标识符 ID 生成另一 个集合 η。然后将集合 γ 中标识符 ID 生成标准报文模型,记录到表 T 中。

算法 7.1　CAN 总线报文中的常数和多值特征提取算法。

输入：CAN 总线报文，包括标识符 ID 和数据域 DATA

输出：ID 和数据对应表 T，常值多值集合 $\gamma=\{ID_1, ID_2, \cdots\}$，其他 ID 集合 $\eta=\{ID_1, ID_2, \cdots\}$

1. 提取常量特征和多值特征

2. **for** 新输入的 CAN 总线报文

3. 　记录每个标识符 ID 以及后续数据域的内容

4. 　**If** $(id_i \notin \gamma \&\& id_i \notin \eta)$

5. 　　$Count_{idi}=1$

6. 　　将$\{ID_i DATA1\}$加入表 T

7. 　　将$\{id_i\}$加入 γ

8. 　　**While for** $ID=ID_i$

9. 　　**If** $DATA2 \neq DATA1$

10. 　　　$Count_{idi} += 1$

11. 　　　将$\{ID_i\ DATA1\}$加入表 T

12. 　　　**If** $Count_{idi} > 15$：

13. 　　　　从表 T 中删除$\{ID_i\ DATA2\}$

14. 　　　　从集合 γ 中删除$\{id_i\}$

15. 　　　　将$\{id_i\}$加入 η

16. 　　　**Break**

17. 　　**End if**

18. 　**End if**

19. **End for**

20. 输出表 T 和 γ、η

7.3.4　G-SVDD 方案

　　传统的 SVDD 算法是根据给定的半径构造一个标准的圆形区域，但由于车联网中的数据具有一定的规律性，所以该算法不适用于车联网的数据检测。标准的 CAN 报文帧有 64 bit，并且每 8 bit 分为一段。为了提高检测精度，将每段 8 bit 数据称为子特征数据域（如图 7.6 中的 Data1、Data2、…、Data8），通过检测每个子特征数据域是否为攻击报文来判断

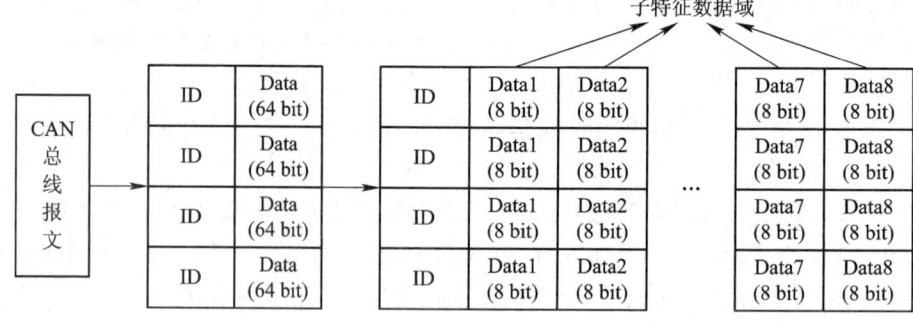

图 7.6　CAN 报文数据域细分

整个报文是否受到攻击。报文的分类也可按子特征数据域进行分类，A 型数据的每个子特征数据域几乎没有变化，B 型数据的每个子特征数据域变化较小。对于 C 型数据和 D 型数据，许多子特征数据域发生了变化，但变化具有一定的规律性，只有部分 D 型数据的子特征数据域变化较为复杂。

　　传统的 SVDD 算法均衡地对每一个特征都进行了处理，导致车联网数据冗余面积过大。如图 7.7 所示为经过 PCA 降维处理的 2000 条规范化车辆报文所形成的训练模型，黑色部分为正常数据的分布，虚线圆框是 SVDD 的边界函数。可以看到，圆形区域中有很多冗余区域，这些区域将导致漏报率增加。

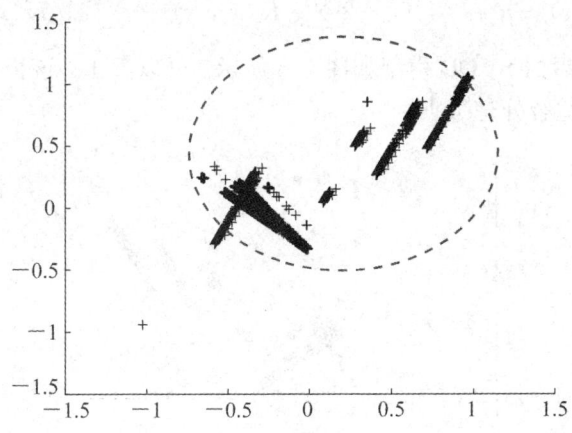

图 7.7　车联网数据冗余面积过大问题

　　针对上述问题，可以利用高斯核函数大大减小冗余区域，提高检测准确度，降低漏报率。映射高斯核函数 SVDD 的过程如下：

　　首先，构造一个目标函数：

$$F(R, \boldsymbol{a}, \xi_i) = R^2 + C \sum_{i=1}^{N} \xi_i \tag{7-4}$$

其中，$\boldsymbol{a}$ 是圆心，R 是半径，C 是惩罚因子，ξ_i 是松弛变量。限制函数为

$$\| (\boldsymbol{x}_i - \boldsymbol{a})^2 \| \leqslant R^2 + \xi_i \, \forall_i, \, \xi_i \geqslant 0 \tag{7-5}$$

将公式(7-5)代入公式(7-4)：

$$L(R, \boldsymbol{a}, \alpha_i, \xi_i) = R^2 + C \sum_{i=1}^{N} \xi_i - \sum_{i=1}^{N} \gamma_i \xi_i - \sum_{i=1}^{N} \alpha_i (R^2 + \xi_i - (\boldsymbol{x}_i - \boldsymbol{c})^{\mathrm{T}} (\boldsymbol{x}_i - \boldsymbol{c}))$$

$$\tag{7-6}$$

其中 $\alpha_i, \gamma_i \geqslant 0$ 且 α_i、γ_i 为拉格朗日系数，对 c、ξ_i 和 R 求导使其为 0，得到

$$c = \sum_{i=1}^{N} \alpha_i x_i, \, 0 \leqslant \alpha_i \leqslant C, \, \sum_{i=1}^{N} \alpha_i = 1 \tag{7-7}$$

将上述方程代入拉格朗日方程，得到关于 α_i 求最大值的对偶问题：

$$L = \sum_{i=1}^{N} \alpha_i (\boldsymbol{x}_i^{\mathrm{T}}, x_i) - \sum_{i, j=1}^{N} \alpha_i \alpha_j (\boldsymbol{x}_i^{\mathrm{T}}, x_i) \tag{7-8}$$

为了测试 X 点是否在球形区域内，生成评估符号 $y(x)$：

$$y(x) = \sum_{i=1}^{N} \alpha_i K(x, x_n) + b \tag{7-9}$$

将高斯核函数导入 $y(x)$ 中：

$$K(\boldsymbol{x}_i, \boldsymbol{x}_j) = (\boldsymbol{x}_i \cdot \boldsymbol{x}_j + 1)^d \tag{7-10}$$

$$K(\boldsymbol{x}_i, \boldsymbol{x}_j) = e^{-\frac{(\boldsymbol{x}_i - \boldsymbol{x}_j)^2}{s^2}} \tag{7-11}$$

将高斯核函数导入 $y(x)$ 中，得到原始数据一个点映射到高维空间后距离超球体圆心的距离公式：

$$R(\boldsymbol{x}) = \| \varphi(\boldsymbol{x}) - \boldsymbol{\mu} \| = \sqrt{1 - 2\sum_{i=1}^{N} \alpha_i K(\boldsymbol{x}_i, \boldsymbol{x}) + \sum_{i, j=1}^{N} \alpha_i \alpha_j K(\boldsymbol{x}_i, \boldsymbol{x}_j)} \tag{7-12}$$

高斯核函数映射后的 SVDD 模型如图 7.8 所示。可以看出，该模型的冗余区域大大减小，很明显该模型更适合处理数据。

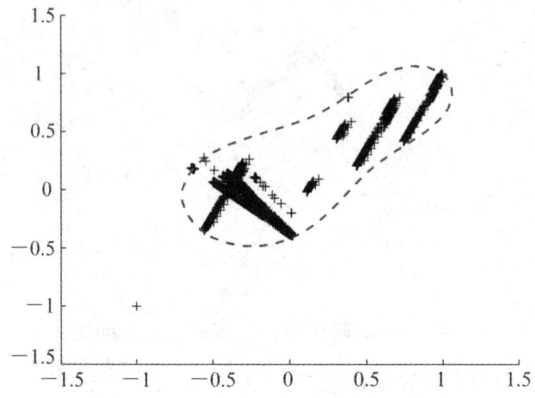

图 7.8　高斯核函数映射后的 SVDD 模型

7.3.5　M-SVDD 方案

C 型数据是较为复杂但有一定规律的 CAN 总线报文，D 型数据也会出现与 C 型数据特征相匹配的子数据特征。除了上述冗余区域过大的问题外，还存在如图 7.9 和图 7.10 所示的问题。

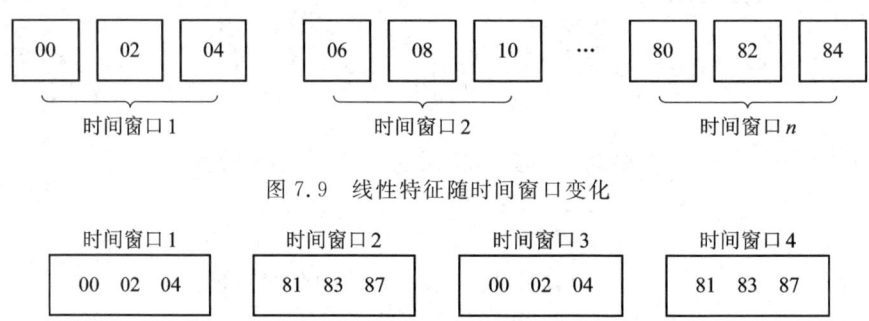

图 7.9　线性特征随时间窗口变化

图 7.10　随时间跳转的关联数据

对于图 7.9 中的线性特征数据，如果用训练高斯核的 SVDD 模型，模型将记录所有正确的报文。例如，某子特征数据域从 00 开始递增 2，直到 FF，但实际上是当前一段时间可能出现的只有 00 02 04，因此虽然 FF 包含在 SVDD 模型中，但在此期间出现 FF 仍应被视为异常。然而上述训练高斯核的 SVDD 模型会认为这是正常数据，这将导致漏报率增加。

此外，车联网中可能还存在一些有关联性的跳转数据等。如图 7.10 所示，在时间窗口 1 内为 00 02 04，可以知道 04 的下一个数据是 81，因此会进入时间窗口 2。而训练高斯核的 SVDD 模型只能去除一定的冗余面积，实际上并没有考虑这种时间关联性报文，在一定程度上也会导致漏报率的增加与精准率的下降。

算法 7.2 用于检测具有时间变化规律以及具有一定相关特性的模型，该算法可以检测线性报文和具有时序性报文的位置以及具有上述特性的报文的 ID 集 ω。

算法 7.2　CAN 总线报文线性特征数据报文提取算法。

输入：CAN 总线报文，包括 ID、Data＝{ $Data_1$，$Data_2$，…，$Data_8$ }、集合 U＝{ Φ } 和集合 η

输出：矩阵 E 和集合 ω

1. **for** 新输入的 CAN 总线报文
2. If ID∈{ η }
3. 　　　将{ID $Data_1$，$Data_2$，…，$Data_8$ }加入 U
4. 　　For i＝1～8
5. 　　　　$Count_i$＝1
6. 　　Else
7. 　　　For i＝1～8
8. 　　　　If 新的 $Data_i$＝之前的 $Data_i$
9. 　　　　　　**Continue**
10. 　　　　Else $Count_i$＝$Count_i$＋1
11. 　　　Endif
12. 　　　If $Count_i$＞15
13. 　　　　ω＝{ID}
14. 　　End if
15. 　　End for
16. 　End for
17. End for
18. 初始化二维矩阵 E
19. 将标识符 ID 放到矩阵 E 的第一列
20. 输入大量的 CAN 总线报文
21. **for** 新输入的 CAN 总线报文
22. 　If(ID∈{ ω })
23. 　　$E[t][i]$＝ID
24. 　　I_1，I_2，…，I_n＝0
25. 　　For i ＝ 1 ～ n

26.　　　　If new $I_i ! = I_i$

27.　　　　　count t，i＝count，i＋1

28.　　　　End for

29. End for

30. If count t，$i > 125$

31.　　$E[t][i] ==0$

32. Else

33.　　$E[t][i] ==1$

34. **Output 矩阵 E，集合 ω**

在上文中，算法 7.2 用于确定需要设置马尔可夫链检测器的检测器 ID 和相应的数据位置，该部分的数据被收集以形成马尔可夫链，并剔除了马尔可夫矩阵中出现概率小于 1‰的数据。最后根据当前状态预测时间关联性报文，当预测结果概率为 0 时发出警报，如果不是则输入 SVDD 模型进行数据拟合。

算法 7.2 的具体实施过程如下：

（1）根据其 ID 提取输入的 CAN 总线报文，获得 ID∈{ω}的 ID，对照矩阵 E 中具体 ID 值提取对应的 Data$_i$。

（2）为 Data$_i$ 中的数据流建立马尔可夫链，记录出现的不同数据集合为 S，对集合 S 中的每个数据建立马尔可夫链。

（3）去除 $P(X) \leqslant 1‰$的情况，并建立 M-SVDD 预测模型。这里可以根据自己对精准率与时间的需求进行更改，在本章中将其设置为 1‰。

（4）对矩阵 E 中 ID 对应的 Data$_i$ 建立马尔可夫链，并为 Data$_i$ 对应的集合 S 中的元素生成转换矩阵。

$$\text{Data}_{n+1} = \text{Data}_n = P \begin{bmatrix} S_1, P_{11} & S_1, P_{12} & \cdots & S_1, P_{1n} \\ S_2, P_{21} & S_2, P_{22} & \cdots & S_2, P_{2n} \\ \vdots & \vdots & & \vdots \\ S_n, P_{n1} & S_n, P_{n2} & \cdots & S_n, P_{nn} \end{bmatrix} \tag{7-13}$$

其中 $\forall i, j：P_{i,j} \geqslant 0$，$\forall i：\sum_j P_{i,j} = 1$，其中 Data$_{n+1}$ 的值由 Data$_n$ 预测产生，预测通过转移矩阵 P 产生，通过 Data$_n$ 找出相对应的 S_i 行，Data$_{n+1}$ 对应第 j 列。若对应的 $P(i, j) > 0.01$ 则认为是正常数据流，进入 G-SVDD 进行检测，反之则报告异常。

7.4　实　　验

7.4.1　实验环境

本节使用从纳驰捷 u5 汽车上采集的约 100 万条 CAN 报文数据集，这些数据集都是正常数据，共包含 126 种 ID。实验环境为：PC，Windows 10 64 位系统，i7 - 8700 主频 3.2 GHz，内存 8 GB，编程语言为 Matlab 语言。

表 7.2 为数据预处理之前原始训练和测试数据集的示例。

表 7.2　原始数据集的样本

编号	样　本	标签
1	65536，接收，255.9247，000000BC H，标准帧，数据帧，8，A4 21 11 27 79 77 02 83	Normal
2	65537，接收，255.9249，000001C8 H，标准帧，数据帧，8，83 FF 00 00 FF FE 3B FF	Normal
3	65538，接收，255.9251，000000C7 H，标准帧，数据帧，4，40 B5 D2 14	Normal
4	65539，接收，255.9253，000001E9 H，标准帧，数据帧，8，0F FC 00 0E 0F DD 00 00	Normal
5	65540，接收，255.9255，000000D3 H，标准帧，数据帧，2，2C05	Normal

表 7.3 是去除了原始数据集中的冗余数据并使数据标准化后的结果，加快了检测模型的训练速度。

表 7.3　转换样本的结果

编号	样　本	转换结果	标签
1	000000BC	8，A4 21 11 27 79 77 02 83	Normal
2	000001C8	8，83 FF 00 00 FF FE 3B FF	Normal
3	000000C7	4，40 B5 D2 14	Normal
4	000001E9	8，0F FC 00 0E 0F DD 00 00	Normal
5	000000D3	2，2C 05	Normal

对于攻击数据，由于实验数据来源于真实车辆的车载 CAN 总线报文，没有异常报文，在这里使用文献[98][270]中的方法来模拟生成异常报文。通常，攻击者通过发送一些修改过数据域的数据中的一个或多个字节或一连串报文来攻击 ECU。这里模拟了正常报文与攻击报文，例如"ID 000000AA"，如表 7.4 和表 7.5 所示。

表 7.4　标识符 000000AA 的正常数据

编号	样　本	转换结果	标签
1	000000AA	2C，03，2C，03，00，53，FD，00	Normal
2	000000AA	2C，03，2C，03，02，53，FC，00	Normal
3	000000AA	2C，03，2C，03，04，53，FB，00	Normal
4	000000AA	2C，03，2C，03，06，53，FA，00	Normal
5	000000AA	2C，03，2C，03，00，53，FD，00	Normal

表 7.5　标识符 000000AA 的攻击数据

编号	样　本	转换结果	标签
1	000000AA	3F，08，4E，03，00，53，FD，00	Attack
2	000000AA	2C，03，2C，03，02，53，FB，00	Attack
3	000000AA	2C，03，2C，03，02，53，FB，08	Attack
4	000000AA	2D，03，2C，05，06，53，FA，00	Attack
5	000000AA	3E，26，8C，03，00，53，FD，00	Attack

针对车内网报文数据域的攻击中,较难解决的攻击手段主要为修改某 8 bit 数据域数据以打乱数据流顺序。这是因为车内网报文的含义是未知的,例如,某标识符 8 bit 数据域控制的 ECU 为显示油耗多少,通常为从 00 到 FF,若其顺序被打乱则是油表遭受了攻击,这种攻击在车内网数据域中也是普遍存在的一种攻击。而重放攻击和 DoS 攻击虽然也是车内网中常见的攻击,但是可以通过信息熵检测的方法轻松解决[90, 271-272],针对这两种常见攻击,只需添加一个信息熵检测窗口即可,因此本章不着重考虑这两种攻击。

7.4.2 评估标准

在实验中,通过 3 种广泛使用的措施来评估异常检测系统的性能,即准确率、召回率和精准率,具体如式(7-14)、式(7-15)和式(7-16)所示。

$$准确率 = \frac{TP + TN}{TP + TN + FN + FP} \tag{7-14}$$

$$召回率 = \frac{TP}{TP + FN} \tag{7-15}$$

$$精准率 = \frac{TP}{TP + FP} \tag{7-16}$$

这些公式是基于混淆矩阵定义的,如表 7.6 所示。

表 7.6 混 淆 矩 阵

Predicted / Actual	Normal	Attack
Normal	TP	FN
Attack	FP	TN

在表 7.6 中,TP 是正常数据分类为正常数据的连接数量,FP 是攻击数据分类为正常数据的连接数量,FN 是正常数据分类为攻击数据的攻击数量,TN 是攻击数据分类为攻击数据的攻击数量。

7.4.3 实验结果与分析

本小节主要是与文献[98]中的方案进行比较。在实验中设置时间窗口作为横坐标,检测其后面的 200 条报文的精准率和召回率。SVDD 模型以及马尔可夫转移矩阵是随着时间窗口建模进行检测的。A 型报文对照表则是通过提前提取的 5 万条正常报文数据生成的。

首先进行参数对比实验。在该实验中,主要参数是高斯核函数参数 p 和惩罚因子 C。不同的参数对实验结果的影响也不同。

1. 不同高斯核函数的 p 参数选择对实验结果的影响

在此实验中,选择的攻击类型为数据修改攻击,测试报文为 100 条正常报文和 100 条带标签的攻击报文,惩罚因子 C 设为 0.1,训练数据共 3000 条。实验结果如图 7.11 所示,可以看出,在惩罚因子固定的情况下,随着高斯核函数参数 p 的增大,精准率下降而召回率上升,并在 p 达到约 2.5 时稳定不变。

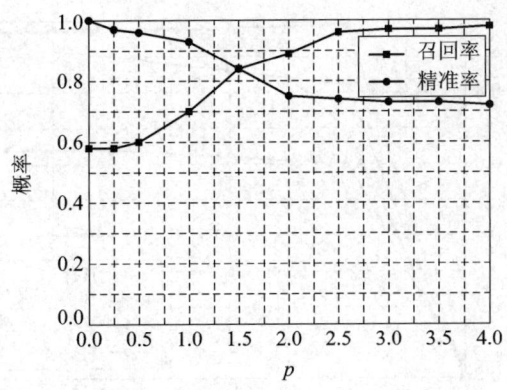

图 7.11　高斯核函数参数 p 对实验结果的影响

2. 不同的惩罚因子 C 对实验结果的影响

在此实验中,选择的攻击类型为数据修改攻击,测试报文为 100 条正常报文和 100 条带标签的攻击报文,高斯核函数的参数 p 设置为 1.0,训练数据共 3000 条,实验结果如图 7.12 所示。可以看出,在高斯核函数固定的情况下,调整惩罚因子 C 对精准率和召回率的影响难以预测,而在本实验条件下,惩罚因子设置为 0.5 最佳。

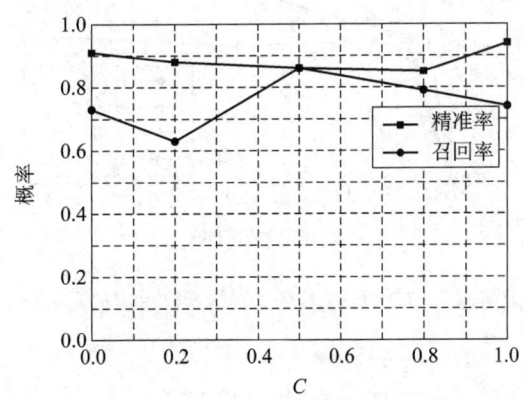

图 7.12　惩罚因子 C 对实验结果的影响

1)数据修改攻击

这里的测试报文为 100 条普通报文和 100 条带标签的攻击报文,其中攻击报文是随机修改 8 bit 的子数据域内容得到的,实验结果如图 7.13 和图 7.14 所示。实际上本章方案的精准率不是最高的,但是随着训练窗口的增大,当数据达到 5000 条时精准率达到 90%,当数据达到 10 000 条时精准率达到了 97%,与 HTM 和 RNN 方案基本相同,仅仅低 1%～2%。但是在召回率方面,本章方案完全优于其他方案,比文献[98]中的整个方案高出 15%以上,比 RNN 和 HMM 方案高出 20% 和 40% 以上。实验结果表明,本章方案具有较好的性能。

2)乱序攻击

这里的测试报文分别是 100 条正常报文和 100 条带标签的攻击报文,其中攻击报文是随机扰乱顺序的普通报文,实验结果如图 7.15 和图 7.16 所示。实验结果表明,本章方案

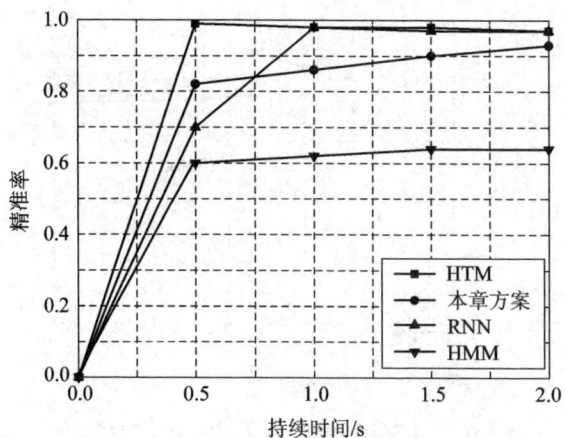

图 7.13　在测试数据集上数据修改攻击的精准率

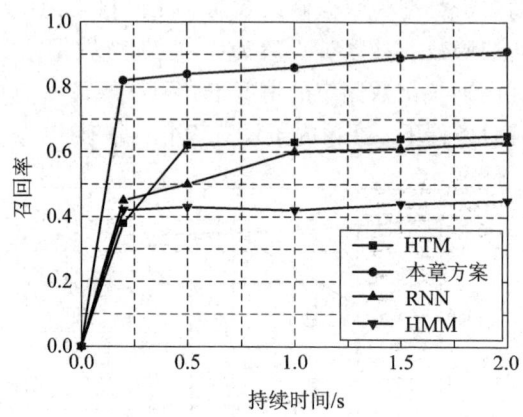

图 7.14　在测试数据集上数据修改攻击的召回率

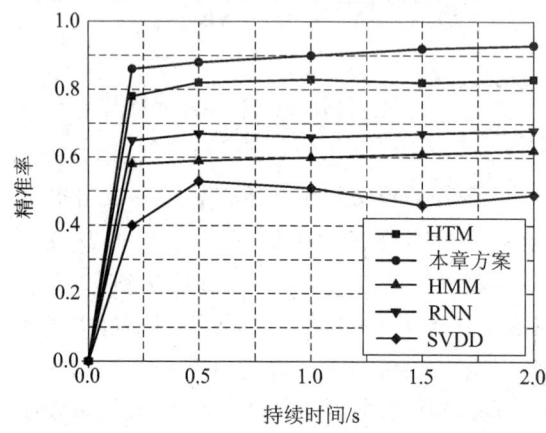

图 7.15　在测试数据集上乱序攻击的精准率

的精准率完全高于其他方案，其效果与 HTM 方案接近。此外，通过实验还发现，仅用 SVDD 的精准率在 50％左右浮动，这是因为无论正确还是错误的 SVDD 方案均被认为是正确的，因此精准率在 50％ 左右波动。在添加了马尔可夫链预测之后，可以通过形成马尔可夫转移矩阵来有效地检测乱序攻击。

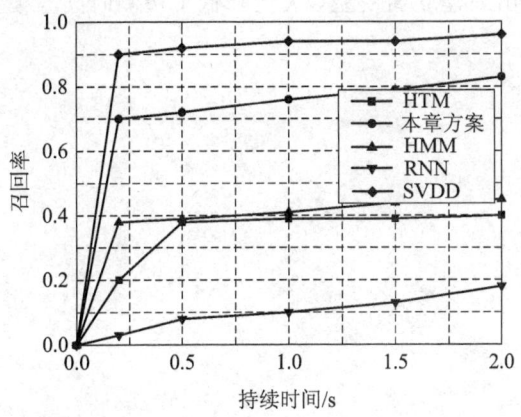

图 7.16　在测试数据集上乱序攻击的召回率

从图 7.16 中可看出，仅使用 SVDD 方案的召回率非常高，这是因为仅使用 SVDD 方案不会把正确数据预测为错误数据，无法检测到乱序攻击，但是只用 SVDD 方案的精准率仅为 50％。添加马尔可夫链后，召回率完全高于其他方案，精准率也很高。实验表明，添加马尔可夫链的 SVDD 模型在检测乱序攻击时具有很好的效果。

在时间开销上，由于模型训练时间可以在汽车厂等地方实现，因此主要测试数据检测时间，即建立模型后检测不同数据所花费的时间，其时间开销对比如表 7.7 所示。

表 7.7　时间开销对比

数量 方案	1000 条	5000 条	10 000 条
本章方案	0.557 s	1.873 s	2.914 s
HTM	0.935 s	3.486 s	7.136 s
RNN	0.854 s	2.746 s	4.361 s
HMM	0.612 s	2.583 s	4.275 s

实验结果表明，本章方案的时间开销优于其他 3 种方案的。在测试数据为 10 000 条时，本章方案的时间开销至少减少了 30％。除此之外，本章方案在精准率和召回率等方面也优于其他方案。

本 章 小 结

本章提出了一种改进的基于 SVDD 的车内网异常检测方案，该方案适用于车内网异常数据较少而正常报文较多的场景，使用正常报文集来形成训练样本，对数据段修改测试异常进行检测。实验结果方面，对比 RNN 和 HMM 方案，本章方案无论精准率还是召回率都提升很大；对比 HTM 方案，也提升了 10％ 左右的召回率。SVDD 无法很好地解决车内网报文的时间关联性问题，本章提出用马尔可夫链来进行时序性报文检测，实验结果证明本章方案比其他方案效果提升很多。本章还对车内网数据进行了预处理，将一些简单报文以及周期性冗余报文提取出来建立弱模型，大大降低了检测时间与模型训练时间。

第 8 章　基于增强学习的车联网上下文感知信任模型

8.1　引　言

随着车载通信无线频谱的分配和专用短程通信（DSRC）等标准的采用，IoV 使车辆之间的信息共享成为现实。在大量共享信息的基础上做出相应的决策，使得 IoV 可以为驾驶员和乘客提供一个安全、可靠和娱乐信息丰富的驾驶环境[108, 273]。然而，所有这些益处都建立在决策过程中使用的信息是可靠的这一前提下。在本章中称与事实相符的信息为可靠信息。

在 IoV 中保证信息的可靠性涉及许多富有挑战性的安全需求[274-275]。信任评估是其中一种最常用的解决手段。基于不同的理论和技术，研究者们针对不同的系统提出了许多信任模型和信任评估方法[276-277]。在信任管理系统中，当信任评估者需要评估被评估者的信任度时，可以将获得的与受托人相关的信息作为信任计算函数或信任推理模型的输入。计算或推断的结果将被视为受托人的信任度，并作为之后决策的依据。大多数的信任计算函数都是通过针对具体网络确定的几个信任因子进行加权算术运算来计算受托人的信任值。因此，现有的信任机制适用于具有特定特征的网络类型，如网络结构和通信模式。IoV 的独特特性（如频繁变化的拓扑结构和大部分来自陌生实体的信息）使其不适合利用在其他网络的信任方案。

现有的 IoV 信任方案主要分为面向实体和面向数据两类。对于面向实体的方案，实体的信任度代表它生成的消息的可靠性[104]。在这些方案中，信任关系的演化依赖于评估者者和被评估者的长期交互；然而，作为一种短暂的自组网，IoV 中两个节点之间通常不可能进行多轮的交互。在 IoV 中，消息的信任度并不总是与报告消息的实体的信任度相同。此外，现有工作还提出了几种信任模型将驾驶员的社会关系（通过电子邮件地址）与信任评估过程相结合。在个人计算机时代尚未深入体验的地区，由于电子邮件地址并不总是与一个人紧密联系在一起的[107-108, 278]，因此，很难通过电子邮件地址在实体之间建立信任。这种情况下，建立对数据的信任比对实体的信任更为可行[109]。

近年来，许多面向数据的信任方案被提出[105, 279]，这些方案的目的是基于网络中信息的传播来评估给定事件（数据）与真实情况的相等程度。通常，这些方法首先计算网络中实体的信任度；然后，由具有高信任度的实体生成的消息作为信任计算函数的输入，评估给定事件（数据）的信任级别。显然，这些方法并没有脱离实体为建立数据信任所作的声明。同时，在这些方案中很少提及上下文的影响。现有面向数据的方案中存在的另一个问题是这些方案的信任评估策略是静态的。这些方法依然建立在实体信任值代表着其所发送的数据的信任值的假设之上。因此在相同的证据下，无论在何种情况下，评估结果都是相同的。如果评估结果不满意，信任计算函数也不会根据先前结果的反馈进行任何改进。再者，现有的方案只有当恶意节点的比例小于 50％时，才能在所考虑的网络环境中获得令人满意的结果。

考虑到以上问题，需要为 IoV 设计一种新的面向数据的信任方案，该方案能够在不同的场景下获得准确的评估结果，并且在恶意节点比例超过 50％时也能获得良好的性能。为此，本章结合 IoV 的特点和应用需求，提出了一种基于上下文感知的面向数据的 IoV 信任评估方案。在缺乏长期互动的情况下很难评估一个实体的信任水平，因此，在本章方案中，当委托人需要评估发生在特定背景下的某个事件的信任级别时，它会利用收到的与事件相关的信息来进行信任评估，而不考虑信任信息生成者和发送者的信任度。评估过程中只能使用与给定上下文相同的信息。在这项工作中，将事件发生的时间和位置作为其上下文信息。在信任计算函数方面，提出了一种基于信息熵的计算方法，同时考虑内部信息和外部信息。此外，为了保证不同场景下信任计算结果的准确性，本章还建立了强化学习模型，不断优化信任评估策略。本章的主要内容如下：

(1) 提出了一种基于上下文感知的面向数据的 IoV 信任评估方案，包括数据形式化、信任评估和策略调整模块。它可以在各种场景下以较高精度评估事件的可信性，而不管网络中是否存在冲突证据和恶意节点的百分比。

(2) 提出了一种由评估策略控制的信任评估方法。此外，在信任度计算函数中引入信息熵理论，使得对被评估事件相关信息的理解更加全面，从而保证评估结果更加准确。

(3) 为了在不断变化的驾驶场景中获得良好的性能，本章建立了一个强化学习模型，根据先前评估结果的反馈动态调整评估策略。在评估策略的指导下，信任评估函数可以动态演化，使其在没有假设驾驶场景和环境固定的情况下能够正常工作。

8.2 预 备 知 识

本节主要介绍本章所考虑模型的网络架构和敌手模型。

8.2.1 网络架构

本章所采用的网络架构如图 8.1 所示，包括信任权威（TA）、固定路侧单元（RSU）和车

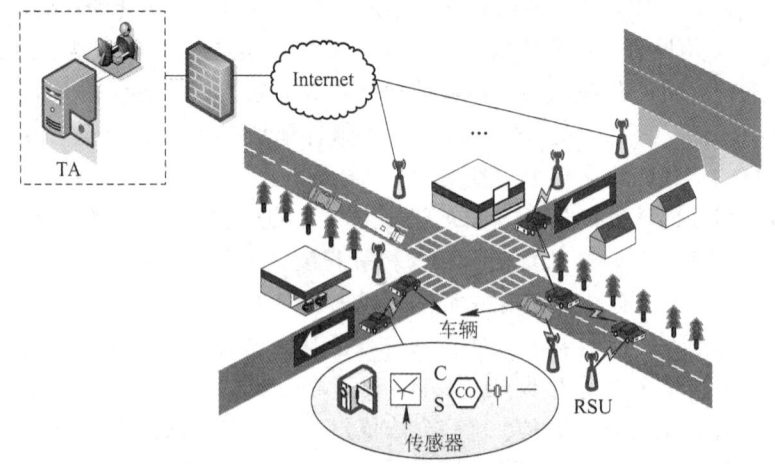

图 8.1 本章模型的网络架构

辆。其中，RSU 和车辆可以统称为 IoV 的实体或节点。假设每个实体都配备了时钟和定位系统(例如 GPS)，使它们能够在任何传出消息中包含时间和位置方面的信息。可以预先定义几种类型的事件并将其部署到 IoV 中，每种类型的事件都有一个唯一的序列号作为其标识符。当一个实体对某个事件有了观察或认知时，它将利用特定的格式描述该事件，并被实体的其他模块使用或发送给其他实体。当车辆需要判断某事件的可信性时，会对接收到的与该事件相关的数据进行分析，然后结合自身经验，得到事件的信任值，所得信任值可以用来指导后续的驾驶行为。

8.2.2　敌手模型

假设在 IoV 中可以使用各种认证协议来保证节点身份的合法性。这些合法节点要么遵守当前的协议(诚实节点)，要么故意不遵守协议(恶意节点)，要么被动未遵守协议(故障节点)。诚实节点发送的消息与事实相符。由于恶意节点和故障节点都会对网络造成损害，因此称它们为敌手。假设网络中每种节点的百分比没有限制，这意味着在某个时间一个节点的邻居节点中，敌手节点可能超过其邻居数量的 50%。

各种攻击可以由具有合法身份的内部敌手或外部敌手发起。这些攻击大多可以通过传统的安全机制进行检测，但是包含在消息中的错误信息是传统方法无法检测到的。因此，本章的目标是检测这些数据，并在车辆节点评估这些数据所代表的事件的信任级别时消除它们的影响。

下面给出信任评估的形式化描述。给定一个信任评估请求 (e, c)，其中 e 是事件，c 是上下文信息，与此请求相关的信息有以下 3 种：

(1) 事件 e 是发生在 c 中的事实，表示为 (e_f, c)。

(2) 车辆传感器感知到与 (e, c) 有关的信息，表示为 (e_p, c)。

(3) 车辆发出信息中包含着与 (e, c) 有关的信息，表示为 (e_r, c)。

对给定车辆 v，如果 $e_f = e_p^v$，则表示 v 的传感器工作正常；否则，传感器有故障。如果 $e_f = e_p^v, e_p^v = e_r^v$，则表示辆 v 是诚实节点；否则，它是恶意节点。这里的上标 v 表示信息的生成者。一个车辆有如表 8.1 所示的 4 种行为，可以看到一个诚实节点应该只表现为 C_l，对于一个恶意节点，它可能有表 8.1 中除了 C_l 之外的所有行为。

表 8.1　车辆行为表现

类型	C_1	C_2	C_3	C_4
行为	$e_f = e_p^v$	$e_f = e_p^v$	$e_f \neq e_p^v$	$e_f \neq e_p^v$
	$e_p^v = e_r^v$	$e_p^v \neq e_r^v$	$e_p^v = e_r^v$	$e_p^v \neq e_r^v$

假设某车辆节点 v 评估一个请求 (e, c) 的信任度，该请求的真实信任度为 tr。定义集合 e 为 v 的信任计算函数的输入信息，e 满足 $(\exists s \in E) \bigcap (s \in C_2 \| C_3 \| C_4)$。该框架的目的是使 $f_E(e, c) = $ tr，其中 f 是信任计算函数，E 是与请求 (e, c) 相关的信息集。

8.3　基于增强学习的上下文感知信任模型

本节详细介绍本章所提出的方案，即基于增强学习的上下文感知信任模型，首先给出方案的框架，然后介绍其中的每个模块。

8.3.1 信任模型框架

基于增强学习的上下文感知信任模型的框架如图 8.2 所示。该框架由信息形式化、信任评估和策略调整 3 个模块组成。具体来讲，嵌入式传感器等实体不断地向信息形式化模块提供原始信息；车辆驾驶行为决策模块向本章所提框架发送评估请求和反馈，并使用信任评估的结果。此外，信任评估模块与车辆驾驶行为决策模块之间有一个接口，可以看作是它们之间交换消息的中介。

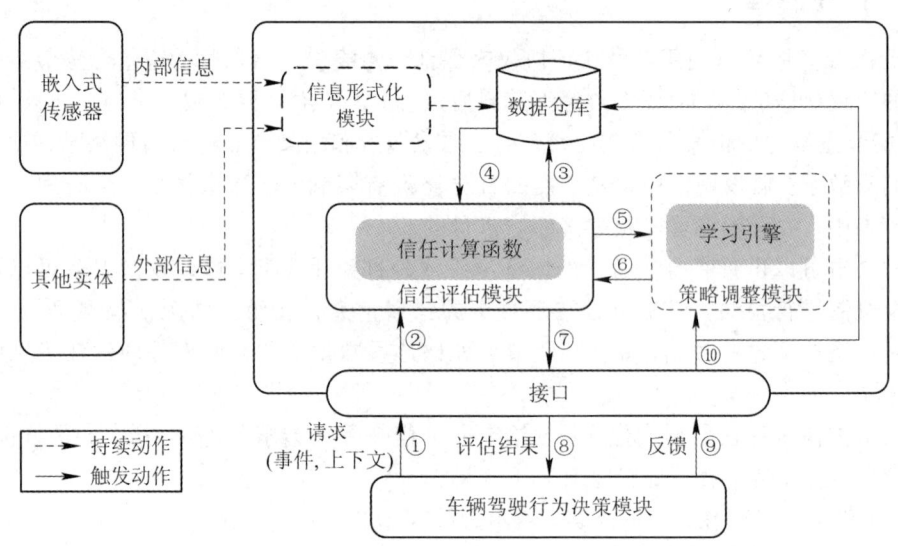

图 8.2　基于增强学习的上下文感知信任模型的框架

信息形式化模块负责信息的处理。该模块的输入是车辆节点自身感知到的信息和从其他实体接收的信息，输出是格式化的信息，这些信息将存储在数据仓库中，以便其他模块可以使用。信任计算函数在信任评估模块中运行，以便计算给定事件在特定环境中存在的信任级别。策略调整模块的核心是一个学习引擎，它通过学习先前信任评估结果的反馈来不断更新信任评估函数。

下面介绍所提框架的整个工作流程，每个步骤对应于图 8.2 中具有相同编号的带编号的箭头。

① 车辆驾驶行为决策模块向接口发送信任评估请求 R。请求包括事件 e 的标识符和环境信息 c，表明需要对事件 e 在上下文 c 中存在的信任级别进行评估。

② 请求 R 被发送到信任评估模块。

③ 信任评估模块访问数据库，检索请求 R 的相关信息。

④ 数据库将检索到的结果返回给信任评估模块。

⑤ 信任评估模块访问策略调整模块，获得请求 R 的信任评估策略。

⑥ 策略调整模块为信任评估模块提供评估策略。现在可以确定运行在信任评估模块中的信任计算函数。

⑦ 信任评估模块将从数据库获取的信息作为信任计算函数的输入，计算请求 R 的信任

级别，将计算结果发送到外部接口。

⑧ 请求 R 的评价结果发送到车辆驾驶行为决策模块。

⑨ 车辆驾驶行为决策模块将信任评估结果反馈给接口。

⑩ 反馈信息作为强化学习模型的回报发送到策略调整模块，学习引擎相应地更新评价策略。它也会作为车辆的自我体验发送到数据仓库。

8.3.2　信息形式化

IoV 中的实体可以通过多条渠道获取信息，例如车载传感器和其他实体。在本章中，将一个实体的直接感知信息和自我体验称为其内部信息，其他实体报告的信息称为外部信息。这些原始信息的格式通常是不同的。因此，为了集成这些数据并在其他模块中使用它们，需要为它们定义一个规范化的格式。所有获得的内部和外部信息都将转换为统一的格式。这两种信息的标准格式如下。

定义 8.1　将内部和外部信息表示为一个五元组，$M=<\mathrm{ID}, T, L, E, V>$，其中 ID 表示信息源的唯一标识（对于内部信息，ID 是车辆节点本身的标识；对于外部信息，ID 是发送消息的车辆的标识），T 表示此消息中所报告事件的发生时间，L 是所报告事件的发生位置，E 表示所报告事件的标识符，V 表示事件 V 的信任级别。当 M 是内部信息时，V 的取值范围是 $\{0, 1\}$。$V=0$ 表示不可信（或事件未发生），$V=1$ 表示可信（或事件确实发生）。例如，如果事件是流量拥塞，信任值为 1 意味着流量阻塞确实发生在五元组所包含的环境中。当 M 是外部信息时，V 的取值范围为 $[0, 1]$，因为来自其他实体的外部信息可能是主观的。

M 中的因子 T 和 L 构成事件的环境，可以将环境写成 $c=<t, l>$，其中 t 和 l 分别是时间和位置信息。每个实体都有一个数据库来存储所有获得的信息。根据其存储能力，在存储新信息的同时，应剔除过时的信息。例如，对于同一来源的与同一事件和环境相关的多条信息，只保留最新的一个。此外，如果一条信息的出现时间早于某个特定的时间点，则也应将其删除。

在计算请求 $R=(e, c)$ 的信任级别之前，信任评估模块首先访问数据仓库以获取与 e 和 c 相关的信息，用 $M_{\mathrm{ex}}(e, c)$ 和 $M_{\mathrm{in}}(e, c)$ 分别表示与 (e, c) 相关的外部和内部信息集。这里，定义信息的因子 E 等于 e，环境变量为 c，将这种信息表示为 (e, c)。

本章将等价事件定义为具有相同标识符的事件。如果满足以下规则，称环境 c 等于 c'：

（1）将环境 c 的因子"t"的构成设置为 $[\mathrm{year} \parallel \mathrm{month} \parallel \mathrm{day} \parallel \mathrm{hour} \parallel \mathrm{minute} \parallel \mathrm{second}]_c$。$[\mathrm{hour} \parallel \mathrm{minute} \parallel \mathrm{second}]_c$ 和 $[\mathrm{hour} \parallel \mathrm{minute} \parallel \mathrm{second}]_{c'}$ 间的时间差应在 ω 秒以内，$[\mathrm{year} \parallel \mathrm{month} \parallel \mathrm{day}]_c$ 和 $[\mathrm{year} \parallel \mathrm{month} \parallel \mathrm{day}]_{c'}$ 应同时为工作日或休息日，并且它们之间的时间差应在 ε 秒以内。ω 和 ε 是可以预定义的值。

（2）将环境 c 的因子"l"设置为 $[\mathrm{road} \parallel \mathrm{lane} \parallel \mathrm{direction}]_c$，这类似于 OSM（Open Street Map）中的道路识别规则。$[\mathrm{road}]_c$ 应与 $[\mathrm{road}]_{c'}$ 相同，$[\mathrm{direction}]_c$ 和 $[\mathrm{direction}]_{c'}$ 也应相同。

8.3.3　信任评估

一个实体执行的关于驾驶行为或车内信息娱乐的决策，例如路径选择和速度调节，取决于某些事件存在的可信度。因此，信任评估模块负责对给定事件的信任度进行评估。在

介绍信任评估的细节之前，对本节中使用的符号作如下规定。下标 i 用于表示集合中的第 i 个元素，符号 $|\cdot|$ 表示集合的基数。其中 $n_{\mathrm{ex}} = |M_{\mathrm{ex}}(e, c)|$，$n_{\mathrm{in}} = |M_{\mathrm{in}}(e, c)|$。

$$S_{\mathrm{ex}}(e, c) = \{< v_i = M_{\mathrm{ex}}(e, c)_i.V, \ t_i = M_{\mathrm{ex}}(e, c)_i.T > | \ i \in [1, n_{\mathrm{ex}}]\}$$

$$S_{\mathrm{in}}(e, c) = \{< v_i = M_{\mathrm{in}}(e, c)_i.V, \ t_i = M_{\mathrm{in}}(e, c)_i.T > | \ i \in [1, n_{\mathrm{in}}]\}$$

$$S_{\mathrm{ex}}^x(e, c) = \{S_{\mathrm{ex}}(e, c)_i \ | \ i \in [1, n_{\mathrm{ex}}], \ S_{\mathrm{ex}}(e, c)_i.v = x, \ x \in [0, 1]\}$$

$$S_{\mathrm{in}}^x(e, c) = \{S_{\mathrm{in}}(e, c)_i \ | \ i \in [1, n_{\mathrm{in}}], \ S_{\mathrm{in}}(e, c)_i.v = x, \ x \in \{0, 1\}\}$$

可以把 $S_{\mathrm{ex}}(e, c)$ 和 $S_{\mathrm{in}}(e, c)$ 视为两个元组的集合，其中二元组的第一个和第二个因子分别是集合 $M_{\mathrm{ex}}(e, c)$ 和 $M_{\mathrm{in}}(e, c)$ 中每个元素的因子 V 和因子 T。根据计算要求，以上 4 个集合中的元素按因子 t 排序。对于信任评估请求，将在评估过程中利用与之相关的内部和外部信息。因此，所提的信任计算函数由两部分组成，如式（8-1）所示。

定义 8.2 使用 $f_{\mathrm{final}}(e, c)$ 表示信任计算函数，用来评估某个请求 $R = (e, c)$ 的信任级别。$f_{\mathrm{final}}(e, c)$ 的取值范围是 $[0, 1]$，其中 0 表示环境 c 中发生的事件 e 完全不可信。$f_{\mathrm{final}}(e, c)$ 的值越大，在 c 中出现的 e 就越可信。计算公式为

$$f_{\mathrm{final}}(e, c) = \beta \times f_{\mathrm{inter}}(e, c) + (1 - \beta) \times f_{\mathrm{intra}}(e, c) \tag{8-1}$$

其中，$f_{\mathrm{inter}}(e, c)$ 和 $f_{\mathrm{intra}}(e, c)$ 分别表示基于外部信息和内部信息的信任评估结果，β 是调整内部和外部信息权重的参数。信任计算函数中同时使用内部和外部信息的原因是：在实际应用中，不能保证对于任何信任评估请求都有可用的真实内部信息，因为车辆的传感器可能有缺陷，或者车辆没有经历请求 R 中包含的事件。因此，在式（8-1）中，需要在信任计算过程中用系数 β 来决定是否以及在多大程度上可以依赖内部信息。基于不断强化学习过程，β 的值在不同情况下会有所不同，这将在下面几节讨论。利用最终的信任值，车辆可以通过定义信任阈值对请求 R 做出决策。如果最终信任值低于信任阈值，则意味着环境 c 中发生的事件 e 是假的，反之亦然。本章将信任阈值设置为 0.5。

假设在大多数情况下，实体对于其邻居是陌生的，并且来自于邻居的报告在信任计算过程中具有相同的权重。首先使用 $S_{\mathrm{ex}}(e, c)$ 或者 $S_{\mathrm{in}}(e, c)$ 中元素 v 的平均值作为初始估计。显然，仅仅这些是不够的。给出一个特定的值 $T_{\mathrm{avg}} \in [0, 1]$，只要 $S_{\mathrm{ex}}(e, c)$ 或者 $S_{\mathrm{in}}(e, c)$ 中元素数量大于 1，则可以找到不止一种方法为其中每一个元素 v 分配一个值，以使得这些元素 v 的均值为 T_{avg}。不同的分配方式可以反映完全不同的信息。元素 v 的值分布越混乱，对这些值的确定性就越小，因此评估结果接近 0.5，以表示不确定性。元素 v 的值分布越均匀，对这些值更加确定，因此评估结果应该更接近元素 v 的平均值。所以，本章用 $S_{\mathrm{ex}}(e, c)$ 或者 $S_{\mathrm{in}}(e, c)$ 中元素 v 的熵作为另外一个评估信任等级的依据。根据以上的考虑，使用

$$f_{\mathrm{inter}}(e, c) = 0.5 + (\overline{S_{\mathrm{ex}}(e, c)} - 0.5) \times (1 - H(S_{\mathrm{ex}}(e, c))) \tag{8-2}$$

$$\overline{S_{\mathrm{ex}}(e, c)} = \sum_{i=1}^{n_{\mathrm{ex}}} \frac{S_{\mathrm{ex}}(e, c)_i.v}{n_{\mathrm{ex}}} \tag{8-3}$$

$$H(S_{\mathrm{ex}}(e, c)) = -\sum_{\forall x \in (S_{\mathrm{ex}}(e, c).v)} p_x \times \mathrm{lb} p_x \tag{8-4}$$

去计算 $f_{\mathrm{inter}}(e, c)$。其中，$\overline{S_{\mathrm{ex}}(e, c)}$ 为集合 $S_{\mathrm{ex}}(e, c)$ 中所有元素 v 的平均值，$H(S_{\mathrm{ex}}(e, c))$ 为集合 $S_{\mathrm{ex}}(e, c)$ 中所有元素 v 的熵，p_x 为集合 $S_{\mathrm{ex}}(e, c)$ 中的元素 v 的取值为 x 的概率。由公式（8-2）可以看出，当 $H(S_{\mathrm{ex}}(e, c))$ 越接近 1（表示元素 v 的值分布越混乱），则 $f_{\mathrm{inter}}(e, c)$ 越接近 0.5；当 $H(S_{\mathrm{ex}}(e, c))$ 越接近 0（在 $S_{\mathrm{ex}}(e, c)$ 中每个元素 v 的值都是一样的），则 $f_{\mathrm{inter}}(e, c)$

越接近集合 $S_{\text{ex}}(e, c)$ 中元素 v 的均值。此外，当 $S_{\text{ex}}(e, c)$ 中元素个数为 0 时意味着没有可获取的外部信息，则以 0.5 作为 $f_{\text{inter}}(e, c)$ 的默认值。

同样，用计算 $f_{\text{inter}}(e, c)$ 的方法去计算 $f_{\text{intra}}(e, c)$。计算过程如式(8-5)~式(8-7)所示。其中，$\overline{S_{\text{in}}(e, c)}$ 为集合 $S_{\text{in}}(e, c)$ 中所有元素 v 的平均值。$H(S_{\text{in}}(e, c))$ 为集合 $S_{\text{in}}(e, c)$ 中所有元素 v 的熵，p_x 为集合 $S_{\text{in}}(e, c)$ 中的元素 v 的取值为 x 的概率。

$$f_{\text{intra}}(e, c) = 0.5 + (\overline{S_{\text{in}}(e, c)} - 0.5) \times (1 - H(S_{\text{in}}(e, c))) \tag{8-5}$$

$$\overline{S_{\text{in}}(e, c)} = \sum_{i=1}^{n_{\text{in}}} \frac{S_{\text{in}}(e, c)_i.v}{n_{\text{in}}} \tag{8-6}$$

$$H(S_{\text{in}}(e, c)) = -\sum_{\forall x \in \{S_{\text{in}}(e, c).v\}} p_x \times \text{lb} p_x \tag{8-7}$$

8.3.4　基于强化学习的策略调整方法

车联网中的车辆节点总是处在动态变化的行驶环境中，它们在不同路况中行驶时所拥有的内部信息与外部信息数量均不相同。如果在某些环境中进行的信任评估结果不准确，那么可以通过改变式(8-1)中参数 β 的取值来更新信任评估策略，以使信任评估函数可以在不同情形下得到最佳的评估结果。本小节设计了基于 Q-learning 算法的增强学习模型对历史信任评估结果的反馈进行学习，学习结果可用于在不同情形下选择参数 β 令评估结果最优。Q-learning 算法是 DeepMind 团队提出的[280-281]，用于处理连续策略优化问题。它考虑通过一系列观察、动作和激励来完成代理与环境间的交互，代理的目标是以未来累积奖励的方式选择行动。

在所提模型中学习引擎会不断地接收决策模块发送的信任评估结果的准确性反馈。一方面，此反馈可以反映与某个请求 (e, c) 相应的真实信任级别并将其作为内部信息存储到数据仓库；另一方面，它也可以视为对评估请求 (e, c) 中使用的策略的奖励。在本章中，假设该激励值为 0 或 1。当激励 $r=1$ 时，表示信任评估结果与事实真相相符；当 $r=0$ 时，表示信任评估结果与事实真相相反。下面给出强化学习的细节，包括状态空间、动作空间和强化学习算法。

1. 状态空间

状态空间描述了与评估请求相对应的可用信息属性。为避免发生状态空间爆炸，本章只用信任信息的几个重要属性来描述其状态。因为不同的状态可能对应不同的评估策略，一个状态应该反映与该请求相关的路况以及与该请求相关的可用信任信息的质量和数量。在这里，使用信任信息(包括内部信息和外部信息)中的信任值分布来指示与请求相关的路况。如果与请求相关的可用信任值很规则，则意味着请求的事件发生的概率很高。本章使用熵来衡量信任信息的质量，熵的值越高，则信任信息中的信任值越混乱。通过计算外部信息和内部信息的相对数量来衡量相关信息的数量，可分为以下 3 种情况：

(1) 外部信息多于内部信息；

(2) 外部信息少于内部信息；

(3) 外部信息和内部信息数量相当(都比较多或都比较少)。

强化学习模型的状态空间的形式如定义 8.3 所示。

定义 8.3(状态空间)　强化学习模型的状态空间为四元组 $S=\langle h_{\text{in}}, h_{\text{ex}}, N, \text{RG}\rangle$，其中 h_{in} 和 h_{ex} 是对于一个请求可获取的内部和外部信息的熵，N 表示外部信息和内部信息的相对数量，RG 表示可获取信息中信任值的规律性。状态空间中的所有状态形成基数为 24 的状态空间集合 SS。

下面详细介绍状态空间每个元素的属性。

状态空间的前两个元素内部和外部信息熵对应于一个特定的请求，为了减小状态空间，本章采用两个离散变量 h_{in} 和 h_{ex} 来描述它们，且 h_{in} 和 h_{ex} 的取值范围为 $\{0,1\}$，分别表示低值和高值，计算方式如下：

$$h_{in} = \left\lfloor \frac{H(S_{in}(e,c))}{0.5} \right\rfloor \tag{8-8}$$

$$h_{ex} = \left\lfloor \frac{H(S_{ex}(e,c))}{0.5} \right\rfloor \tag{8-9}$$

其中符号 $\lfloor \cdot \rfloor$ 表示向下取整。

状态空间的第三个元素是与一个特定请求相关的内部信息和外部信息的相对数量，表示为 N。计算方式如下：

$$N = \begin{cases} 0 & \text{if } |r| \leqslant 0.5 \\ 1 & \text{if } r > 0.5 \\ 2 & \text{if } r < -0.5 \end{cases} \tag{8-10}$$

$$r = \frac{|S_{in}(e,c)| - |S_{ex}(e,c)|}{\max\{|S_{in}(e,c)|, |S_{ex}(e,c)|\} + 1} \tag{8-11}$$

本章使用 N 作为状态空间的一个元素是因为信任信息的来源和数量可能会影响车辆的信任趋势。例如，给定一条道路，有一辆车每天都要在这段路行进很多次，这辆车有大量的、丰富的关于这段路的信息，所以它对于这条路的内部信息足够自信。然而，假设一辆车要在一条它只行进过几次的道路评估事件是否可信，那意味着此车辆几乎没有相关的内部信息。假如它接收到的大量外部信息与内部信息观点不同，则将更多的权重分配给基于外部信息的评估结果可能是一个更好的策略。状态空间的最后一个元素是获得信息的规律性。关于一个事件 $R=(e,c)$ 的规律性表示为 $RG(e,c)$，它描述了分布的信任信息的均匀度。

在一段连续的时期，$RG(e,c)$ 的值越大，则关于事件 R 的信息的信任值越稳定。例如，集合 $\{1,1,1,1,0,0,0,0\}$ 与集合 $\{0,0,0,0,1,1,1,1\}$ 的规律性是相同的，比集合 $\{1,0,1,0,1,0,1,0\}$ 的规律性更高。

算法 8.1 $RG(e,c)$ 计算方法

输入：事件 e，上下文 c，$S_{in}(e,c)$，$S_{ex}(e,c)$

输出：$RG(e,c)$ // (e,c) 相关的信息的分布规律性

---

1. 创建有序集合 $S = S_{ex}(e,c) \bigcup S_{in}(e,c)$

2. 依据集合 S 中每个元素的因子 t（观察时间）排序

3. $n = |S|$

4. $RG(e,c) = 1$

5. **if** $n > 1$ **then**

6. $RG_{raw}(e,c) = \dfrac{\sum_{i=1}^{n-1} |S_{i+1}.v - S_i.v|}{n-1}$

7.   **if** $RG_{raw}(e,c) > 0.5$ **then**

8. 　　　　RG(e, c)＝0

9. 　　else

10. 　　　　RG(e, c)＝1

11. 　　end if

12. 　end if

13. return RG(e, c)

算法 8.2　信任评估策略学习算法

输入：状态空间 SS，动作空间 AS，在状态 s 下执行动作 a 评估请求(e, c)获得的反馈(奖励)

输出：近似最优动作值函数(Action Value Function, Q 函数)$S(s, a)$

1. 新建 Q-table $Q[s, a]$，R-table $R[s, a]$，$s \in SS \cap a(0, 1, 2)$ //a＝0，1，2 分别代表 β＝0.2，0.5，0.8

2. **for** 所有 $s \in SS$ **do**

3. 　**for** $a \leftarrow 0 \sim 2$ **do**

4. 　　$Q[s, a]$＝0；$R[s, a]$＝0

5. 　**end for**

6. 　$Q[s, 2]$＝1

7. **end for**

8. **for** 整个学习过程的生命周期 **do**

9. 　**if** 收到在状态 s 下执行动作 a 评估请求(e, c) 的反馈 r **then**

10. 　　$R[s, a]$＝r

11. 　　$Q[s, a]$＝$\alpha * R[s, a]$＋$(1-\alpha) * Q[s, a]$

12. 　**end if**

13. 　**for** 所有 s 和 a **do**

14. 　　$S(s, a)$＝$Q[s, a]$

15. 　**end for**

16. **end for**

算法 8.1 展示了 RG(e, c)的计算过程。在算法 8.1 中第 3 行的符号$|S|$表示集合 S 的基数，第 6 行的符号$|\cdot|$表示求数字的绝对值。RG(e, c)的初始化的默认值为 1，在第 6 行获取规律性的原始值 $RG_{raw}(e, c)$，显然它的取值范围为$[0, 1]$。从第 7 行至第 10 行，需要转换连续的原始值为离散值 1 或 0，分别表示高规律性和低规律性。

2. 动作空间

所提模型的动作空间是 β 的取值范围。从式(8-1)可知 β 是一个从 0 到 1 的实数，但这里将动作空间定义为离散空间以便促进学习过程。

定义 8.4(动作空间)　动作空间为一个集合 AS＝$\{0.2, 0.5, 0.8\}$，意味着一个实体在任何状态对于 β 的值有 3 个选择。集合 AS 中的每一个元素表示两种信任信息的不同权值分配。

3. 强化学习算法

通过定义激励、状态空间和动作空间，算法 8.2 展示了学习过程的细节。在算法 8.2 中，$Q[s, a]$ 表示在状态 s 下评估一个请求可信度时执行动作 a 的近似优化激励值，$R[s, a]$ 记录实体在状态 s 下执行 a 的反馈激励。此处执行动作 a 表示在用式(8-1)计算最后信任值时，在状态空间 AS 中选择第 a 个元素的值赋值给 β。算法 8.2 中 1~8 行是行为模型的初始化过程。假设初始时，实体没有直接的经验，即实体只能依靠外部信任信息进行信任计算。因此，设置 $Q[s, 2] = 1$ 来进行策略初始化 $P(\beta = 0.8 \mid \forall s \in SS) = 1$。算法 8.2 中 10~15 行是遵循 Q-learning 算法的学习过程。它使得在 Q-table 中的元素值能根据反馈变化。算法 8.2 中第 11 行，参数 α 是一个取值范围在 [0, 1] 之间的学习率，学习率 α 越大，则历史学习结果对于学习过程的影响越小，反之亦然。

值得一提的是算法 8.2 中第 13 行 Q-table 的更新函数，其中 S_{next} 是在状态 s 下执行 a 后的下一个状态，并且 γ 是折扣因子。γ 的值越大，实体在学习过程中考虑未来的激励越多。然而，在所提模型中，实体的信任信息状态是由实体自身经历的或者外部实体的报告决定的，这与 γ 无关。此外，对于给定的 (s, a)，$S_{next}(s, a)$ 是不确定的。因此，在算法 8.2 中，设置 $\gamma = 0$，即只考虑利用历史学习结果和当前激励来更新 Q-table。

当车辆节点需要利用可获取的信任信息来对请求 (e, c) 进行信任评估时，它会先分析可获得的信任信息，然后获取状态 s 并且利用式(8-12)来选择优化策略。

$$\beta = \{AS[a] \mid \max_{a \in \{0, 1, 2\}} \{S[s, a]\}\} \tag{8-12}$$

如果有多个动作都满足式(8-12)，实体将会等概率地随机选择一个。

8.4 实　　验

本节主要内容是验证本章所提出的信任模型的框架。仿真实验是在基于实际路况的车载网络模拟器"VEINS"中进行的。

1. 仿真设置

实验中使用 VEINS[282]、OMNet++[283] 和 SUMO[284] 来搭建仿真环境。在 SUMO 中，车辆状态通过交通控制接口(Traffic Control Interface，TraCI)查询和设置。为创建真实的场景，我们使用从 OSM 获取的一部分上海黄浦区的真实地图作为测试路段。如图 8.3 所示，这片区域包括 1350 个十字路口和 33 种共 2505 条道路。在不同的场景使用不同的车辆行为来验证所提的方案。每一次仿真实验使用不同的随机种子运行 10 遍，并且最终实验结果是 10 次运行的均值。所有的实验均在 CPU 型号为 Intel Core i5-4590、CPU 频率为 3.30 GHz、内存为 4 GB 的台式机上运行。

表 8.2 列出了仿真中使用的参数。测试指标为信任评估结果的准确率(Precision Rate，PR)，计算公式如式(8-13)所示。

$$PR = \frac{评估正确的次数}{信任评估的总次数} \tag{8-13}$$

在式(8-13)中，一个正确的评估表示事件的信任评估结果与事件真实情况一致。它包括被评估为具有高信任值的真实事件以及被评估为低信任值的错误事件。在仿真过程中，假设在网络中有两种车辆节点，表 8.3 显示的是每种节点的行为。

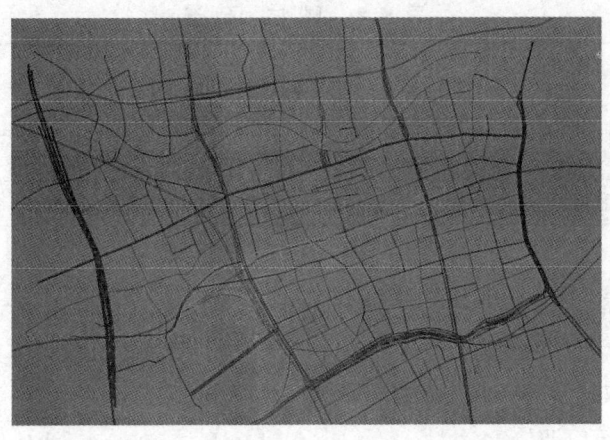

图 8.3　来自 OSM 的测试区域地图

表 8.2　仿　真　参　数

参　　数	含　　　义	默　认　值
ω	上下文相同定义中的 [hour ‖ minute ‖ second]部分时间阈值	1200 s
ε	上下文相同定义中的 [year ‖ month ‖ day]部分时间阈值	14 天
β	式(8-1)中参数	随学习过程动态改变
γ	Q-learning 算法中的折扣因子	0
pm	网络中恶意节点的比例	50%,60%,70%,80%,90%
α	算法 8.2 中的学习速率	0,0.5,1
车辆节点通信范围	—	基于 IEEE 802.11p
车辆节点地理分布	—	随机

表 8.3　车辆类型和相应节点行为

车辆类型	行　　　为
非恶意节点	总是向外发送与其评估结果或感知结果一致的事件报告
恶意节点	总是向外发送与其评估结果或感知结果相反的事件报告

实验在表 8.4 所示的不同测试场景中进行。首先,考虑路况的稳定性,一个稳定的路况表示在不同天的同一时间段内路况基本一致,因此车辆可以根据先前的条件在某个时间段预测路况。一个不稳定的路况表示在不同天的同一时间段路况是随机变化的,即想要根据同一时间段的历史交通去预测交通情况是很困难的。其次,实验考虑在一个请求中车辆对路段的熟悉度,车辆对路段越熟悉,则车辆对此路段交通信息了解越充足。

表 8.4 测 试 场 景

路况 \ 车辆经验	不熟悉路段	熟悉路段
稳定	S_1	S_2
不稳定	S_3	S_4

2. 实验结果

下面描述在不同场景和敌手情况下进行的实验。首先，研究本章方案在不同交通情况下的性能；然后对比本章方案性能与已有的贝叶斯推理、D-S 理论和投票方案的性能差异，因为这 3 种方法在面向数据型信任评估方案中已被广泛应用。

1) 本章所提方案的准确率

在一个场景中分析网络中恶意车辆节点比例(pm)和学习率(α)对于准确率的影响。在这里，为了展示本章方案的优势，将恶意节点比例设置为大于 50%。特别的，将 pm 值分别设置为 50%、60%、70%、80%、90%；对于 α，分别分配 3 个值 1、0.5 和 0 来分析它的影响。

图 8.4、图 8.5 和图 8.6 分别显示了本章所提模型在场景 S_1 中的不同 pm 值下的准确率 PR。在图 8.4 中，可以看到当学习率为 1 时，不管 pm 值多大，信任评估结果的准确率都很快地增加至 100%。当学习率为 0.5 和 0 时，信任评估结果的准确率随着 pm 值的不同而不同。当 pm 值为 50%、60% 时，准确率随着时间几乎趋向于 100%，然而当 pm 值大于 60% 时，准确率最终几乎趋向于 0。

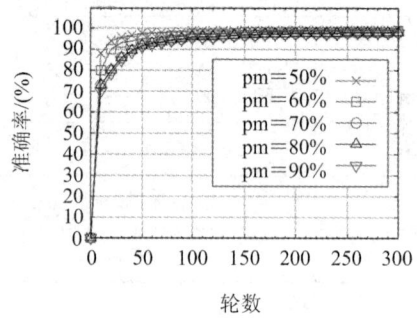 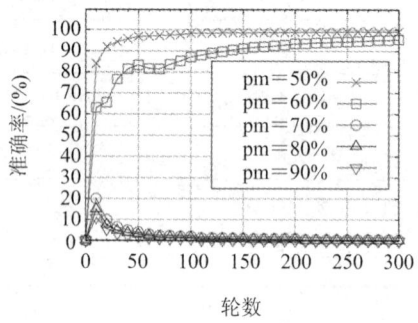

图 8.4 场景为 S_1 且 $\alpha=1$ 的性能　　图 8.5 场景为 S_1 且 $\alpha=0.5$ 的性能

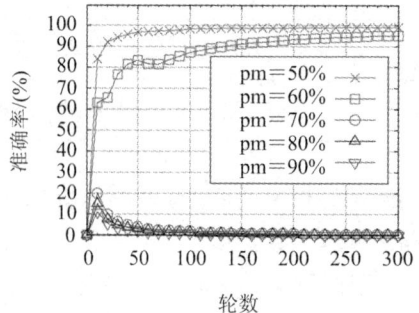

图 8.6 场景为 S_1 且 $\alpha=0$ 的性能

产生这种差异的原因是，当 α 小于 1 时，在学习过程中将考虑较低的激励。当 pm 值为 50％或者 60％时，依据信任计算函数设置初始化策略值为 0.8，最终的信任结果将始终与被评估的事件相同。然而，当 pm 值大于 60％时，最终的结果将从一开始就与事实相反，所以车辆会接收一个负面激励。另外，由于激励的影响被削弱，在随后的评估过程中不会改变策略。这会导致来自外部车辆的信任信息持续控制信任评估结果，即准确率将持续保持在较低水平。

图 8.7、图 8.8 和图 8.9 分别显示了本章所提模型在场景 S_2 中的不同 pm 值下的准确率 PR。可以看到无论 pm 值和学习率如何变化，准确率都会迅速接近 100％。这是因为在场景 S_2 中车辆处于稳定、熟悉的交通环境，所以它有足够的关于事件和上下文的真实信息，并且这个学习过程的选择策略在外部虚假信息报告甚至恶意节点比例（pm）达到 90％时依旧可以正确决策。

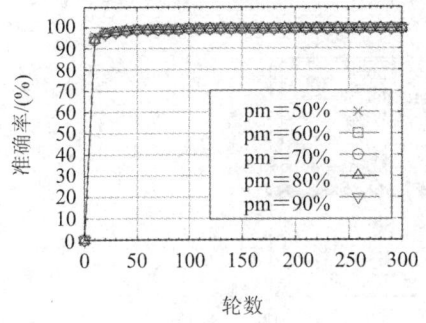

图 8.7　场景为 S_2 且 $\alpha=1$ 的性能　　　图 8.8　场景为 S_2 且 $\alpha=0.5$ 的性能

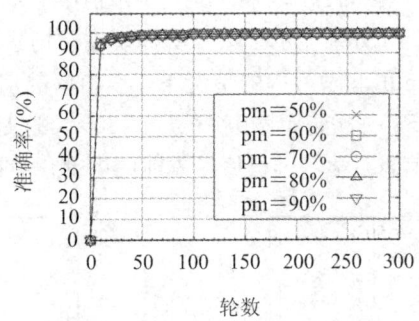

图 8.9　场景为 S_2 且 $\alpha=0$ 的性能

图 8.10、图 8.11 和图 8.12 分别显示了本章所提模型在场景 S_3 中的性能。可以看到在这个场景中，随着时间变化，所提模型的准确率趋向于 50％，而与 pm 值无关。这是因为在场景 S_3 中，同一上下文事件的真相与先前的事件相比是完全随机且独立的。因此，可用信任信息对于当前评估过程是无用的，并且先前评估的结果的激励面临同样的问题。从统计知识上看，最终的信任评估结果将趋向于 50％。值得一提的是当学习率为 1（见图 8.10）时，不同 pm 值的准确率差异比学习率小于 1（见图 8.11 和图 8.12）时的准确率差距大。造成这个现象的主要原因是当学习率为 1 时，只有激励会影响学习过程，这使得策略在不同评估过程中会发生变化。但是，当学习率小于 1 时，历史学习结果会影响学习过程。这使得策略选择决定总是为初始化值 0.8。因为 Q-table 中与初始策略相应项的值始终大于 0，而其他项始终为 0。在随机交通环

境中采取不同的策略会导致更加不稳定的评估精度。但是，最终准确率都将趋向于50%。

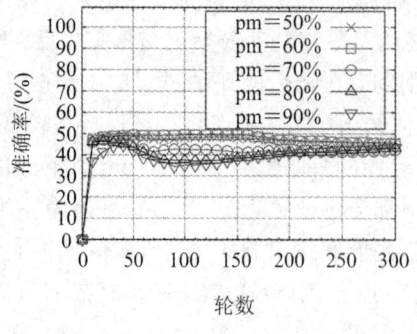

图 8.10　场景为 S_3 且 $\alpha=1$ 的性能

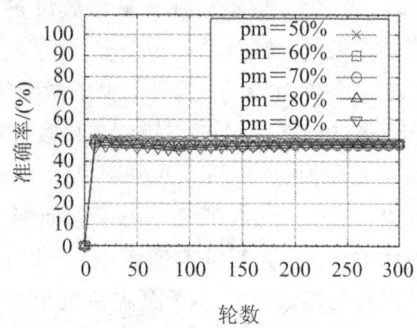

图 8.11　场景为 S_3 且 $\alpha=0.5$ 的性能

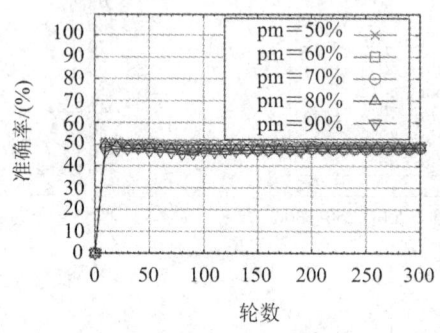

图 8.12　场景为 S_3 且 $\alpha=0$ 的性能

图 8.13、图 8.14 和图 8.15 分别显示了本章所提模型在场景 S_4 中的不同 pm 值下的准确率 PR。可以发现在不同的 pm 值和学习率的情况下，准确率的演化是非常一致的，这与场景 S_2 的情况有点相似。在场景 S_4 中，准确率很快稳定在 50%。这是因为评估车辆在上下文中有足够的关于评估事件的历史信息。学习过程使得先前的内部信息能决定此事件的评估结果。

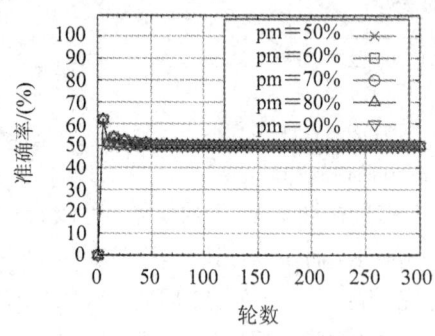

图 8.13　场景 S_4 且 $\alpha=1$ 的性能

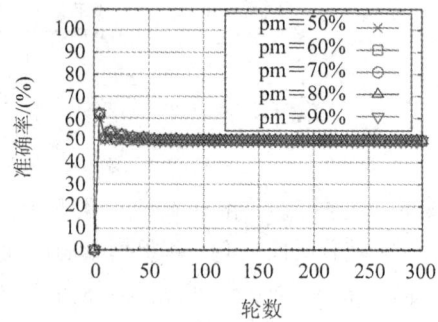

图 8.14　场景 S_4 且 $\alpha=0.5$ 的性能

总而言之，只要有合适的学习率，本章方案可以在不同场景 pm 值大于 50% 的敌对环境取得较高的准确率。在最混乱的场景中，本章方案仍然可以取得 50% 的准确率，这是因为不断地学习，这个方案可以调整评估策略以使各种状态下信任评估策略仍能够保持高准确率。

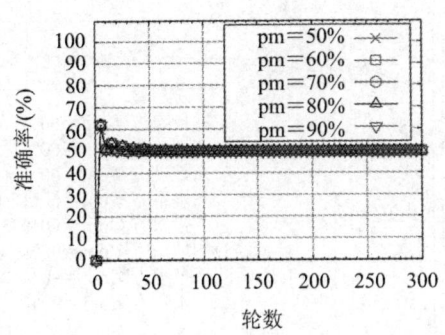

图 8.15　场景 S_4 且 $\alpha=0$ 的性能

2）本章方案的效率

实验通过记录信任评估过程、学习过程和通信过程的时间消耗来衡量本章方案的性能。结果显示一次信任评估和学习过程的时间消耗小于 1×10^{-12} s，可以忽略不计。在整个系统的操作过程中通信(包括内部通信模块接入和车辆间无线通信)几乎消耗了所有时间资源。

对于通信消耗，已知很多现有的车联网通信方案[285-288]。此外，随着 5G 的快速发展，5G 毫米波可以提供无所不在的通信支持，所以本章中不关心车辆间的通信限制和通信开销问题。

3）同其他方案比较

这里主要比较分析本章方案和其他 3 种面向数据信任模型中广泛采用的流行方法(基于 D-S 理论的方法、基于贝叶斯推理的方法和投票方法)在表 8.5 所示情景下的性能。此比较是根据准确率 PR 和资源开销进行的。对于 D-S 证据理论，已知它对于处理未知信息是有用的。然而，它存在一个固有的问题，即当可用证据中的观点完全冲突时，证据融合结果将是矛盾的。在所提模型中，假如有一个恶意的节点，车辆将会收到与评估请求的信任级别完全相反的观点的报告。这正好是 D-S 证据理论无法处理的情形。因此，文献[289]扩展了 D-S 证据数据融合方法来解决冲突证据问题。对于基于贝叶斯推理的方法和投票方法，因为它们对于完全相反的证据不会产生问题，故可以直接进行比较。

首先，在准确率方面进行比较。为了体现本章方案的优越性，假设 pm 值大于 60%，即实验中设置 pm 值为 60%～90%。图 8.16 显示在场景 S_1 下的比较结果。可以发现在没有先验知识的条件下，本章模型的准确率能够快速提升至接近 100%，而其他 3 种方法准确率都稳定在 0%。

图 8.17 是在场景 S_2 下的比较结果。除了基于贝叶斯推理的方法外，该结果和场景 S_1 的结果相似，基于贝叶斯推理的方法的准确率在开始时几乎可以达到 100%，这是因为车辆具有给定背景下有关被评估事件的先验知识。之后准确率就极速降至几乎为 0，这是因为恶意节点在不断增加错误信息。因为 pm 值 90% 时错误信息的影响要大于 pm 值为 60% 时错误信息的影响，所以当 pm 值为 90% 的情况下准确率下降更快。

图 8.18 和图 8.19 分别显示场景 S_3 和 S_4 下的比较结果。可以看到，在随机道路条件下，所有 4 种方法的性能都与评估请求相关的先验知识无关。基于贝叶斯推理的方法和本章方案随着时间的推移准确率趋向于 50%，并且与 pm 值无关。这个现象是由随机环境产生的，在随机环境中预测方法不管用，而且根据统计学理论，正确评估的可能性最终将趋向于 50%。另外两种方法的准确率稳定于 0。在投票方法中，因为错误消息数量多于正确消息数量，评估结

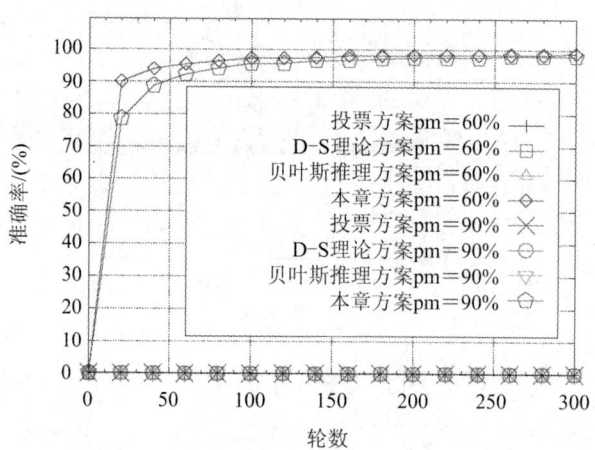

图 8.16　在场景 S_1 比较本章方案和其他 3 种方案

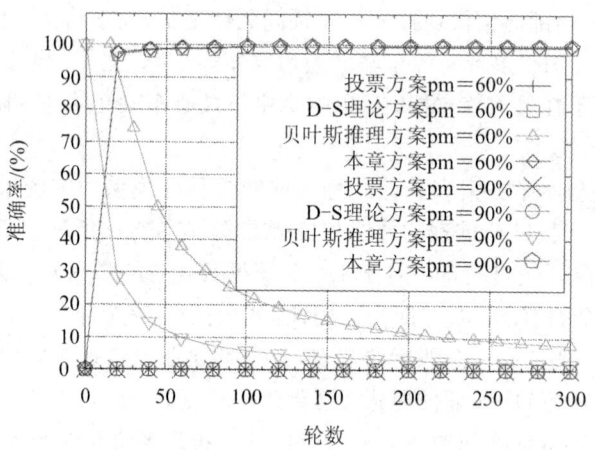

图 8.17　在场景 S_2 比较本章方案和其他 3 种方案

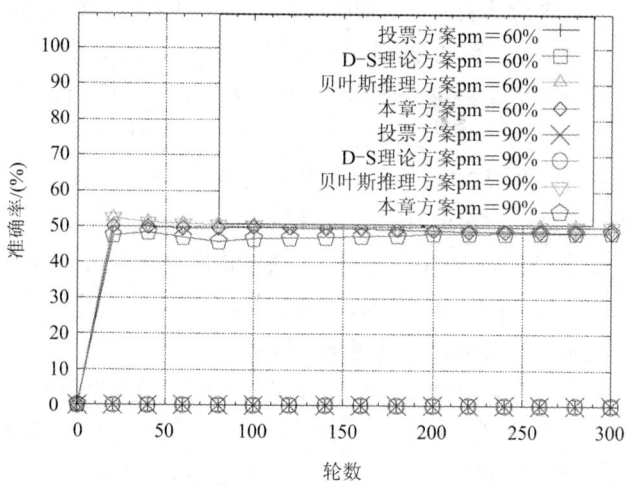

图 8.18　在场景 S_3 比较本章方案和其他 3 种方案

果一定是错误的。对于基于 D-S 理论的方法，更多错误证据意味着更多由不确定性产生的权重被分配给虚假消息，所以评估结果将会被虚假消息影响。

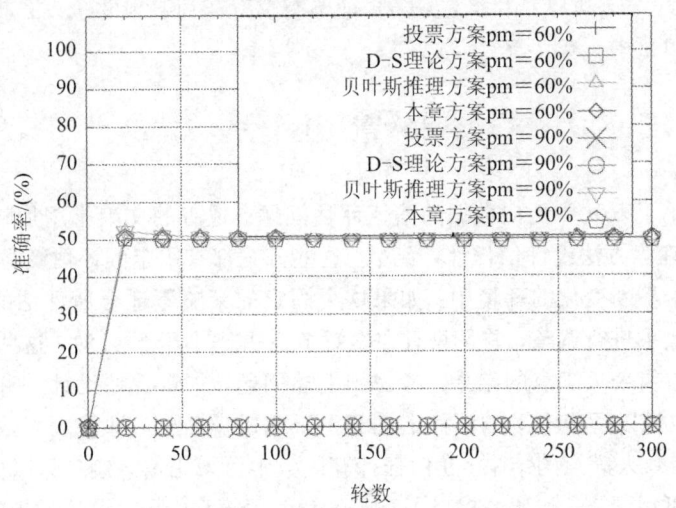

图 8.19 在场景 S_4 比较本章方案和其他 3 种方案

以上所有实验结果证明，当恶意节点的比例超过 50% 时，如果所评估的事件不考虑上下文随机性，则本章方案表现优于其他方案。事实上，车辆上下文在大多数时候不是随机的。即使随机场景出现了，本章方案也可以像基于贝叶斯推理的方法一样取得最好的结果。

下面通过分析一个特定车辆节点的资源消耗（包括计算复杂度和通信复杂度）来比较本章方案与上述 3 种方案。假设某个车辆节点 v 在一个时隙内接收到来自其他车辆的与某个事件信任度有关的消息 r，同时将其有关某个事件的信任的消息 s 发送给其他车辆。当该节点需要为某个请求计算信任度时，有 n 条内部信息和 m 条与该请求相关的外部信息。表 8.5 显示了比较的最终结果。

表 8.5 以资源消耗的形式比较的最终结果

消耗 / 方案	计算复杂度	通信复杂度
投票方案	$O(n+m)$	$O(r+s)$
基于 D-S 理论方案	$O(n+m)$	$O(r+s)$
基于贝叶斯推理的方案	$O(n+m)$	$O(r+s)$
本章方案	$O(n+m)$	$O(r+s)$

对于计算复杂度，投票方法只需要计算 $n+m$ 条消息的平均值；基于 D-S 理论方法需要证据融合，它的计算复杂度为 $O(n+m)$。基于贝叶斯推理的方法的计算复杂度为 $\left(\frac{O(n+m)}{2}\right)=O(n+m)$，因为它需计算负面的和正面的证据数量。本章方案的计算过程包括计算最终信任值、学习过程和决策制定过程，其中依据式(8-1)~式(8-7)可以计算出最终的复杂度为 $O(n+m)$；依据算法 8.1 和算法 8.2 计算学习复杂度为 $O(n+m)$；依据式(8-12)计

算决策过程计算复杂度为 $O(1)$。因此，本章方案的复杂度为 $O(n+m)+O(n+m)+O(1)=O(n+m)$。假设从一个节点接收和向一个节点发送消息的复杂度作为 $O(1)$，则 4 种方案的通信复杂度都作为 $O(r+s)$。所以，上述实验结果证明本章方案与其他 3 个方案相比没有产生更多的计算和通信资源花销。

本 章 小 结

本章集中讨论了 IoV 中面向数据的信任评估问题。现有的文献常用加权算法、贝叶斯推理、D-S 证据推理等方法设计信任计算函数。这些方案都有固定的评估策略，然而，IoV 系统中的实体处于一个不断变化的环境中。如果这个固定的策略不适合所评估的环境，则现有方案不会根据评估效果进行调整，并且只有在恶意节点占比小于 50％时，这些方案才能在其考虑的网络环境下取得令人满意的结果。考虑到上述问题，本章旨在设计一种面向数据的信任评估方法，该方法可以适应 IoV 的不稳定性和上下文敏感特性，即使大多数证据来自恶意实体，它也可以获得令人满意的结果。在信任计算函数中可采用信息熵理论以更深入地理解、评估与事件有关的可用证据。本章还提出了一个强化学习模型，同时设计了相应的状态空间、动作空间、奖励机制和学习算法，以使信任方案能够从历史评估结果的反馈中学习，并在所要考虑的情景下确定最佳策略。在基于 IoV 系统的真实环境中进行的实验表明，强化学习可使可信度评估结果在不同的场景中保持较高的准确率。本章方案的时间开销可以忽略不计。此外，在 IoV 环境中当恶意节点超过 50％且没有更多计算和通信开销的情况下，本章方案的性能依然优于其他方案。

第 9 章　车联网中基于差分隐私的假名互换方案

9.1 引　言

IoV 中包含了典型的基于安全的应用，如碰撞警告、紧急报告等。这类应用通常基于车辆定期广播的信标消息来实现，信标消息可以让车辆时刻注意到周围的行驶环境，从而大大改善道路安全性。例如，利用这些消息，车辆能够检测到可能对自己造成严重损害的碰撞事故，然后及时做出决定以避免这种危险情况。尽管信标消息对道路安全是有益的，但对于攻击者而言，他们也可以利用这些信标消息实现对车辆未经授权的位置跟踪。信标消息中包含车辆当前行驶状态的信息，例如时间戳、身份标识符、位置、速度、行驶方向等。通过链接信标消息中包含的身份标识符，攻击者可以轻松实现对车辆轨迹的追踪。由于车辆一般仅与一名驾驶员相关联[10]，因此，知道车辆的轨迹信息就可能导致驾驶员的身份及其他个人隐私信息的泄露。例如，获得有关驾驶员去特定医院就诊频率的信息，可能会引起雇主对驾驶员健康状况的怀疑[43]。此外，如果对手是罪犯，可能会危及驾驶员的生命等[10]。

针对上述问题，学术界和工业界已经认可将假名互换作为保护车辆位置隐私的关键技术，然而现有的假名互换策略都需要对攻击者的先验知识做出假设，实际情况下却很难了解攻击者所掌握的先验知识和推断能力。考虑到攻击者一旦掌握了一定的先验知识，就有可能推断出假名互换的结果，从而破坏假名的不可链接性。比如，如果攻击者掌握了系统所采用的具体的假名互换策略，那么他完全可以推断出假名互换的结果。如图 9.1 所示，攻击者一旦根据自己掌握的背景知识得知了触发假名互换的条件（比如要求当车辆行驶方向相同、速度相差不超过 5 m/s，距离相差不超过 10 m 时互换假名），就可以通过计算和比较来确定与目标车辆互换假名的候选假名集合，甚至可能唯一确定假名互换的结果，进而实现对目标车辆发生假名变换前后所用假名的链接，造成车辆位置隐私的泄露。

在假名互换的过程中，一种直观且理想的想法是，对于行驶状态越相似的车辆，攻击者越难以区分二者假名变换的结果，就越容易实现车辆与假名之间最大限度的不可链接。然而，现有的假名互换方案均无法完美地实现该想法。与此同时，为了增加对攻击者判断能力的干扰，使用者希望车辆能够变换到一个与自己行驶状态相似的新假名。

要想严格保证车辆与假名之间的不可链接性，可以通过要求不同车辆变换到任意一个假名的概率不可区分来实现。广义差分隐私[290]是对标准差分隐私的一种扩展，可以使实现差分隐私的机制的输入不再局限于汉明距离，同时能够确保对于具有一定相似度的输入，其输出不可区分。因此，利用差分隐私可以完美地实现本章场景下对行驶状态相似度越高的车辆变换到同一假名的概率越不可区分的要求，且无须假定攻击者的背景知识，同时能够从理论上提供安全证明。对此，本章提出了一种基于差分隐私的假名互换方案，主要内

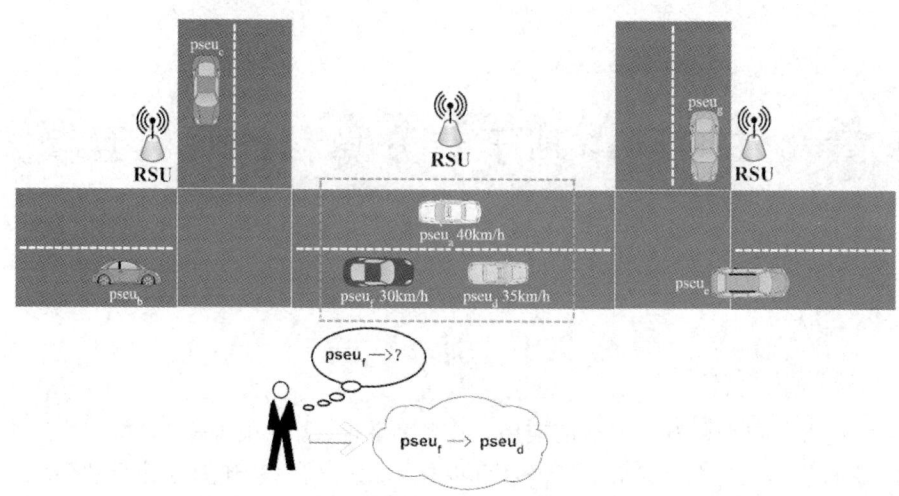

图 9.1　攻击者获知假名互换策略导致位置隐私泄露

容包括：

（1）基于安全的应用中车辆的隐私需求，在假名互换过程中基于差分隐私提出了一种正式的隐私定义，称为假名不可区分性。该定义能够严格保证不同车辆变换到同一个假名的概率难以区分，从而确保无论攻击者具备何种先验知识，均不能以比其先验知识更高的概率判断出是由哪一车辆经过假名互换变到了当前的假名。

（2）为了实现假名不可区分性，设计了一种新的假名互换机制。具体来讲，首先考虑 IoV 中车辆的行驶状态，并选择车辆的行驶方向、速度和位置来衡量车辆之间的相似性，从而量化假名的效用；然后，建立候选假名集与被选择概率之间的映射关系，以生成概率分布；最后，根据概率分布，通过概率采样来为车辆确定新的假名。

（3）从理论上证明了本章所提的假名互换机制满足假名不可区分性的定义，由此可以保证车辆的新假名与旧假名之间的不可链接性。大量实验分析表明，与现有方法相比，本章所提方案可以提高成功抵抗假名链接攻击的概率，极大地减少系统中车辆假名的数量，有效降低车辆用户和数据中心的存储及计算负担，并且具有较低的计算时延。

注意：假名互换与假名变换是有区别的，其中假名变换是指车辆在本地通过预装载或根密钥对假名进行更新，而假名互换是在车辆间进行的。

9.2　预 备 知 识

差分隐私[138]最初是由 Dwork 在统计数据库领域中提出的一种隐私安全定义，其目标是在发布有关数据库的聚合数据时保护其中任意单个用户数据。差分隐私能够保证攻击者无法通过观察和计算聚集查询的结果来推测出用户的隐私信息，且具有与攻击者背景知识无关、能够对隐私保护进行严格定义与量化评估的优点。

1. 差分隐私定义

定义 9.1（差分隐私）　设随机化算法 K 的定义域为 $N^{|x|}$，如果对所有 $S \subseteq \text{Range}(K)$，以及所有使得 $|x-y| \leqslant 1$ 条件成立的 x、$y \in N^{|x|}$，都有 $\Pr[K(x) \in S] \leqslant \exp(\varepsilon) \times$

$\Pr[K(y) \in S]$ 成立，则称 K 满足 ε -差分隐私。其中 x、y 为相邻数据库，$|x|_1 = \sum_{i=1}^{|x|} |x_i|$ 为 x 的 l_1 范数。

上述定义中，ε 为隐私预算，可以表示隐私级别，为正值。ε 越小，表示要求的隐私级别越高。e^ε 表示能够通过 $K(x)$ 与 $K(y)$ 来区分 x 与 y 的概率。

2. 差分隐私实现机制

差分隐私常见的实现机制包含 Laplace 机制[291]和指数机制[292]。其中，Laplace 机制一般用于对数值型结果进行保护，而指数机制适用于对非数值型结果的保护。

1）Laplace 机制

为了对数值型查询结果提供 ε -差分隐私保护，Laplace 机制向数值型的输出结果中添加服从 Laplace 分布的噪声扰动 $\mathrm{Lap}\left(\dfrac{\Delta f}{\varepsilon}\right)$，其中，$\Delta f$ 为查询函数 f 的敏感度。Laplace 噪声的概率密度函数为

$$p(x) = \frac{1}{2b}\exp\left(-\frac{|x-\mu|}{b}\right) \tag{9-1}$$

其中，μ 是位置参数，$b > 0$ 是尺度参数。

定义 9.2(Laplace 机制)　给定数据集 x，对于任意一个函数 $f: x \rightarrow R^d$，f 的敏感度为 $\Delta f = \max_{D, D'} \| f(x) - f(y) \|$，其中 x 和 y 最多相差一条记录，R 为所映射的实数空间，d 为函数 f 的查询维度，则随机算法 $K(x) = f(x) + Y$ 满足 ε -差分隐私，其中 $Y \sim \mathrm{Lap}\left(\dfrac{\Delta f}{\varepsilon}\right)$ 为随机噪声，服从尺度参数为 $\dfrac{\Delta f}{\varepsilon}$ 的 Laplace 分布。

2）指数机制

由于 Laplace 机制仅能够实现对数值型查询结果的保护，对其他类型的查询结果并不适用。而实际生活中，非数字范围的查询也非常普遍。基于此考虑，文献[292]中提出了用指数机制来实现对任意非数字范围的查询进行隐私保护。

定义 9.3(指数机制)　设随机算法 K 的输入为数据集 x，输出为一实体对象 $r \in \mathrm{Range}(K)$，$Q(x, r)$ 为可用性函数，ΔQ 是函数 $Q(x, r)$ 的敏感度，定义为

$$\Delta Q = \max_{r \in \mathrm{Range}(K)} \max_{x, y: \|x-y\|_1 \leqslant 1} |Q(x, r) - Q(y, r)| \tag{9-2}$$

若算法以正比于 $\exp\left(\dfrac{\varepsilon Q(x, r)}{2\Delta Q}\right)$ 的概率从 $\mathrm{Range}(K)$ 中选择并输出 r，那么算法 K 提供 ε -差分隐私保护。

9.3　方案设计

本章基于广义差分隐私提出了一种新的假名互换方案，能够在不需要对攻击者背景知识做出特定假设的前提下实现最大限度的假名不可链接，有效保护车辆的轨迹隐私。

9.3.1 方案架构

1. 系统模型

在基于差分隐私的假名互换方案中，IoV 的系统模型包含 3 个组成部分：数据中心、路侧单元（RSU）以及车辆用户。其中，数据中心又包括了权威机构和假名数据库两部分。本章方案的系统模型如图 9.2 所示。

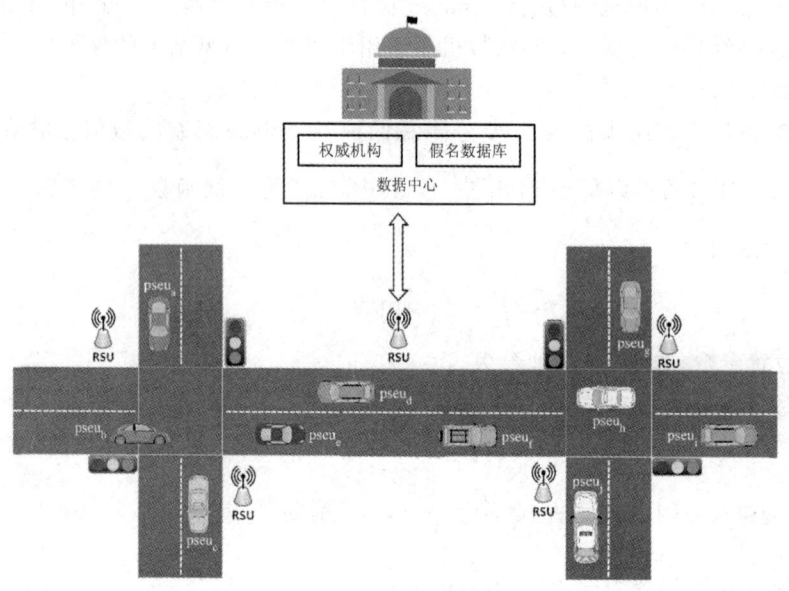

图 9.2　本章方案系统模型

本章方案认为数据中心和 RSU 是可信的。数据中心中的权威机构负责为 IoV 中的车辆生成合法的假名，假名数据库记录所有车辆在行驶过程中进行假名变换前后的假名使用情况，保证数据中心对车辆身份的追踪，以满足问责制的要求。RSU 负责与车辆通信并完成车辆之间的假名互换工作，记录变换前后车辆与假名的映射关系并上报给假名数据库。

2. 攻击者模型及隐私目标

本章方案假定攻击者为全局被动攻击者（Global Passive Adversary，GPA），可以监听全局范围内车辆广播的信标消息。由于车辆在行驶过程中会定期广播信标消息，因此 GPA 可以通过监听这些定期广播的信标消息中包含的假名、速度、位置、行驶方向信息来实现对特定车辆的跟踪，得到车辆的轨迹信息，并从轨迹信息中进一步推测车主的其他个人隐私信息。因此，有必为车辆提供位置隐私保护来抵抗攻击者。

本章方案不需要对攻击者的背景知识做出假设（比如攻击者可以获知假名互换过程使用的具体策略），并且要求实现对于 GPA 而言最大限度的假名不可链接，即隐私目标是实现基于差分隐私定义的假名不可区分性。

9.3.2 基于差分隐私的假名互换算法

为了实现通过要求不同车辆变换到任意一个假名的概率不可区分来保证车辆与假名之

间的不可链接性，首先在 IoV 场景下基于差分隐私定义了一种新的隐私概念——假名不可区分性，然后基于此提出了一种新的假名互换算法。在本章方案中，将 RSU 通信范围内参与假名互换车辆的假名作为输入，然后根据设计的相似度效用函数，由 RSU 借助差分隐私指数机制完成假名互换过程。下面详细介绍假名不可区分性的定义以及本章方案的具体流程。

1. 假名不可区分性

标准差分隐私采用汉明距离来度量输入的相邻数据库之间的差异，并要求输入之间的差异度至多为 1。文献[290]在标准差分隐私的基础上对其进行了扩展，提出了广义差分隐私，使得输入之间的距离度量不再限于汉明距离，且输入的差异也不再限制至多为一个单位距离。为了实现 RSU 通信范围内所有车辆用户假名的不可区分，本章基于广义差分隐私定义了假名不可区分性的概念，严格保证任意两辆车辆变换到同一个假名的概率是不可区分的。

定义 9.4(假名不可区分性)　一个机制 K 是满足假名不可区分的，如果对于参与假名互换的任意两辆车辆 vehicle_i、vehicle_j 均满足

$$\frac{\Pr[K(\text{pseu}_i^{v_i}) = \text{pseu}_r]}{\Pr[K(\text{pseu}_j^{v_j}) = \text{pseu}_r]} \leqslant \exp(\varepsilon \times d(v_i, v_j)) \tag{9-3}$$

其中，$\Pr[K(\text{pseu}_i^{v_i}) = \text{pseu}_r]$ 表示车辆 v_i 由假名 pseu_i 变换到假名 pseu_r 的概率，$d(v_i, v_j)$ 为车辆用户 v_i、v_j 之间的行驶状态差异度。通过证明本章方案满足假名不可区分性，可以从理论上说明本章假名互换方案的有效性。

2. 系统初始化

系统初始化阶段如图 9.3 所示，vehicle_i 的真实身份为 VID_i，当其首次加入 IoV 时，需要在权威机构(TA)中注册。然后 TA 会通过安全信道给 vehicle_i 发送一个初始假名 pseu_i，并将假名和车辆的初始映射 $\text{VID}_i - \text{pseu}_i$ 记录在假名数据库中。每辆车都配备有 OBU，车辆接收到分配给自己的假名后，将该假名作为自己广播信标消息时的身份标识符。

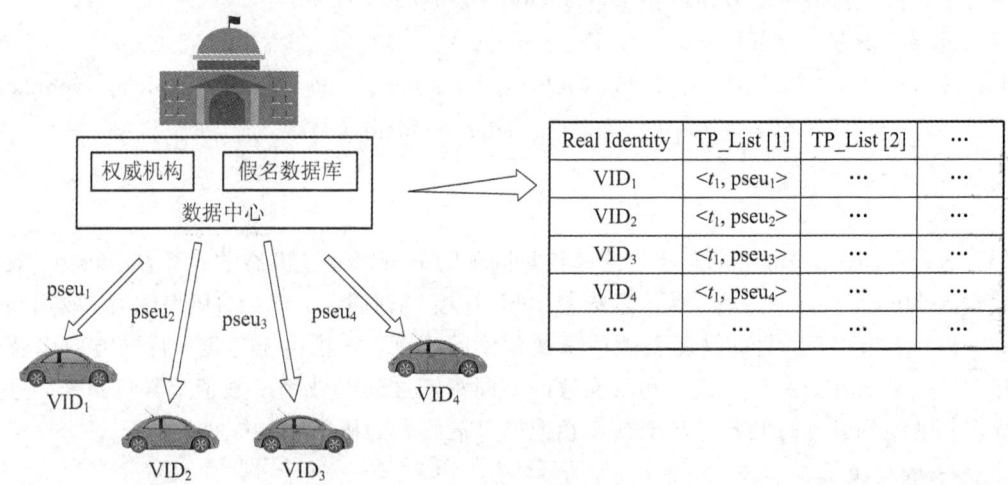

Real Identity	TP_List [1]	TP_List [2]	...
VID_1	$<t_1, \text{pseu}_1>$	...	...
VID_2	$<t_1, \text{pseu}_2>$	...	...
VID_3	$<t_1, \text{pseu}_3>$	...	...
VID_4	$<t_1, \text{pseu}_4>$	...	...
...	...	...	...

图 9.3　系统初始化阶段

3. 效用函数的设计

由于车辆在行驶过程中会周期性地广播信标消息，其中包含了车辆的位置、行驶速度和行驶方向，因此本章方案中同时考虑这 3 个因素来量化任意两辆车辆 vehicle$_i$ 和 vehicle$_j$ 之间的行驶状态相似性，具体每个因素的相似度衡量方法设计如下，其中 V_{swap} 为参与假名变换过程的车辆集合。

1）速度相似度 sim$_V$

vehicle$_i$ 与 vehicle$_j$ 之间的速度相似度

$$\begin{cases} \mathrm{sim_V}(\mathrm{vehicle}_i,\ \mathrm{vehicle}_j) = 1 - \dfrac{|\ v_i - v_j\ |}{\Delta v} \\ \Delta v = v_{\max}^{V_{swap}} - v_{\min}^{V_{swap}} \end{cases} \tag{9-4}$$

2）方向相似度 sim$_H$

vehicle$_i$ 与 vehicle$_j$ 之间的方向相似度

$$\begin{cases} \mathrm{sim_H}(\mathrm{vehicle}_i,\ \mathrm{vehicle}_j) = 1 - \dfrac{|\ k_i - k_j\ |}{\Delta k} \\ k_i = \dfrac{y_t^i - y_{t-1}^i}{x_t^i - x_{t-1}^i},\ k_j = \dfrac{y_t^j - y_{t-1}^j}{x_t^j - x_{t-1}^j} \\ \Delta k = k_{\max}^{V_{swap}} - k_{\min}^{V_{swap}} \end{cases} \tag{9-5}$$

3）位置相似度 sim$_L$

vehicle$_i$ 与 vehicle$_j$ 之间的位置相似度

$$\begin{cases} \mathrm{sim_L}(\mathrm{vehicle}_i,\ \mathrm{vehicle}_j) = 1 - \dfrac{\sqrt{(x_i - x_j)^2 + (y_i - y_j)^2}}{\Delta L} \\ \Delta L = \max_{\mathrm{vehicle}_i,\ \mathrm{vehicle}_j \in V_{swap}} \left(\sqrt{(x_i - x_j)^2 + (y_i - y_j)^2} \right) \end{cases} \tag{9-6}$$

根据对 vehicle$_i$、vehicle$_j$ 之间行驶速度、行驶方向以及位置相似性的度量，本章设计了一个行驶状态相似度度量函数 sim(vehicle$_i$, vehicle$_j$)来综合衡量这 3 个相似性因子，并将差分隐私指数机制中的效用函数 Q(vehicle$_i$, pseu$_j$)定义如下：

$$\begin{cases} Q(\mathrm{vehicle}_i,\ \mathrm{pseu}_j) = \alpha \times \mathrm{sim}(\mathrm{vehicle}_i,\ \mathrm{vehicle}_j) \\ \mathrm{sim}(\mathrm{vehicle}_i,\ \mathrm{vehicle}_j) = w_1 \times \mathrm{sim_V}(\mathrm{vehicle}_i,\ \mathrm{vehicle}_j) + w_2 \times \mathrm{sim_H}(\mathrm{vehicle}_i,\ \mathrm{vehicle}_j) \\ \qquad\qquad\qquad\qquad\quad + w_3 \times \mathrm{sim_L}(\mathrm{vehicle}_i,\ \mathrm{vehicle}_j) \\ w_1 + w_2 + w_3 = 1 \end{cases}$$

$$\tag{9-7}$$

其中，w_1、w_2、$w_3 > 0$ 是权重因子，这些权重因子的值可以通过机器学习等方法得到。效用函数 Q(vehicle$_i$, pseu$_j$)的值越大，意味着 vehicle$_i$ 变换到假名 pseu$_j$ 的概率越大。效用函数中的 α 称为调节因子，目的是调整效用函数差值的比例，防止由于速度、行驶方向以及位置相似性函数值在归一化后进行相乘导致的不同车辆之间的效用函数值差异度过小，进而造成车辆变换到其他行驶状态相似或不相似的车辆假名的概率相差极小的情况。

4. 方案详述

系统初始化阶段完成后，每个车辆用户都拥有了自己的初始假名 pseu$_i$。接下来，请求进行假名变换的车辆 vehicle$_i$ 及其通信范围内参与假名互换的邻居车辆 V_{swap} 以及 RSU 会互相配合完成如图 9.4 所示的假名互换过程。

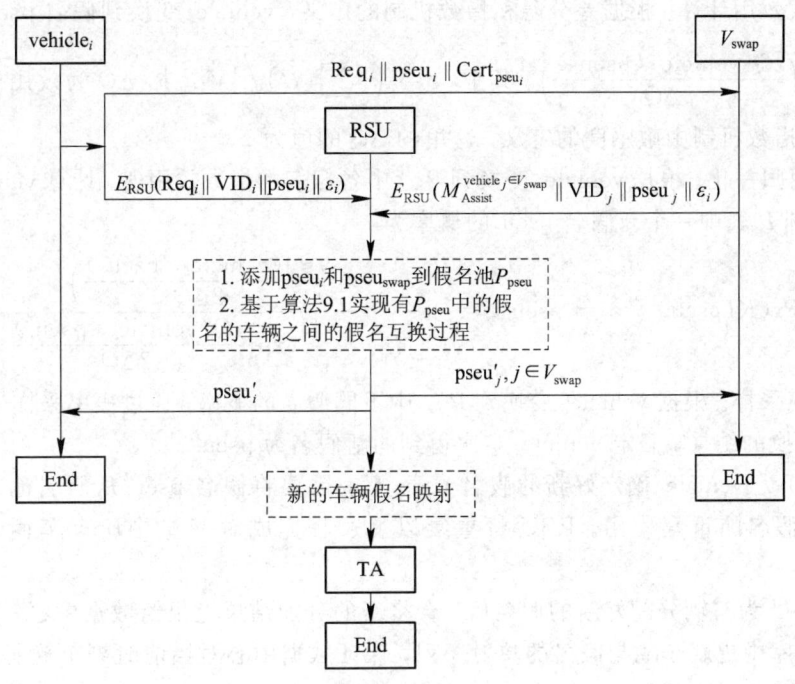

图 9.4　假名互换过程

本章基于差分隐私指数机制实现了对请求进行假名变换的车辆及其通信范围内的车辆的假名重分配过程，使得攻击者即使在能够观察到所有车辆用户行驶状态相似度的前提下，也无法以超过 $e^{\varepsilon \times d(\text{vehicle}_i,\ \text{vehicle}_j)}$ 的概率实现对任一车辆 vehicle$_i$ 变换到车辆 vehicle$_j$ 的假名时新旧假名的链接，本章定义 $d(\text{vehicle}_i,\ \text{vehicle}_j) = -\text{sim}(\text{vehicle}_i,\ \text{vehicle}_j)$。方案的具体实施过程如下：

（1）当车辆 vehicle$_i$ 进入某个 RSU 的通信范围内并且想更换自己的假名时，首先广播一条请求进行假名变换的消息 Req$_i$，表明自己想要寻找合作者进行假名互换。同时，vehicle$_i$ 将假名变换请求 Req$_i$、自己的真实身份信息 VID$_i$、当前使用的假名 pseu$_i$ 以及隐私需求 ε_i 发送给 RSU。

（2）将请求进行假名变换的车辆 vehicle$_i$ 的通信范围 CR$_i$ 内的车辆集合记为 V_{swap}，定义 $V_{\text{swap}} = \{\text{vehicle}_j \mid \sqrt{(x_{\text{vehicle}_i} - x_{\text{vehicle}_j})^2 + (y_{\text{vehicle}_i} - y_{\text{vehicle}_j})^2} \leqslant R_{\text{CR}_i}\}$，$V_{\text{swap}}$ 中的车辆在接收到 vehicle$_i$ 广播的请求合作消息 Req$_i$ 后，协助 vehicle$_i$ 进行假名变换过程，即 V_{swap} 中的各车辆 vehicle$_j$ 会给 RSU 发送一条消息 M_{Assist}^j，告知 RSU 自己即将协助 vehicle$_i$ 完成假名互换过程，同时将自己的隐私预算 ε_j 发送给 RSU。

（3）RSU 将参与假名变换的各车辆的假名加入假名池 P_{pseu}。考虑到对于 V_{swap} 中的车辆用户，速度越大则驶离 RSU 通信范围的时间越短。为了保证通信质量，本章对 V_{swap} 中的车辆按照当前时刻的行驶速度由大到小进行排序，得到车辆集合 V_{order}，然后基于指数机制按序完成 V_{order} 中车辆的假名变换过程，即要为 vehicle$_i$ 从 P_{pseu} 中重新选择一个假名需要完成以下过程：

① 相似性效用计算。对 $\forall$ vehicle$_j \in V_{\text{swap}}$，RSU 分别计算 vehicle$_i$ 与 vehicle$_j$ 的假名

pseu_j 之间的效用函数值 $Q(\text{vehicle}_i, \text{pseu}_j)$。

② 指数效用计算。根据差分隐私指数机制的定义，vehicle_i 变换到假名 pseu'_i 的指数效用值为 $\exp\left(\dfrac{\varepsilon Q(\text{vehicle}_i, \text{pseu}'_i)}{2\Delta Q}\right)$。其中，$\varepsilon = \left(\sum\limits_{i=1}^{|V_{\text{swap}}|}\varepsilon_i\right)\Big/|V_{\text{swap}}|$，$\Delta Q$ 为效用函数 Q 的敏感度，根据指数机制中敏感度的定义，这里的 ΔQ 的值为 1。

③ 效用归一化。根据 vehicle_i 变换到 P_{pseu} 中各假名的指数效用值，计算 vehicle_i 由假名 pseu_i 变换到 P_{pseu} 中一个新假名 pseu'_i 的概率为

$$\Pr(K(\text{pseu}_i^{\text{vehicle}_i}) = \text{pseu}'_i) = \frac{\exp\left(\dfrac{\varepsilon Q(\text{vehicle}_i, \text{pseu}'_i)}{2\Delta Q}\right)}{\sum\limits_{\forall\, \text{pseu}'_i \in P_{\text{pseu}}} \exp\left(\dfrac{\varepsilon Q(\text{vehicle}_i, \text{pseu}'_i)}{2\Delta Q}\right)} \tag{9-8}$$

④ 概率采样。根据 vehicle_i 变换到 P_{pseu} 中不同假名的概率，通过概率采样确定 vehicle_i 本次假名变换的结果，假定 vehicle_i 本次得到的新假名为 pseu'_i。

当 RSU 为 vehicle_i 确定好新的假名 pseu'_i 后，需要将假名 pseu'_i 从假名池 P_{pseu} 中剔除掉，以避免假名的重复使用。RSU 将重复以上过程完成对 V_{swap} 中所有车辆的假名变换工作。

（4）RSU 为车辆分配好新的假名后，会将新的分配结果上报给数据中心，数据中心会在假名数据库中更新车辆与假名的映射序列，保证数据中心对当前时刻车辆所用假名的追踪，以满足问责制的要求。

综上所述，本算法的伪代码如算法 9.1 所示。

算法 9.1　基于差分隐私的假名互换算法

输入：假名互换前的（车辆，假名）映射序列

输出：假名互换后的（车辆，假名）映射序列

---

1. **for** $\forall\ \text{vehicle}_p$，$\text{vehicle}_q$ 有一个有效的假名 pseu_p，pseu_q **in** V_{swap}

2. 　RSU 计算 vehicle_p 和 vehicle_q 之间的相似度效用

　　　$Q(\text{vehicle}_p, \text{pseu}_q) = \alpha \times \text{sim}(\text{vehicle}_p, \text{vehicle}_q)$

3. **end for**

4. $\text{Sort}(V_{\text{swap}}) \rightarrow V_{\text{order}}$

5. 计算 $\varepsilon = \left(\sum\limits_{i=1}^{|V_{\text{swap}}|}\varepsilon_i\right)\Big/|V_{\text{swap}}|$

6. **for** $i = 1$ **to** $|V_{\text{order}}|$

7. 　RSU 对于 vehicle_i 基于具有概率 正比于 $\exp\left(\dfrac{\varepsilon Q(\text{vehicle}_i, \text{pseu}'_i)}{2\Delta Q}\right)$ 的指数机制从 P_{pseu} 中选择一个新的假名 pseu'_i

8. 　RSU $\xrightarrow{\text{pseu}'_i}$ vehilce$_i$

9. 　$P_{\text{pseu}} = P_{\text{pseu}} - \{\text{pseu}'_i\}$

10. 　RSU $\xrightarrow{\text{new vehicle-pseudonym mapping}}$ TA

11. **end for**

9.4　方案理论分析

9.4.1　安全性分析

可以通过证明本章所提方案满足基于差分隐私定义的假名不可区分性来说明其安全性。

定理 9.1　本章方案满足 9.3.1 节中所提假名不可区分性。

证明　当车辆 vehicle_i 和 vehicle_j 进行假名变换时，vehicle_i 变换前的旧假名为 pseu_i，vehicle_j 的旧假名为 pseu_j。由式（9 - 6）可知，本章所提假名互换机制 K 为 vehicle_i 选择一个新的假名 pseu_r 的概率为

$$\Pr(K(\text{pseu}_i^{v_i}) = \text{pseu}_r) = \frac{\exp\left(\dfrac{\varepsilon Q(v_i,\ \text{pseu}_r)}{2\Delta Q}\right)}{\sum_{\forall \text{pseu}_z \in P_{\text{pseu}}} \exp\left(\dfrac{\varepsilon Q(v_i,\ \text{pseu}_z)}{2\Delta Q}\right)}$$

将 pseu_r 分配给 vehicle_j 的概率为

$$\Pr(K(\text{pseu}_j^{v_j}) = \text{pseu}_r) = \frac{\exp\left(\dfrac{\varepsilon Q(v_j,\ \text{pseu}_r)}{2\Delta Q}\right)}{\sum_{\forall \text{pseu}_z \in P_{\text{pseu}}} \exp\left(\dfrac{\varepsilon Q(v_j,\ \text{pseu}_z)}{2\Delta Q}\right)}$$

因此可以得到

$$
\begin{aligned}
\frac{\Pr(K(\text{pseu}_i^{v_i}) = \text{pseu}_r)}{\Pr(K(\text{pseu}_j^{v_j} = \text{pseu}_r))} &= \frac{\dfrac{\exp\left(\dfrac{\varepsilon Q(v_i,\ \text{pseu}_r)}{2\Delta Q}\right)}{\sum_{\forall \text{pseu}_z \in P_{\text{pseu}}} \exp\left(\dfrac{\varepsilon Q(v_i,\ \text{pseu}_z)}{2\Delta Q}\right)}}{\dfrac{\exp\left(\dfrac{\varepsilon Q(v_j,\ \text{pseu}_r)}{2\Delta Q}\right)}{\sum_{\forall \text{pseu}_z \in P_{\text{pseu}}} \exp\left(\dfrac{\varepsilon Q(v_j,\ \text{pseu}_z)}{2\Delta Q}\right)}} \\[2mm]
&= \frac{\exp\left(\dfrac{\varepsilon Q(v_i,\ \text{pseu}_r)}{2\Delta Q}\right)}{\exp\left(\dfrac{\varepsilon Q(v_j,\ \text{pseu}_r)}{2\Delta Q}\right)} \cdot \frac{\sum_{\forall \text{pseu}_z \in P_{\text{pseu}}} \exp\left(\dfrac{\varepsilon Q(v_j,\ \text{pseu}_z)}{2\Delta Q}\right)}{\sum_{\forall \text{pseu}_z \in P_{\text{pseu}}} \exp\left(\dfrac{\varepsilon Q(v_i,\ \text{pseu}_z)}{2\Delta Q}\right)} \\[2mm]
&\leqslant \frac{\exp\left(\dfrac{\varepsilon Q(v_i,\ \text{pseu}_r)}{2\Delta Q}\right)}{\exp\left(\dfrac{\varepsilon Q(v_j,\ \text{pseu}_r)}{2\Delta Q}\right)} \cdot \frac{\sum_{\forall \text{pseu}_z \in P_{\text{pseu}}} \exp\left(\dfrac{\varepsilon Q(v_i + \Delta Q,\ \text{pseu}_z)}{2\Delta Q}\right)}{\sum_{\forall \text{pseu}_z \in P_{\text{pseu}}} \exp\left(\dfrac{\varepsilon Q(v_i,\ \text{pseu}_z)}{2\Delta Q}\right)} \\[2mm]
&= \exp\left(\frac{\varepsilon}{2}\right) \cdot \exp\left(\frac{\varepsilon}{2}\right) \cdot \frac{\sum_{\forall \text{pseu}_z \in P_{\text{pseu}}} \exp\left(\dfrac{\varepsilon Q(v_i,\ \text{pseu}_z)}{2\Delta Q}\right)}{\sum_{\forall \text{pseu}_z \in P_{\text{pseu}}} \exp\left(\dfrac{\varepsilon Q(v_i,\ \text{pseu}_z)}{2\Delta Q}\right)} \\[2mm]
&= \exp(\varepsilon) \quad (9 - 9)
\end{aligned}
$$

本章所设计的假名互换方案满足假名不可区分性定义，定理得证。

9.4.2 有效性分析

基于以下两种场景对本章所提的假名互换策略的有效性进行分析。

（1）当全局被动敌手 GPA_i 感兴趣的范围 $Area_i$ 内包含的车辆数 $N_i \geq 2$ 时，若 $Area_i$ 内有车辆 $vehicle_i$ 发起假名变换请求 Req_j，即可利用本章方案基于指数机制为 $Area_i$ 内的车辆完成假名互换工作，在不需要对攻击者的背景知识和推断能力做出假设的前提下，实现行驶状态越相似的车辆变换到同一个假名的概率越不可区分。如果 GPA_i 此时能够分辨出行驶状态最相似的车辆的假名变换结果，那么此时 GPA_i 的推断能力已经非常强大，其他现有方案更加无法保障 $Area_i$ 内车辆假名变换前后的不可链接。

（2）当全局被动敌手 GPA_i 感兴趣的范围 $Area_i$ 内包含的车辆数 $N_i = 1$ 时，由于攻击者的能力达到了可以监听特定大小区域内的车辆情况，且该区域中仅有一辆车，此时无论采用何种保护策略，均无法有效保护车辆用户的位置隐私。这是由攻击者的特定攻击能力决定的，而现有的位置隐私保护方法无法削弱攻击者的攻击能力，基于差分隐私的位置隐私保护策略能够保证攻击者掌握的背景知识不会进一步增加。

9.4.3 收敛性分析

得益于差分隐私，收敛性分析可以对本章所设计的假名互换机制的效用进行量化。当 $Q(vehicle_i, pseu_j)$ 的值一定时，可以计算得到效用值的上界，具体的计算过程如下：

令 $OPT = \max_{\forall pseu_j \in P_{pseu}} (Q(vehicle_i, pseu_j))$，$S_t = \{pseu_j: Q(vehicle_i, pseu_j) > OPT - t\}$，则有以下不等式成立[292]：

$$P(\overline{S_{2t}}) = Pr(Q(vehicle_i, pseu_j) \leq OPT - 2t)$$
$$\leq \frac{P(\overline{S_{2t}})}{P(S_t)} \leq \exp(-\varepsilon t) \cdot \frac{\mu(\overline{S_{2t}})}{\mu(S_t)}$$
$$\leq \frac{\exp(-\varepsilon t)}{\mu(S_t)} \qquad (9-10)$$

即为请求进行假名变换的车辆 $vehicle_i$ 选到一个效用函数值为 $Q(vehicle_i, pseu_j)$ 的假名 $pseu_j$，且 $Q(vehicle_i, pseu_j)$ 低于任意固定值 $OPT - 2t$ 的概率存在严格上界 $\frac{\exp(-\varepsilon t)}{\mu(S_t)}$。

9.5 实　　验

本章实验采用 Uppoor 等人[293]提出的车辆移动数据集，该数据集考虑了 24 小时内在德国科隆 $400 \ km^2$ 的区域内真实的道路拓扑、驾驶员行为和交通流量，包含了 700 000 多条汽车轨迹记录。实验算法均采用 Java 编程语言实现，实验环境为 2.3 GHz Intel Core i5 CPU，16 GB 2133 MHz LPDDR3 RAM，操作系统为 macOS。

9.5.1 所需假名数量

本实验计算了本章所提方案进行假名变换过程所需的假名数量，并将其与文献[120][127][294]所提方案中假名变换过程所需的假名数量进行了对比。其中，将文献[120]中所提方案简称为 CPN 方案，文献[294]中所提方案简称为 PCC 方案，文献[127]中所提方案简称为 TB 方案。CPN 方案和 PCC 方案是基于传统假名预装载方法来实现的，而 TB 方案和本章所提方案则是基于假名互换方法来实现的。实验中首先计算了假名变换次数分别取 5、10、15、20、25 次时各方案中车辆在同一时刻进行假名变换所需要的假名数量，然后计算了各车辆在不同时刻进行假名变换所需要的假名数量。

从图 9.5(a) 中可以看出，车辆在同一时刻发生假名变换时，随着假名变换次数的增加，CPN、PCC、TB 方案和本章方案所需的假名数量都呈上升趋势，这是随着假名变换次数增加产生的必然趋势。然而，当假名变换次数一定时，CPN 方案和 PCC 方案所需的假名数量远大于 TB 方案和本章方案，这是由于 CPN 方案和 PCC 方案是基于传统假名预装载的，每进行一次假名变换，都需要涉及至少两个假名——用于下一次广播信标消息的新假名以及需要被吊销的旧假名。而 TB 方案和本章方案是基于假名互换的，车辆的假名是可以重复使用的，不需要系统产生新的假名。图 9.5(b) 中，车辆在不同时刻发生假名变换时，4 种方案所需的假名数量仍然呈现上升趋势，而 CPN 方案与 PCC 方案的上升趋势远高于 TB 方案和本章方案，原因同图 9.5(a) 类似。此外，当假名变换次数一定时，相同时刻进行假名变换所需的假名数量小于不同时刻进行假名变换所需假名数量，这是因为在同一时刻进行假名变换时，请求进行假名变换的车辆的邻居车辆用户重叠率更高。由此可见，本章方案在不同场景下所需的假名数量都远小于 CPN 方案和 PCC 方案，并与 TB 方案持平。

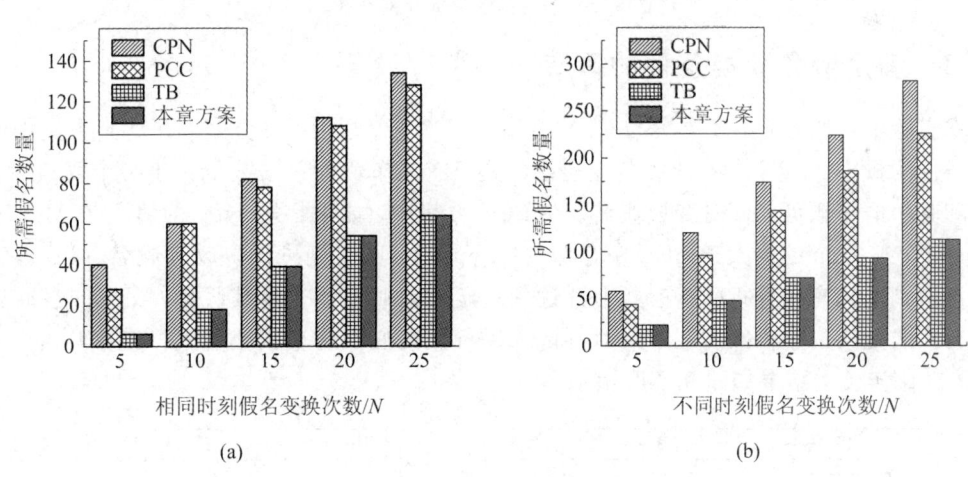

图 9.5　假名数量对比图

9.5.2　平均匿名集大小

在假名变换中，匿名集即满足方案中所设定的假名变换条件，成功参与假名变换过程的车辆用户构成的集合。匿名集越大，意味着本次假名变换过程对攻击者的混淆效果越好。实验对比了 CPN 方案、PCC 方案、TB 方案以及本章所提方案在同一时刻进行假名变换以及在不同时刻进行假名变换时的平均匿名集大小，设在同一时刻请求进行假名变换的车辆数和在不同时刻请求进行假名变换的车辆数的采样范围均为 5～25。

通过图 9.6 中平均匿名集大小的对比结果可以看出，不论车辆是在同一时刻发生假名变换还是在不同时刻发生假名变换，随着参与假名变换的车辆数增加，CPN 方案、TB 方案以及本章所提方案的平均匿名集大小均相对稳定，而 PCC 方案的平均匿名集大小呈不断上升趋势。此外，无论在同一时刻还是不同时刻，随着参与假名变换的车辆数增加，本章方案产生的平均匿名集均大于 CPN、PCC 和 TB 方案，这意味着本章方案对攻击者有更好的干扰性。

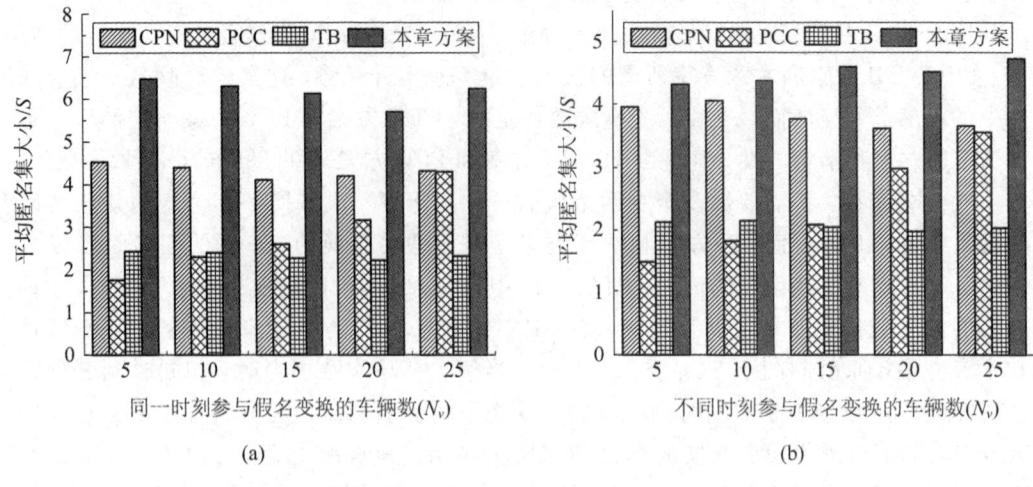

(a)　　　　　　　　　　　　　(b)

图 9.6　平均匿名集大小对比图

9.5.3　满足假名变换条件的概率

本实验中，对比了本章方案与 CPN 方案、PCC 方案以及 TB 方案满足各自方案中假名变换条件的概率。CPN 方案的假名变换条件是只有当车辆的邻居数量大于某个阈值时，该车辆和其邻居车辆可以同时变换假名。在 PCC 方案中，如果字段 Hop 的值小于 Max Hop Threshold 或 Hop 的值大于 CCL 中存储的"Hop"值，则车辆可以更改其假名。TB 方案要求任意两辆车只有在其行驶状态相似性达到一定阈值时才能交换其假名。保持同一时刻请求进行假名变换的车辆数和在不同时刻请求进行假名变换的车辆数的采样范围均为 5～25 不变，对比实验的结果如图 9.7 所示。

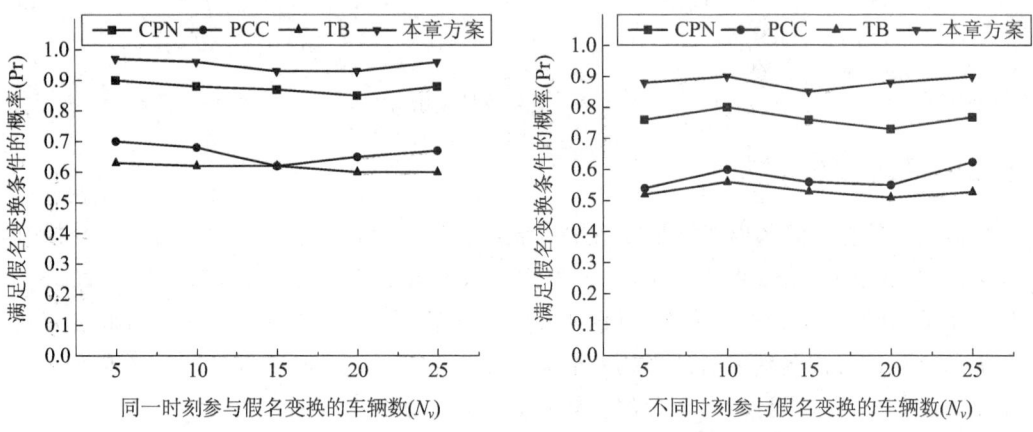

图 9.7　满足假名变换条件的概率对比图

由对比实验结果可知，随着同一时刻和不同时刻请求假名变换的车辆数量的增加，各方案满足假名变换条件的概率相对稳定，即同一时刻或是不同时刻参与假名变换的车辆数对各方案满足假名变换条件的概率影响不大。此外，可以明显看出本章方案与 CPN、PCC、TB 方案相比，假名变换的条件更容易满足，这意味着假名的不可关联性更强，对车辆用户的轨迹隐私保护效果更好。

9.5.4　成功抵抗假名链接攻击的概率

为计算 GPA 在掌握了系统所采用的假名变换策略的前提下实现假名链接的概率，对 CPN、PCC、TB 方案和本章方案分别进行了实验，以说明本章所提方案在保护假名不可链接方面的优势。在本实验中，假定 GPA 的攻击能力为：对于参与假名变换过程的车辆，如果攻击者能够区分其中任意行驶状态最相似的两辆车的假名变换结果，即认为在本次假名变换过程中，攻击者可以实现对车辆假名的链接。实验对比结果如图 9.8 所示。

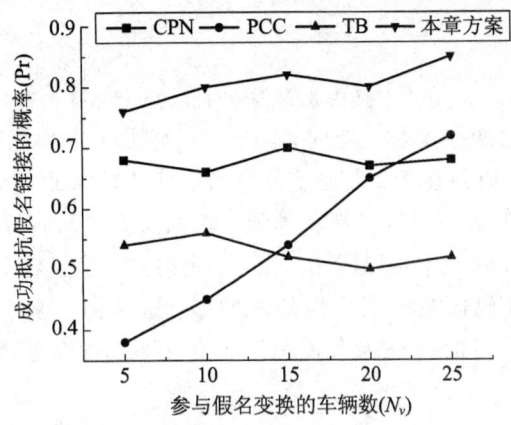

图 9.8　成功抵抗假名链接攻击的概率

通过图 9.8 中的对比结果可以得知，首先，没有方案可以使得攻击者每次推断出假名变换结果的概率都为 0，这是由于受到现实中真实的车辆行驶环境限制导致的。此外，可以看出与现有的 CPN、PCC、TB 方案相比，本章方案始终能够以最高的概率成功抵抗 GPA 的假名链接攻击，并且最大可以提高至现有方案抵抗假名链接效果的两倍。

9.5.5　本章方案的有效性

本章方案认为，当为 $vehicle_i$ 分配到新的假名 $pseu_j$，且 $vehicle_i$ 与假名互换前使用假名 $pseu_j$ 的 $vehicle_j$ 的行驶状态相似度大于相似度阈值 γ 时，意味着 $vehicle_i$ 变换到的是相似的车辆假名，实验中利用车辆变换到相似假名的概率来说明本章所提基于差分隐私指数机制的假名互换方案的有效性。

1. 假名变换次数 N 与 ε 对假名互换效果的影响

考虑到利用差分隐私指数机制每次为目标车辆选择新假名时，都是以正比于 $\exp\left(\dfrac{\varepsilon Q}{2\Delta Q}\right)$ 的概率从候选假名池中进行选择的，因此存在为目标车辆选择到行驶状态相似度较低的新假名的情况。为了说明本章方案的有效性，针对假名变换次数 N 与隐私预算 ε 对假名变换有效性的影响进行了实验分析，其中假名变换次数取决于参与本次假名变换过程的车辆数，如图 9.9 所示。

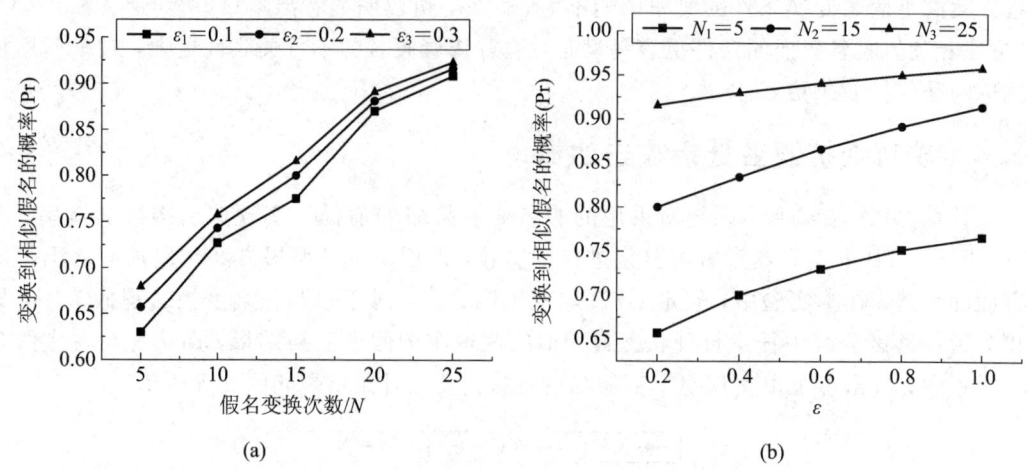

(a)　　　　　　　　　　(b)

图 9.9　假名变换次数 N 与 ε 对假名互换效果的影响

图 9.9(a)中，当假名变换次数一定时，随着 ε 的增加，变换到行驶状态相似的车辆假名的概率也呈上升趋势。原因在于，根据差分隐私中隐私预算的定义，ε 可以控制隐私保护的强度，ε 越小，实现的假名不可区分性就越强，隐私保护效果越好，但同时意味着会添加更多的噪声扰动。从图 9.9(b)中可以看出，当 ε 一定时，随着假名变换次数的增加，目标车辆变换到行驶状态相似车辆假名的概率也随之增加。这是由于随着假名变换次数的增加，将目标车辆变换到相似假名的概率越来越趋近于利用差分隐私指数机制计算出的理论概率值。

2. 相似度阈值 γ 与 ε 对假名互换效果的影响

考虑到在衡量假名变换的有效性时，需要对相似度阈值 γ 进行设定，γ 取值不同时，目标车辆变换到相似假名的概率也随之变化。为了衡量相似度阈值 γ 和隐私预算 ε 对本章方案中假名互换效果的影响，分别取 $\gamma=0.5\sim0.9$ 和 $\varepsilon=0.2\sim1.0$ 来分析车辆变换到相似假名的概率，实验结果如图 9.10 所示。

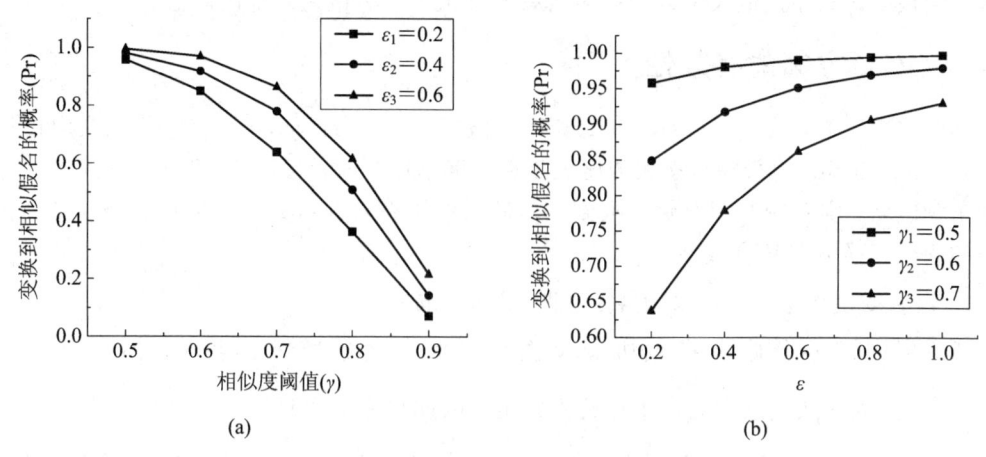

(a)　　　　　　　　　　(b)

图 9.10　相似度阈值 γ 与 ε 对假名互换效果的影响

由图 9.10(a)可以看出，当相似度阈值 γ 一定时，随着 ε 的增加，目标车辆变换到相似假名的概率呈上升趋势，这是因为 ε 越大，向输出结果中添加的噪声扰动就越小，输出与目标车辆行驶状态最相似假名的概率就越大。由图 9.10(b)可以看出，当 ε 的值一定时，随着 γ 值的增大，车辆变换到相似假名的概率呈下降趋势。因为 γ 值越大，意味着对行驶状态相似的定义越严苛，受到现实中车辆行驶环境的限制，满足行驶状态相似这一条件的概率随之下降。

3. 调节因子 α 与匿名集大小对假名互换效果的影响

在本章提出的假名互换方案中，相似性效用函数的定义中有一个调节因子 α，目的是防止由于速度、行驶方向以及位置相似性 3 个因素在归一化后再相乘导致的不同车辆之间的效用函数值差异过小，进而造成某车辆变换到其他行驶状态相似或不相似的车辆假名的概率相差极小的情况，实验结果如图 9.11 所示。

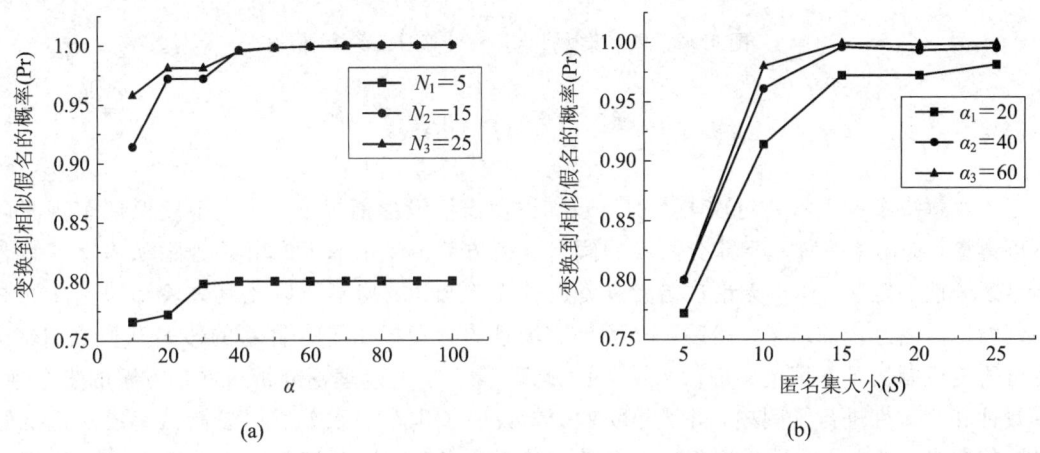

图 9.11　α 与匿名集大小对假名互换效果的影响

在图 9.11(a)中，当调节因子 α 一定时，随着匿名集大小的增加，变换到相似车辆假名的概率先快速上升，当 N 增加至 15 之后逐渐趋平。在图 9.11(b)中，当匿名集大小一定时，可以看出若调节因子 α 取值为 $10\sim50$，则随着 α 的增加，变换到相似车辆假名的概率均呈现上升趋势；$\alpha>50$ 后，随着 α 增加，变换到相似车辆假名的概率增加缓慢，逐渐趋平。

4. 假名互换方案的计算时延分析

考虑到在 IoV 场景下，对假名互换机制的实时性有一定要求，因此需要对本章所提假名互换方案所需的计算时延进行分析，实验中分别计算了匿名集大小为 $5\sim25$ 以及隐私预算 ε 取 $0.2\sim1.0$ 时完成假名互换过程所需的时间，实验结果如图 9.12 所示。

由图 9.12(a)可以看出，本章方案利用差分隐私指数机制完成假名互换过程所需的平均计算时延是非常有限的。匿名集越小，本章所提方案完成假名互换过程所需的计算时延就越小，这是因为匿名集越小，意味着参与假名互换过程的车辆数就越少，RSU 重复进行假名分配过程的次数就越少，因此用时就越短。由图 9.12(b)可以看出，隐私预算 ε 的取值与本章方案完成假名互换过程所需的计算时延无关。

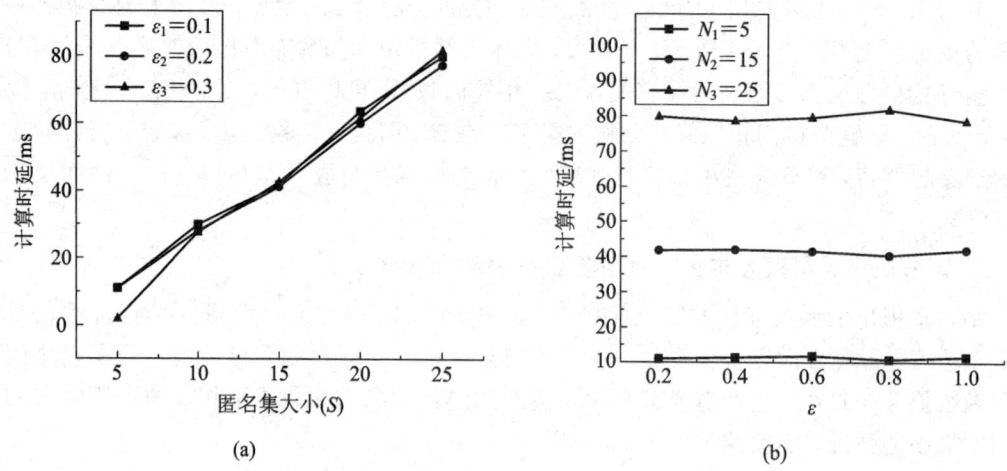

图 9.12　匿名集大小与 ε 对计算时延的影响

本 章 小 结

　　本章解决了在不需要对攻击者的背景知识做出假设的前提下，最大限度保证车辆假名不可链接，提出了一种基于差分隐私的假名互换方案。首先基于广义差分隐私提出了假名不可区分性的定义，使得无论攻击者具备何种先验知识，均不能以比其先验知识更高的概率判断出假名互换的结果。然后，依据 IoV 场景的特点提出了一种新的假名互换机制，并使得所提机制满足本章定义的假名不可区分性。最后，通过理论分析对本章方案的安全性、有效性和收敛性进行了阐述，并通过实验分析说明了本章方案能够以较高概率成功抵抗假名链接攻击，由于不需要设置特定的假名变换触发条件，因此满足假名变换条件的概率更高。此外，相较于其他方案，本章方案生成的匿名集更大，所需假名更少，同时计算时延也十分有限。

第 10 章　车联网中基于差分隐私的位置扰动方案

10.1　引　言

计算和通信技术以及云基础设施的最新发展使得在不久的将来实现智慧城市成为可能。车辆可享受的服务也将越来越多。其中，在车辆可以享受的各种服务中，基于位置的服务使车辆可以随时访问与其行踪有关的大量信息。在 LBS 中，基于位置的服务提供商 (LSP)能够基于车辆所处位置为车辆提供有关附近加油站、休息区和酒店等的有用信息。LBS 具有众多吸引人的功能，已成为 IoV 生态系统的重要组成部分[295]。但是，服务提供商可能会从车辆中收集大量的位置信息，这些位置信息可能会被误用于推断驾驶员不希望被知道的敏感信息，例如其家庭住址、政治观点和性取向等[296]。因此，尽管 LBS 为车辆的日常旅行提供了便利，但其中存在的严重的隐私安全问题也不能忽略。

为了给 LBS 提供隐私保护，研究人员已经提出了一些利用加密工具的基于加密的方法，例如同态加密和私有信息检索(PIR)[20, 297-300]。但是，这些方法都需要昂贵的计算成本，并且与现有的 LBS 不兼容，导致可行性较差[296]。为了提供更可行的解决方案，研究人员已经进行了一系列工作来探索这个问题，主要是把计算的隐私模型(如 K-匿名[301]、L-多样性[302] 和 T-紧凑[303])引入位置隐私中。由于这些方法是基于启发式方法的，因此它们不能提供正式的隐私保证[304-306]。为了解决这个问题，将差分隐私[290] 应用于二维空间，Andrés 等人[140] 提出了一种流行的 LBS 隐私模型，称为地理不可分辨性(Geo-Ind)。按照这种模型，当用户选择查询 LBS 时，首先会通过向其添加随机噪声来扰动自己的位置，然后指定检索区域的大小。通过向 LSP 报告扰动位置和检索大小，用户可以获取周围的附近兴趣点(POI)。与 LBS 的其他隐私模型相比，Geo-Ind 的吸引人之处在于，它可以防止推断出用户的真实位置，同时与对手的先验知识无关。因此，它被用作 LBS 的几种隐私保护应用的组成部分[307-310]，并成为位置隐私事实上的标准。

尽管 Geo-Ind 可以防止推断位置信息，但在现实世界中，隐私的概念是多维的[311, 312]。除了真实位置之外，车辆用户打算隐瞒其位置的行为还可以揭示其他一些隐私信息[313]。具体来说，如果服务提供商可以在 LBS 查询中识别出车辆已经干扰了自己的位置，即使他无法推断出车辆的真实位置，也可以知道驾驶员隐藏行踪的动机。此外，通过找出车辆用户喜欢何时以及多久扰动一次自己的位置，服务器可以学习隐私偏好[314] 来推测驾驶员的个性特征[315-317]。例如，Raber 等人[318-320] 发现，性格外向、思想开放的人倾向于更慷慨地公布自己的确切位置，而神经质和尽职尽责的性格则导致位置混淆的程度更高。有了这些个性信息，服务提供商便可以将针对性的垃圾邮件或诈骗信息发送至车辆以获取商业利润。更糟的是，Acquisti 等人[316-321] 发现，当个人的隐私偏好被披露时，对手就有可能利用微妙的应用设计来获得意想不到的对用户的见解。例如，他们发现，通过精心设计应用程序的默认共享设置，服务提供商可以制造出一种安全错觉，并令驾驶员愿意披露其敏感信息。

如图 10.1 所示，这种类型的隐私威胁远远超出了 Geo-Ind 的控制范围，其中 Geo-Ind 仅能阻止推断出真实位置，而扰动行为本身却可以揭示更广泛的隐私。但是，通过实验发现，经典的 Geo-Ind 机制将真实位置扰动到不合理区域的可能性可能超过 50%，这导致驾驶员的扰动行为被大量暴露。

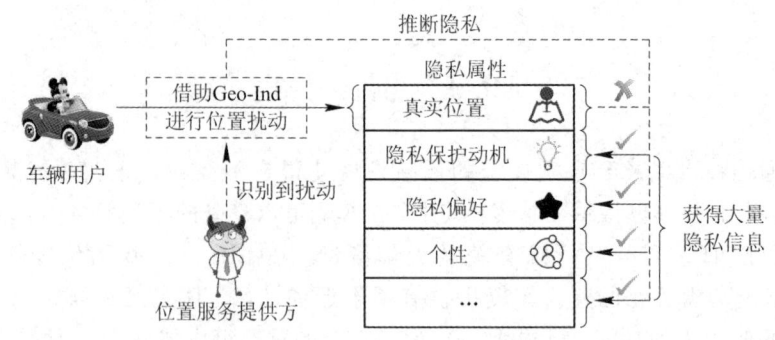

图 10.1 应用 Geo-Ind 造成的隐私泄露

为了解决这些问题，必须保护车辆用户的扰动行为不被识别，本章提出了新的隐私概念以提供增强的隐私保证。注意到 LSP 识别扰动行为的最可行的简单方法是识别不合理的报告位置，其中该位置几乎不可能出现车辆。因此，至关重要的是确保所报告位置的真实性而不泄露用户的位置信息。为此，设计了一种新颖的隐私保护机制来实现新的隐私定义，并提出了一种算法来保证 LBS 查询的准确性。本章主要内容如下：

（1）提出了一个新的隐私定义，称为扰动隐藏（Perturbation-Hidden），为基于位置的服务提供比 Geo-Ind 更严格的隐私保证。与 Geo-Ind 相比，Perturbation-Hidden 旨在消除因识别出车辆用户的干扰行为而导致的隐私泄露。

（2）设计了一种隐私保护机制来实现隐私定义。具体来说，就是将地图平面抽象为网格，并以用户指定的属性作为候选集来考虑合理的位置。然后，从数据库领域借鉴差分隐私指数机制，以在离散选择之间生成扰动位置，而不会泄露任何隐私。

（3）为了保证查询的准确性，提出了一种确定检索区域半径的方法。具体来说，就是对查询结果的准确性进行概率分析，然后通过动态规划确定检索半径，以找到给定精度要求的最小值。这样，用户可以自适应地定义 LBS 查询的准确性。

（4）通过理论分析和实验结果来评估本章方案。首先，从理论上证明隐私保护机制满足 Perturbation-Hidden 的概念。然后，在模拟和广泛使用的现实世界数据集上进行广泛的实验。结果表明，本章方案可以实现 100% 合理的扰动位置，同时确保较高的查询精准率和召回率。

10.2　预备知识和系统模型

在本节中，首先简单介绍后文中要用到的预备知识，然后介绍后续讨论所依赖的系统模型以及试图实现的隐私目标。表 10.1 总结了本章常用的符号。

表 10.1　本章常用的符号

符　　号	描　　述
ε	调节隐私级别
M	实现差分隐私随机化函数
X	实现 Geo-Ind 随机化函数
$\Pr(\cdot)$	事件发生的概率
$d(\cdot, \cdot)$	两个位置之间的欧氏距离
K	实现扰动隐藏随机化函数
x_0	车辆用户的真实位置
z	LBS 查询中报告的位置
δ	用户可选择设置的最大考虑区域
X_δ	δ 中用户指定的合理位置的集合
u	评价输出的可用性函数
c	LBS 应用准确性的置信度
$C(x, r)$	圆心为 x、半径为 r 的圆

10.2.1　差分隐私和地理不可区分性

差分隐私最早提出于统计数据库领域[306]，用来解决聚合查询结果可能导致的隐私泄露问题，是一种可以对隐私提供严格定义与保护的概念。相比于其他隐私定义（K-匿名等），差分隐私具有与攻击者背景知识无关以及能够量化隐私损失等优点。当输入数据集非常接近时，差分隐私要求输出的分布也十分接近以使得攻击者无法以一个显著的概率（Significant Probability）通过输出来区分输入。差分隐私的定义如下。

定义 10.1(差分隐私)[322]　设随机化算法 M 的定义域为 $N^{|\chi|}$，如果对所有 $S \subseteq \text{Range}(M)$，以及对所有使得 $\|x-y\|_1 \leqslant 1$ 成立的 x、$y \in N^{|\chi|}$，都有 $\Pr[M(x) \in S] \leqslant \exp(\varepsilon)\Pr[M(y) \in S]$ 成立，其中 x、y 为数据集的直方图表示，$\|x\|_1 = \sum_{i=1}^{|\chi|} |x_i|$ 为 x 的 l_1 范数，则称 M 满足 ε-差分隐私。

上述定义中 ε 表示隐私级别，为正值，e^ε 是能够通过 $M(x)$ 与 $M(y)$ 来区分 x 与 y 的概率。ε 越小，表示要求的隐私级别越高。

传统的差分隐私概念使用汉明距离来度量机制 M 的其他输入之间的距离，并要求它们之间的相差不超过一个汉明距离。然后，对这一概念进行了开发和推广，以使距离的度量不再受限于汉明距离，距离的差异也不再受限于一个单位距离[290]。最后通过提出地理不可区分性将其体现在 LBS 隐私中[140]。

定义 10.2(地理不可区分性)　随机化算法 $K: X \rightarrow P(Z)$ 满足 ε-地理不可区分性，当且仅当 $\forall x, x' \in X$，都有 $d(K(x), K(x')) \leqslant \varepsilon d(x, x')$。

其中 X 表示用户所有可能存在的位置集合，Z 表示所有允许的混淆位置点构成的集合；$P(Z)$ 为在 Z 上的概率分布；$K(x)$ 表示当用户位于 x 时，输出混淆位置点在 Z 上的概率分布；$d_{\mathrm{p}}(\sigma_1,\sigma_2)$ 为两个分布之间的乘法距离，定义为 $d_{\mathrm{p}}(\sigma_1,\sigma_2)=\sup_{S\subseteq S}\left|\ln\dfrac{\sigma_1(S)}{\sigma_2(S)}\right|$，约定当 $\sigma_1(S)$、$\sigma_2(S)$ 均为 0 时，$\left|\ln\dfrac{\sigma_1(S)}{\sigma_2(S)}\right|=0$；当只有其中一个为 0 时，$\left|\ln\dfrac{\sigma_1(S)}{\sigma_2(S)}\right|=\infty$；$d(x,x')$ 为 x 与 x' 间的欧几里得距离。与定义 10.2 等价的表述是对所有 $x、x'\in X,Z\subseteq Z$，有 $K(x)(Z)\leqslant e^{\varepsilon d(x,x')}K(x')(Z)$ 成立。其中 $K(x)(Z)$ 表示当用户位于 x 时，混淆位置点位于集合 Z 的概率。

地理不可区分性的直观含义是对任何两个接近的位置，混淆机制将它们扰动到同一个位置点的概率也应当十分接近。上述定义中两个位置点间的距离越小，要求的隐私强度越高；如果用户期望在较大的范围内获得更高的隐私水平，则应当选取更小的 ε 值。

10.2.2 系统模型

在本小节中，主要讨论三方面的内容，分别是针对车辆用户的 LBS 服务过程的系统模型、威胁模型以及本章所提方案的基本设置。

在工作中，车辆用户向服务提供商发送带有位置的 LBS 查询，以获取附近 POI 的列表和详细信息（例如找到附近的加油站或酒店）。用户希望从 LBS 获得实用程序，并可以选择是否将其行踪保密。如果车辆用户喜欢保护位置隐私，可以在自己的真实位置添加噪音，并将此架噪的位置发送给 LSP，而如果用户出于便利或 LBS 固有的隐私与服务质量间的权衡而不愿扰动位置[296]，则可发送自己的真实位置。LBS 服务过程的系统模型如图 10.2 所示。

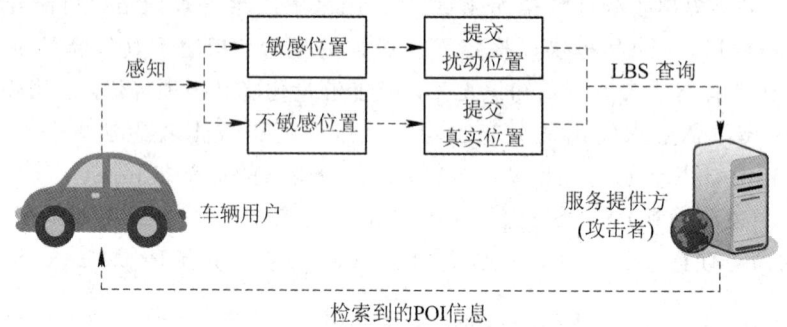

图 10.2 系统模型

下面讨论 LBS 服务过程的威胁模型，该模型给出了有关对手的假设。在基于位置的服务中，服务提供商通常被认为是诚实且好奇的，也就是说，他将诚实地回答 LBS 查询，同时观察接收到的查询中的位置信息，然后尝试了解有关查询用户的更多信息。因此，对手的第一个目标是了解车辆是否在查询中干扰了其位置，第二个目标是如果他判断车辆的位置已被干扰，则通过先验知识进一步推断车辆的真实位置。此外，值得注意的是，服务提供商识别扰动行为的最可行、最简单的方法是识别出不合理的位置，而该位置几乎是不可能出现用户的。因此，在威胁模型中，假设对手根据报告位置的地域合理性可识别出车辆使用者的扰动行为。例如，如果对手识别出地理位置不合理的报告位置，如实际不太可能存在车辆的湖泊、沼泽和崎岖的山脉，则他可判断车辆用户在此查询中已经扰动了自己的位置。

本章将地图平面视为具有欧几里得距离的笛卡尔平面，并将其划分为网格以方便计算机处理。此外，将网格中的一个单元视为位置的基本单位，并将两个特定位置之间的距离定义为其几何中心点之间的欧几里得距离。此外，为建立新模型的研究基础，本章仅讨论单个 LBS 查询情况下的问题。

10.2.3　隐私目标

车辆用户可以基于其隐私偏好选择是否在查询中干扰其位置。如果用户选择干扰位置，则必须从两个方面保护自己的隐私。不仅要求对手无法识别车辆使用者的扰动行为，而且还要求在选择扰动车辆后不能推断出其确切位置，即隐私保护机制要满足 Geo-Ind。对隐私目标的描述如下。

定义 10.3(扰动隐藏)　在 LBS 的隐私保护中，如果位置扰动机制满足以下属性，则称其满足"扰动隐藏"的要求。

（1）事件隐私属性。对手判断所报告位置是否受到干扰的成功率不超过 $\psi = \max(\eta_1, \eta_2)$，其中 η_1 表示车辆用户在查询时选择位置扰动的概率，η_2 表示未选择位置扰动的概率。

（2）推断隐私属性。位置扰动机制满足 ε-地理不可区分性。

"扰动隐藏"可以防止由于识别出车辆用户的扰动行为而导致的隐私泄露。事件隐私属性可确保对手无法找到一种更好的方法来确定车辆用户是否扰动了自己的位置，而不是天真地将报告的位置视为始终（或不被）扰动。此外，推断隐私属性可确保一旦正确猜出了车辆用户将自己的位置进行了扰动，对手仍然无法通过可观察的报告位置来推断其真实位置。在图 10.2 中可以看出，在不敏感的位置时，车辆用户更愿意在不扰动的情况下查询更好的服务质量，这使其仍然可以享受事件隐私属性，而不再需要推断隐私属性。

10.3　方　案　设　计

在本节中，首先介绍在满足"扰动隐藏"的同时进行扰动位置的方法；然后介绍如何在给定的查询结果精度要求下确定检索区域的半径；最后描述一般方案的工作流程和在车辆中的可行性，并讨论一些与实施相关的问题的解决方案。

10.3.1　扰动方案设计

当车辆用户希望在 LBS 查询中保护自己的隐私时，首先根据其指定的属性选择可能的受扰动位置的合理候选区域，以满足对"扰动隐藏"事件隐私属性的要求。然后，将差分隐私指数机制应用于地图平面，以满足"扰动隐藏"的推断隐私属性。

下面介绍产生扰动位置的具体方法。当请求用户的真实位置为 $x_0 \in \mathbf{R}^2$ 且需要获取周围的兴趣点（POI）时，扰动机制产生 $z \in \mathbf{R}^2$ 作为提交位置[308, 309]，其中 z 是由随机化函数 K 选取的一定地图区域 δ 内满足合理性判别的位置集合 $X_\delta = \{x_i \mid i \in \mathbf{N}^*, 1 \leqslant i \leqslant n\}$ 中的某一位置 x_i，即有 $z = x_i$。另外，为了使扰动位置与用户真实位置不同，令 $x_0 \notin X_\delta$。如图 10.3

所示，取 δ 为用户所在的一块 10×10 地图平面，其中深色区域代表合理位置，浅色区域代表不合理位置，用户所在位置为 x_0，除用户所在位置外的深色区域构成 X_δ，其中的每一个网格代表 x_i。扰动机制通过算法 K 汇报混淆位置 z 给服务器实现位置扰动，其中 z 在 X_δ 中产生。在图 10.3 中可以看到，要确保始终在 X_δ 中生成 z，车辆应用程序必须获取有关 δ 中每个位置的合理性状态的信息。由于此过程的技术性独立于扰动机制，因此将在 10.3.3 节讨论此问题并详细地描述解决方案。

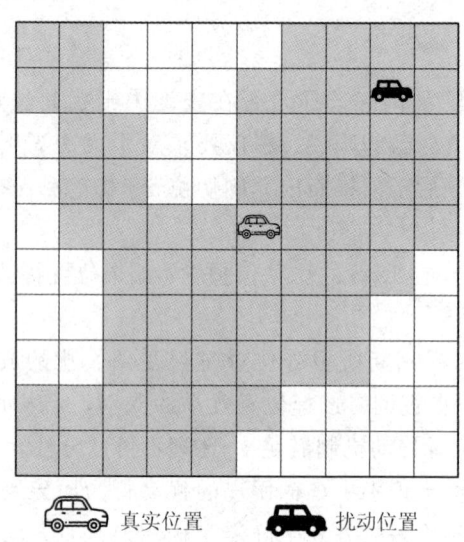

真实位置　　　扰动位置

图 10.3　位置扰动示例

为获取可证明的位置隐私保护水平，随机化函数 K 需满足地理不可区分性，即以 x_0 周围一定区域内的任何位置 x_0' 作为输入产生相同扰动位置 z 作为输出的概率相差不超过一个乘数因子 $\mathrm{e}^{\varepsilon d(x_0,\,x_0')}$。为了实现这一点，需要使选择 x_i 作为扰动位置的概率随其与 x_0 间距离的增大而指数减小。

为此，可采用差分隐私指数机制在 X_δ 中选择输出位置 x_i。在标准的差分隐私应用中，对于一个给定的数据集 s 与任意离散取值域 H，指数机制以正比于 $\exp\left(\dfrac{\varepsilon u(s,\,h)}{2\Delta u}\right)$ 的概率选择并输出元素 $h\in H$。其中：$s\in \mathbf{N}^{|\chi|}$ 为直方图表示的数据集，χ 为数据集样本空间；$u\colon \mathbf{N}^{|\chi|}\times H\to \mathbf{R}$ 为敏感度函数，用于对每一个数据集/输出元素的二元组进行打分；Δu 为效用函数 u 的敏感度，定义为 $\Delta u = \max\limits_{h\in H}\max\limits_{s,\,t:s-t_1\leqslant 1}|u(s,\,h)-u(t,\,h)|$。可以证明，上述指数机制满足 ε—差分隐私。

从广义差分隐私[290]的思想中吸取经验，将指数机制应用于地图平面以实现位置扰动，并从类比的角度来理解这种借鉴。传统的指数机制作用于统计数据集，并保护两个最大汉明距离相差不大的数据库。在将其应用于地图平面时，首先需要弄清楚在这种情况下指数机制的本质保护范围。为了对此进行讨论，以车辆用户的位置为基点，并将离散的平面区域 X_δ 抽象为数据库格式。在这种情况下，数据库中的记录可以视为从 x_0 到 X_δ 中所有位置的单位长度的段，如表 10.2 所示。

表 10.2　单位长度距离数据集示例

向量序号	偏离角/°	起始点与 x_0 间距离/ω	终止点与 x_0 间距离/ω
1	$\theta_1^{(1)}$	0	1
2	$\theta_1^{(2)}$	1	2
...	...	...	...
l	$\theta_i^{(j)}$	$j-1$	$j-1+\sigma_i$
...	...	...	...
m	$\theta_{n-1}^{(k)}$	$k-1$	$k-1+\sigma_{n-1}$

表 10.2 中，ω 为单位距离的长度设定，$\theta_i^{(j)}$ 表示从 x_0 到 x_i 的第 j 单位距离向量在以 x_0 为圆心的极坐标下的偏离角，显然有 $\theta_i^{(1)}=\theta_i^{(2)}=\cdots=\theta_i^{(j)}$；$\sigma_i\in\mathbf{R}^*$ 且当第 l 号向量是 x_0 与 x_i 之间首尾相接的最后一段向量且 $\omega+d(x_0,x_i)$ 时 $0<\sigma_i<1$，否则 $\sigma_i=1$。抽象的示意图 如图 10.4 所示，以 4 个位置 (x_i,x_l,x_v,x_n) 作为样本来说明 X_δ 和数据集之间的对应 关系。

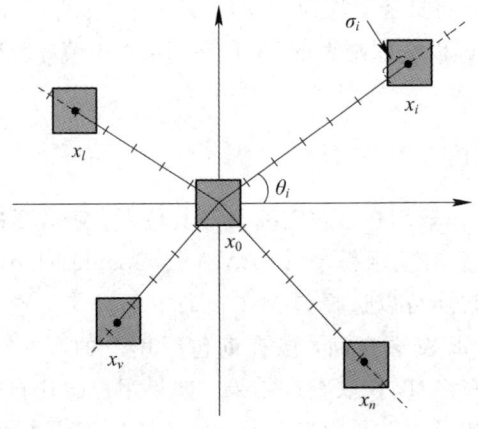

图 10.4　表 10.2 的图示

由于差分隐私保护，单个记录是否在数据集中不能为攻击者所推断，而单位距离的选 取直接决定了数据集中记录粒度的大小，因此采用差分隐私保护后，攻击者无法通过输出 判断 x_0 与其他用户间是否存在任意一段特定的单位长度的距离。例如，当单位距离选取较 小（如 1 m）时，数据集中记录粒度较小，受差分隐私保护的单位距离长度也较小，当 ε 固定 时隐私强度也相应较小；而当单位距离选取较大（如 1 km）时，数据集中记录粒度较大，受 到隐私保护的单位距离长度也较大，在相同的 ε 下隐私强度也较大。对这一问题的形式化 分析在 10.4.2 节中给出。

为使用户在自身所在范围内始终享有隐私保护，且受保护程度随着与用户距离的增加 而减小[140]，定义中 X_δ 中每个元素 x_i 的效用为 $u(x_0,x_i)=-d(x_0,x_i)$。由于定义的效用 函数 u 本质上是表 10.2 中所表示的数据库上计数查询的负值，因此就其敏感性而言，有 $\Delta u=1$。在这种情况下，ε 表示为一个单位长度提供的隐私级别，即一个单位长度的距离。 之前研究已经提到隐私级别受测得的单位距离的影响，但没有说明这一特性来源于标准差分隐私及其中的敏感度定义。

接下来，给出选择输出 X_δ 内的元素的具体方法，如算法 10.1 所示。

算法 10.1　扰动位置产生机制 K

输入：x_0，X_δ，ε

输出：z

---

1. 对 X_δ 中每个元素 x_i，计算 $u(\delta, x_i) = -d(x_0, x_i)$

2. 对每个 $i \in \mathbf{N}: 1 \leqslant i \leqslant n-1$，计算 $\text{weight}_i = e^{\frac{\varepsilon \cdot u(x_0, x_i)}{2}}$

3. 计算 $\text{cum} = \sum\limits_{i=1}^{n-1} \text{weight}_i$

4. 对每个 $i \in \mathbf{N}: 1 \leqslant i \leqslant n-1$，计算 $\Pr(x_i) = \dfrac{\text{weight}_i}{\text{cum}}$

5. 依据概率分布率挑选随机的 x_i，并令 $z = x_i$

6. 返回 z，算法结束

算法 10.1 的时间和空间复杂度均为 $O(n)$，其中 $n = |X_\delta|$。该机制将 z 报告为扰动位置，并确定相应的检索范围以获取附近的 POI。在 10.4.1 节中，证明了这种位置扰动机制可以满足"扰动隐藏"的要求。

10.3.2　确定检索范围

在要求查询 LBS 时，车辆用户不仅需要发送其位置，还需要确定使服务器进行检索的检索区域（AOR）。为了与现有应用程序（如 AMAP、Google Map）兼容，这里将 AOR 视为一个圆圈。此外，车辆用户还可以选择是否在查询中干扰其位置。如果用户不想隐藏自己的行踪，那么可直接向 LSP 发送查询，该查询包括用户的真实位置、感兴趣区域的半径（AOI）和所需 POI 的关键字，以获取查询结果。如果用户想让自己的位置保密，仍然需要向 LSP 报告位置、AOR 的半径以及所需 POI 的关键字，但是需要仔细处理报告的位置和 AOR 的半径。就报告的位置而言，如上一部分所述，车辆用户需要调用算法 10.1 以获得扰动位置 z；就 AOR 而言，由于混淆了真实位置，因此不能简单地将 AOR 设置为用户的 AOI。因为以 z 为 AOR 的中心是自然的，所以需要关注 AOR 的半径并确保查询结果的准确性。

在理想情况下，要求 AOR 总是包含 AOI，此时用户可以获得他期望获得的全部信息。然而，由于扰动位置是以一定概率分布在地图区域 δ 上随机生成的，且现有研究[140]指出动态地对 AOR 进行调整以使其总是包含 AOI 是不安全的（因为这会使攻击者获知用户总是位于 AOR 内），因此为了保证用户位置隐私，AOR 的设定需要与扰动位置 z 的产生相独立。基于此，一个 LBS 应用的精确性定义如下。

定义 10.4(LBS 应用精确性)　一个 LBS 应用 (K, r_{AOR}) 是 (c, r_{AOI})-精确的，当且仅当对所有位置 $x \in \mathbf{R}^2$，有 $C(x, r_{\text{AOI}})$ 被完全包含在 $C(K(x), r_{\text{AOR}})$ 内的概率不小于 c。

其中 r_{AOR} 与 r_{AOI} 分别表示 AOR 与 AOI 的半径；$C(x, r)$ 表示以 x 为中心，r 为半径的圆；c 为置信因子。目标是在给定 (c, r_{AOI}) 参数的情况下找到一个合适的 r_{AOR}，使得该 r_{AOR}

在本章所提方案下满足(c, r_{AOI})-精确性。

由于r_{AOR}增大会使得服务器返回用户的结果中包括更多的 POI，因此为了节省带宽开销，获取能够满足(c, r_{AOI})-精确性的最小r_{AOR}值是有必要的。由于本章所提方案中，对于每一个满足位置合理性判别的位置x_i，总可以依据算法 10.1 前 4 步求出它们作为扰动位置的概率$\Pr(x_i)$，则对于$z = K(x)$有$d(x, z) \leqslant r$的概率至少为$\sigma(r) = \sum_{x_i \in C(x_0, r) \cap X_\delta} \Pr(x_i)$，也即当$r \geqslant \sigma^{-1}(\alpha)$时，本章所提机制满足文献[323]中提出的$(r, \alpha)$-有用性，其中$\alpha \in \mathbf{R}$且$0 \leqslant \alpha \leqslant 1$，为一指定概率。$\sigma^{-1}(\alpha)$表示要满足给定的置信水平$\alpha$、$r$的取值下界。

显然，如果机制K是满足(r, α)-有用性的，则当$r \leqslant r_{AOR} - r_{AOI}$时，LBS 应用$(K, r_{AOR})$是$(\alpha, r_{AOI})$-精确性的，故需要满足$r_{AOR} \geqslant r_{AOI} + \sigma^{-1}(\alpha)$，因此令$r_{AOR} = r_{AOI} + \sigma^{-1}(\alpha)$以满足精确度需求。在这种情况下，有$\zeta^{-1}(\alpha) = \mathrm{argmin} \left| \sum_{x_i \in C(x_0, r) \cap X_\delta} \Pr(x_i) - \alpha \right|$。然后使用动态规划来计算$\zeta^{-1}(\alpha)$，避免了对算法 10.1 计算得出的各个位置的相应概率的重复求和。

对于$x_i \in \delta$和$x_i \notin X_\delta$，$\Pr(x_i)$初始化为零。在计算$\zeta^{-1}(\alpha)$的过程中，以每轮一单位长度的步长检验r逐渐增加时$C(x_0, r)$与δ的交点的概率之和。累积量$\Pr_{cum}$表示满足$d(x_0, x_i) \leqslant r$的所有$\Pr(x_i)$之和。为此，只要$\Pr_{cum}$尚未满足条件，该算法就连续记录随r增大的$\Pr_{cum}$，并记录δ中各层的起始序数。此外，该算法还记录了各层内的遍历位置。对于每一层中的位置，算法根据x_0与每个位置之间的距离从近到远遍历它们。将一层的顶点位置的概率计入$\Pr_{cum}$后，下一轮的层的起始序数增加 1。当$\Pr_{cum}$第一次大于α时，此时的r值为$\zeta^{-1}(\alpha)$时间。

为了在二维平面上实现该算法，将δ表示为矩阵$\boldsymbol{M}_\delta$，其中$\boldsymbol{M}_\delta$中的每个元素代表相应位置被采样为扰动位置的概率。此外，将x_0在$\boldsymbol{M}_\delta$中的位置表示为$\boldsymbol{M}_\delta(x, y)$。该算法的详细信息在算法 10.2 中给出。

算法 10.2　计算r_{AOR}

输入：r_{AOI}，x_0，α，$\boldsymbol{M}_\delta$，X_δ

输出：r_{AOR}，$\delta(x_2, y_2, z_2, i)$

---

1. 将x_0映射到$\boldsymbol{M}_\delta(x, y)$　　//记录每一层的遍历位置

2. 创建一个空列表L

3. 令$\Pr_{cum} = 0$　　　　//记录起始层，首先从第 1 层开始

4. 令 count $= 1$

5. 对于$r \in (1, \infty)$

6. 在L的尾部附加一个值为 0 的新元素

7. 对于$i \in (\mathrm{count}, r)$

8. 对于$j \in (L(i), i)$　　　//计算累积概率

9. 如果$j = 0$，则有

10. 　　$\Pr_{cum} = \Pr_{cum} + \boldsymbol{M}_\delta(x-i, y) + \boldsymbol{M}_\delta(x, y-i) + \boldsymbol{M}_\delta(x+i, y) + \boldsymbol{M}_\delta(x, y+i)$

11. 　　$L(i) = j + 1$

12. 如果 $j \neq i$，则

13.   当 $\sqrt{x^2+y^2} \leqslant r$ 时，有

14. $\mathrm{Pr}_{\mathrm{cum}} = \mathrm{Pr}_{\mathrm{cum}} + M_\delta(x-j,\ y+i) + M_\delta(x+j,\ y+i) + M_\delta(x-j,\ y-i) +$

   $M_\delta(x+j,\ y-i) + M_\delta(x-i,\ y-j) + M_\delta(x-i,\ y+j) +$

   $M_\delta(x+i,\ y-j) + M_\delta(x+i,\ y+j)$

15.   当 $\sqrt{x^2+y^2} > r$ 时

16. $L[i] = j$ //更新遍历位置

17.   退出循环

18. 如果 $j = i$，则

19. $\mathrm{Pr}_{\mathrm{cum}} = \mathrm{Pr}_{\mathrm{cum}} + M_\delta(x-j,\ y+i) + M_\delta(x+j,\ y+i) + M_\delta(x-j,\ y-i) + M_\delta(x+j,\ y-i)$

20. $\mathrm{count} = \mathrm{count} + 1$

21. 如果 $\mathrm{Pr}_{\mathrm{cum}} \geqslant \alpha$，则   //$\mathrm{Pr}_{\mathrm{cum}}$ 满足 $\zeta^{-1}(\alpha)$

22.   跳出所有循环，计算 $r_{\mathrm{AOR}} = r_{\mathrm{AOR}} + r$

23. 返回 r_{AOR}

在算法 10.2 中，列表 L 在 M_δ 中以 $M_\delta(x,\ y)$ 为中心记录每层的遍历位置。count 记录尚未完全遍历的图层的起始顺序。该算法使用动态规划来找到满足概率要求的 r 的最小值，然后计算满足 $(c,\ r_{\mathrm{AOI}})$ 精度的 r_{AOI}。该算法的时间和空间复杂度均为 $O(w)$，其中 w 是 δ 内位置的总数。算法 10.2 的返回值确定报告给服务器的查询检索半径。

10.3.3　扰动方案实现

本小节讨论方案中与实施相关的一些问题。首先描述本章方案在现实世界中的工作过程，然后讨论在 IoV 中提出该方案的可行性，最后讨论用于客户端应用程序以获取位置合理性状态的解决方案。

本章方案在现实世界中的运作过程如下所述。要查询 LBS，车辆用户应首先根据其隐私偏好选择是否混淆其位置。如果用户没有选择混淆，车辆将通过当前的 V2X 通信（如 DSRC、LTE - V2X 等）将包含真实位置、AOI 半径和所需 POI 关键字的查询直接发送到 LSP 服务器[313-314]。然后，车辆用户可以从服务器接收附近 POI 信息的结果以完成服务。如果车辆用户选择混淆位置，则可以通过以下步骤接收 LBS 的结果。

（1）车辆用户调用算法 10.1 以获得扰动位置 z；

（2）车辆执行算法 10.2，以根据用户感兴趣的 r_{AOI} 获得 r_{AOR}；

（3）车辆将 z、r_{AOR} 和所需 POI 的关键字发送给服务器；

（4）服务器根据查询在 AOR 中获取有关 POI 的信息，然后将结果返回给车辆；

（5）车辆过滤接收到的结果，并将 AOI 中的 POI 信息呈现给用户，从而完成服务。

车辆可以在其车载信息娱乐（IVI）系统上部署并执行提出的算法。该系统可以通过将车辆连接到云和其他已连接的服务来提供娱乐和导航等各种应用程序。在 IVI 系统中，有一个集成的头单元（Head Unit），它具有自己的处理器、内存和 I/O 接口，可以安装 PC 或

智能手机支持的操作系统。因此，具有通用集成主机的现代 IVI 系统可以执行各种数据处理，以向用户提供大量增值服务，如多媒体和 LBS 等。就车辆执行所提出的算法的可行性而言，要求车辆具有完成服务能力的两个方面，包括计算和数据处理以及与 LSP 的通信。在计算和数据处理方面，当前的 IVI 系统通常可以提供导航、音乐和视频播放等服务，涉及编码、解码和着色等复杂任务。例如，着色算法的平均时间复杂度为 $O(|\Omega| \cdot |\mathrm{chrominance}(\Omega_c)|)$，其中 Ω 是图像中要进行着色的区域，Ω_c 是具有相同色度的像素集[326]。由于提出的算法的最大时间复杂度仅为 $O(|\delta|)$，其中 δ 是所考虑区域中的一组位置，因此现有 IVI 系统的集成头单元完全可以处理提出的算法。在通信方面，IoV 中的车辆可以通过 RSU 或基站的数据转发与 LSP 通信。因此，可以通过各种 V2X 通信技术（如 DSRC、LTE‐V2X 等）进行通信[324, 325]。此外，5G 技术的兴起使得车辆获得普及服务的难度和效率更高。

注意，本章方案仅要求车辆与服务提供商之间进行一轮通信，通信消耗的带宽开销基本上在 2.5 KB 之内（如 10.5.4 节所示），大致相当于 0.01 s 的无损音乐或视频的 0.12 s。因此，本章方案的通信过程可以通过当前的 V2X 通信技术和新兴的 5G 技术轻松完成。

如图 10.3 所示，要实现隐私保护机制，客户端应用程序需要知道 δ 中每个位置的合理性状态。由于此任务与机制 K 无关，并且可以通过各种可能的方法来实现或开发，因此没有给出详细的算法，只是从宏观角度描述了可行的解决方案。

一些先前的著作[327, 328]根据每个位置的查询概率来确定位置的合理性。这些研究者认为，如果在特定位置的查询概率非常低，那么这在地理上是不可能的。尽管这个想法很有启发性，但不适用于随机扰动车辆位置的范例。由于行踪保密的车辆用户报告的位置都已被随机扰动，因此没有人（包括 LSP）可以得出位置上的真实查询概率分布。此外，当车辆使用者到达其他人之前从未到达的区域时，该方法也是完全失败的。

因此，为避免这些问题，本书作者认为基于地形知识的地理似然性是一种有前途的探索方法。车辆用户可以在本地设置和修改合理性首选项，以控制允许的地形属性，以便扰动位置始终是用户认为自己可能出现的位置。由于可选属性的数量远小于系统中的车辆数量，并且可以在本地处理首选项设置，因此此过程不会揭示车辆用户的隐私。此外，由于地形知识非常直观且几乎固定，因此可以允许 LSP 或 Internet 服务提供商（ISP）的基站进行维护，并在需要时将其发送给车辆。他们维护的地形知识可以通过知识工程如 Google Street View[329]来获得，也可以通过构建地理标记的地图数据集，然后采用基于机器学习的方法来使其自动完成[330-332]。

使用地形知识作为合理性基础的优势在于，由于它是直观且几乎固定的，如果 LSP 或 ISP 想要用虚假的地形信息来欺骗车辆，则车辆用户将很容易发现这种欺骗并选择其他提供商来实现服务。企图欺骗用户最终会导致用户流失，这为提供者保持诚实提供了经济激励。

10.4　方　案　分　析

10.4.1　安全性分析

进行安全性分析前先定义几个事件，事件 P 表示用户在查询时刻选择对真实位置进行扰动，事件 T 表示用户提交的请求位置是不合理的位置，事件 J 表示攻击者判定用户在查询时进行了位置扰动，事件 A 表示攻击者成功判断查询中是否存在干扰行为的事件，事件 Y 表示攻击者成功识别用户是否进行了位置扰动。

假定所提交的位置是合理的，或者当攻击者不能对这一结果进行确定时，他会判断车辆用户以 ω 的概率对其所在位置进行了扰动，即 $\Pr(J|\bar{Y}) = \Pr(J|\bar{P}) = \Pr(J|Y, P, \bar{T}) = \bar{\omega}$，且 $\Pr(J|Y, P, T) = 1$。

引理 10.1 本章所提出的方案满足定义 10.3 中的事件隐私属性。

证明 根据以上论述，$\Pr(A)$ 表示攻击者成功判断查询中是否存在干扰行为的概率。由于 $\Pr(A) = \Pr(P, J) + \Pr(\bar{P}, \bar{J})$，在本章所提系统模型中，可以描述事件 $P \wedge J$ 和 $\bar{P} \wedge \bar{J}$ 分别发生的概率，即

$$
\begin{aligned}
\Pr(P, J) &= \Pr(P, \bar{T}, Y, J) + \Pr(P, \bar{Y}, J) + \Pr(P, T, Y, J) \\
&= \bar{\omega} \cdot [\Pr(P, \bar{T}, Y) + \Pr(P, \bar{Y})] + \Pr(P, T, Y) \\
&= \Pr(P) \cdot \{\bar{\omega} \cdot [\Pr(\bar{T}, Y \mid P) + \Pr(\bar{Y})] + \Pr(T, Y \mid P)\} \\
&= \Pr(P) \cdot \{\bar{\omega} \cdot [\Pr(\bar{T} \mid P)\Pr(Y) + \Pr(\bar{Y})] + \Pr(T \mid P)\Pr(Y)\} \\
&= \bar{\omega} \cdot \Pr(P) \cdot [\Pr(\bar{T} \mid P)\Pr(Y) + \Pr(\bar{Y}) + (1/\bar{\omega}) \cdot \Pr(T \mid P)\Pr(Y)] \\
&= \bar{\omega} \cdot \Pr(P) \cdot [1 + \Pr(T \mid P)\Pr(Y)]
\end{aligned}
$$

且

$$
\begin{aligned}
\Pr(\bar{P}, \bar{J}) &= \Pr(\bar{P}, \bar{T}, Y, \bar{J}) + \Pr(\bar{P}, \bar{T}, \bar{Y}, \bar{J}) \\
&= (1-\bar{\omega}) \cdot \Pr(\bar{P}, \bar{T}, \bar{Y}) + (1-\bar{\omega}) \cdot \Pr(\bar{P}, \bar{T}, \bar{Y}) \\
&= (1-\bar{\omega}) \cdot \Pr(\bar{T} \mid \bar{P})[\Pr(\bar{P})\Pr(Y) + \Pr(\bar{P})\Pr(\bar{Y})] \\
&= (1-\bar{\omega}) \cdot \Pr(\bar{P}) \cdot [\Pr(Y) + \Pr(\bar{Y})] \\
&= (1-\bar{\omega}) \cdot \Pr(\bar{P})
\end{aligned}
$$

在以上过程中，$\Pr(\bar{P}, \bar{T}) = \Pr(P)$，因为 $\Pr(\bar{T}|\bar{P}) = 1$，所以有：

$$\Pr(A) = 1 + 2\bar{\omega} \cdot \Pr(P) + \bar{\omega} \cdot \Pr(T \mid P)\Pr(Y) - \bar{\omega} - \Pr(P)$$

由于方案保证了 $\Pr(T|P) = 0$，从而得到：

$$\Pr(A) = 1 + (2\Pr(P) - 1)\bar{\omega} - \Pr(P)$$

现在证明 $\Pr(A) \leqslant \psi$。

记 $\Pr(P) = \eta_1$，$\Pr(\bar{P}) = \eta_2$，有 $\psi = \max(\Pr(P), \Pr(\bar{P}))$。如果假定 $\Pr(P) \geqslant \Pr(\bar{P})$，容易得出 $\Pr(A) \leqslant \psi$ 当且仅当 $\Pr(P) \geqslant 1/2$，如果假定 $\Pr(P) \leqslant \Pr(\bar{P})$，容易得出 $\Pr(A) \leqslant \psi$ 当且仅当 $\Pr(P) \leqslant 1/2$。显然这些条件能够得到满足，因此该定理得以证明。

证明过程表明，无论 $\bar{\omega}$ 被如何选择（攻击者可以采用的策略），本章方案始终保证了事件隐私属性。

引理 10.2 本章所提出的方案满足定义 10.3 中的推断隐私属性。

证明 由于推断隐私属性要求位置扰动机制满足 ε-地理不可区分性，应该证明 $\dfrac{\Pr[K(x) = z]}{\Pr[K(x') = z]} \leqslant \exp(\varepsilon \cdot d(x, x'))$，具体如下：

$$\frac{\Pr[K(x)=z]}{\Pr[K(x')=z]} = \frac{\left[\dfrac{\exp\left(\dfrac{\varepsilon u(x,\,z)}{2}\right)}{\displaystyle\sum_{z'\in X_\delta}\exp\left(\dfrac{\varepsilon u(x,\,z')}{2}\right)}\right]}{\left[\dfrac{\exp\left(\dfrac{\varepsilon u(x',\,z)}{2}\right)}{\displaystyle\sum_{z'\in X_\delta}\exp\left(\dfrac{\varepsilon u(x',\,z')}{2}\right)}\right]}$$

$$= \frac{\exp\left(\dfrac{\varepsilon u(x,\,z)}{2}\right)}{\exp\left(\dfrac{\varepsilon u(x',\,z)}{2}\right)} \cdot \frac{\displaystyle\sum_{z'\in X_\delta}\exp\left(\dfrac{\varepsilon u(x',\,z')}{2}\right)}{\displaystyle\sum_{z'\in X_\delta}\exp\left(\dfrac{\varepsilon u(x,\,z')}{2}\right)}$$

$$= \exp\left(\frac{\varepsilon(u(x,\,z)-u(x',\,z))}{2}\right) \cdot \frac{\displaystyle\sum_{z'\in X_\delta}\exp\left(\dfrac{\varepsilon u(x',\,z')}{2}\right)}{\displaystyle\sum_{z'\in X_\delta}\exp\left(\dfrac{\varepsilon u(x,\,z')}{2}\right)}$$

$$\leqslant \exp\left(\frac{\varepsilon \cdot d(x,\,x')}{2}\right) \cdot \exp\left(\frac{\varepsilon \cdot d(x,\,x')}{2}\right) \cdot \frac{\displaystyle\sum_{z'\in X_\delta}\exp\left(\dfrac{\varepsilon u(x',\,z')}{2}\right)}{\displaystyle\sum_{z'\in X_\delta}\exp\left(\dfrac{\varepsilon u(x',\,z')}{2}\right)}$$

$$= \exp(\varepsilon \cdot d(x,\,x'))$$

定理 10.1　提出的方案满足扰动隐藏。

证明　将引理 10.1 和引理 10.2 结合起来，可以直接证明定理 10.1。

10.4.2　单位距离设定对方案的影响

由于 ε 表示单位距离下的隐私保护强度，因此在 ε 固定时，单位距离的选取能够对隐私保护强度产生影响。设定基准长度 $\beta=1$ m，并记选取的单位距离为 $\omega=c_1 \cdot \beta$，其中 $c_1 \in \{\lambda\in\mathbf{R}\,|\,\lambda>0\}$。接着定义 $u(x_0,\,x_i)=c_2^{(i)} \cdot \beta$，其中 $c_2^{(i)} \in \{\lambda\in\mathbf{R}\,|\,\lambda>0\}$。由于本章所提方案中 $\Pr(x_i)\propto\exp\left(\dfrac{\varepsilon u(x_0,\,x_i)}{2}\right)$，则在单位距离 ω 下，$\Pr(x_i)\propto\exp\left(\dfrac{\varepsilon}{2} \cdot \dfrac{c_2^{(i)}\beta}{c_1\beta}\right)$，记 $l=\dfrac{\varepsilon}{2c_1}$，则有 $l>0$。

设有 ε 与单位距离选取的不同取值使得 $l_1<l_2$，且有 $u(x_0,\,x_i)<u(x_0,\,x_j)$，则可以证明，有 $\dfrac{\Pr^{(l_1)}(x_j)}{\Pr^{(l_1)}(x_i)}<\dfrac{\Pr^{(l_2)}(x_j)}{\Pr^{(l_2)}(x_i)}$ 成立，即较大的 l 使得效用函数 u 取值较大的元素有更大概率被输出，其中 $\Pr^{(l_1)}(x_i)$ 表示在 l_1 的参数设定下方案输出 x_i 的概率。当 $l\xrightarrow{\lim}0$ 时，对所有 $x_i\in X_\delta$ 有 $\Pr^{(l)}(x_i)\propto1$，即有 $\Pr^{(l)}(x_i)\xrightarrow{\lim}\dfrac{1}{|X_\delta|}$；$l\xrightarrow{\lim}\infty$ 时，有 $\Pr(r)\xrightarrow{\lim}1$，其中 $r=\underset{x_i}{\arg\max}\,u(x_0,\,x_i)$ 且 $x_i\in X_\delta$。

10.4.3　可用性分析

本小节中，可用性的概念是指真实位置与报告位置之间的负距离，这与前面的讨论一致。由于报告 x_i 作为扰动位置的概率随其效用评分而指数减少，使得与 x_0 间距离过大的位置点很难被输出。令 $\mathrm{OPT}_u(X_\delta)=\max_{x_i\in X_\delta}u(x_0,\,x_i)$ 表示 X_δ 内元素的效用函数最大值，

$R_{OPT} = \{r \in X_\delta : u(x_0, r) = OPT_u(X_\delta)\}$，则有 $Pr[u(K(x_0)) \leqslant OPT_u(X_\delta) - \frac{2}{\varepsilon}(\ln(|X_\delta|) + t)] \leqslant e^{-t}$ 成立[322]，即所提方案实际输出的效用值低于任意固定值的概率存在严格上界。例如，已知 X_δ 中某元素 x_i 与 x_0 的距离为 $d(x_0, x_i)$，则应用上式可得本章所提方案输出最远距离位置作为报告位置 z 的概率不超过 $2e^{-d(x_0, x_i) \cdot \varepsilon/2}$。

10.5 实　　验

10.4 的方案分析肯定了本章所提方案的安全性，本节主要通过实验检查其实用性。首先，在距离误差方面对提出的方案与平面拉普拉斯机制进行分析和比较；然后，将重点放在对不合理的位置的抵抗上，并与平面拉普拉斯机制进行比较；最后，在实际的 LBS 应用中，研究了当车辆位于北京五环路以内时带宽开销的性能。实验中设定衡量距离的单位长度 ω 为 1 m，将 δ 划分为粒度为 1000×1000 的网格平面，其中任何单个单元的边长为 ω，各个算法均由 Python 语言实现，程序运行环境为 3.4 GHz Intel Core i7(6700 CPU)，8GB RAM，操作系统为 Windows 7(64 bit)。

10.5.1　扰动位置距离误差

采用距离误差的概念来表示车辆真实位置与所产生扰动位置之间的欧氏距离 $d(x_0, z)$，这在隐私保护机制方面也等于 z 的负效用。由于真实位置和扰动位置之间的距离过长会导致检索半径更长(或者说是更大的 AOR)，从而增加了带宽开销，因此有必要对其进行检查并将其性能与其他方案进行比较。同样，由于几乎所有已知的 Geo-Ind 应用都仅使用从平面拉普拉斯分布中提取的噪声，并且它是实现 Geo-Ind 的原始且最典型的方法，因而本节将所提出的机制与平面拉普拉斯机制进行比较。

在实验中，分别通过手动调整 δ 中不合理位置的比例和隐私参数 ε 来研究距离误差的变化。对于每对参数组合，测试 10 000 次并计算其距离误差的平均值。为了使讨论具有一般性，假设不合理的位置在地图平面上根据比例均匀分布。实验结果如图 10.5 所示。

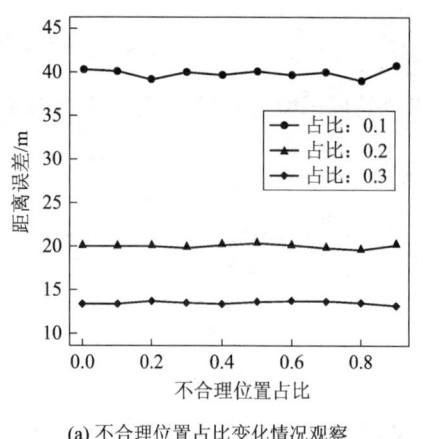

(a) 不合理位置占比变化情况观察

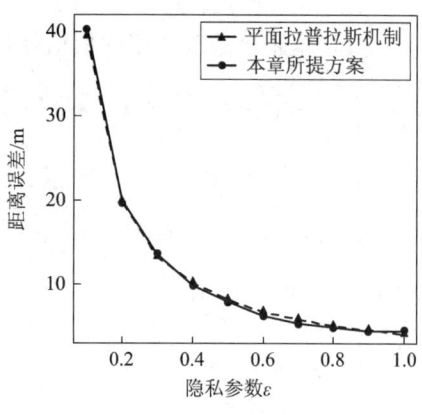

(b) 与平面拉普拉斯机制的比较

图 10.5　距离误差图

从图 10.5 中可以看出，在不合理位置均匀分布的情况下，扰动位置与真实位置间的距离与不合理位置在地图平面上的占比没有显著关联，但会随着 ε 取值的增大而呈指数下降。从图中可知，尽管本章所提方案在对位置进行扰动过程中确保其仅扰动到合理位置，但并没有造成扰动距的增加。平均来看，本章方案生成扰动位置后与真实位置的距离与平面拉普拉斯机制一致。这也说明本章方案在避免不合理位置的同时保留了平面拉普拉斯机制在隐私与可用性方面的权衡。另一个观察结果是，当 $\varepsilon < 0.2$ 时，距离误差随着 ε 的增加而迅速减小，而当 $\varepsilon > 0.5$ 时，随着 ε 的变化而变化较小，这为选择 ε 提供了一个经验法则，即对于本章所提方案来说，ε 为 0.2～0.5 最好。

10.5.2　对不可信位置的抵抗性

本小节比较本章所提方案与平面拉普拉斯机制在确保扰动位置合理性方面的性能差异。首先观察当分别调整 δ 中不合理位置的比例和隐私参数 ε 时用户发生的位置扰动为不合理位置的概率。为此，观察所提方案和平面拉普拉斯机制所产生的 10 000 次扰动位置，并计算扰动位置落入不合理位置区域(除以测试总数 10 000)的比率。然后，比较它们的运行时间，以确定有效的合理位置，其中当平面拉普拉斯机制产生不合理的扰动位置时，它将被重复调用。分别利用这两种方法来产生 10 000 次合理的扰动位置，并计算它们的运行时间平均值。此实验中的其他条件和因素与 10.5.5 节的条件和因素一致，结果如图 10.6 所示。

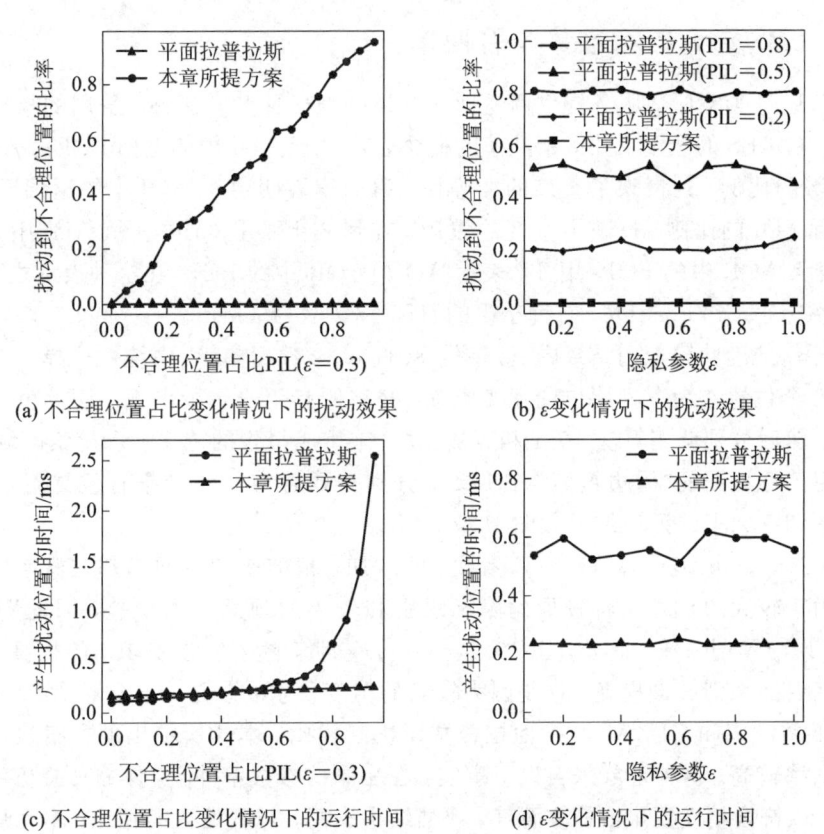

(a) 不合理位置占比变化情况下的扰动效果　　(b) ε 变化情况下的扰动效果

(c) 不合理位置占比变化情况下的运行时间　　(d) ε 变化情况下的运行时间

图 10.6　对不可信位置抵抗性的比较

从图 10.6(a)中可知，随着地图平面上不合理位置占比的增大，平面拉普拉斯机制将真实位置扰动到不合理位置的趋势逐渐上升，而本章所提方案则始终确保扰动位置位于合理区域。从图 10.6(b)中可以看出，两种方案产生扰动位置的合理性与 ε 值的变化无显著关联。图 10.6(c)中的结果表明，当不合理位置占比小于 0.5 时，两种方案的运行时间非常接近。随着不合理位置占比的增加，平面拉普拉斯机制的时间成本急剧上升，且比本章所提方案要高得多。从而表明，简单地反复使用平面拉普拉斯机制不能有效地实现"扰动隐藏"。由于不合理位置的地形属性是用户指定的，尽管不合理位置的比例在增加，但其在寻找有效扰动位置时的效率将迅速下降。图 10.6(d)显示运行时间与 ε 之间的相关性不显著。

此外，图 10.6(a)、(b)还表明，在一定条件下，平面拉普拉斯机制可以产生不合理的扰动位置，发生概率超过 50%。具体来说，由于报告位置的合理性可能受到不合理位置的比例的影响，并且与 ε 没有显著关系，因此可以在图 10.6(a)中看到当不合理位置的比例大于 0.5 时，报告出不合理的扰动位置的百分比将超过 50%。由于用户指定了不合理位置的地形属性，因此可以满足此条件，尤其是当用户具有较高的隐私要求或车辆到达某些特定区域(如风景名胜区等)时。与 Geo-Ind 机制相比，图 10.6 还表明所提出的"扰动隐藏"方案可以通过确保扰动位置始终位于用户指定的合理区域中来减轻报告不合理扰动位置的问题。这是通过将具有用户指定属性的合理位置作为候选集，然后执行概率采样以报告候选集中的扰动位置来实现的。

10.5.3 LBS 查询的精准率与召回率

本小节通过实验评估服务提供商返回的结果的准确性和实用性，采用的指标是精准率和召回率。在 LBS 的上下文中，精准率的概念表示位于 AOI 中的返回 POI 占 AOR 中返回的 POI 总数的比例，这反映了查询的准确性。召回率表明位于 AOI 中的返回 POI 占 AOI 中全部实际 POI 的比例，反映了查询的效用。在形式上，用 True 表示 AOI 中的 POI，用 Positive 表示 AOR 中的 POI，用 TP 表示 AOI$\bigcap$AOR 中的 POI。在这种表示之下，查询结果的精准率等于 TP/Positive，查询结果的召回率等于 TP/True。

为了评估准确性和查询结果的召回率，从 Geolife 数据集[333]中统一选择了北京市五环以内的 100 个位置作为车辆用户的真实位置，并将所有用户至少出现一次的位置设置为合理的区域。然后分别调用算法 10.1 和算法 10.2 来生成报告的位置 z 和检索区域半径 r_{AOI}。之后，使用高德地图的"周边搜索"API 接口分别获取真实位置和报告位置附近的 POI 信息。精准率和召回率的评估结果如图 10.7 所示。

图 10.7(a)、(b)表明，随着隐私参数 ε 的增加，精准率和召回率都在概率的上限内逐渐增加。由于较大的 ε 意味着较低的隐私级别和较小的预期距离误差，因此图 10.7(a)、(b)中的结果与预期一致。此外，图 10.7(c)、(d)表明，随着精度要求 c 的提高，精准率逐渐降低，而召回率则缓慢提高。这是因为较高的精度要求 c 总是会导致较大的 AOR，因此应同时降低精准率和召回率。与平面拉普拉斯机制相比，本章所提出的方案执行的精准率较低，召回率较高。这种现象来自以下事实：在相同的参数条件下，本章所提方案将生成较大的 AOR 以符合精度要求。总体而言，评估结果表明，与基准方案相比，本章所提方案具有令人满意的精准率和召回率。

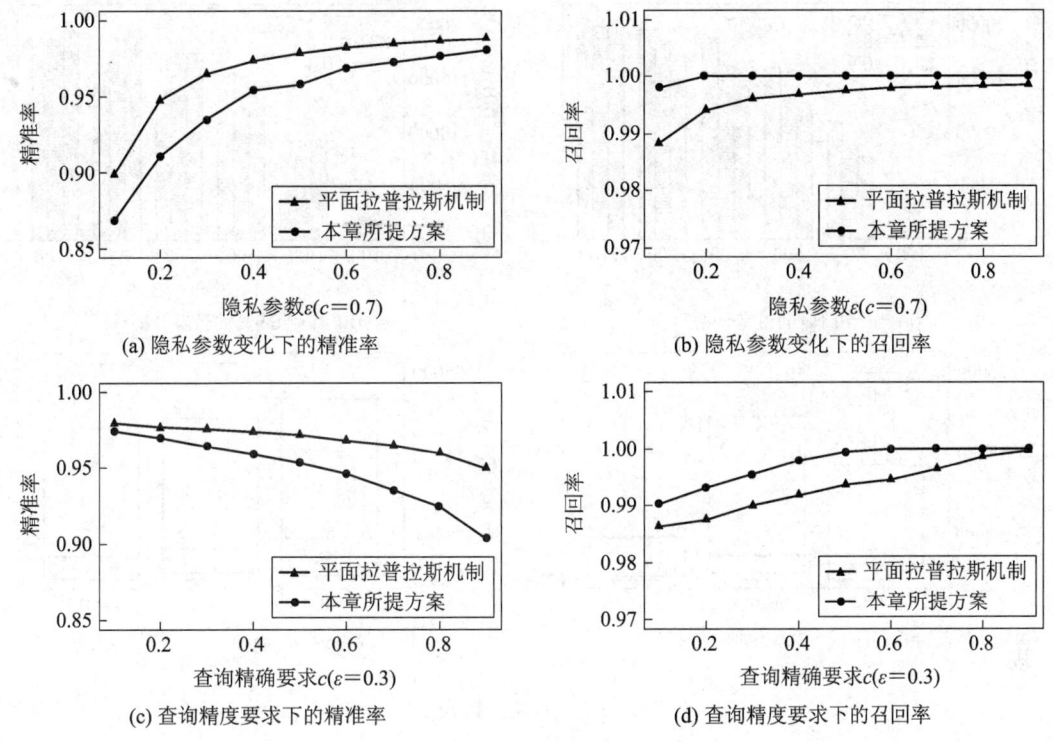

图 10.7　评估结果的精准率和召回率

10.5.4　带宽开销

实验研究了服务器回复带有 r_{AOI}、ε 和 c 的各种参数查询的带宽开销。由于带宽开销的主要影响因素是检索范围和特定的位置服务，因此提出了扰动位置并计算出检索半径。然后，将其报告给现实世界的服务提供商，以获取 POI 的信息。

实验中仍然使用高德地图的"周边搜索"API 接口来获取报告位置附近的 POI 信息。从 Geolife 数据集中随机选择北京市五环内的 100 个位置作为车辆用户的真实位置，并将所有用户至少出现一次的位置设置为合理的区域。评估结果如图 10.8 所示。

图 10.8(a)、(b)为对每次随机选出的 100 个位置进行查询请求后取均值得到的带宽开销；图 10.8(c)、(d)为分别对不同条件下的 3 组 100 个随机位置进行查询请求所得到的带宽开销统计。从图中可以看出，当其他条件固定时，随着 r_{AOI} 的增长，通信带宽开销呈上升趋势。且在相同的 r_{AOI} 下，置信水平 c 越高，ε 越小，通信开销越大。在对单组随机位置获取服务后带宽开销分布的考察中，可以看到随着置信水平 c 的提高与 ε 的降低，查询结果的分布范围更加广泛，且整体开销存在上升趋势。实验数据表明，当对隐私与精确性均提出较高需求时，需要以更高的带宽开销为代价。当 $\varepsilon=0.1$ 且 $c=0.9$ 时，即对二者均设置较为严格的要求时，通信带宽开销的最大取值仅为大约 2.5 KB，这大致相当于 0.01 s 无损音质音乐或 0.12 s YouTube 视频。

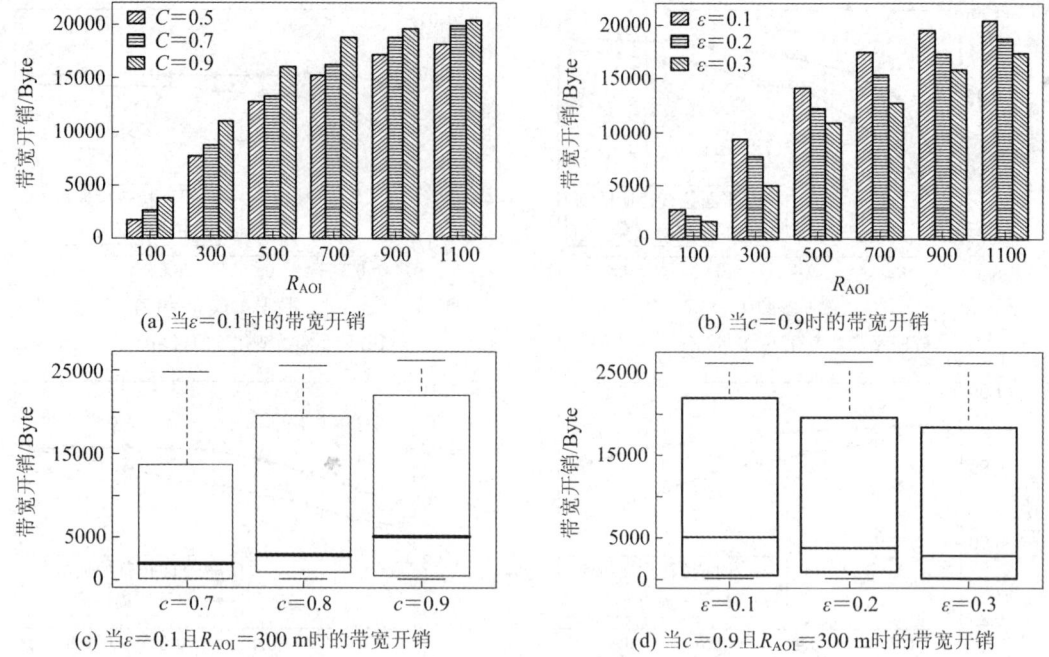

图 10.8　带宽开销表现

本 章 小 结

通过深入研究发现，当车辆用户试图隐藏其位置时，用户的不可靠扰动位置反而会暴露出一些隐私信息，针对这一现象，本章提出了一种"扰动隐藏机制"（Geo-Ind 的增强版），以防止攻击者识别提交的位置是否受到扰动；设计了一种隐私保护方案来实现对"扰动隐藏"的定义；提出了确定检索区域半径的方法，以确保查询结果的准确性；最后进行了理论和实验评估，以证明本章所提方案的安全性和可行性。

在本章中，仅从位置的地理特征角度讨论了合理性识别，探索更广泛的位置合理性标准将是很有意思的。另一个有趣的问题是考虑在车辆用户的多次查询中消耗推断隐私属性的隐私预算。尽管有一种简单的方法可以通过在每个重复的真实位置报告相同的扰动位置来解决该问题，但仍有望对其进行更多的研究。

第 11 章　车联网中基于信任的位置隐私保护方案

11.1　引　言

随着无线通信技术、定位技术和智能移动终端的发展，在地理信息系统(GIS)平台的支持下，LBS 可为车辆提供与其指定位置相关的各类信息，例如车辆所在位置附近的加油站、休息区等。然而，位置服务提供商(LSP)在为车辆提供服务时可能搜集并滥用车辆提交的位置信息，从而推测出行驶轨迹，并进一步获知车主家庭住址、兴趣爱好、宗教信仰等敏感信息[334]，因此，用户在享受 LBS 带来便利的同时，对其所导致的位置隐私泄露问题也必须重视[335]。

作为最常用的一种位置隐私保护方法，K-匿名在确保个性化隐私保护需求的同时，能够提供准确的查询结果，具有无须共享密钥、计算开销较低等优势。其基本思想为使用包含请求者在内的至少 K 个参与者组成的匿名区域来替代初始请求者的真实位置，使得攻击者不能以超过 $1/K$ 的概率将请求与某个参与者相关联。当前 K-匿名技术主要分为集中式和分布式两种，其中前者需要匿名服务器，而后者则通过参与者自身的联合来实现匿名。具体来说，当参与者以分布式 K-匿名发起 LBS 查询时，他将在附近至少 $K-1$ 个参与者的帮助下构建匿名区域。由于分布式 K-匿名克服了集中式下的性能瓶颈，因此已成为近些年的研究热点[336-341]。然而，现有工作通常默认所有参与者间均存在一定的信任关系，即相信交互方均会诚实地执行约定的匿名区域构造协议，而未考虑参与者是否可靠，若直接应用于 IoV，将会带来以下后果：

(1) 若发起协助构造匿名区域的车辆，即请求车辆是恶意的，则其可将协作车辆的位置信息泄露给第三方以获取额外收益。

(2) 若被选取的协作车辆是恶意的，出于对自身利益的考虑(如不想暴露其位于隐私敏感区域的位置或与 LSP 共谋)，则通过提供不合理的虚假位置，其将导致 LSP 能够缩小匿名区域，如图 11.1 所示。恶意协作车辆试图隐藏其在医院附近的真实位置，所以提交位于公园中的虚假车辆位置，导致请求车辆原始的匿名区域受到干扰，而 LSP 根据干扰后的区域返回查询结果。同时，由于车辆通常不可能位于公园内，因此，LSP 可以将匿名区域从图 11.1(a)缩小为图 11.1(b)，极端情况下可能推测出请求车辆的真实位置。

上述情形会导致车辆被恶意攻击者追踪，推断出车主驾驶习惯等敏感信息，进一步威胁其人身财产安全。

为了解决这些问题，本章在匿名区域的构造过程中引入信任机制。具体来说，车辆的恶意行为会导致信任级别的降低，并且一旦其信任级别低于定义的阈值，就会将其识别为恶意车辆。在满足所提方案具有自包含性的前提下，使得无论请求车辆或协作车辆，只会选择其信任的车辆进行合作。尽管 IoV 中有很多信任管理模型[104, 109, 342-352]，但它们主要关注数据传输过程中车辆行为的可信赖性或接收事件的可靠性。由于解决目标的差异，使得这些模型所考虑的信任评估因素与分布式 K-匿名场景下的并不相同。此外，由于高移动性，车辆可在宽广的地理范围内移动并发起 LBS 查询。由于性能瓶颈，很难建立一个可信任的服务器来存储来自广泛地理区域的所有车辆的历史声誉值。因此，本章是在 IoV 中建立起分布式的信任评估体系，通过由能够全局共享的安全可信的数据库存储车辆节点间对交互事务形成的信任评价，使得车辆能够有效地获取待评估车辆的评价信息。

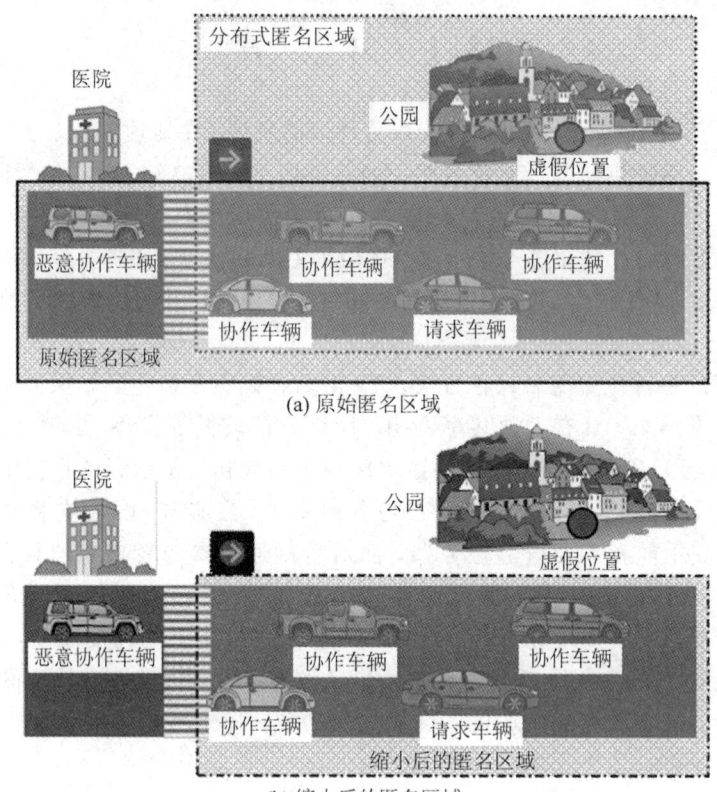

图 11.1　恶意协作车辆导致的隐私泄露

为了解决上述问题，本章首先设计了车辆的信任管理方法。然后，为了构建所需的分布式信任评估系统，采用具有数据一致性、防篡改等特性的区块链来记录车辆的历史声誉值。最后介绍了构建匿名区域的详细过程。本章的主要内容如下：

（1）在构造匿名区域的过程中，通过分析请求车辆和协作车辆的各自信任评估因素，综合考虑车辆的历史行为和当前行为，给出计算车辆信任度的方法。同时，结合请求车辆和协作车辆的不同角色特性，在信任更新阶段，制定了相应的更新策略。

（2）设计了车辆的历史声誉值在区块链上的数据结构，将车辆的声誉值及时有效地记录在区块链上。同时，将给出的信任管理方法引入分布式 K-匿名中，提出了基于信任的匿名区域构造过程。

（3）安全性分析和大量实验表明，本章方案可以抵抗各类信任模型攻击（如 bad-mouthing attack、on-off attack 等），在匿名区域构建过程中，检测出恶意车辆并有效地保护车辆位置隐私。此外，所需的计算时延也十分有限，使得本章方案在 IoV 中便于实施。

11.2　系统架构和预备知识

11.2.1　系统架构

本章方案系统架构如图 11.2 所示，参与实体包括 4 个部分：注册机构（Registration Authority，RA）、RSU、车辆和 LSP。

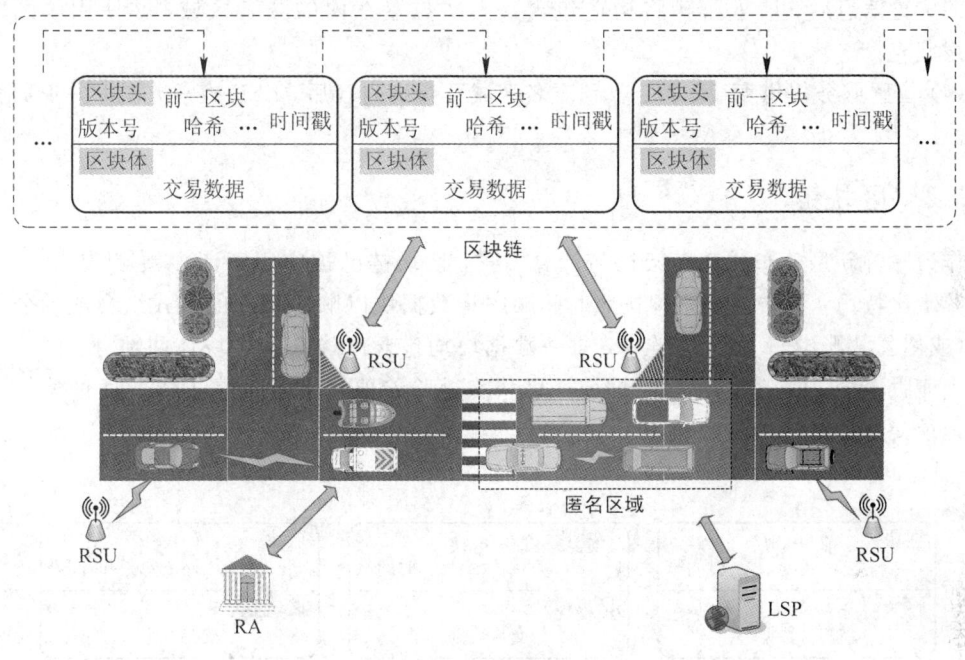

图 11.2　系统架构

在分布式 K-匿名中，车辆的身份隐私和信任评估是相互矛盾的，身份信息的泄露将导致其遭受更多隐私威胁。例如：若协作车辆的身份被泄露，请求车辆可依据多次收到的位置信息获得其出行轨迹；而若请求车辆的身份被泄露，通过对其生成的多个匿名区域进行求交集攻击，可推测出相应的行为模式等敏感信息。因此，本章方案采用假名变换的方法，通过为车辆生成不同的假名，解决其面临的身份信息泄露问题。车辆每参与 x 次匿名区域构造后，将更换其假名，关于 x 取值的讨论将在方案的安全性分析中给出。

（1）注册机构（RA）：车辆加入 LBS 系统，首先生成其在匿名区域构造过程中使用的公私钥对。随后，车辆通过安全的通信渠道向 RA 注册并发送相应的公钥，其中安全信道可通过现有的身份验证和密钥协议来实现[353]。在 IoV 中，作为可信第三方，RA 不仅为车辆分配假名和初始信任值，并以交易账单的形式传递给 RSU，由 RSU 记录在区块链上，还将作为认证机构（CA）为车辆生成公钥证书，其中包含车辆的假名及公钥，并将其返回给车辆。在后续交易中，若车辆的假名临近过期，其将向 RA 发送包含假名、记录最新信任值的区块号以及新生成的公钥在内的消息。RA 验证通过后，将为车辆重新分配假名、更新车辆的公钥证书，并将为车辆新分配的假名以及其最新信任值仍旧发送给 RSU，由 RSU 写入区块链完成假名更新。

（2）路侧单元（RSU）：RSU 安装在路侧，可采用无线通信技术与车辆通信。在构造匿名区域的过程中，一方面，车辆从 RSU 处获得交互方的历史信任信息，另一方面，RSU 负责创建和维护记录车辆间历史信任数据的区块链。假设 RSU 被普遍地部署在道路两侧，使得车辆在行驶当中总能获取其所需的数据，且新的交易数据也能够及时地被 RSU 收集并记录，反映车辆的实时行为。

（3）车辆：当车辆请求 LBS 时，将首先广播匿名区域协作构造请求。通过计算信任水平，无论请求车辆或协作车辆，均仅会选择可靠的对方进行合作。在收到至少 $K-1$ 个协作车辆的位置信息后，请求车辆将构造包含其真实位置在内的匿名区域，并使用该区域向 LSP 发起查询。

（4）位置服务提供商（LSP）：收到匿名区域及查询内容后，LSP 检索数据库并返回查询结果。

11.2.2　区块链

作为一种新型分布式基础架构与计算方式，区块链已被应用于诸多领域[334,354]。其技术起源于比特币，本质上是一种按照时间顺序将数据块以顺序相连的方式组合成的公共数据库（或称公共账本）。在区块链中，每一数据块均包含区块头和区块体两部分。区块头封装了当前版本号、前一区块地址（即前一区块头部哈希值）、时间戳等信息，而区块体中则主要记录交易详情，如图 11.3 所示。

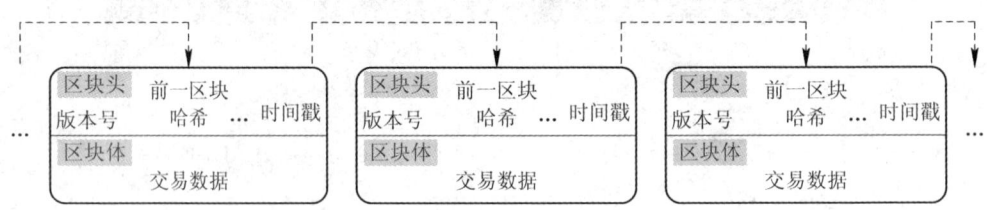

图 11.3　区块链

区块链中交易可认为是双方或多方参与者间的一种交互，且每一笔交易都会被永久地记入区块中。完整的交易生命周期包括交易的生成、交易的传播、区块创建、网络节点验证和记录到区块链。在此过程中，网络节点间采用共识算法确保了区块链中记录数据的一致性。

本章方案将车辆之间协作构造匿名区域的过程视为一次交易。通过记录并维护请求车辆和协作车辆的声誉值来鼓励它们诚实地参与匿名区域构造。在 IoV 中需考虑以下两点：

（1）车辆在高速移动的过程中需要传输及处理如路况监测、事故报告、导航提示等数量庞杂、类型多样的数据；

（2）区块链中存储了网络从创建以来的所有交易，且新区块的记录需要运行较为复杂的共识算法使得在全网节点间达成共识，如果直接由车辆更新、维护并存储区块链，将极大地增加其负担。

对此，本章使用 RSU 创建并维护区块链，如图 11.2 所示。已知 RSU 的数量远小于车辆数目，且整体而言，诚实的 RSU 总多于恶意的，由其在收集、验证并记录新区块的同时，存储完整的区块链，可有效提高系统性能。

现有区块链技术通常被分为三类，即公有链、联盟链和私有链。鉴于本章方案中仅 RSU 可将交易记录至区块链上，车辆节点本身并不参与该过程，但可对交易进行查询，因此，本章使用联盟链。与其他两类区块链相比，联盟链具有受限准入、效率较高、可扩展性良好等特点。

11.2.3　信任值计算方法

根据特定需求，基于 Dirichlet 分布[355]的信任值计算方法能够将参与者的行为分为若干等级，并将信任值定义为行为处在指定等级的概率。与其他信任计算方法（如 Enigen-Trust[356]和 Beta 信任计算方法[357]）相比，基于 Dirichlet 分布的信任计算方法可以支持更细粒度的信任值评估。

Dirichlet 分布　Dirichlet 分布是关于定义在区间 $[0,1]$ 上多个随机变量的联合概率分布。假设有 n 个变量 σ_i，记为 $\boldsymbol{\sigma} = (\sigma_1, \sigma_2, \cdots, \sigma_n)$，令 $p(\sigma_i)$ 表示 σ_i 发生的概率分布，则 $p(\sigma_i) \geqslant 0$ 且 $\sum\limits_{i=1}^{n} p(\sigma_i) = 1$，$\boldsymbol{p}_\sigma = (p(\sigma_1), p(\sigma_2), \cdots, p(\sigma_n))$。每个 σ_i 对应一个参数 α_i，可视为 $p(\sigma_i)$ 下 σ_i 的先验观察计数，记为 $\boldsymbol{\alpha} = (\alpha_1, \alpha_2, \cdots, \alpha_n)$。那么 Dirichlet 分布的概率密度函数为

$$f(\boldsymbol{p}_\sigma \mid \boldsymbol{\alpha}) = \mathrm{Dir}(\boldsymbol{p}_\sigma \mid \boldsymbol{\alpha}) = \frac{\Gamma\left(\sum\limits_{i=1}^{n} \alpha_i\right)}{\prod\limits_{i=1}^{n} \Gamma(\alpha_i)} \prod\limits_{i=1}^{n} p(\sigma_i)^{\alpha_i - 1}$$

其中，$\Gamma(x) = \int_0^\infty t^{x-1} \mathrm{e}^{-t} \mathrm{d}t$ 为 Gamma 函数。

作为一种常用的贝叶斯推论方法，Dirichlet 分布的先验分布和后验分布共轭。因此，第 m 次交易发生后的后验分布可理解为第 $m+1$ 次交易发生前根据以往经验得到的对其的估计。本章方案采用 Dirichlet 模型，通过车辆收到的历史评价对其未来行为做出预测。

11.3　方　案　设　计

11.3.1　信任管理方法

为了有效地判别出匿名区域构造过程中的恶意车辆，本章所提方案对车辆进行了信任评估。在该阶段，交互方可依据自身知识、所面临的风险等，对车辆的当前行为进行直观的评估。然而，由于所获取的上下文环境信息的有限性以及自身经验的局限性，当前交互方对车辆的评价可能出现偏差，且相对比较主观。因此，本章方案还考虑了结合区块链上记录的历史声誉值，共同对车辆的可信赖性进行评判。

交互方首先计算对车辆当前行为的信任评价，随后，结合该评价与由所有 RSU 维护的区块链上记录的历史声誉值对车辆在本次交互中的信任程度进行计算。信任程度是车辆长期行为的反映，因此，它经常被用来预测车辆的行为，并进一步判断车辆是诚实的还是恶意的。在特定交易中，一旦车辆的信任度低于一定程度，它将被识别为恶意车辆。为了防止

车辆通过最近的诚实行为迅速提高其信任度，或通过 on-off 攻击来保持较高的信任度，在计算信任程度时，可令车辆的历史评价及当前评价具有同等权重。

本小节首先制定了车辆当前行为的评价方法，然后结合区块链上记录的历史声誉值给出信任程度的计算方法，最后设计区块链上历史声誉值的更新策略。在当前交易下，使用符号 v_a 代表请求车辆，v_b 代表协作车辆。

1. 车辆当前行为信任评价方法

首先分别设计了 v_b 对 v_a（协作车辆对请求车辆）以及 v_a 对 v_b（请求车辆对协作车辆）当前行为可信赖性的评判方法，其相应的结果表示为 E_{cv_b, rv_a} 和 E_{rv_a, cv_b}。方案中定义信任值取值范围为 $[0, 1]$，其中 1 表示完全信任，0 表示不信任，0.5 表示中立。

1）协作车辆对请求车辆的信任评估

若 v_a 为恶意的，其目标为尽可能地获取周围协作车辆的位置，并进行泄露，则相较于诚实车辆，其查询行为并不相同。在当前交易下，v_b 将借助于 RSU，并结合自身经验，从空间和时间两个维度判定 v_a 查询的可信赖性。

（1）查询空间可靠性的判定。在现有研究中，Niu 等人[327]指出随着所处位置的不同，用户发起 LBS 查询的概率也不相同。在所提方案中，他们将整个地图网络划分为等大的 $n \times n$ 单元块，依据查询历史，定义每个单元块都具有相应的查询度，且该查询度可以被网络中所有用户所获得。在 IoV 中，车辆间相互通信时，其位置一般相距较近，因此，v_b 可使用其所处位置的信息，判断 v_a 发起查询的概率，并进一步计算查询空间可靠性。令 p_q 表示 v_a 发起查询的概率，其可通过 v_b 的自身经验决定，或由所在区域 RSU 统计覆盖范围内所有车辆查询情况进行估计，则相应的查询空间可靠性为 $r_s = f(p_q)$。按照取值，可将 p_q 分为依次递增的 l 个等级 $\{p_q^1, p_q^2, \cdots, p_q^l\}$，$1 \leqslant i \leqslant l$，且每一等级的查询空间可靠性各不相同，记为 r_s^i。本章方案中 r_s^i 的取值如下：

$$r_s^i = f(p_q^i) = \frac{1}{l-1}(i-1)$$

（2）查询时间可靠性的判定。文献[358]和[359]表明，在 LBS 中用户的查询行为具有一定的规律性。在 IoV 中，通过统计请求车辆发起的匿名区协作构造请求或协作车辆查询请求车辆历史声誉的次数，RSU 可获知其覆盖范围内车辆的历史查询频率。从时间角度出发，将一天按照时间间隔分为 $\{I_1, I_2, \cdots, I_l\}$。$v_b$ 可向 RSU 查询全天及指定时间间隔 I_i 内匿名区协作构造请求次数 $\tilde{q}$ 和 q^i 作为参考，其中 $1 \leqslant i \leqslant l$。$p(q^i) = \dfrac{q^i}{\tilde{q} + \mu_1}$ 表示车辆在 I_i 请求 LBS 的可能，μ_1 为调节参数，抑制了 $\tilde{q}$ 过小对评估结果的影响，如车辆本身很少在对应的区域发起查询。令 r_t^i 为 v_b 对 v_a 在时间间隔 I_i 查询的可靠性评估，本章方案中有

$$r_t^i = \frac{1}{1 + e^{-\delta(p(q^i) - \mu_2)}}$$

其中，δ 是调节因子，μ_2 控制了可靠度的划分。如 $\mu_2 = \dfrac{1}{4}$ 表明 $p(q^i) \geqslant \dfrac{1}{4}$ 时，v_a 的查询被认为较为可靠，即 $r_t^i \geqslant 0.5$。

可得到 v_b 对 v_a 的信任评估 E_{cv_b, rv_a}，$\eta \in [0, 1]$ 为协作车辆对请求车辆查询空间可靠性和时间可靠性的权衡：

$$E_{cv_b, rv_a} = \eta r_s^i + (1-\eta)r_t^i$$

2）请求车辆对协作车辆的信任评估

在交易过程中 v_b 会将自己的位置信息提交给 v_a，v_a 首先对其位置合理性进行判定。

（1）位置合理性判定：考虑到在 IoV 中，车辆总沿着一定道路行驶，若协作车辆位置偏离当前道路，或其在限行路段，提交与规定不符的行驶信息，显然违背实际情况。本章方案中令 l_r 表示协作车辆的位置合理性，其依赖于请求车辆所掌握的背景知识，且被划分为合理、不合理及难以判定 3 种情形，分别记为 1、−1 和 0。在此基础上，将对位置真实性进一步判定。

（2）位置真实性判定：收到请求车辆发起的匿名区协作构造请求后，恶意的协作车辆可能会提供虚假位置。通常而言，其并不希望请求车辆能够识别出该虚假位置。相较于直接提供其真实位置，生成一个合理的虚假位置会耗费更多的时间[327, 335]。对此，在考虑位置合理性的基础上，本章方案基于应答消息的犹豫时间，进一步估计了协作车辆提交位置的真实性。设 t_q、t_r 分别为 v_a 发起请求和收到协作应答的时间戳，则 v_b 提交位置的真实性 l_g 可表示为

$$l_g = 1 - \frac{(t_r - t_q) - \mathrm{trans}(\Delta t_r)}{\Delta \tilde{t}_m}$$

其中：$\mathrm{trans}(\Delta t_r)$ 为根据 v_b 提交的位置信息，v_a 依赖于历史经验推测出的传输时延；$(t_r - t_q) - \mathrm{trans}(\Delta t_r)$ 可视为 v_b 返回应答时的犹豫时间，犹豫时间越长，真实性越差；$\Delta \tilde{t}_m$ 是 v_a 为保证查询的实时性所设定的最长等待时间。

至此，v_a 对 v_b 的信任评估 E_{rv_a, cv_b} 可由下式计算，同样 $\tilde{\eta} \in [0, 1]$ 表达了 v_a 对位置合理性及位置真实性的重视程度，且 $l_r = 0$ 时 $\tilde{\eta}$ 的取值小于 $l_r = 1$ 时的取值

$$E_{rv_a, cv_b} = \begin{cases} \tilde{\eta} l_r + (1-\tilde{\eta}) l_g, & l_r = 1 \text{ 或 } l_r = 0 \\ 0, & l_r = -1 \end{cases}$$

2. 信任程度计算方法

得到车辆当前行为的信任评价后，结合区块链上记录的历史声誉信息，v_a 和 v_b 可计算出对方在本次交互中的信任程度。

已知 Dirichlet 模型中参与者的行为被划分为若干等级，并将信任值定义为行为处在指定等级的概率。本章方案将车辆的行为划分为 n 个等级，每一等级记为 $b_i(i=1,2,\cdots,n)$，可靠性依次递增。定义等级 b_i 对应的信任评价值区间为 $\left(\frac{i-1}{n}, \frac{i}{n}\right] (1 \leqslant i \leqslant n)$，且评价值 0 归类为 b_1。为了便于计算等级相关的概率，将车辆收到各个等级评价的次数作为其声誉信息，记录在公开可查询的区块上。假设当前交易对 v_a 而言为第 p 次，对 v_b 而言为第 q 次，显然，尽管在当前交易中 v_a 作为请求者，而 v_b 作为协作者，但他们在其他交易下既可作为协作者也可作为请求者。令 $a_{rv_a}^{i\_p-1}$、$a_{cv_a}^{i\_p-1}$、$a_{rv_b}^{i\_q-1}$、$a_{cv_b}^{i\_q-1}$ 分别代表 v_a 和 v_b 作为请求者和协作者收到 b_i 的次数，则在区块链上记录的 v_a 的历史声誉值为 $\overrightarrow{A_{rv_a}^{p-1}} = (a_{rv_a}^{1\_p-1}, a_{rv_a}^{2\_p-1}, \cdots, a_{rv_a}^{n\_p-1})$ 和 $\overrightarrow{A_{cv_a}^{p-1}} = (a_{cv_a}^{1\_p-1}, a_{cv_a}^{2\_p-1}, \cdots, a_{cv_a}^{n\_p-1})$，在区块链上记录的 v_b 的历史声誉值为 $\overrightarrow{A_{rv_b}^{q-1}} = (a_{rv_b}^{1\_q-1}, a_{rv_b}^{2\_q-1}, \cdots, a_{rv_b}^{n\_q-1})$，$\overrightarrow{A_{cv_b}^{q-1}} = (a_{cv_b}^{1\_q-1}, a_{cv_b}^{2\_q-1}, \cdots, a_{cv_b}^{n\_q-1})$。

在获得历史声誉值之后，为了计算信任程度，结合对对方当前行为评估，v_a 和 v_b 都将

本地计算对方收到的每个等级的评价次数。具体来说，如果 v_b 对 v_a 当前行为的评估为 b_i，则 v_b 可以本地计算 v_a 接收到的 b_i 的次数为 $\tilde{a}_{rv_a}^{i\_p}=a_{rv_a}^{i\_p-1}+\varepsilon^i$，其余等级的次数保持不变。其中，$a_{rv_a}^{i\_p-1}$ 为区块链上记录的请求车辆 v_a 作为请求者参与 $p-1$ 次交易后收到 b_i 的次数，而 $\tilde{a}_{rv_a}^{i\_p}$ 则是 v_b 结合自身评价所做的本地计算。类似地，如果 v_a 对 v_b 当前行为的评估为 b_i，同样有 $\tilde{a}_{cv_b}^{i\_q}=a_{cv_b}^{i\_q-1}+\varepsilon^i$，且除 b_i 外其余等级的次数仍旧保持不变。为了促使车辆行为诚实，使得信任程度增加缓慢且下降迅速，随着等级评价 b_i 的降低，ε^i 值将增大，即 $\varepsilon^1 \geqslant \varepsilon^2 \geqslant \cdots \geqslant \varepsilon^n$。

考虑到车辆对交互方当前行为的等级评价并非总是可靠的，本章方案还对当前行为的等级评价的真实性进行度量，从而反映评估是否可以准确地描述车辆的行为。设 $p(b_i)$ 是基于区块链上记录的历史声誉值将车辆行为评级为 b_i 的预测概率，对于 v_a 有 $p(b_i)=E(p_{rv_a}(b_i)|\overrightarrow{A_{rv_a}^p})$，且对于 v_b 有 $p(b_i)=E(p_{cv_b}(b_i)|\overrightarrow{A_{cv_b}^q})$。$E(p_{rv_a}(b_i)|\overrightarrow{A_{rv_a}^p})$ 和 $E(p_{cv_b}(b_i)|\overrightarrow{A_{cv_b}^q})$ 的计算方法将在后续给出。当 $p(b_i) \geqslant a\_Thre$，当前行为的等级评价较为真实，其中 a_Thre 是真实性判定阈值。令 $\tau \in (0,1)$ 为调节参数，本章方案中 ε^i 取值如下：

$$\varepsilon^i = \begin{cases} n+1-i, & p(b_i) \geqslant a\_Thre \\ \tau \cdot (n+1-i), & else \end{cases}$$

在获取服务的过程中，随着车辆作为协作者时可信赖性的升高，仅会使得其协助更多其他车辆构造匿名区域，对车辆本身而言并无益处，因此将出现以下两种情形：

(1) 车辆仅对作为请求者时的信任值加以维护，不关注其作为协作者时的声誉值。

(2) 在更为极端的情况下，车辆可能仅请求不协作。

为防止上述情况的发生，针对情形(1)，令交互方在计算车辆作为请求者的信任程度时需参考其作为协作者时的信任情况。已知本章方案将车辆的行为划分为 n 个等级 $\{b_1, b_2, \cdots, b_n\}$ 且等级 b_i 对应的信任评价值区间为 $\left(\dfrac{i-1}{n}, \dfrac{i}{n}\right]$。当 $\left\lceil \dfrac{n}{2} \right\rceil \leqslant i \leqslant n$ 时，意味着车辆的行为评级处于中立及以上。记 $\hat{B}_c=\{b_{\lceil n/2 \rceil}, b_{\lceil n/2 \rceil+1}, \cdots, b_n\}$，则 v_b 对 $\tilde{a}_{rv_a}^{i\_p}$ 进行计算时有：

$$\tilde{a}_{rv_a}^{i\_p} = \begin{cases} a_{rv_a}^{i\_p-1} + T\_L_{cv_a}(\hat{B}_c) \cdot \varepsilon^i, & \left\lceil \dfrac{n}{2} \right\rceil \leqslant i \leqslant n \\ a_{rv_a}^{i\_p-1} + \dfrac{1}{T\_L_{cv_a}(\hat{B}_c)} \cdot \varepsilon^i, & 1 \leqslant i < \left\lceil \dfrac{n}{2} \right\rceil \end{cases}$$

其中，$T\_L_{cv_a}(\hat{B}_c)$ 为依据区块链上记录的 v_a 参与 $p-1$ 次交易后作为协作者的信任信息 $\overrightarrow{A_{cv_a}^{p-1}}=(a_{cv_a}^{1\_p-1}, a_{cv_a}^{2\_p-1}, \cdots, a_{cv_a}^{n\_p-1})$ 计算出的等级 $\hat{B}_c$ 下的信任程度。显然，$T\_L_{cv_a}(\hat{B}_c) \in [0,1]$。$T\_L_{cv_a}(\hat{B}_c)$ 越高，且 v_a 当前作为请求者时行为评级处于中立及以上，则 $\tilde{a}_{rv_a}^{i\_p}$ 越大，反之，$\tilde{a}_{rv_a}^{i\_p}$ 越小。

针对情形(2)，通过为每一车辆设置额外的变量 p_token，本方案促使车辆始终参与匿名协作。p_token 反映了车辆作为请求者及协作者的次数。每当车辆发起匿名区域协作构造请求，p_token 将减 1，作为协作者，值将加 1。在构造匿名区域的过程中，将按照后续内容中的说明检查 p_token。

根据上述内容，v_a 和 v_b 结合对车辆当前行为的信任评价以及区块链上记录的历史声誉值，可得到本次交互中从自身出发，本地判定的对方在各评级的信息，即 v_b 可获得 $v_a(\tilde{a}_{rv_a}^{1\_p}, \cdots, \tilde{a}_{rv_a}^{i\_p}, \cdots, \tilde{a}_{rv_a}^{n\_p})$，记为 $\widetilde{A_{rv_a}^p}$，而 v_a 可获得 $v_b(\tilde{a}_{cv_b}^{1\_q}, \cdots, \tilde{a}_{cv_b}^{i\_q}, \cdots, \tilde{a}_{cv_b}^{n\_q})$，记为 $\widetilde{A_{cv_b}^q}$。

随后，将采用 Dirichlet 信任模型计算车辆的信任程度。

以 v_a 为例，$p_{rv_a}(b_i)$ 表示其行为为 b_i 的概率分布，是对 v_a 行为为 b_i 的估计，在第 p 次交易中其取值为在所有评级 $\overrightarrow{A_{rv_a}^{p}}$ 中等级 b_i 所占的比率，$\overrightarrow{p_{rv_a}} = (p_{rv_a}(b_1),\ p_{rv_a}(b_2),\ \cdots,\ p_{rv_a}(b_n))$，则对车辆作为请求者的行为预测服从下列概率密度函数分布：

$$f(\overrightarrow{p_{rv_a}} \mid \overrightarrow{A_{rv_a}^{p}}) = \mathrm{Dir}(\overrightarrow{p_{rv_a}} \mid \overrightarrow{A_{rv_a}^{p}}) = \frac{\Gamma\left(\sum\limits_{i=1}^{n} \tilde{a}_{rv_a}^{i\_p}\right)}{\prod\limits_{i=1}^{n} \Gamma(\tilde{a}_{rv_a}^{i\_p})} \prod\limits_{i=1}^{n} p_{rv_a}(b_i)^{\tilde{a}_{rv_a}^{i\_p}-1}$$

根据概率密度函数，可得 $p_{rv_a}(b_i)$ 的期望：

$$E(p_{rv_a}(b_i) \mid \overrightarrow{A_{rv_a}^{p}}) = \frac{\tilde{a}_{rv_a}^{i\_p}}{\sum\limits_{i=1}^{n} \tilde{a}_{rv_a}^{i\_p}}$$

显然，期望 $E(p_{rv_a}(b_i) \mid \overrightarrow{A_{rv_a}^{p}})$ 表示获知 $\overrightarrow{A_{rv_a}^{p}}$ 后，v_b 对 v_a 行为趋向 b_i 的信念，可视为其行为是 b_i 的信任程度。

在实际应用中，随着车辆隐私保护需求的变化，其对交互方可信赖性的要求可能不同。例如：对于隐私保护需求敏感的车辆而言，其只愿意与行为等级为 b_n 的车辆进行协作；而对于隐私保护需求一般的车辆，对行为等级为 b_n、b_{n-1} 甚至 $b_{n-i'}$ 的车辆，$1 < i' < n$，其均愿意与它们交互。利用 Dirichlet 分布的聚合性，可很好地满足该需求。

Dirichlet 分布的聚合性　已知随机变量 π_1，π_2，$\cdots$，π_n 服从 Dirichlet 分布，记为 $(\pi_1, \pi_2, \cdots, \pi_n) \sim \mathrm{Dir}(\alpha_1, \alpha_2, \cdots, \alpha_n)$。如果 $(l_1, l_2, \cdots, l_j)$ 是 $(1, 2, \cdots, n)$ 的一个划分，那么 $\left(\sum\limits_{i \in l_1} \pi_i, \cdots, \sum\limits_{i \in l_j} \pi_j\right) \sim \mathrm{Dir}\left(\sum\limits_{i \in l_1} \alpha_i, \cdots, \sum\limits_{i \in l_j} \alpha_j\right)$ 成立。

仍以 v_a 为例，在第 p 次交易中，v_b 计算的 v_a 行为符合其指定等级的信任程度为

$$T\_L_{rv_a}(\widetilde{B}_r) = E(p_{rv_a}(\widetilde{B}_r) \mid \overrightarrow{A_{rv_a}^{p}}) = \frac{\sum\limits_{i \in I_r} \tilde{a}_{rv_a}^{i\_p}}{\sum\limits_{i=1}^{n} \tilde{a}_{rv_a}^{i\_p}}$$

其中，$\widetilde{B}_r$ 表示 v_b 指定的行为等级，I_r 为 $\widetilde{B}_r$ 中包含等级对应的下标集合，$p_{rv_a}(\widetilde{B}_r) = \bigcup\limits_{i \in I_r} p_{rv_a}(b_i)$。同理，$v_a$ 也可计算 v_b 满足其指定等级 $\widetilde{B}_c$ 的信任度 $T\_L_{cv_b}(\widetilde{B}_c)$，设 I_c 是 $\widetilde{B}_c$ 对应的下标集合，有

$$T\_L_{cv_b}(\widetilde{B}_c) = E(p_{cv_b}(\widetilde{B}_c) \mid \overrightarrow{A_{cv_b}^{q}}) = \frac{\sum\limits_{i \in I_c} \tilde{a}_{cv_b}^{i\_q}}{\sum\limits_{i=1}^{n} \tilde{a}_{cv_b}^{i\_q}}$$

3. 区块链上历史声誉值的更新

交换协作请求和响应消息后，请求车辆和协作车辆将评估彼此的当前行为，并将相应的评估结果发布到邻近 RSU。该 RSU 会将接收到的结果广播给其他所有 RSU。指定的记账 RSU 在收到结果后，将更新相应车辆的历史声誉值，并生成记录车辆声誉值的交易账单。一旦生成了一定数量的账单，这些账单将由记账 RSU 打包成一个新的区块，随后，所有 RSU 执行共识 PBFT 算法。在区块链上更新记录的历史声誉值的方法如下：

假定当前匿名区域构造对请求车辆 v_a 而言的第 p 次交易。在收到包括 v_b 在内的所有协作车辆得出的当前行为评估之后，记账 RSU 首先计算更新后的等级次数。值得注意的是，由于在区块链上记录的是车辆整体的历史信任信息，因此，这与 v_b 计算 $\tilde{a}_{rv_a}^{i\_p}$ 不同，所有与 v_a 当前行为相关的评估都应考虑在内，记为 $a_{rv_a}^{i\_p}$。由于每次交易中至少存在 $K-1$ 个协作车辆对 v_a 的评价，因此，需首先对收到的评价进行聚合。假设 v_a 收到 y_i 个等级为 b_i 的评价，$1 \leqslant i \leqslant n$，则最终更新的评价等级为 b_s，其中：

$$s = \frac{\sum\limits_{i=1}^{n}(y_i \cdot i)}{\sum\limits_{i=1}^{n} y_i}$$

更新后 v_a 的信任值为 $a_{rv_a}^{s\_p} = a_{rv_a}^{s\_p-1} + \varepsilon^s$，且 $a_{rv_a}^{s\_p} = a_{rv_a}^{i\_p-1}$，$i \neq s$。类似地，$a_{rv_a}^{s\_p}$ 的计算也会考虑 v_a 作为协作者的信任等级。此外，由于在第 p 次交易中，v_a 作为请求者，其作为协作者的信任值将保持不变，即 $a_{cv_a}^{i\_p} = a_{cv_a}^{i\_p-1}(1 \leqslant i \leqslant n)$。

同时，假设当前的匿名区域构造对 v_b 来说是第 q 个交易，因为其仅与一个请求方交互，因此直接更新相应的等级。若 v_b 的当前行为评估等级为 b_i，则有 $a_{cv_b}^{i\_q} = a_{cv_b}^{i\_q-1} + \varepsilon^i$，且其他所有等级的次数(包括 v_b 充当请求者的次数)保持不变。

本章方案使所有 RSU 轮流作为记账节点。由于并非所有的 RSU 在充当记账节点时均可准确无误地生成新区块，规定若某一 RSU 在记账时产生错误的区块(即共识未通过)或在系统中存在一定数量的交易账单后未及时生成新区块，则其将被记入黑名单，不能参与后续记账工作。

11.3.2 匿名区域构造

结合上文给出的信任评估方法和更新策略，区块链上记录的车辆交易账单数据结构如表 11.1 所示。其中，p_id 有效保护了车辆的真实身份；p_token 的初始值为 λ，$\lambda \in \mathbf{N}_+$；在第 m 次交易后，对于车辆有 $\overrightarrow{A_{rv}^m} = (a_{rv}^{1\_m}, \cdots, a_{rv}^{i\_m}, \cdots, a_{rv}^{n\_m})$，且 $\overrightarrow{A_{cv}^m} = (a_{cv}^{1\_m}, \cdots, a_{cv}^{i\_m}, \cdots, a_{cv}^{n\_m})$。

表 11.1 区块链上记录的车辆交易账单数据结构

符 号	内 容
p_id	车辆的假名
p_token	车辆参与交易的积极性
$\overrightarrow{A_{rv}^m}$	车辆作为请求者的历史声誉值
$\overrightarrow{A_{cv}^m}$	车辆作为协作者的历史声誉值
Tim_1	$\overrightarrow{A_{rv}^m}$ 更新时间戳
Tim_2	$\overrightarrow{A_{cv}^m}$ 更新时间戳

车辆间协作构造匿名区域的步骤如下：

(1) 车辆发起 LBS 查询，首先广播匿名区域协作构造请求：

$$\mathrm{Req} = \{p\_id_{rv}, t_q, \mathrm{Cer}_{p\_id_{rv}}, \mathrm{Num}(\mathrm{Tran}_{n_{rv}}), \mathrm{Sig}_{SK-p\_id_{rv}}(t_q \parallel \mathrm{Num}(\mathrm{Tran}_{n_{rv}}))\}$$

其中：p_id_{rv} 为请求车辆的假名；t_q 为时间戳；$\mathrm{Cer}_{p\_id_{rv}}$ 表示请求车辆的公钥证书；$\mathrm{Num}(\mathrm{Tran}_{n_{rv}})$ 为存储请求车辆最新历史交易记录的账单号；$\mathrm{Sig}_{SK-p\_id_{rv}}$ 是请求车辆的私钥，

使用该私钥对 t_q 和 $\mathrm{Num}(\mathrm{Tran}_{n_{rv}})$ 签名，得到 $\mathrm{Sig}_{\mathrm{SK}-p\_\mathrm{id}_{rv}}(t_q \parallel \mathrm{Num}(\mathrm{Tran}_{n_{rv}}))$，" $\parallel$ "为连接符。

（2）协作车辆收到请求后，首先对消息中的签名进行验证。验证通过后，依据 $\mathrm{Num}(\mathrm{Tran}_{n_{rv}})$ 向邻近 RSU 查询请求车辆的最新历史交易记录。若 $\mathrm{Tran}_{n_{rv}}$ 中有 $p\_\mathrm{token} < n\_\mathrm{Thre}$，则协作车辆不进行任何应答，$n\_\mathrm{Thre}$ 为协作车辆设置的阈值。此时，请求车辆判定为自私车辆。反之，协作车辆计算请求车辆满足指定行为等级 $\widetilde{B}_r$ 的信任程度 $T\_L_{rv}(\widetilde{B}_r)$。

若 $T\_L_{rv}(\widetilde{B}_r) \geqslant t_{c,r}\_\mathrm{Thre}$，$t_{c,r}\_\mathrm{Thre}$ 为信任程度阈值，协作车辆将向请求者返回应答：

$$\mathrm{Res} = \left\{ \begin{array}{l} p\_\mathrm{id}_{cv},\ p\_\mathrm{id}_{rv},\ t_r,\ \mathrm{Cer}_{p\_\mathrm{id}_{cv}},\ \mathrm{Num}(\mathrm{Tran}_{n_{cv}}) \\ \mathrm{Enc}_{\mathrm{PK}-p\_\mathrm{id}_{rv}}(\mathrm{Loc}_{cv}),\ \mathrm{Sig}_{\mathrm{SK}-p\_\mathrm{id}_{rv}}(t_r \parallel \mathrm{Num}(\mathrm{Tran}_{n_{cv}}) \parallel \mathrm{Enc}_{\mathrm{PK}-p\_\mathrm{id}_{rv}}(\mathrm{Loc}_{cv})) \end{array} \right\}$$

否则，协作车辆终止本次交易。上式中：p_id_{cv} 为协作车辆的假名；t_r 为返回应答的时间戳；$\mathrm{Cer}_{p\_\mathrm{id}_{cv}}$ 为协作车辆公钥证书；$\mathrm{Num}(\mathrm{Tran}_{n_{cv}})$ 是记录协作车辆最新历史交易记录的账单号。协作车辆使用请求车辆的公钥 $\mathrm{PK}-p\_\mathrm{id}_{rv}$ 对位置 Loc_{cv} 进行加密，并用私钥 $\mathrm{SK}-p\_\mathrm{id}_{rv}$ 对加密后的消息、t_r 和 $\mathrm{Num}(\mathrm{Tran}_{n_{cv}})$ 签名。

（3）收到应答后，请求车辆也向邻近的 RSU 查询 $\mathrm{Tran}_{n_{cv}}$，验证该应答，并计算协作车辆的信任程度 $T\_L_{cv}(\widetilde{B}_c)$，与前一步骤类似。

设 $t_{r,c}\_\mathrm{Thre}$ 为请求车辆设置的信任程度阈值，若 $T\_L_{cv}(\widetilde{B}_c) \geqslant t_{r,c}\_\mathrm{Thre}$，该协作车辆将被列入协助构造匿名区域的候选集合中；否则，请求车辆不使用该协作车辆的位置构造匿名区域。

在得到包含一定数目的候选集合后，请求车辆将在其中随机挑选 $K-1$ 个完成匿名区域构造。

（4）请求车辆及协作车辆分别在网络中发布关于对方当前行为的等级评价

$$\mathrm{Rat}_{r,c} = \{ p\_\mathrm{id}_{rv},\ p\_\mathrm{id}_{cv},\ b_i,\ t_a,\ \mathrm{Sig}_{\mathrm{SK}-p\_\mathrm{id}_{rv}}(b_i \parallel t_a) \}$$

$$\mathrm{Rat}_{c,r} = \{ p\_\mathrm{id}_{cv},\ p\_\mathrm{id}_{rv},\ b_i',\ t_a',\ \mathrm{Sig}_{\mathrm{SK}-p\_\mathrm{id}_{cv}}(b_i' \parallel t_a') \}$$

b_i、b_i'、t_a 与 t_a' 分别为请求车辆对协作车辆和协作车辆对请求车辆的评级及相应的发布时间。RSU 收到评价后，对区块链上的交易记录进行更新。

在上述过程中，RSU 仅需向车辆提供交互方历史声誉值，即 RSU 共同充当了分布式数据库的角色，而不会参与到车辆间协商构造匿名区域的过程中。假设无论请求车辆或协作车辆，其向 RSU 发起的查询请求总能及时得到响应。特殊情况下，若车辆在获取应答前驶出当前 RSU 覆盖范围，由于无论车辆向哪一 RSU 发起查询，其所获得的信任值均为区块链上记录的已达成共识的信任值，因此，其将再次向离其最近的 RSU 发起查询。此时，新的 RSU 只需要在本地进行简单的查找即可返回结果。

11.4　方案分析

11.4.1　安全性

1. 车辆的假名生命周期 x

由于在匿名区域构造过程中，协作车辆会将其位置提供给请求车辆，相较于请求车辆，其面临的隐私风险更高，因此，以车辆在假名生命周期 x 内始终作为协作车辆进行分析，若此时其隐私能得到保护，则无论其在假名生命周期内作为请求车辆或请求车辆与协作车辆交替的情形，本章方案总能保障其隐私。假设请求车辆获得协作车辆时空相关的 h 个位置，则它可以概率 p_s 识别出协作车辆的行驶轨迹，并进一步推测其隐私信息。令 p_m 和 p_t 分别表示协作车辆在请求车辆的通信查找范围内的概率且进行交易即提供位置信息的可能性。在假名生命周期 x 内，请求车辆能够推测出协作车辆隐私信息的概率是 $P_{r,c} = C_x^h p_s (p_m p_t)^h$。若使得 $P_{r,c} \leqslant \varepsilon$，$\varepsilon \to 0$，则有 $x(x-1)\cdots(x-h+1) \leqslant \dfrac{\varepsilon h!}{p_s (p_m p_t)^h}$。由此，可以判定假名生命周期 x。例如，若 $h=4$，$p_s=0.75$，$p_m=0.3$，$p_t=0.5$ 且 $\varepsilon=0.05$，则 $x \leqslant 9$。考虑到频繁地更换车辆假名可能会增加 RA 的处理负担，故此时可令 $x=9$。

2. 对 bad-mouthing attack 的鲁棒性

无论请求车辆或协作车辆，在提交等级评价时，均可能存在诋毁对方的情形。然而，本章方案在信任值更新时会对当前行为等级评价的真实性进行度量，因此，对于行为良好的车辆，bad-mouthing attack 所带来的影响极为有限；而对于行为恶意的车辆，bad-mouthing attack 显然会使得其信任程度更低。

3. 对 on-off attack 的鲁棒性

车辆利用声誉值的动态性，可能会行为好坏交替以隐藏其恶意行为。通常而言，车辆首先会行为良好，在信任值累积到一定程度后，再实施恶意行为。本章方案对于等级评价 $(b_1, b_2, \cdots, b_n)$，有调节参数 $\varepsilon^1 \geqslant \varepsilon^2 \geqslant \cdots \geqslant \varepsilon^n$。这使得相对于诚实行为，恶意行为带来的影响将更难被遗忘，即恶意行为将会被放大。因此，车辆在选择恶意行为时将更加慎重，有效抑制了 on-off attack。

4. 对 whitewashing 和 sybil attack 的鲁棒性

当车辆可信赖性较差时，其可能实施 whitewashing，即直接舍弃现有的声誉值，重新注册并加入 LBS 系统。此外，车辆也可能同时注册多个假名，使用它们来破坏信任系统，发起 sybil attack。例如，可以利用其余假名提高其在某一假名下作为请求者的信任值。为解决该问题，本章方案在车辆注册时可以采用与现实相关联的驾驶证等信息避免车辆重复注册。另外，通过给车辆赋予较低的初始信任值，使得车辆需花费较长时间来积累可信赖性，对于 whitewashing 而言，这将失去意义。

5. 链上记录数据的真实性

车辆间在发布关于交互方的当前信任评价后，附近多个 RSU 均会收到评价并将该信息广播至所有 RSU。由于所有 RSU 知晓区块链上对应车辆的历史行为及本次评价，因此，即使负责记账的 RSU 试图更改车辆的声誉值，所生成的交易记录也无法通过其他 RSU 的验证达成共识，即本章方案能确保记录在区块链上的数据真实有效。

11.4.2 计算复杂度

由于 RSU 的计算、存储能力通常较强，因此，本小节主要关注车辆在匿名区域构造过程中的复杂度。如前所述，该过程中涉及签名、验签、加密和解密操作，分别设其复杂度为 $O(\mathrm{Sig})$、$O(\mathrm{Sig'})$、$O(\mathrm{Enc})$ 及 $O(\mathrm{Enc'})$。

请求车辆广播匿名区域协作构造请求时，将使用其私钥对 t_q 和 $\mathrm{Num}(\mathrm{Tran}_{n_{rv}})$ 签名，时间复杂度为 $O(\mathrm{Sig})$。收到请求后，协作车辆首先以复杂度 $O(\mathrm{Sig'})$ 对 $\mathrm{Sig}_{\mathrm{SK}-p\_\mathrm{id}_{rv}}(t_q \|$

$\mathrm{Num}(\mathrm{Tran}_{n_{rv}}))$ 进行验证。随后，将判断 $\mathrm{Tran}_{n_{rv}}$ 中请求车辆是否满足 $p\_\mathrm{token} < n\_\mathrm{Thre}$，若成立，则交易终止，此时，时间复杂度为 $O(1)$；否则，协作车辆将对请求车辆当前行为的可信赖性做出决断并计算请求车辆满足指定行为等级的信任程度。其中，前者协作车辆依据掌握的背景知识、交互环境和面临的风险等因素进行评估，复杂度为 $O(1)$，而后者可在常数时间内由计算公式得到，复杂度仍为 $O(1)$。若得到的信任程度不满足协作车辆设置的阈值，交易仍将被终止，判定将在 $O(1)$ 复杂度内完成。而若满足阈值，协作车辆将计算 $\mathrm{Enc}_{\mathrm{PK}-p\_\mathrm{id}_{rv}}(\mathrm{Loc}_{cv})$ 和 $\mathrm{Sig}_{\mathrm{SK}-p\_\mathrm{id}_{cv}}(t_r \| \mathrm{Num}(\mathrm{Tran}_{n_{cv}}) \| \mathrm{Enc}_{\mathrm{PK}-p\_\mathrm{id}_{rv}}(\mathrm{Loc}_{cv}))$，并返回协作应答，时间复杂度为 $O(\mathrm{Enc}) + O(\mathrm{Sig})$。请求车辆收到应答后，将在时间复杂度 $O(\mathrm{Enc}') + O(\mathrm{Sig}')$ 内使用其私钥解密获得协作车辆的位置信息 Loc_{cv} 并验证。若验证通过，也会计算协作车辆的信任程度，同时对其当前行为进行信任评估。据此，请求车辆可只使用其信任的协作车辆提供的位置信息。另外，在构造出匿名区域后，请求车辆及协作车辆还需在复杂度 $O(\mathrm{Sig})$ 内分别计算 $\mathrm{Sig}_{\mathrm{SK}-p\_\mathrm{id}_{rv}}(b_i \| t_a)$ 和 $\mathrm{Sig}_{\mathrm{SK}-p\_\mathrm{id}_{cv}}(b_i' \| t_a')$，并在网络中发布关于对方当前行为的等级评价。

综上所述，假设有 z 台协作车辆向请求车辆返回协作应答，本章方案时间复杂度如表 11.2 所示。

表 11.2　时间复杂度

项　　目	时间复杂度
请求车辆	$(z+1)O(\mathrm{Sig}) + z \cdot O(\mathrm{Sig}') + z \cdot O(\mathrm{Enc}') + z \cdot O(1)$ $= O(\mathrm{Sig}) + O(\mathrm{Sig}') + O(\mathrm{Enc}')$
未返回应答的协作车辆	$O(\mathrm{Sig}') + O(1) = O(\mathrm{Sig}')$ 或 $O(\mathrm{Sig}') + O(1) + O(\mathrm{Sig}) = O(\mathrm{Sig}') + O(\mathrm{Sig})$
返回位置信息的协作车辆	$O(\mathrm{Sig}') + O(1) + O(\mathrm{Enc}) + 2 \cdot O(\mathrm{Sig}) = O(\mathrm{Sig}') + O(\mathrm{Enc}) + O(\mathrm{Sig})$

11.4.3　收敛性

假设请求车辆可接受地域范围内有 N 台车辆，通过点对点通信可以将匿名区域协作构造请求广播给 N' 台车辆，这 N' 台车辆会继续广播该请求，其中，每台车辆也均会将请求发送给其他 N' 台车辆。若平均每台车辆发送给 N' 台其他车辆中有 Q 台重复，且收到协作请求的每台车辆均以概率 p_a 返回应答并与请求车辆达成协作，则当 $p_a(N-1) \geqslant K-1$ 时，请求车辆至多需要 $\left\lceil \log_{N'-Q}\left(1 - \dfrac{(N-1)(1-N'+Q)}{N'}\right) \right\rceil$ 跳就可找到周围不少于 $K-1$ 个协作车辆实现匿名。当 $p_a(N-1) < K-1$，通过扩大可接受地域范围或降低隐私保护需求至 $p_a(N-1)$，请求车辆仍能成功构造出匿名区域。

完成匿名区域构造后，请求车辆和协作车辆均将发布关于交互方的当前信任评价。RSU 采用轮流记账的方式，生成新的交易记录并通过 PBFT、FastBFT、ScalableBFT 等共识算法，在所有 RSU 中达成共识。由于上述共识算法通常效率较高，因此可以保障车辆间的信任评价总能被及时记录到区块链上。

11.5 实 验

11.5.1 实验环境

作为一种开源技术平台,Hyperledger 可插拔、可自定义,已在联盟区块链的部署中被广泛采用。区块链系统从下至上由 5 层组成,分别为数据层、网络层、共识层、合约层和应用层。为了适应本章方案,实验中修改了各层的实现。具体来说,在数据层重新定义了交易账单中记录的数据结构,以发布和更新车辆的历史声誉值。在网络层仍然使用原始代码来收集事务,并实现节点之间的块传输和验证。由于 Hyperledger 中的共识算法是可插拔的,因此将 PBFT 共识算法嵌入共识层中。相较于公有链中通常使用的 PoW、PoS 等共识算法,PBFT 算法不需要使用代币,效率高且资源消耗较低,适用于非金融环境。对于合约层和应用层,采用 Hyperledger fabric 自带的 Chaincode 功能实现应用层和联盟链数据的交易,即本章方案中车辆声誉值的查询与更新。

与 RSA 等公钥密码算法相比,椭圆曲线公钥密码(Elliptic Curves Cryptography,ECC)算法具有计算开销小、安全级别高等特点,本章采用 ECC-secp256k1 对请求车辆和协作车辆交互过程中的各类消息进行加解密,相应采用 ECDSA-secp256k1 算法进行签名和验签。ECDSA-secp256k1 算法可以保护 32 字节(256 位)的签名消息,并且在签名后,消息的长度通常为 72 字节。

实验中各参数设置如表 11.3 所示,其中"H"和"M"分别表示车辆行为诚实和恶意时所对应的信任取值范围。值得注意的是,参数的具体值对方案的性能没有实质性影响。实验环境为:Intel Core i5(4590 CPU)@ 3.20GHz,4GB 内存,操作系统为 Windows 7。

表 11.3 实验中各参数设置

符号	内 容	取 值
r_s^i	查询空间可靠性	H:$\frac{1}{l-1}(i-1)$,$l=5$,$i=4,5$; M:$\frac{1}{l-1}(i-1)$,$l=5$,$i=1,2,3$
r_t^i	查询时间可靠性	H:$\frac{1}{1+e^{-\delta(q^i-\mu_2)}}$,$q^i\in[0.6,1]$,$\mu_2=0.5$,$\delta=10$; M:$\frac{1}{1+e^{-\delta(q^i-\mu_2)}}$,$q^i\in[0,0.4]$,$\mu_2=0.5$,$\delta=10$
l_r	位置合理性	H:1(70%),0(30%);M:0(30%),-1(70%)
l_g	位置真实性	H:[0.7,1];M:[0,0.3]
η	权重因子	0.5
$\tilde{\eta}$	权重因子	$\tilde{\eta}=0.5(l_r=1)$,$\tilde{\eta}=0.25(l_r=0)$
τ	调节参数	0.25
a_Thre	真实性判定阈值	0.1

实验中将请求车辆和协作车辆的行为等级分为 10 级,各等级的初始评价值均设为 1,

即 $a_{rv}^{i,0}=1$，$a_{cv}^{i,0}=1$，$1\leqslant i\leqslant 10$。相较于请求车辆收到虚假位置信息而言，协作车辆若将真实位置提供给恶意请求者并被泄露，其隐私将得不到任何保护，造成的危害更为严重。因此，实验中假设协作车辆只愿意向行为等级至少为 b_7 的请求车辆提供协作，而请求车辆对于行为等级大于等于 b_5 的协作车辆，均愿意考虑其位置信息。此时，请求车辆的初始声誉值为0.3，协作车辆为0.5。为了防止刚进入 LBS 系统后车辆发生 bad-mouthing attack 且考虑到车辆的个性化要求，将阈值设置为 $t_{c,r}\_{\rm Thre}\in[0.1,0.3]$ 和 $t_{r,c}\_{\rm Thre}\in[0.25,0.5]$。

11.5.2　方案有效性

为了说明本章方案在存在恶意车辆的情况下，对车辆的行为预测的准确性，本小节针对恶意车辆探讨了对其的检测效率。该效率反映了本章方案成功判定恶意车辆的能力，即对车辆行为是否可以准确预测。

首先分析了恶意车辆的行为。本章方案中，结合实际应用，恶意车辆行为可被分为两类：① 恶意车辆前期表现诚实，积累可信赖性，到达一定程度后，开始行为恶意；② 恶意车辆发起 on-off attack，行为好坏交替，在某一段时间内行为诚实，而另一段时间内行为恶意。在实验中，假设请求车辆和协作车辆的数量均为1000，其中30%是恶意车辆，其他都是诚实车辆。在第一种情况下，恶意车辆可能会在任意 $\tilde{n}$ 轮后出于对自身利益的考虑，或为了从第三方获利，开始行为恶意，$0\leqslant\tilde{n}\leqslant n'$。取 $n'=15$，随着车辆参与匿名区域构造轮数的增加，对恶意车辆的检测效率如图 11.4(a) 所示。

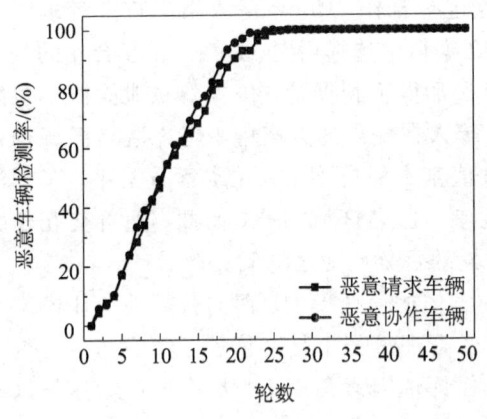
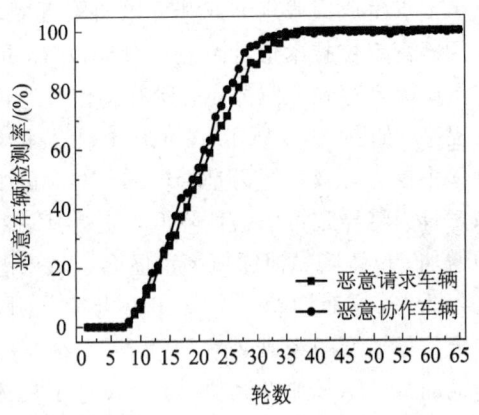

(a) 恶意车辆行为：前期表现诚实，后期表现恶意　　　(b) 恶意车辆行为：诚实与恶意行为好坏交替

图 11.4　对恶意车辆的检测效率

由上述结果可知，在第一种情况下，无论车辆作为请求者或协作者，若其行为恶意，随着交易的进行很快会被检测出来。例如，在交互轮数为20时，对应的恶意请求车辆和恶意协作车辆检测率分别为 90.33% 和 95.67%。这是由于一旦车辆开始行为恶意，关于其当前行为的信任评价将始终较低，从而引起其信任程度的降低以及在区块链上记录的历史声誉值下降，且在低于一定程度时被识别为恶意车辆，即被检测出来。

第二种情况如图 11.4(b) 所示。假定恶意车辆以 $5\leqslant n''\leqslant 20$ 轮为周期，行为好坏交替，即表现诚实 n'' 轮后行为恶意 n'' 轮，依次类推。由于车辆行为恶意后，即便恶意车辆未被检测出来，继续行为诚实，其信任程度的上涨也非常缓慢(如图 11.10 所示)，若后续转为恶意,声誉值的下降十分迅速,恶意车辆也将被检测出来。参与 30 轮交互后,对恶意请求车辆和协作车辆的检测率分别为 88.75% 及 95.25%。显然,由于恶意车辆行为好坏交替,因此对应的检测效率低于第一种情况。

可以看到,本章方案能够以较高精度检测到恶意车辆。在 20 或 30 轮之后,恶意请求车辆和恶意协作车辆的检测百分比都很高,因此,前 20 到 30 轮可以视为系统的初始化过程。经过最初的几次检测后,本章方案可以有效地消除恶意车辆,这意味着可以使用受信任的车辆来构建匿名区域。

对于行为表现诚实的车辆,无论其充当请求者还是合作者,其初始信任级别都已高于阈值,基于此阈值,其信任级别将不断提高(如图 11.6(a)所示)。因此,车辆将始终被视为诚实车辆,这意味着本章方案也可以准确识别诚实车辆。

此外,将本章所提方案与 Chow 等人[336]和 Ghaffari 等人[341]的方案进行对比。前者是最早提出的 K-匿名方案,后者是最新的具有代表性的解决方案。实验使用 Uppoor 等人[293]采集的德国科隆 400 km² 内车辆 24 小时驾驶记录数据,将其中的某些车辆视为请求车辆,将其他车辆视为协作车辆。若协作车辆将位置发送给恶意请求车辆,则其位置隐私将被泄露;而若请求车辆与不可信任的协作车辆合作,构造的匿名区域中恶意车辆的百分比将较高。分别设置恶意车辆的比例为 30% 和 40%,简便起见,假设若车辆作为请求者(协作者)时为恶意的,则其作为协作者(请求者)时行为也趋于恶意。

方案[341]中,若匿名节点(视为请求者)收集的 LBS 查询过少,Ghaffari 等人指出可由匿名节点生成虚假查询或其可以与附近匿名节点进行合作。Chow 等人指出攻击者可能会利用蜂窝定位技术估计节点的具体位置,因此,在模拟中选择后者。此时,相互合作的匿名节点中一旦存在恶意节点,所有协作者的位置隐私都得不到保护,位置隐私泄露概率也随之提高。如图 11.5 所示,Ghaffari 等人和 Chow 等人在提出的方案中未考虑匿名区域构造过程中参与者及其行为是否可靠,对应的曲线数值基本保持不变。在本章方案中,车辆的恶意行为将导致可信赖性降低,使得其后续不能参与匿名区域构造,因此,随着交互轮数的增加,位置隐私泄露概率和匿名区域中恶意车辆的百分比随之降低。

此外,文献[104]、[109]和[350]分别是面向实体的信任模型、面向数据的信任模型和联合信任模型的经典文献[342,360],本小节将从信任管理过程中是否依赖于第三方、是否对车辆的身份隐私加以保护、是否设计了具体的信任评估因素角度出发,将本章方案与这些方案进行对比。第一个角度确定所提方案是否适用于分布式 K-匿名;第二个角度说明如果所提方案可以在评估信任的同时保护车辆的身份,那么恶意车辆就不能进一步推断对方的隐私信息,例如驾驶轨迹;第三个角度表明在确定车辆的可信度时是否有指导信息。这 3 个角度对于分布式 K-匿名较为重要,它们通常被用作 IoV 中许多信任管理工作中的指标(如在文献[344]和[360]中)。文献[104]、[109]和[350]侧重于不同角度,并解决了不同情况下的信任管理的重要问题,但是,这些文献没有对 IoV 中分布式 K-匿名的这 3 个重要内容进行全面考虑。

Li 等人[104]在提出的方案中引入可信的声誉服务器对车辆进行管理。他们认为若某一车辆拥有服务器颁发的有效声誉证书,则其发送的消息即为可靠的,这一过程并不涉及对消息本身的评判,显然,未给出对应的信任评估因素。同时,车辆在广播消息时,将向周围车辆提供包含其身份标识的声誉证书,从而导致身份隐私泄露。

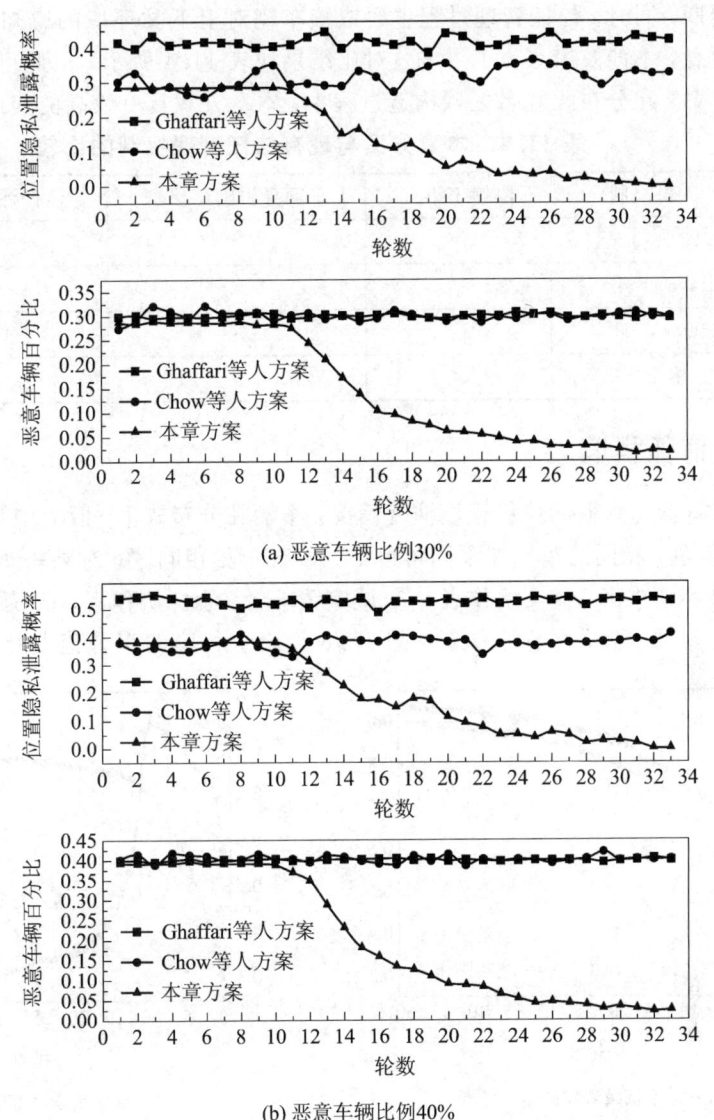

图 11.5 在不同比例的恶意车辆情况下，匿名区域中位置隐私泄露概率以及恶意车辆的百分比

通过全面考虑默认的可信赖性、事件或任务的可信赖性等，Raya 等人[109]首先对每一车辆发布的消息进行评价，即给出了具体的信任评估因素。随后，综合考虑多个车辆发送的消息，得到对报告事件的评估。所有上述操作均由消息接收车辆自身完成，并不涉及第三方的参与，但由于默认的可信赖性、安全状态等依赖于接收车辆对消息发布车辆类型、id 等的了解，因此，Raya 等人所提方案难以保护车辆的身份隐私。

Dötzer 等人[350]则采用意见捎带技术提出了一种信誉系统，任一转发车辆将依据先前车辆的意见及自己的直接或间接经验计算新的意见并附着在消息上。在所提方案中，Dötzer 等人假设先前车辆的意见及直接或间接经验均已存在，并未给出具体的信任评估因素，且附着的意见总是包含车辆的 ID 信息，因此不能对车辆的身份隐私进行保护。

本章方案不仅设计了详细的信任评估因素，还为保护车辆的身份隐私提出并探究了假名的生命周期，同时，信任管理过程主要依赖车辆对上下文环境的感知经验及区块链上记录的声誉信息，不涉及第三方的参与。对比结果如表 11.4 所示，由此可见，相较于现有的信任管理方案，在分布式匿名区域构造过程中，本章方案具有较高的实用性。

表 11.4 本章方案与现有信任管理机制的比较

机　制	不依赖于第三方	车辆身份隐私保护	信任评估因素
Li et al.[104]	✕	✕	✕
Raya et al.[109]	✓	✕	✓
Dötzer et al.[350]	✓	✕	✕
本章方案	✓	✓	✓

11.5.3 信任程度

本小节将探究车辆的信任程度演变情况。车辆在分布式 K-匿名中具有"请求者"和"协作者"双重角色，相同的车辆在不同角色下其表现不尽相同。针对某一车辆，其可存在 4 类情况：① 诚实请求者、诚实协作者；② 诚实请求者、恶意协作者；③ 恶意请求者、诚实协作者；④ 恶意请求者、恶意协作者，图 11.6 给出了相应的声誉值变化曲线。对于恶意车

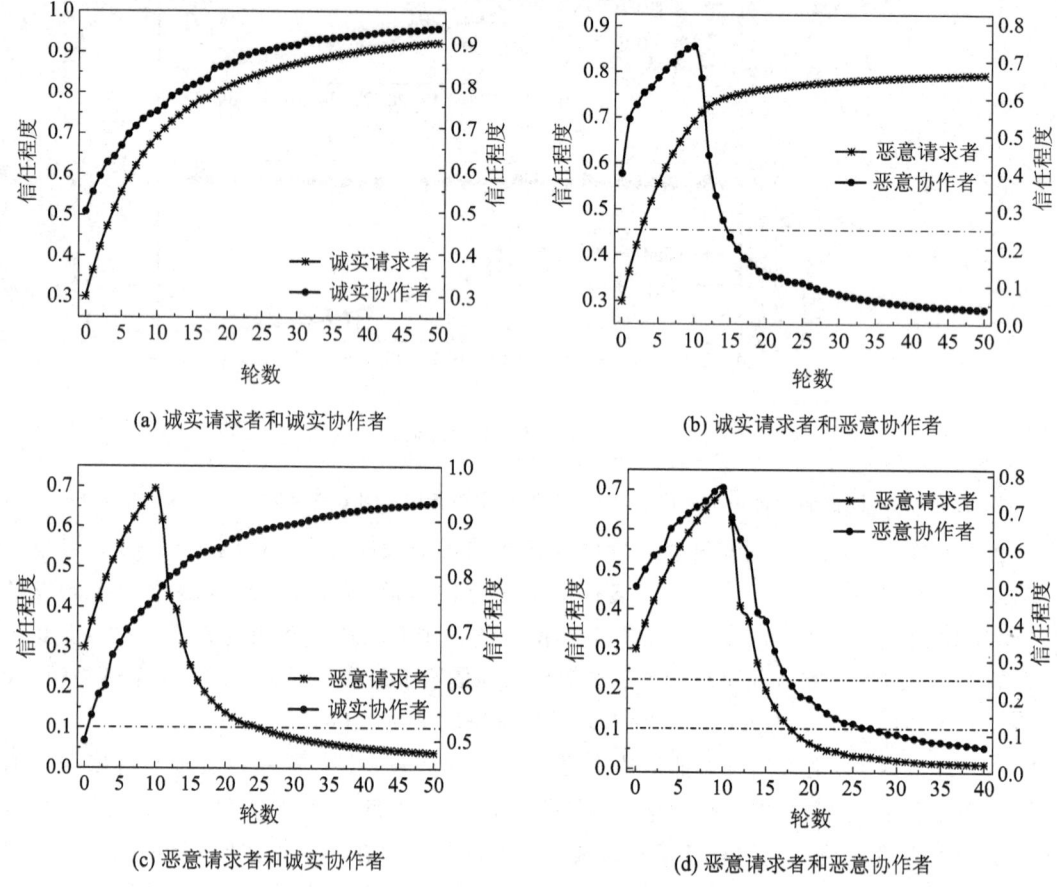

(a) 诚实请求者和诚实协作者　　　　　(b) 诚实请求者和恶意协作者

(c) 恶意请求者和诚实协作者　　　　　(d) 恶意请求者和恶意协作者

图 11.6 车辆作为请求者和协作者的信任等级变化趋势

辆，假设其行为类似于前面 11.5.2 小节提到的前期表现诚实，到达一定程度后，开始行为恶意的车辆，并且 $\bar{n}=10$，即恶意车辆为了积累其声誉值，头 10 轮中始终行为诚实。

如图 11.6 所示，无论车辆扮演请求者或协作者，若其行为诚实，声誉值将逐渐累积，而若行为恶意，其声誉值将明显下降。两种虚线是本章方案推荐的阈值 $t_{c,r}\_$Thre 和 $t_{r,c}\_$Thre 边界。值得注意的是，即便请求车辆始终诚实，若其作为协作者时行为恶意，声誉值的累积仍低于作为协作者时行为诚实的情况，如图 11.6(a) 和图 11.6(b) 所示。在图 11.6(b) 中，30 轮交互后请求车辆的信任程度为 0.78，而图 11.6(a) 中仅需 16 轮交互，信任程度即可达到。同时，相较于图 11.6(c) 和图 11.6(d)，当协作车辆恶意时，请求车辆的信任程度下降也更加明显。

11.5.4　效率

本小节首先研究构造匿名区域所需的时延。将 Uppoor 等人[293] 采集的车辆驾驶记录数据导入 OPNET Modeler 14.5 中，模拟车辆的运行轨迹，同时部署相应的 RSU 节点以探究车辆构造匿名区域所需时间，取恶意车辆的比例为 30％ 为例，实验结果如图 11.7 所示。

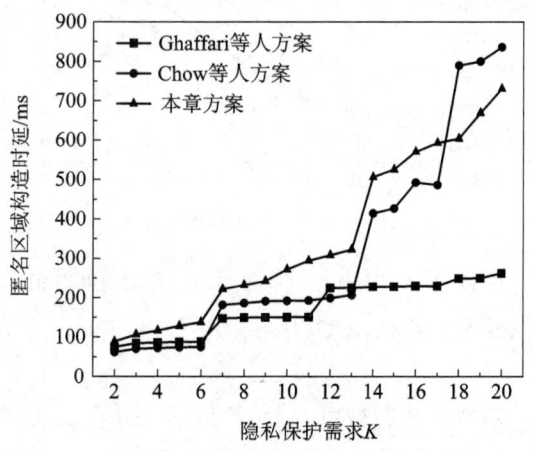

图 11.7　构造匿名区域所需的时延

由图 11.7 可知，在匿名区域构造过程中，Ghaffari 等人[341] 的方案所需的时间开销最小。这是由于他们令查询发起节点将位置信息直接以明文的形式发送给匿名节点。Chow 等人[336] 在所提方案中使请求节点首先广播寻求其一跳邻居的协作，若一跳通信范围内找到的协作节点数未满足隐私保护需求，其将重新广播匿名区域协作构造请求，寻求包括两跳范围内用户的协作，依此类推。因此，随着 K 值增加，所需的时间开销也迅速增加。而本章方案对参与节点的可信赖等级进行了评估，舍弃不可靠的协作节点，且节点间交互过程需进行加解密或签名验签工作。然而，整体而言，本章所提方案在匿名区域构造过程中所需的时间开销较现有方案没有明显差别，其所造成的时延是可接受的。

本小节还探究了 RSU 节点在共识过程所需的时间开销。假设系统中每产生 100 个交易账单，RSU 将采用轮流记账的方式，生成新的区块，并运行共识算法 PBFT。其中共识过程包含了记账节点对生成区块的签名、其余参与节点的验签、区块在 RSU 间的传播以及达成共识需要的 RSU 间的通信。图 11.8 给出了 RSU 节点数量与共识过程的时间开销。RSU

节点数量越多，共识过程的时间开销越大。这是由于节点数量越多，达成共识所需的交互轮数越多，即 RSU 间通信时延增加。共识过程运行的一致性协议主要包括记账节点和其他节点间彼此通信的若干阶段，包括序号分配（Pre-prepare）、交互（Prepare）、序号确认（Commit）和响应（Reply）。其中在序号分配阶段，记账节点将把新生成的区块广播给其他节点，交互和序号确认阶段通过采用两次两两交互的方式在所有参与节点间达成一致（交互阶段记账节点不参与），而响应阶段则是指其余节点向记账节点返回达成一致后的结果。假设参与共识的 RSU 节点有 $\widetilde{N}$ 个，且均不存在宕机等情况，将两个节点彼此间消息的发送视为一次交互，则 RSU 节点达成共识所需的交互数为

$$(\widetilde{N}-1)+(\widetilde{N}-1)^2+\widetilde{N}(\widetilde{N}-1)+(\widetilde{N}-1)=2\widetilde{N}^2-\widetilde{N}-1$$

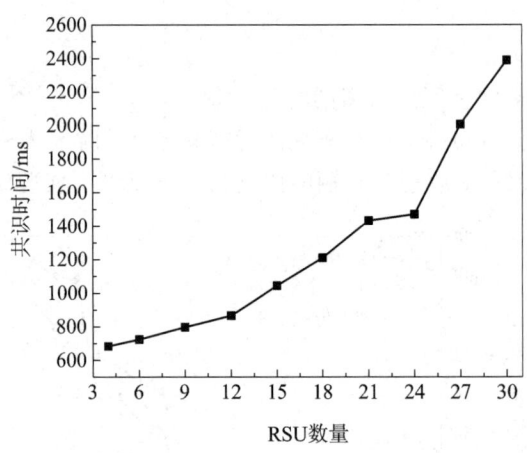

图 11.8　RSU 节点数量与共识过程的时间开销

此外，为了提高共识效率，可对 RSU 进行分片[361]来应对由于 RSU 数量增加而导致的效率下降问题。

只有共识过程完成，新区块才会被所有 RSU 所承认并在区块链上进行更新。在本章方案中，最近的 RSU 返回的目标车辆的历史声誉值始终是已达成共识的。具体地说，如果 RSU 接收到有关目标车辆最新的未达成共识的查询请求，它将根据查询车辆提供的交易索引号直接返回相应已达成共识的结果。

11.5.5　鲁棒性

车辆间在提交等级评价时，无论请求车辆或协作车辆，均可能存在诋毁对方行为的情形。实验中假设诚实请求者及诚实协作者分别在第 14 轮、21 轮和第 16 轮、22 轮遭受 bad-mouthing attack。如图 11.9 所示，本章方案对车辆收到的等级评价的真实性进行度量，对于诚实的车辆而言，偶尔遭受 bad-mouthing attack 并不会使得声誉值明显下降，且若其继续行为诚实，声誉值仍将持续上升。

通过真实性评估，本章方案可以抵制 bad-mouthing attack。

利用信任信息的动态性，车辆在参与交易的过程中，可能会实施 on-off attack。假设请求车辆和协作车辆在前 20 轮行为诚实，在声誉值累积到一定程度后行为开始恶意，随后，声誉值接近阈值条件时，行为恢复诚实。实验结果如图 11.10 所示，即一旦车辆实施 on-off attack，其声誉值将迅速下降且恢复过程较为漫长。

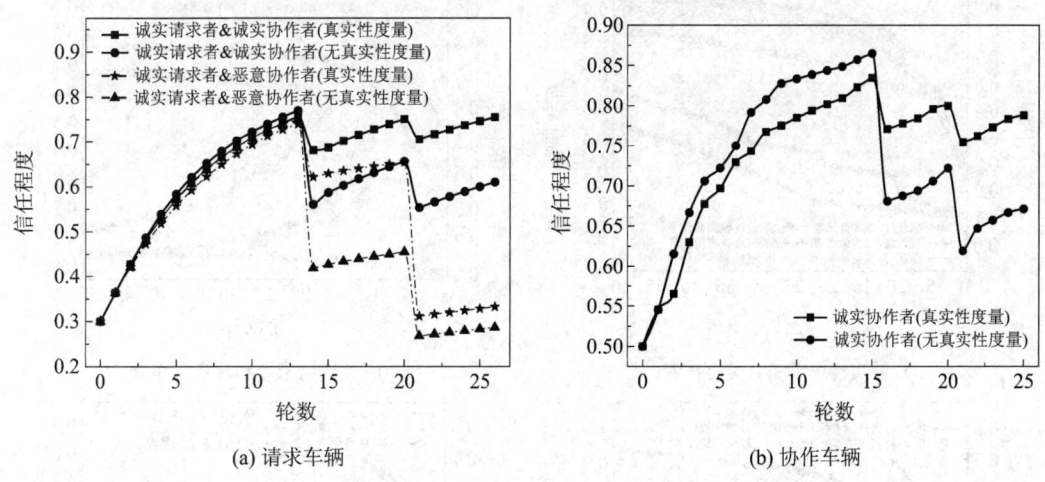

图 11.9　车辆遭受 bad-mouthing attack 时的信任程度变化趋势

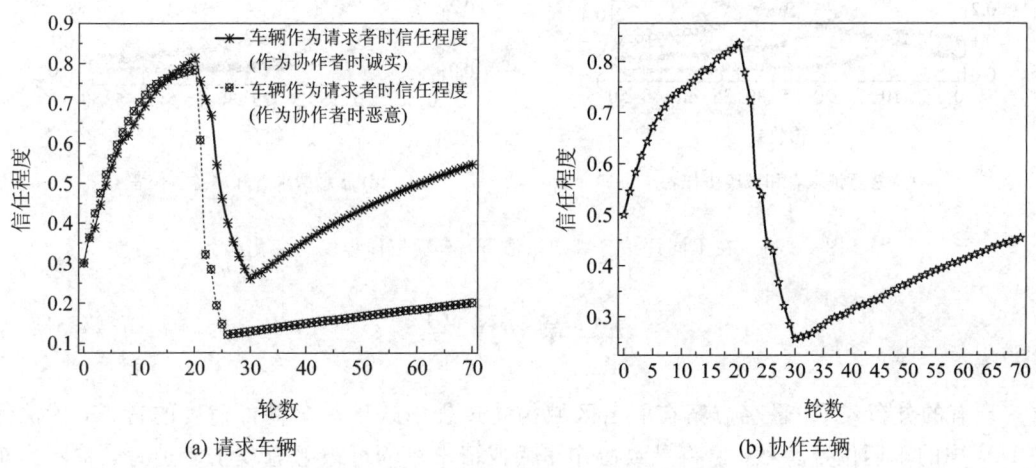

图 11.10　车辆遭受 on-off attack 时的信任程度变化趋势

此外，实验中还探究了各等级初始评价设置对声誉值变化的影响。在实验中分别设置以下情况：

（1）各等级的初始评价值均为 1，即 $a_{rv}^{i,0}=1$，$a_{cv}^{i,0}=1$，$1 \leqslant i \leqslant 10$；

（2）各等级的初始评价值依次递减，即 $a_{rv}^{i,0}=10-i+1$，$a_{cv}^{i,0}=10-i+1$，$1 \leqslant i \leqslant 10$；

（3）各等级的初始评价值逐渐递增，即 $a_{rv}^{i,0}=i$，$a_{cv}^{i,0}=i$，$1 \leqslant i \leqslant 10$。

如图 11.11 所示，随着交互次数的增多，情况（1）中声誉值变化较为显著，情况（2）和情况（3）中变化相对平缓。在实际应用中，可依据具体需求制定不同的初始等级评价。例如若对新加入系统的车辆默认不可靠，可设置情况（2）的初始值。

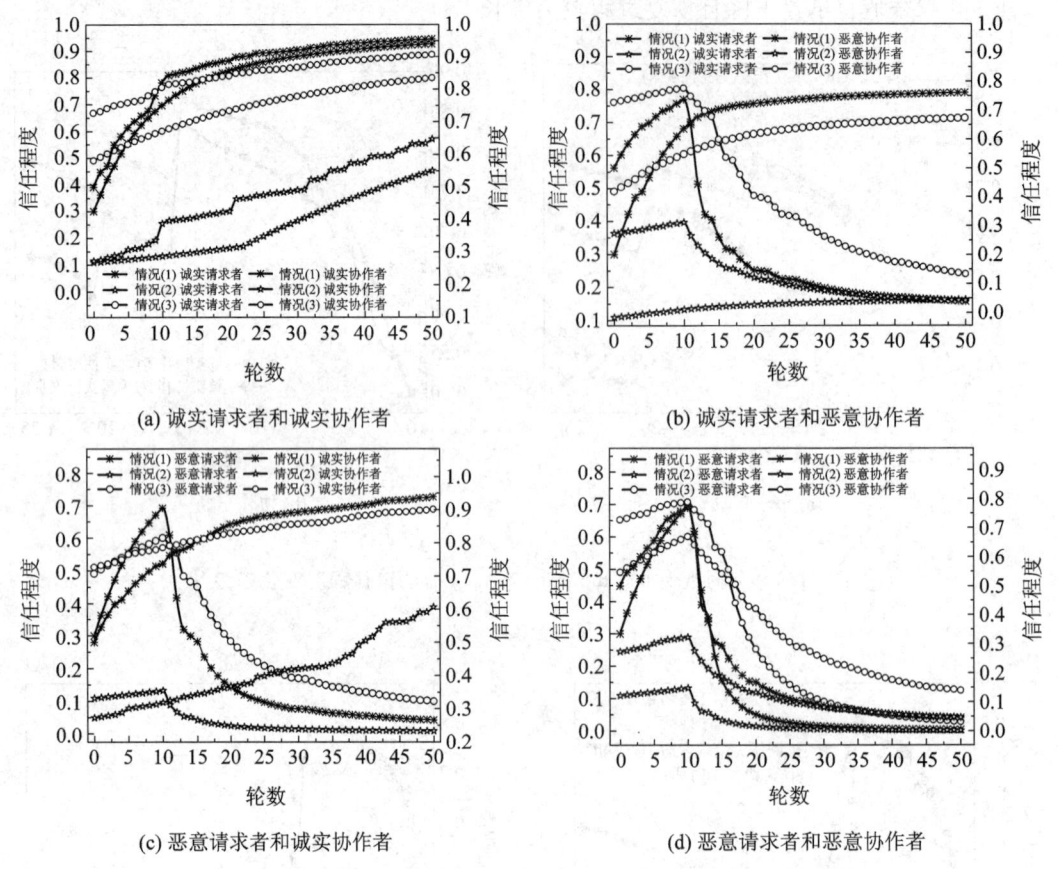

(a) 诚实请求者和诚实协作者

(b) 诚实请求者和恶意协作者

(c) 恶意请求者和诚实协作者

(d) 恶意请求者和恶意协作者

图 11.11　在不同评估等级初始值下，车辆信任程度的变化趋势

本 章 小 结

现有的分布式 K-匿名方案在匿名区域构建过程中缺乏对车辆可信度的考虑，无法保护 IoV 中的车辆位置隐私，这将导致协作车辆或请求车辆可被恶意攻击者追踪，推断出车主驾驶习惯等敏感信息，进一步威胁其人身财产安全。对此，本章提出了一种基于信任机制的匿名区域构造方法，确保请求车辆只会选择可信的协作车辆提供的位置信息构造匿名区域，且协作车辆也只会向其信任的请求车辆提供协助。特别地，通过分析请求车辆和协作车辆的各种需求，本章提出了对其行为的评估方法。另外，借助区块链技术，本章所提机制能够建立起一个安全可信的分布式数据库，从而将车辆间的信任评价记录在公开可查询区块上。安全性分析与大量实验表明，本章所提方案对典型的信任模型攻击具有一定的鲁棒性，且未违背分布式 K-匿名的初衷。相较于现有工作，本章方案能够有效地管理车辆的可信赖性，降低用户位置隐私被泄露的概率以及匿名区域中包含的恶意用户百分比。在匿名区域构造过程中，所需的计算时延较小。同时，区块链的更新和维护可在有限的计算时延和存储开销下完成。本章所提方案增强了 LBS 过程的可靠性。

第 12 章 总结与展望

12.1 总 结

近年来，无线通信技术、传感技术、定位技术以及汽车工业的快速发展使得车辆移动自组织网络 IoV 得到了长足发展。其中，车与人、车与车、车与路和车与云服务平台间的信息交换与共享，促进了"人-车-路-云"协同的智慧交通体系的构建，为人们的交通出行带来了极大的便利。然而，在享受 IoV 带来的便利性的同时，其存在的安全问题不容忽视，如车辆被远程攻击、恶意控制等。作为"互联网＋"战略落地的重要领域，解决好车联网中各类安全问题，对推动我国汽车、交通、信息通信产业等转型升级意义重大。

整体而言，车联网中的安全威胁主要来源于 3 个层面，即网络通信层、汽车平台本身以及应用层。针对不同层面的威胁，国内外研究者采用传统密码学方法、各类安全策略、机器学习算法等提出了多个解决方案。本书在归纳、分析现有工作的基础上，对车联网安全中仍存在的若干问题展开研究。其中，既包括车辆在组网过程中面临的车辆匿名认证、消息匿名路由和各类攻击检测，还包括车辆平台本身的 CAN 总线安全、遭受传感器故障或攻击导致的通信错误应对等，同时，还考虑了基于安全的应用以及经常使用的增值服务应用，即 LBS 下车辆的隐私保护需求。本书的主要研究内容如图 12.1 所示。

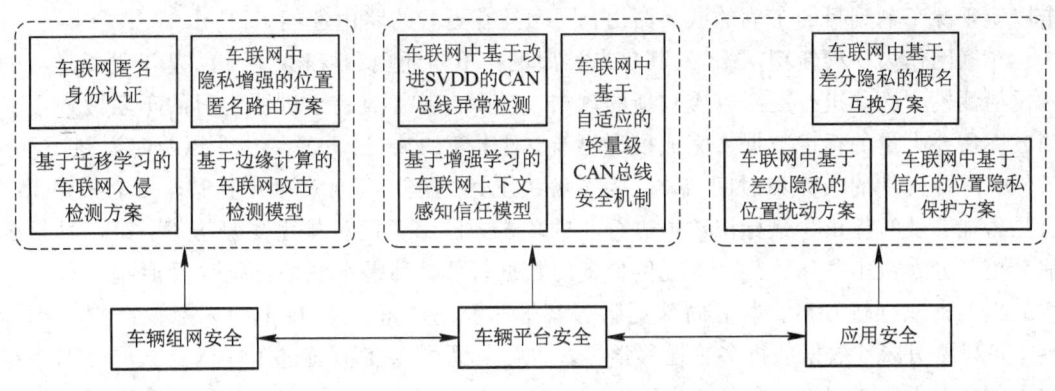

图 12.1 本书主要研究内容

1. 车辆组网安全

IoV 中开放、便捷的网络通信使得车辆与车辆间、车辆与基础设施间等组网方便、快捷。确保组网有效的前提是对车辆进行认证，与此同时，还需考虑车辆的隐私问题。由此，匿名认证作为一种常用的解决方法被广泛使用。然而，现有工作通常依赖于车辆与可信第三方的大量交互，同时，车辆的高速移动性也将使得其频繁地在多个管理服务器间切换。

针对此,第 2 章提出了一种增强不可链接性的高效匿名认证方案。具有不可链接性的身份验证是 VANET 安全性的关键要求之一,它可防止攻击者通过链接多条消息而推断车辆的隐私。基于假名的认证方案已被广泛使用来实现具有不可链接性的身份认证,但是,这些方案需要与可信第三方进行多次交互以更新车辆的假名和其他信息。为了解决此问题并在分布式系统中为 VANET 提供高效的身份认证,我们提出了一种称为 BUA 的基于区块链的不可链接身份认证协议,其中每个安全域的服务管理器(Service Manager,SM)充当联盟区块链的节点,以构建分布式系统。每个 SM 覆盖一定的逻辑区域并维护一系列一致的块,这些块中保存了车辆的注册数据。基于此系统,车辆使用同态加密可以自动生成任意数量的假名来实现不可链接性。通过区块链,每个 SM 可以在本地验证车辆假名的有效性和所有权。其性能评估结果表明本书所提出的协议能以更少的计算和通信开销提供更强的安全性。

在实现认证的基础上,鉴于车联网中通信往往是通过车辆间逐跳通信实现的,而这往往需要车辆获取邻居节点的位置情况,带来隐私泄露问题。因此,考虑车辆的位置隐私保护,第 3 章提出了一种车联网下隐私增强的位置匿名路由方案。基于位置的路由作为车联网中广泛使用的消息传输机制,其核心思想是以车辆的位置关系作为路由选择的依据。在此过程中,为了实现源目的车辆的匿名通信,通常需要隐藏参与车辆的位置。然而在现有的基于位置匿名路由方案中,首先车辆间周期性的位置共享会暴露其轨迹隐私,导致车辆被跟踪定位;其次隐藏通信目的方车辆位置的匿名区以明文形式公开,攻击者可以通过监视该区域内车辆的变化情况发起求交集攻击,降低目的车辆的位置匿名性。为此,我们在车辆网中提出了增强隐私保护的位置匿名路由方案。在该方案中,首先对车辆的位置信息进行顺序可见加密保护,确保明文位置与其对应的密文空间同分布,然后利用密文位置的比较进行路由选择,建立起源目的车辆间的匿名路由。安全性分析和实验分析表明,相比于已有方案,本方案可以有效地保护中间转发车辆及目的车辆的位置隐私,抵抗求交集攻击以实现源车辆到目的车辆的匿名路由,同时具有更好的路由性能。

车联网作为一种新型网络,发其攻击类型也在不断涌现和变化。因此,基于机器学习的入侵检测模型必须进行更新以应对新的攻击。然而,现有的基于机器学习的车联网入侵检测方案需要大量的标记数据来完成模型更新。对于新的攻击,IoV 云也难以及时识别,这在 IoV 中需要大量的人力和时间成本。为了解决上述问题,第 4 章采用迁移学习,根据 IoV 云是否能够及时提供少量标记数据进行新的攻击,提出了两种模型更新方案:第一种是云辅助更新方案,其中 IoV 云可以提供少量的数据;第二种是车联网云无法及时提供任何标注数据的本地更新方案。本书局部更新方案通过预分类得到新攻击中未标记数据的伪标签,并利用伪标签数据进行多轮迁移学习。然后车辆可以在不通过车联网云获取任何标记数据的情况下完成更新。实验结果表明,与现有方法相比,两种方法的检测精度至少可提高 23%。

此外,随着边缘计算架构在车联网中的广泛应用,在云或边缘上基于收集的车辆数据来建立攻击检测模型已成为车联网安全防护的重要手段。现有基于云平台的全局模型存在将边缘的错误进行全网传播及缺乏对边缘的本地数据集进行适配的问题,导致全局模型的检测性能会受到较大的影响,我们的实验也证明了这一点。为了解决上述问题,第 5 章采用机器学习方法,结合全局模型与本地模型的优点,提出了边云协同和边边协同两种车联网攻击检测模型。边云协同模型通过改进决策树模型中最优划分属性的选择过程，使云平台与各个边缘共同协作来确定全局最优划分属性，从而降低包含错误数据的边缘对模型的影响。同时，通过对本地数据集的剪枝操作来为不同边缘生成具有不同树结构的边缘模型，加强对本地数据集的适配。边边协同模型通过在每个边缘聚合其他边缘的本地模型来提升抵抗错误传播的能力，并利用可变权重的随机森林算法来调整本地模型对边缘模型的影响，使其更好地适配本地数据集。此外，我们还根据云和边缘的网络负载及计算任务给出了选择这两种模型的指导原则。实验采用了公开的 AWID 数据集，结果表明，相较于原来的全局模型，所提的两个模型抵抗错误传播和适配边缘数据的能力都有显著的提高。此外，这两种模型所产生的网络传输时延相比于全局模型分别减少了 89.12％和 75.88％。

2. 车辆平台安全

作为智能网联汽车的核心总线网络，CAN 总线负责车内传感器信息以及控制指令的传输，对其的安全防护成为了人们研究智能网联汽车的重点。然而 CAN 总线协议并未提供报文认证和加密等安全机制，这为攻击者入侵车内总线网络提供了可能。虽然目前已有学者提出多种 CAN 总线安全方案，但经过分析与研究，现有方案仍存在两个问题：一是单一的安全机制难以适用于差异化的报文安全需求以及动态车内网络环境，难以兼顾安全性和网络性能；二是现有的 CAN 总线认证加密方案中缺乏高效密钥管理方案，并不适用于计算存储能力有限的 ECU 节点。因此，针对上述问题，第 6 章提出了一种自适应的轻量级 CAN 总线安全机制，主要研究工作有：针对现有方案未考虑到报文安全需求的差异性以及车内网络环境的动态性，难以兼顾安全性和网络性能的问题，提出了基于模糊决策的安全策略选取方案。通过对报文特点和车内网络环境的分析，针对性地选择了若干影响因素，并利用层次分析法和模糊决策的思想，实现了在满足报文的安全需求的同时，动态地调整车内网环境自适应的安全策略；针对目前 CAN 总线的认证加密中缺乏有效密钥管理方案这一问题，将车内网 ECU 节点的通信频率抽象为无向图，以通信频率作为图的边权重，采用马尔可夫聚类的方法根据 ECU 之间通信频率将其划分为层次化的域结构，并在此基础上使用了树形域密钥结构对车内网进行合理的密钥管理。结合自适应的安全策略选取方案，设计了差异化的安全策略及其通信协议；此外，对于本书所提出的方案，我们首先从可行性、安全性等方面进行了全面的理论分析，并借助 ProVerif 工具进一步验证了其安全性。随后，通过大量实验验证了自适应模糊决策的有效性，并对 ECU 分域和密钥管理方案进行了性能分析。与现有方案进行对比，结果表明本方案所需的存储开销和计算开销十分有限，适用于计算能力受限的 ECU 节点和高实时性需求的 CAN 总线网络。

汽车网络控制器局域网(CAN)总线异常检测技术发展迅速。然而，现有的异常检测方案由于缺少 IoV 中的异常数据和难以掌握车辆的报文规则等而效果不佳。支持向量域描述(SVDD)算法具有良好的单分类能力，即只需要正常的报文信息就可以检测异常，但将其直接应用于车内网络环境时会产生较高的误报率。另外，IoV 消息的生成速度快，对实时性要求很高。因此，本书提出了一种车联网 CAN 总线基于改进 SVDD 的异常检测方案。在第 7 章，我们首先提出了一种汽车网络报文数据分类机制，该机制以不同的方式检测不同的数据，并针对车辆内部网中的许多简单冗余数据建立了一个弱模型，该方法在保证检测精度的同时，可以减少检测时间和计算成本。随后，提出了两种改进的 SVDD 方案：M－SVDD 方案增加了马尔可夫链来检测具有时间关联性的报文消息；G－SVDD 方案将核函数映射到高斯核函数，以减少模型的冗余面积和误报率。实验结果表明，本书提出的方案具有较高的精准率、召回率和较少的计算开销。

在车联网中，由于传感器缺陷、恶意车辆等原因，虚假信息可能会被注入网络。因此，在车辆网络中，建立一种有效的机制来保证车辆所使用信息的可靠性就显得尤为重要。为了解决这一问题，第 8 章提出了一种上下文感知信任管理模型来评估车辆接收信息的可信度，从而确保虚假信息不会影响驾驶决策过程。在所提方案中，信任评估结果由可用的相关信息和当前上下文下的评估策略决定，而不受冲突证据的存在和网络中实体的信任程度的影响。此外，本书还设计了一个强化学习模型，允许车辆调整评估策略，从而在不同驾驶场景下均可获得准确的评估结果。为了验证所提模型的有效性，第 8 章在不同的驾驶场景下进行了大量的实验。结果表明，无论网络中恶意节点的比例如何，所提模型都能适应不同的驾驶场景，且时间开销可以忽略不计。在不同场景下，与 3 种最先进的信任模型相比，在非随机路况下，本书方案可以在不增加计算和通信开销的情况下获得更高的评估准确率。

3. 应用安全

车联网中的应用主要包括基于安全的应用以及以 LBS 为代表的增值服务类应用。针对车联网场景下的应用安全，本书提出了包括差分隐私、假名变换以及 K-匿名等车辆隐私保护方案。

由于缺乏理论上的隐私保障，现有的假名交换方法无法严格提供车辆新旧假名之间的不可链接性，导致车辆轨迹隐私严重泄露。第 9 章中的实验也证明了这一点，可以发现现有的研究可能会导致车辆假名的关联概率高于 60%，因为它们总是选择两个行驶状态（如速度、方向和位置）截然不同的车辆来互换假名。为了解决这一问题，第 9 章中首先给出了一个基于广义差分隐私的形式化隐私定义，称为假名不可区分性，为假名交换提供严格的不可链接性。然后设计了一个合适的效用度量和一个新的假名互换机制，该机制通过采用差分隐私指数机制来选择车辆的假名，以满足假名的不可分辨性。从攻击者的先验知识中抽象出来，这样可以严格保证：如果两辆车的行驶状态具有很高的相似性，攻击者就不可能在互换后将车辆与其假名联系起来。理论分析证明，所设计的机制满足提出的隐私定义，从而保证了新假名和旧假名之间的非链接性。在真实数据集上的大量实验表明，第 9 章的工作只需要 50% 左右的假名量，并且可以使车辆以 90% 以上的概率成功完成交换过程，高于现有研究成果。

除假名互换方案外，差分隐私作为一种有效的隐私保护手段，能够对隐私提供严格的理论保证，同时对隐私泄露程度进行量化，因此获得了广泛的应用。虽然地理不可区分性（Geo-Ind）保证了位置隐私，但是如果由于不合理的位置而暴露了位置扰动行为，用户的其他隐私问题仍然存在风险。通过实验发现，经典的 Geo-Ind 机制将真实位置扰动到不真实区域的概率可达 50% 以上。为了解决这个问题，第 10 章首先提出了一个超越 Geo-Ind 的增强隐私定义，称为 Perturbation-Hidden，通过保证用户的虚假位置合理性来防止用户的位置扰动行为被识别。然后，设计了一个机制来实现这个定义，将差分隐私指数机制用到所提的方法中。此外，本章还提出了一种利用动态规划来确定检索区域的方法，以保证 LBS 的准确性。最后，用理论证明所提机制满足隐私定义。大量的模拟实验和真实数据集表明，本章方案在保证高查询精准率和召回率的前提下，实现了 100% 可信的伪定位。

K -匿名因其使用户在获得准确的查询结果的同时,可以抵抗诸如三角测量、蜂窝定位等位置追踪攻击,获得广泛认可及应用。然而,现有的 K -匿名方案由于没有考虑到参与者的可信度,将导致对车辆的恶意跟踪,进而使得敏感信息遭到泄露,甚至威胁车主人身财产安全。为了解决这个问题,第 11 章在车联网中提出了一种采用区块链的基于信任的位置隐私保护方案。通过分析匿名区域构造过程中请求车辆与协作车辆的不同需求,并结合这两类角色的特点,基于狄利克雷分布设计了相应的信任管理方法,使得请求车辆和协作车辆只会与其信任的车辆合作。此外,采用区块链技术,所提方案将车辆的可信赖性记录在公开可查的区块上,以便任何车辆在必要时都可以访问到交互方的历史信任信息。最后,还给出了详细的匿名区域构建过程。安全分析和大量实验表明,所提方案具有抵抗各类针对信任模型攻击的能力,能够有效地检测出恶意车辆,并在匿名区域构造过程中保持车辆的位置隐私,同时所需的时延有限。

12.2　展　　望

尽管本书探讨了车联网安全的诸多方面,然而,待解决的问题也依然非常多。本节仍从网络通信层、车辆平台本身及应用层进行介绍。

1. 网络通信层

车联网网络通信层的安全威胁一方面来源于 WiFi、移动通信网、DSRC 等无线网络传输方式中本身存在的网络安全问题,另一方面来自于车辆和云服务平台等其他终端设备。对于前者,研究者们最早通过公钥架构解决通信过程中的安全与认证问题,而后逐步提出批量匿名认证、轻量级匿名技术和匿名区技术等。与此同时,为了应对随时可能出现的不明攻击,机器学习等自动化的方案也被采用,配合半监督学习、迁移学习与多模型融合等手段,可以适应车联网中可能产生的各类攻击,并从中找出安全威胁。而对于后者,现有研究通常从数据安全、云平台系统安全和移动终端安全 3 个方面展开,提出了云数据加密、虚拟化安全与恶意代码识别等技术。这其中值得注意的是在恶意软件与代码识别领域中,区别于传统的沙箱检测、代码分析和软件行为分析等技术,新兴的基于人工智能的方法成为目前研究的热点。

在网络通信层安全研究中,除了传统的协议分析、加密、认证等手段,机器学习已经逐步成为研究者在应对安全威胁时的重要工具。但是需要注意的是,与传统网络不同,车联网环境中网络拓扑结构与车辆所处外部环境是不断变化的。因此,已有的安全技术需要重新改造以适应车联网这一独特的场景,例如传统网络中的检测方案主要基于大量的标记训练数据来建立检测模型,而这在资源受限且高速移动的车联网环境中显然无法适用。

除了对于机器学习技术的重视之外,在未来的车联网安全研究中,也可以引入复杂网络来寻找不断变化的拓扑结构中的规律性,来减少认证与校验的难度。同时,随着人工智能技术在车联网中的应用,可以考虑在多个智能化的实体交互过程中引入动态博弈机制来规范各方的行为,保证用户的安全。

2. 车辆平台

车辆平台安全威胁主要包括车内 CAN 总线安全以及车内传感器安全。对于 CAN 总线安全，研究者们主要从报文认证机制、报文加密机制和 CAN 总线的异常检测机制 3 个方面展开研究。在车联网中，同一个 ECU 发出的连续多个报文具有相关性。基于此，除本书所提方案外，在未来的研究中可以借助类似自然语言处理与 word2vec 等技术，将报文表现为向量，然后结合深度学习相关算法进行相似度预测或者序列预测，一旦异常检测模型检测出当前出现的总线报文不满足要求，则可以判定该条报文遭到攻击者篡改，进而可以产生对应的报警信息，向系统报告当前车内网络正遭受入侵威胁。

对于传感器安全，除避免传感器故障、信号干扰等造成的通信消息错误外，还应注意到，现有攻击也可通过数据投毒或制造对抗样本的方式，干扰传感器所得到的数据，从而欺骗车辆做出错误的操作甚至引发交通事故，危害到用户与公众的安全。除此之外，车内的 ECU 作为类似于单片机的汽车专用微机控制器，与传感器共同组成的网络很可能受到侧信道攻击，攻击者可以通过非接触式地检测 ECU 或传感器的能量消耗、电磁辐射、运行时间，来获取关于车辆实现运行状态相关的信息，为下一步攻击提供知识与准备。因此，在未来的研究中，这些问题都应当被重视。

3. 应用层

车联网应用层安全包括基于安全的应用以及以 LBS 为代表的增值服务应用中车辆的隐私保护。其中前者通常采用假名变换方法，而后者可以使用差分隐私、K-匿名等技术。

随着车联网的发展，各类应用层出不穷，但车联网应用大多与位置有关，而位置隐私的敏感程度是相对较高的。如何在服务质量、用户隐私与计算开销这三者之间得到平衡势必是未来该领域研究的重点，可以发现已有的方案是通过不断引入密码学工具与思想来解决这一组矛盾。然而，随着车联网中各个实体的智能化，可以通过引入多方博弈机制，在尽可能少地泄露用户隐私的情况下，得到符合要求的服务质量。

此外，在最近车联网的推广与实际使用中，可以发现很多车联网应用采取了用户主动上报信息以提升服务质量的工作模式，如用户可以主动上报自己当前位置的路况来辅助导航软件更好地规划该地区内其他用户路径。然而在此类机制下，攻击者可以通过恶意发布错误信息来误导服务提供商与用户，如通过在少数几个路段报告虚假的拥堵，欺骗导航服务提供商引导用户进入预先设计好的其他道路，这将为不法分子可能的进一步恶意行为提供便利。此类型的安全问题也应当随着车联网的普及引起更多的重视。

总体而言，随着第四次工业革命的来临，车联网这一技术必将以超越现有想象的方式改变人们的生活。然而关于车联网的种种美好设想，都必然建立在相关的安全技术之上，安全是一切新技术应用与推广的前提，譬如没有人可以在沙地上建起高楼。假如车联网技术在应用与普及之初，由于缺乏隐私与安全保护机制，使不法分子可以随意获取用户的行踪，或是在车联网中发现足以引起车辆失控的漏洞，都将严重威胁到用户与他人的生命财产安全。以上事件一旦发生并被媒体广泛报道，则必然引起用户与相关职能部门对新技术的质疑，这对于该领域未来的发展将造成严重的打击。因此，在全面迎来智能车联网时代之前，研究者们还有一些时间，有必要在更高的深度与广度内思考并解决未来车联网领域中可能出现的种种安全问题，制定出不同场景下各个层次的技术安全规范与标准，以迎接新技术的到来。

参 考 文 献

[1] Xinhua. China's Internet of Vehicles set for fast growth[EB/OL]. [2017 - 09 - 14]. http://www. chinadaily. com. cn/business/tech/201709/14/content_31992978. htm.

[2] U S. Department of Transportation. The Internet of Cars[EB/OL]. [2015 - 11]. https://www. transportation. gov/content/internet-cars.

[3] MITCNC Blog. The Tesla IoT Car: Case Study[EB/OL]. [2014 - 08]. https://blogmitcnc. org/2014/08/21/the-tesla-iot-car-case-study.

[4] 华强电子网. 2018 年我国车联网产业规模或将达两千亿[EB/OL]. [2017 - 05 - 26]. http://tech. hqew. com/fangan_1881417.

[5] 卡饭论坛. 360 网络攻防实验室公布无需钥匙即可开走特斯拉的漏洞[EB/OL]. [2015 - 01 - 21]. https://bbs. kafan. cn/thread-1804633-1-1. html.

[6] kaspersky daily. Shock at the wheel: your Jeep can be hacked while driving downthe road[EB/OL]. [2015 - 07 - 23]. https://www. kaspersky. com/blog/remote-car-hack/9395.

[7] 电子发烧友. 百度成功破解 T-BOX 系统车联网安全迈上新高度[EB/OL]. [2016 - 11 - 30]. http://www. elecfans. com/qichedianzi/20161130453520. html.

[8] 腾讯科技. 腾讯科恩实验室成功远程入侵特斯拉为全球首次[EB/OL]. [2016 - 09 - 20]. http://tech. qq. com/a/20160920/048201. htm.

[9] Electrek. Watch thieves stealing a Tesla through keyfob hack and struggling miserably to unplug it [EB/OL]. [2018 - 10]. https://electrek. co/2018/10/21/tesla-stealing-video-keyfob-hack.

[10] KOSCHER K, CZESKIS A, ROESNER F, et al. Experimental Security Analysis of a Modern Automobile[C]. IEEE Symposium on Security and Privacy, Oakland, California, USA, 2010: 447 - 462.

[11] WOO S, JO H J, LEE D H. A Practical Wireless Attack on the Connected Car and Security Protocol for In-Vehicle CAN[J]. IEEE Transactions on intelligent transportation systems, 2015, 16(2): 993 - 1006.

[12] MILLER C, VALASEK C. Remote Exploitation of an Unaltered Passenger Vehicle. Black Hat USA, 2015: 91.

[13] International Organization for Standardization. Road vehicles—Controller area network (CAN), Part 1: Data link layer and physical signaling, ISO11898 - 1 (2003).

[14] FutureCar. Your Tesla car can be hacked by Android Malware. [EB/OL]. [2016 - 12 - 01]. https://www. futurecar. com/483/Your-Tesla-car-can-be-hacked-by-Android-Malware.

[15] SECURITYWEEK NETWORK. Tesla Model X Hacked by Chinese Experts. [EB/OL]. [2017 - 07 - 28]. https://www. securityweek. com/tesla-model-x-hacked-chinese-experts.

[16] BOUALOUACHE A, SENOUCI S, MOUSSAOUI S. A Survey on Pseudonym Changing Strategies for Vehicular Ad-Hoc Networks[J]. IEEE Communications Surveys & Tutorials, 2018, 20(1): 770 - 790.

[17] PETIT J, SCHAUB F, FEIRI M, et al. Pseudonym Schemes in Vehicular Networks: A Survey[J]. IEEE Communications Surveys & Tutorials, 2015, 17(1): 228 - 255.

[18] FORSTER D, LOHR H, GRATZ A, et al. An Evaluation of Pseudonym Changes for Vehicular Networks in Large-Scale, Realistic Traffic Scenarios [J]. IEEE Transactions on Intelligent Transportation Systems, 2018, 19(10): 3400 - 3405.

[19] CUI Jie, WEN Jingyu, HAN Shunshun, et al. Efficient Privacy-preserving Scheme for Real-time Location Data in Vehicular Ad-hoc Network[J]. IEEE Internet of Things Journal, 2018, 5(5): 3491 - 3498.

[20] ZHOU Jun, CAO Zhenfu, QIN Zhan, et al. LPPA: Lightweight Privacy-Preserving Authentication from Efficient Multi-Key Secure Outsourced Computation for Location-Based Services in VANETs [J]. IEEE Transactions on Information Forensics and Security, 2019, 15(99): 420 - 434.

[21] ASUQUO P, CRUICKSHANK H, MORLEY J, et al. Security and Privacy in Location-Based Services for Vehicular and Mobile Communications: An Overview, Challenges, and Countermeasures [J]. IEEE Internet of Things Journal, 2018, 5(6): 4778 - 4802.

[22] BOUKSANI W, BENSABER B A. An Efficient and Dynamic Pseudonyms Change System for Privacy in VANET[C]. IEEE Symposium on Computers and Communications, Heraklion, Greece, 2017: 59 - 63.

[23] WALTERS J P, LIANG Z, SHI W, CHAUDHARY V. Wireless sensor network security: A survey, in book chapter of Security[J]. in distributed, grid, mobile, and pervasive computing, 2007 (2): 0 - 849.

[24] PEI Qingqi, SHEN Yulong, MA Jianfeng. Survey of Wireless Sensor Network Security Techniques [J]. Journal on Communications, 2007, 28(8): 113 - 122.

[25] PERRIG A, STANKOVIC J, WAGNER D. Security in Wireless Sensor Networks [J]. Communications of the ACM, 2004, 47(6): 53 - 57.

[26] GARG S K. Wireless Network Security Threats [J]. International Journal of Information Dissemination and Technology, 2011, 1(2): 110 - 113.

[27] DE FUENTES J M, GONZÁLEZ-TABLAS A I, Ribagorda A. Overview of Security Issues in Vehicular Ad-hoc Networks [M]. Handbook of research on mobility and computing: Evolving technologies and ubiquitous impacts, Pennsylvania, USA: IGI Global, 2011.

[28] KAVIANPOUR A, Anderson M C. An Overview of Wireless Network Security[C]. IEEE 4th International Conference on Cyber Security and Cloud Computing, New York, NY, USA, 2017: 306 - 309.

[29] DAS M L, SAXENA A, GULATI V P. A Dynamic ID-based Remote User Authentication Scheme [J]. IEEE Transactions on Consumer Electronics, 2004, 50(2): 629 - 631.

[30] SHI Wenbo, GONG Peng. A New User Authentication Protocol for Wireless Sensor Networks Using Elliptic Curves Cryptography[J]. International Journal of Distributed Sensor Networks, 2013, 9(4): 730 - 831.

[31] BUCZAK A L, GUVEN E. A Survey of Data Mining and Machine Learning Methods for Cyber Security Intrusion Detection[J]. IEEE Communications Surveys & Tutorials, 2016, 18(2): 1153 - 1176.

[32] MISHRA P, PILLI E S, VARADHARAJAN V, et al. Intrusion Detection Techniques in Cloud Environment: A Survey[J]. Journal of Network and Computer Applications, 2017, 77: 18 - 47.

[33] WANG Lidong, JONES R. Big Data Analytics for Network Intrusion Detection: A Survey[J]. International Journal of Networks and Communications, 2017, 7(1): 24 - 31.

[34] CHEN Deyan, ZHAO Hong. Data Security and Privacy Protection Issues in Cloud Computing[C].

International Conference on Computer Science and Electronics Engineering，Washington，DC，USA，2012：647 - 651.

[35] SUBASHINI S, KAVITHA V. A Survey on Security Issues in Service Delivery Models of Cloud Computing[J]. Journal of network and computer applications，2014，34(1)：1 - 11.

[36] SINGH A, CHATTERJEE K. Cloud Security Issues and Challenges：A Survey[J]. Journal of Network and Computer Applications，2017，79：88 - 115.

[37] FELT A P, FINIFTER M, E CHIN S, et al. A Survey of Mobile Malware in the Wild[C]. Proceedings of the 1st ACM workshop on Security and privacy in smartphones and mobile devices，New York，USA，2011：3 - 14.

[38] FARUKI P, et al. Android Security：A Survey of Issues，Malware Penetration，and Defenses[J]. IEEE communications surveys & tutorials，2015，17(2)：998 - 1022.

[39] GANDOTRA E, BANSAL D, SOFAT S. Malware Analysis and Classification：A Survey[J]. Journal of Information Security. 2014，5(2)：56 - 64.

[40] ISO：11898 - 1：2003 - Road Vehicles-Controller Area Network. International Organization for Standardization，Geneva，Switzerland，2013.

[41] 搜狐. 360 又"黑"了一辆特斯拉，干扰传感器的"N"种方法[EB/OL]. [2016 - 08 - 11]. http://www. sohu. com/a/110068097_118790. htm.

[42] Hacking News. Researchers Discover Vulnerability in Tesla Model S Key [EB/OL]. [2018 - 09 - 13]. https://latesthackingnews. com/2018/09/13/researchers-discover-vulnerability-in-tesla-model-s-key/. htm.

[43] ECKHOFF D. Privacy and Surveillance：Concerns about a Future Transportation System [C]. Proceedings of the 1st GI/ITG KuVS Fachgespräch Inter-Vehicle Communication，Tyrol，Austria，2013：15 - 18.

[44] FREUDIGER J, SHOKRI R, HUBAUX J P. Evaluating the Privacy Risk of Location-Based Services [C]. International Conference on Financial Cryptography and Data Security，Berlin，Heidelberg，2011：31 - 46.

[45] PHILIPPE G, PARTRIDGE K. On the Anonymity of Home/Work Location Pairs [C]. International Conference on Pervasive Computing. Springer，Berlin，Heidelberg，2009：390 - 397.

[46] KRUMM J. Inference Attacks on Location Tracks [C]. International Conference on Pervasive Computing，Toronto，Canada，2007：127 - 143.

[47] 360 Sky-Go 安全团队. 2016 智能网联汽车信息安全年度报告[EB/OL]. [2017 - 04 - 12]. https://skygo. 360. cn/2017/04/12/2016-skygo-annual-report/. htm.

[48] 网易. 车联网|十三五规划 100 个重大项目(第五十四项)加快构建车联网[EB/OL]. [2018 - 04]. http://3g. 163. com/dy/article/DE92JICU0511PFUO. htm.

[49] KENNEY J B. Dedicated Short-Range Communications (DSRC) Standards in the United States [J]. Proceedings of the IEEE，2011，99(7)：1162 - 1182.

[50] OMAR H A, ZHUANG Weihua, LI Li. VeMAC：A TDMA-Based MAC Protocol for Reliable Broadcast in VANETs [J]. IEEE Transactions on Mobile Computing，2013，12(9)：1724 - 1736.

[51] YANG Fan, ZOU Sai, TANG Yuliang, et al. A Multi - Channel Cooperative Clustering - Based MAC Protocol for V2V Communications[J]. Wireless Communications & Mobile Computing，2016，16(18)：3295 - 3306.

[52] JIANG Shunrong, ZHU Xiaoyan, WANG Liangmin. An Efficient Anonymous Batch Authentication Scheme Based on HMAC for VANETs [J]. IEEE Transactions on Intelligent Transportation

Systems，2016，17(8)：2193－2204.

[53] WANG Yimin，ZHOGN Hong，XU Yan，et al. ECPB：Efficient Conditional Privacy-Preserving Authentication Scheme Supporting Batch Verification for VANETs [J]. International Journal of Network Security，2016，18(2)：374－382.

[54] SAFKHANI M，BAGHERI N，PERIS-LOPEZ P，et al. Weaknesses in another Gen2-Based RFID Authentication Protocol [C]. 2012 IEEE International Conference on RFID-Technologies and Applications，Nice，France，2012：80－84.

[55] YI Xiaoluo，WANG Liangmin，MAO Dongmei，et al. An Gen2 Based Security Authentication Protocol for RFID System [J]. Physics Procedia，2012，24(8)：1385－1391.

[56] LI Xinghua，LIU Hai，WEI Fushan，et al. A Lightweight Anonymous Authentication Protocol Using k-Pseudonym Set in Wireless Networks[C]. 2015 IEEE Global Communications Conference，San Diego，CA，2015：1－6.

[57] ZHONG Cheng，LI Xinghua，SONG Yuanyuan，et al. A Lightweight Anonymous Authentication Protocol Based on Shared Key in Wireless Networks [J]. Chinese Journal of Computers，2018，41(5)：1157－1171.

[58] BOUSSOUFA-LAHLAH S，SEMCHEDINE F，BOUALLOUCHE-MEDJKOUNE L. Geographic Routing Protocols for Vehicular Ad hoc NETworks (VANETs)：A survey [J]. Vehicular Communications，2018，11：20－31.

[59] SRIVASTAVA A，PRAKASH A，TRIPATHI R. Location Based Routing Protocols in VANET：Issues and Existing Solutions [J]. Vehicular Communications，2020，23(100231)：1－30.

[60] WU Xiaoxin，BERTINO E. An Analysis Study on Zone-Based Anonymous Communication in Mobile Ad Hoc Networks [J]. IEEE Transactions on Dependable and Secure Computing，2007，4(4)：252－265.

[61] WU Xiaoxin，LIU Jun，HONG Xiaoyan，et al. Anonymous Geo-Forwarding in MANETs through Location Cloaking [J]. IEEE Transactions on Parallel & Distributed Systems，2008，19(10)：1297－1309.

[62] DEFRAWY K E，TSUDIK G. Privacy-Preserving Location-Based On-Demand Routing in MANETs [J]. IEEE Journal on Selected Areas in Communications，2011，29(10)：1926－1934.

[63] SHEN Haiying，ZHAO Lianyu. ALERT：An Anonymous Location-Based Efficient Routing Protocol in MANETs [J]. IEEE Transactions on Mobile Computing，2013，12(6)：1079－1093.

[64] SHU Tao，CUI Shuguang. Renovating Location-Based Routing for Integrated Communication Privacy and Efficiency in IoT [C]. 2017 IEEE International Conference on Communications，Paris，France，2017：1－6.

[65] MITCHELL R，CHEN I R. A Survey of Intrusion Detection in Wireless Network Applications [J]. Computer Communications，2014，42(1)：1－23.

[66] BUTUN I，MORGERA S D，SANKAR R. a Survey of Intrusion Detection Systems in Wireless Sensor Networks [J]. IEEE Communications Surveys & Tutorials，2014，16(1)：266－282.

[67] SHAMSHIRBAND S，ANUAR N B，MAT KIAH M L，et al. an Appraisal and Design of a Multi-Agent System Based Cooperative Wireless Intrusion Detection Computational Intelligence Technique [J]. Engineering Applications of Artificial Intelligence，2013，26(9)：2105－2127.

[68] KRISHNAN D. A Distributed Self-Adaptive Intrusion Detection System for Mobile Ad-Hoc Networks Using Tamper Evident Mobile Agents [J]. Procedia Computer Science，2015，46：1203－1208.

[69] ABUROMMAN A A, REAZ M B I. A novel SVM-KNN-PSO Ensemble Method for Intrusion Detection System [J]. Applied Soft Computing, 2016, 38(C): 360 – 372.

[70] ABUROMMAN A A, REAZ M B I. A Survey of Intrusion Detection Systems Based on Ensemble and Hybrid Classifiers [J]. Computers & Security, 2017, 65: 135 – 152.

[71] ASHFAQ R A R, WANG X Z, HUANG J Z, et al. Fuzziness Based Semi-Supervised Learning Approach for Intrusion Detection System [J]. Information Sciences, 2017, 3789(C): 484 – 497.

[72] XU Mengfan, LI Xinghua, LIU Hai, et al. An Intrusion Detection Scheme Based on Semi-Supervised Learning and Information Gain Ratio [J]. Journal of Computer Research and Development, 2017, 54 (10): 2255 – 2267.

[73] DINADAYALAN P, JEGADEESWARI S, GNANAMBIGAI D. Data Security Issues in Cloud Environment and Solutions [C]. 2014 World Congress on Computing and Communication Technologies, India, 2014: 88 – 91.

[74] LIN Chuang, SU Wenbo, MENG Kun, et al. Cloud Computing Security: Architecture, Mechanism and Modeling [J]. Chinese Journal of Computers, 2013, 36(9): 1765 – 1784.

[75] ELINGIUSTI M, ANIELLO L, QUERZONI L, et al. PDF-Malware Detection: A Survey and Taxonomy of Current Techniques [J]. Cyber Threat Intelligence, 2018, 70: 169 – 191.

[76] SHABTAI A, KANONOV U, ELOVICI Y, et al. 'Andromal' A Behavioral Malware Detection Framework for Android Devices [J]. Journal of Intelligent Information Systems, 2012, 38(1): 161 – 190.

[77] YE Yanfang, LI Tao, ADJEROH D, et al. A Survey on Malware Detection Using Data Mining Techniques [J]. ACM Computing Surveys, 2017, 50(3): 1 – 40.

[78] GROZA B, MURVAY S. Efficient Protocols for Secure Broadcast in Controller Area Networks [J]. IEEE Transactions on Industrial Informatics, 2013, 9(4): 2034 – 2042.

[79] HERREWEGE A V, DAVE S, VERBAUWHEDE I. CANAuth—A Simple, Backward Compatible Broadcast Authentication Protocol for CAN Bus [C]. ECRYPT Workshop on Lightweight Cryptography, Louvain-la-Neuve, Belgium, 2011.

[80] GROZA B, MURVAY S, HERRAWEGE A V, et al. LiBrA-CAN: A Lightweight Broadcast Authentication Protocol for Controller Area Networks [C]. International Conference on Cryptology and Network Security, Darmstadt, Germany, 2012: 185 – 200.

[81] MURVAY P-S, GROZA B. Source Identification Using Signal Characteristics in Controller Area Networks[J]. IEEE Signal Processing Letters, 2014, 21(4): 395 – 399.

[82] CHOI W, JO H J, WOO S, et al. Identifying ecus Using Inimitable Characteristics of Signals in Controller Area Networks[J]. IEEE Transactions on Vehicular Technology, 2018, 67(6): 4757 – 4770.

[83] NILSSON D K, LARSON U E, JONSSON E. Efficient In-Vehicle Delayed Data Authentication Based on Compound Message Authentication Codes[C]. IEEE Vehicular Technology Conference, Marina Bay, Singapore, 2008: 1 – 5.

[84] RADU A I, GARCIA F D. LeiA: A Lightweight Authentication Protocol for CAN[C]. European Symposium on Research in Computer Security, Heraklion, Greece, 2016: 283 – 300.

[85] KURACHI R, MATSUBARA Y, TAKADA H, et al. CaCAN-Centralized Authentication System in CAN (Controller Area Network)[C]. Embedded Security in Cars Conference, 2014.

[86] BRAVO N: 6.857 Final Project A Public-Key Authentication Scheme for Controller Area Networks, [EB/OL]. [2015 – 05]. http://courses.csail.mit.edu/6.857/2015/files/bravo-koppula-chang.pdf.

[87] HAZEM A, FAHMY H A. LCAP-A Lightweight Can Authentication Protocol for Securing In-Vehicle Networks[C]. Embedded Security in Cars Conference, Berlin, Germany, 2012, 6.

[88] BRUTON J A. Securing Can Bus Communication: An Analysis of Cryptographic Approaches[D]. Galway, National University of Ireland, 2014, 1 - 42.

[89] PitchBook. TRILLIUM SECURE, IOT Automotive Cyber Security SAAS[EB/OL]. [2016 - 10]. https://pitchbook.com/profiles/company/162130-06.

[90] MÜTER M, ASAJ N. Entropy-Based Anomaly Detection for In-Vehicle Networks[C]. IEEE Intelligent Vehicles Symposium, Baden-Baden, Germany, 2011: 1110 - 1115.

[91] MOORE M R, BRIDGES R A, COMBS F L, et al. Modeling Inter-Signal Arrival Times for Accurate Detection of CAN Bus Signal Injection Attacks: A Data-Driven Approach to In-Vehicle Intrusion Detection[C]. Proceedings of the 12th Annual Conference on Cyber and Information Security Research, Oak Ridge Tennessee, USA, 2017: 1 - 4.

[92] GROZA B, MURVAY P S. Efficient Intrusion Detection with Bloom Filtering in Controller Area Networks[J]. IEEE Transactions on Information Forensics and Security, 2018, 14(4): 1037 - 1051.

[93] TAYLOR A, JAPKOWICZ N, LEBLANC S. Frequency-Based Anomaly Detection for the Automotive CAN Bus[C]. World Congress on Industrial Control Systems Security, London, U. K, 2015: 45 - 49.

[94] NARAYANAN S N, MITTAL S, JOSHI A. Using Data Analytics to Detect Anomalous States in Vehicles[J]. arXiv preprint airXiv: 1512.08048, 2015.

[95] CHO K T, SHIN K G. Fingerprinting Electronic Control Units for Vehicle Intrusion Detection[C]. {USENIX} Security Symposium, Austin, TX, 2016: 911 - 927.

[96] TAYLOR A, LEBLANC S, JAPKOWICZ N. Anomaly Detection in Automobile Control Network Data with Long Short-Term Memory Networks[C]. IEEE International Conference on Data Science and Advanced Analytics, Montreal, QC, Canada, 2016: 130 - 139.

[97] KANG M J, KANG J W. Intrusion Detection System Using Deep Neural Network for In-Vehicle Network Security[J]. PloS one, 2016, 11(6): e0155781.

[98] WANG Chundong, ZHAO Zhentang, GONG Liangyi, et al. A Distributed Anomaly Detection System for In-Vehicle Network Using HTM[J]. IEEE Access, 2018, 6: 9091 - 9098.

[99] JICHICI C, GROZA B, MURVAYM P S. Examining the Use of Neural Networks for Intrusion Detection in Controller Area Networks[C]. International Conference on Security for Information Technology and Communications, Bucharest, Romania, 2018: 109 - 125.

[100] WOLF M, WEIMERSKIRCH A, PAAR C. Security in Automotive Bus Systems[C]. Workshop on Embedded Security in Cars, 2004: 1 - 13.

[101] HAN Gang, ZENG Haibo, LI Yaping, et al. SAFE: Security-Aware Flexray Scheduling Engine [C]. 2014 Design, Automation & Test in Europe Conference & Exhibition, Dresden, Germany, 2014: 1 - 4.

[102] KIM J H, SEO S H, HAI N T, et al. Gateway Framework for In-Vehicle Networks Based on CAN, FlexRay, and Ethernet[J]. IEEE Transactions on Vehicular Technology, 2014, 64(10): 4472 - 4486.

[103] SEIFERT S, OBERMAISSERO R. Secure Automotive Gateway—Secure Communication for Future Cars[C]. IEEE International Conference on Industrial Informatics, Porto Alegre, Southern Brazil, 2014: 213 - 220.

[104] LI Qin, MALIP A, MARTIN K M, et al. A Reputation-Based Announcement Scheme for

VANETs[J]. IEEE Transactions on Vehicular Technology, 2012, 61(9): 4095 - 4108.

[105] LI Wenjia, SONG Houbing. ART: An Attack-Resistant Trust Management Scheme for Securing Vehicular Ad Hoc Networks[J]. IEEE Transactions on Intelligent Transportation Systems, 2016, 17(4): 960 - 969.

[106] YANG Qing, WANG Honggang. Toward Trustworthy Vehicular Social Networks[J]. IEEE Communications Magazine, 2015, 53(8): 42 - 47.

[107] HUANG Dijiang, ZHOU Zhibin, HONG Xiaoyan, et al. Establishing Email-Based Social Network Trust for Vehicular Networks[C]. IEEE Consumer Communications and Networking Conference, LasVegas, NV, USA, 2010: 1 - 5.

[108] HUSSAIN R, NAWAZ W, LEE J Y, et al. A Hybrid Trust Management Framework for Vehicular Social Networks[C]. International Conference on Computational Social Networks, Ho Chi Minh City, Vietnam, 2016: 214 - 225.

[109] RAYA M, PAPADIMITRATOS P, GLIGOR V D, et al. On Data-Centric Trust Establishment in Ephemeral Ad Hoc Networks[C]. IEEE Conference on Computer Communications, Phoenix, AZ, USA, 2008: 1238 - 1246.

[110] JULIEN F, RAYA M, FELEGYHAZI M, et al. Mixzones for Location Privacy in Vehicular Networks[C]. Association for Computing Machinery (ACM) Workshop on Wireless Networking for Intelligent Transportation Systems, 2007.

[111] LIU Xinxin, LI Xiaolin. Privacy Preservation Using Multiple Mix Zones[M]. Location Privacy Protection in Mobile Networks, Springer, New York, NY, 2013: 5 - 30.

[112] SUN Yipin, ZHANG Bofeng, ZHAO Baokang, et al. Mix-Zones Optimal Deployment for Protecting Location Privacy in VANET[J]. Peer-to-Peer Networking and Applications, 2015, 8 (6): 1108 - 1121.

[113] LU Rongxing, LIN Xiaodong, LUAN T H, et al. Pseudonym Changing at Social Spots: An Effective Strategy for Location Privacy in Vanets[J]. IEEE Transactions on Vehicular Technology, 2011, 61(1): 86 - 96.

[114] LU Rongxing, LIN Xiaodong, LUAN T H, et al. Anonymity Analysis on Social Spot Based Pseudonym Changing for Location Privacy in VANETs[C]. IEEE International Conference on Communications, Kyoto, Japan, 2011: 1 - 5.

[115] YING B, MAKRAKIS D, MOUFTAH H T. Dynamic Mix-Zone for Location Privacy in Vehicular Networks[J]. IEEE Communications Letters, 2013, 17(8): 1524 - 1527.

[116] YING Bidi, MAKRAKIS D, HOU Z. Motivation for Protecting Selfish Vehicles' Location Privacy in Vehicular Networks[J]. IEEE Transactions on Vehicular Technology, 2015, 64(12): 5631 - 5641.

[117] BOUALOUACHE A, MOUSSAOUI S. TAPCS: Traffic-Aware Pseudonym Changing Strategy for VANETs[J]. Peer-to-Peer networking and Applications, 2017, 10(4): 1008 - 1020.

[118] GERLACH M, GUTTLER F. Privacy in Vanets Using Changing Pseudonyms-Ideal and Real[C]. Vehicular Technology Conference, Baltimore, MD, USA, 2007: 2521 - 2525.

[119] PAN Yuanuan, LI Jianqing. An Analysis of Anonymity for Cooperative Pseudonym Change Scheme in One-Dimensional VANETs[C]. International Conference on Computer Supported Cooperative Work in Design, Wuhan, China, 2012: 251 - 257.

[120] PAN Yuanuan, LI Jianqing. Cooperative Pseudonym Change Scheme Based on the Number of Neighbors in VANETs[J]. Journal of Network and Computer Applications, 2013, 36(6): 1599 -

1609.

[121] PANYuanyuan, SHI Yongdong, LI Jianqing. A Novel and Practical Pseudonym Change Scheme in VANETs[C]. International Conference on Innovative Mobile and Internet Services in Ubiquitous Computing, Leonard Barolli, Tomoya Enokido, 2018, 612: 413 – 422.

[122] BRECHT B, THERRIAULT D, WEIMERSKIRCH A, et al. A Security Credential Management System for V2X Communications[J]. Intelligent Transportation Systems, IEEE Transactions on, 2018, 19(12): 3850 – 3871.

[123] ECKHOFF D, SOMMER C, GANSEN T, et al. Strong and Affordable Location Privacy in VANETs: Identity Diffusion using Time-slots and Swapping [C]. Second IEEE Vehicular Networking Conference, Jersey City, NJ, USA, 2010: 174 – 181.

[124] ECKHOFF D, GERMAN R, SOMMER C, et al. SlotSwap: Strong and Affordable Location Privacy in Intelligent Transportation Systems[J]. IEEE Communications Magazine, 2011, 49(11): 126 – 133.

[125] BOUALOUACHE A, MOUSSAOUI S. S2SI: A Practical Pseudonym Changing Strategy for Location Privacy in VANETs[C]. International Conference on Advanced Networking Distributed Systems & Applications, Bejaia, Algeria, 2014: 70 – 75.

[126] BOUALOUACHE A, MOUSSAOUI S. Urban Pseudonym Changing Strategy for Location Privacy in VANETs[J]. International Journal of Ad Hoc & Ubiquitous Computing, 2017, 24(1 – 2): 49 – 64.

[127] WANG Shibin, YAO Nianmin, GONG Ning et al. A Trigger-based Pseudonym Exchange Scheme for Location Privacy Preserving in VANETs[J]. Peer-to-Peer Networking and Applications, 2018: 548 – 560.

[128] GRUTESER M, GRUNWALD D. Anonymous Usage of Location-Based Services Through Spatial and Temporal Cloaking[C]. The First International Conference on Mobile Systems, Applications, and Services, San Francisco California, 2003: 31 – 42.

[129] BERESFORD A R, STAJANO F. Location Privacy in Pervasive Computing[J]. IEEE Pervasive Computing, 2004, 2(1): 46 – 55.

[130] BETTINI C, WANG X S, JAJODIA S. Protecting Privacy Against Location-Based Personal Identification[C]. Workshop on Secure Data Management, Trondheim, Norway, 2005: 185 – 199.

[131] GEDIK B, LIU Ling. Location Privacy in Mobile Systems: A Personalized Anonymization Mode [C]. 25th IEEE International Conference on Distributed Computing Systems, Columbus, OH, USA, 2005: 620 – 629.

[132] GEDIK B, LIU Ling. Protecting Location Privacy with Personalized k-Anonymity: Architecture and Algorithms. IEEE Transactions on Mobile Computing [J]. IEEE Transactions on Mobile Computing, 2008, 7(1): 1 – 18.

[133] KALNIS P, GHINITA G, MOURATIDIS K, et al. Preventing Location-Based Identity Inference in Anonymous Spatial Queries[J]. IEEE Transactions on Knowledge & Data Engineering, 2007, 19 (12): 1719 – 1733.

[134] Mokbel M F, Chow C-Y, Aref W G. The new Casper: Query processing for location services without compromising privacy[C]. Proceedings of the 32nd international conference on Very large data bases, 2006: 763 – 774.

[135] ZHANG Yuan, TONGWei, ZHONG Sheng. On Designing Satisfaction-Ratio-Aware Truthful Incentive Mechanisms for K-Anonymity Location Privacy[J]. IEEE Transactions on Information

Forensics & Security, 2016, 11(11): 2528 - 2541.

[136] LI Taicheng, ZHU Wentao. Protecting User Anonymity in Location-based Services with Fragmented Cloaking Region [C]. IEEE International Conference on Computer Science & Automation Engineering, Zhangjiajie, China, 2012: 227 - 231.

[137] CHOW C Y, MOKBEL M F, LIU Xuan. Spatial Cloaking for Anonymous Location-based Services in Mobile Peer-to-peer Environments[J]. Geoinformatica, 2011, 15(2): 351 - 380.

[138] DWORK C. Differential Privacy: A Survey of Results[C]. International Conference on Theory and Applications of Models of Computation, Xian, China, 2008: 1 - 19.

[139] DEWRI R. Local Differential Perturbations: Location Privacy under Approximate Knowledge Attackers[J]. IEEE Transactions on Mobile Computing, 2013, 12(12): 2360 - 2372.

[140] ANDRÉS M E, BORDENABE N E, CHATZIKOKOLAKIS K, et al. Geo-indistinguishability: Differential Privacy for Location-based Systems [C]. 2013 ACM SIGSAC Conference on Computer and Communications Security, Berlin Germany, 2013: 901 - 914.

[141] NARAYANAN S N, MITTAL S, JOSHI A. Using Data Analytics to Detect Anomalous States in Vehicles[J]. arXiv preprint arXiv: 1512. 08048, 2015.

[142] CARBUNAR B, RAHMAN M, BALLESTEROS J, et al. PROFILR: Toward Preserving Privacy and Functionality in Geosocial Networks [J]. IEEE Transactions on Information Forensics & Security, 2014, 9(4): 709 - 718.

[143] CHATZIKOKOLAKIS K, PALAMIDESSI C, STRONATI M. Constructing Elastic Distinguishability Metrics for Location Privacy[J]. Proceedings on Privacy Enhancing Technologies, 2015(2): 156 - 170.

[144] HUA Jingyu, TONG Wei, XUFengyuan, et al. A Geo-Indistinguishable Location Perturbation Mechanism for Location-Based Services Supporting Frequent Queries[J]. IEEE Transactions on Information Forensics and Security, 2017: 1 - 1.

[145] CHATZIKOKOLAKIS K, PALAMIDESSI C, STRONATI M. A Predictive Differentially-Private Mechanism for Mobility Traces[M]. International Symposium on Privacy Enhancing Technologies Symposium, Amsterdam, The Netherlands, 2014: 21 - 41.

[146] BORDENABE N E, CHATZIKOKOLAKIS K, PALAMIDESSI C. Optimal Geo-indistinguishable Mechanisms for Location Privacy[C]. ACM SIGSAC Conference on Computer and Communications Security, Scottsdale Arizona USA, 2014: 251 - 262.

[147] LEI Ao, CRUICKSHANK H, CAO Yue, et al. Blockchain-Based Dynamic Key Management for Heterogeneous Intelligent Transportation Systems [J]. IEEE Internet of Things Journal, 2017, 4(6): 1832 - 1843.

[148] HE Daojing, CHAN S, GUIZANI M, et al. Handover authentication for mobile networks: security and efficiency aspects [J]. IEEE Network, 2015, 29(3): 96 - 103.

[149] JIANG Wei, LI Feng, LIN Dan, et al. No one can track you: Randomized authentication in Vehicular Ad-hoc Networks [C]. IEEE International Conference on Pervasive Computing & Communications, Kona, Hawaii, USA, 2017: 197 - 206.

[150] JIAN Kang, LIN Dan, JIANG Wei, et al. Highly efficient randomized authentication in VANETs [J]. Pervasive and Mobile Computing, 2018, 44: 31 - 44.

[151] HE D, ZEADALLY S, XU B, et al. An Efficient Identity-Based Conditional Privacy-Preserving Authentication Scheme for Vehicular Ad Hoc Networks [J]. IEEE Transactions on Information Forensics & Security, 2015, 10(12): 2681 - 2691.

[152] HAMMI M T, HAMMI B, BELLOT P, et al. Bubbles of Trust: a decentralized Blockchain-based authentication system for IoT[J]. Computers & Security, 2018, 78(sep.): 126-142.

[153] YAO Yingying, CHANG Xiaolin, MISC J, et al. BLA: Blockchain-Assisted Lightweight Anonymous Authentication for Distributed Vehicular Fog Services[J]. IEEE Internet of Things Journal, 2019, 6(2): 3775-3784.

[154] KAUR K, GARG S, KADDOUM G, et al. Blockchain-Based Lightweight Authentication Mechanism for Vehicular Fog Infrastructure[C] IEEE International Conference on Communications, Shanghai, China, 2019: 1-6.

[155] LIN Chao, HE Debiao, HUANG Xinyi, et al. BSeIn: A blockchain-based secure mutual authentication with fine-grained access control system for industry 4. 0[J]. Journal of Network and Computer Applications, 2018, 116(8): 42-52.

[156] PAILLIER P. Public-Key Cryptosystems Based on Composite Degree Residuosity Classes[C]. International Conference on the Theory and Application of Cryptographic Techniques, Prague, Czech Republic, 1999: 223-238.

[157] ZHENG Zibin, XIE Shaoan, DAI Hongning, et al. An Overview of Blockchain Technology: Architecture, Consensus, and Future Trends[C]. IEEE International Congress on Big Data, Boston, MA, USA, 2017: 557-564.

[158] WAN Changsheng, ZHANG Juan. Efficient identity-based data transmission for VANET[J]. Journal of Ambient Intelligence & Humanized Computing, 2018, 9(6): 1861-1871.

[159] ARIF M, WANG Guojun, BHUIYAN M Z A, et al. A Survey on Security Attacks in VANETs: Communication, Applications and Challenges[J]. Vehicular Communications, 2019, 19: 100179.

[160] HUANG Lijie, JIANG Hai, ZHANG Zhou, et al. Efficient Data Traffic Forwarding for Infrastructure-to-Infrastructure Communications in VANETs[J]. IEEE Transactions on Intelligent Transportation Systems, 2018, 19(3): 1-15.

[161] ARIF M, WANG Guojun, BHUIYAN M Z A, et al. A Survey on Security Attacks in Vanets: Communication, Applications and Challenges[J]. Vehicular Communications, 2019, 19: 100179.

[162] SRIVASTAVA A, PRAKASH A, TRIPATHI R. Location Based Routing Protocols in Vanet: Issues and existing solutions[J]. Vehicula Communications, 2020, 23: 100321.

[163] BAZZI A, ZANELLA A. Position Based Routing in Crowd Sensing Vehicular Networks[J]. Ad Hoc Networks, 2016, 36: 409-424.

[164] HE Jiangping, CAI Lin, PAN Jianping, et al. Delay Analysis and Routing for Two-Dimensional Vanets Using Carry-and-Forward Mechanism[J]. IEEE Transactions on Mobile Computing, 2017, 16(7): 1830-1841.

[165] OLIVEIRA R, MONTEZ C, BOUKERCHE A, et al. Reliable Data Dissemination Protocol for VANET Traffic Safety Applications[J]. Ad Hoc Networks, 2017, 63: 30-44.

[166] QURESHI K N, ABDULLAH A H, ALTAMEEM A. Road Aware Geographical Routing Protocol Coupled with Distance, Direction and Traffic Density Metrics for Urban Vehicular Ad Hoc Networks[J]. Wireless Personal Communications, 2017, 92(3): 1251-1270.

[167] HASSAN A N, ABDULLAH A H, KAIWARTYA O, et al. Multi-metric Geographic Routing for Vehicular Ad Hoc Networks[J]. Wireless Networks, 2018, 24: 2763-2779.

[168] KARIMI R, SHOKROLLAHI S. PGRP: Predictive Geographic Routing Protocol for VANETs [J]. Computer Networks, 2018, 141: 67-81.

[169] LUO Bin, LI Xinghua, WENG Jian. Blockchain Enabled Trust-based Location Privacy Protection

Scheme in VANET[J]. IEEE Transactions on Vehicular Technolog, 2019, 69(2): 2034 - 2048.

[170] WU Xiaoxin, BHARGAVA B. AO2P: Ad Hoc On-demand Position-based Private Routing Protocol [J]. IEEE Transactions on Mobile Computing, 2005, 4(4): 335 - 348.

[171] WU Xiaoxin, BERTINO E. An Analysis Study on Zone-Based Anonymous Communication in Mobile Ad Hoc Networks[J]. IEEE Transactions on Dependable and Secure Computing, 2007, 4 (4): 252 - 265.

[172] DEFRAWY K E, TSUDIK G. Privacy-Preserving Location-Based On-Demand Routing in MANETs[J]. IEEE Journal on Selected Areas in Communications, 2011, 29(10): 1926 - 1934.

[173] SHEN Haiying, ZHAO Lianyu. ALERT: An Anonymous Location-Based Efficient Routing Protocol in MANETs[J]. IEEE Transactions on Mobile Computing, 2013, 12(6): 1079 - 1093.

[174] TAO Shu, CUI Shuguang. Renovating Location-based Routing for Integrated Communication Privacy and Efficiency in IoT[C]. IEEE International Conference on Communications, Chengdu, China, 2017: 1 - 6.

[175] BONEH D, LEWI K, RAYKOVA M, et al. Semantically Secure Order-Revealing Encryption: Multi-Input Functional Encryption Without Obfuscation[C]. Annual International Conference on the Theory & Applications of Cryptographic Techniques, Sofia, Bulgaria, 2015: 563 - 594.

[176] CHENETTE N, LEWI K, WEIS S A, et al. Practical Order-Revealing Encryption with Limited Leakage[C]. International conference on fast software encryption, Bochum, Germany, 2016: 474 - 493

[177] CASH D, LIU Fenghao, O'NEILL A, et al. Reducing the Leakage in Practical Order-Revealing Encryption[J]. IACR Cryptol. ePrint Arch, 2016: 661.

[178] EOM J, LEE D H, LEE K. Multi-Client Order-Revealing Encryption[J]. IEEE Access, 2018, 6: 45458 - 45472.

[179] LI Yuan, WANG Hongbing, ZHAO Yunlei. Delegatable Order-Revealing Encryption[C]. ACM Asia Conference on Computer and Communications Security, Auckland New Zealand, 2019: 134 - 147.

[180] ZADIN A, FEVENS T, BDIRI T. Impact of Varying Node Velocity and HELLO Interval Duration on Position-based Stable Routing in Mobile Ad Hoc Networks[C]. International Conference on Future Networks and Communications, Montreal, Quebec, Canada, 2016: 353 - 358.

[181] HORNG S J, TZENG S F, LI T, et al. Enhancing Security and Privacy for Identity-Based Batch Verification Scheme in VANETs[J]. IEEE Transactions on Vehicular Technology, 2017, 66(4): 3235 - 3248.

[182] LEE J, TAHA A F, GATSIS N, et al. Tuning-Free, Low Memory Robust Estimator to Mitigate GPS Spoofing Attacks[J]. IEEE Control Systems Letters, 2019, 4(1): 145 - 150.

[183] KELLY D. Exploring Extant and Emerging Issues in Anonymous Networks: A Taxonomy and Survey of Protocols and Metrics[J]. IEEE Communications Surveys & Tutorials, 2012, 14(2): 579 - 606.

[184] ANTIPA A, BROWN D, GALLANT R, et al. Accelerated Verification of ECDSA Signatures[C]. International Workshop on Selected Areas in Cryptography, Kingston, ON, Canada, 2005: 307 - 318.

[185] RAVI N, KRISHNA C M, KOREN I. Enhancing Vehicular Anonymity in ITS: A New Scheme for Mix Zones and Their Placement[J]. IEEE Transactions on Vehicular Technology, 2019, 68(11): 10372 - 10381.

[186] YAN Gongjun, LIN Jingli, RAWAT D B, et al. A Geographic Location-Based Security Mechanism for Intelligent Vehicular Networks[C]. International Conference on Intelligent Computing and Information Science, Shanghai, China, 2011: 693 - 698.

[187] KARP B, KUNG H T. GPSR: Greedy Perimeter Stateless Routing for Wireless Networks[C]. The Annual International conference on Mobile computing and networking, Boston Massachusetts, USA, 2000: 243 - 254.

[188] CHECKOWAY S, MCCOY D, ANDERSON D, et al. Comprehensive Experimental Analyses of Automotive Attack Surfaces[C]. Usenix Conference on Security, Bellevue, WA, United States, 2011, 4: 447 - 462.

[189] PETIT J, SHLADOVER S E. Potential Cyberattacks on Automated Vehicles [J]. IEEE Transactions on Intelligent Transportation Systems, 2015, 16(2): 546 - 556.

[190] LOUKAS G, VUONG T, HEARTFIELD R, et al. Cloud-Based Cyber-Physical Intrusion Detection for Vehicles Using Deep Learning[J]. IEEE Access, 2017, 6: 3491 - 3508.

[191] VUONG T P, LOUKAS G, GAN D. Performance Evaluation of Cyber-Physical Intrusion Detection on a Robotic Vehicle[C]. IEEE International Conference on Computer & Information Technology Ubiquitous Computing & Communications Dependable, Sydney, Australia, 2015: 2106 - 2113.

[192] ZADROZNY B. Learning and Evaluating Classifiers Under Sample Selection Bias[C]. International conference on Machine learning, Banff, Alta, Canada, 2004: 114.

[193] DAIWenyuan, YANG Qiang, XUE Guirong, et al. Boosting for Transfer Learning [C]. International conference on Machine learning, Corvalis Oregon, USA, 2007: 193 - 200.

[194] WANG Cheng, JONATHAN J, CAO Liujuan, et al. Vehicle Detection from Highway Satellite Images via Transfer Learning[J]. Information Sciences An International Journal, 2016, 366: 177 - 187.

[195] RAINA R, NG A Y, KOLLER D. Constructing Informative Priors Using Transfer Learning[C]. International conference on Machine learning, New York, NY, United States, 2006: 713 - 720.

[196] LU Jie, BEHBOOD V, HAO Peng, et al. Transfer Learning Using Computational Intelligence: A survey[J]. Knowledge-Based Systems, 2015, 80: 14 - 23.

[197] GAO Fei, YOON H, WU T, et al. A Feature Transfer Enabled Multi-Task Deep Learning Model on Medical Imaging[J]. Expert Systems with Applications, 2020, 143(112957): 1 - 11.

[198] LI Xiang, ZHANG Wei, DING Qian, et al. Diagnosing Rotating Machines with Weakly Supervised Data Using Deep Transfer Learning[J]. IEEE Transactions on Industrial Informatics, 2019, 16(3): 1688 - 1697.

[199] XIAO Guangyi, WU Qi, CHEN Hao, et al. A Deep Transfer Learning Solution for Food Material Recognition Using Electronic Scales[J]. IEEE Transactions on Industrial Informatics, 2019, 16 (4): 2290 - 2300.

[200] GANAIE M A, TANVEER M, SUGANTHAN P N. Oblique Decision Tree Ensemble via Twin Bounded SVM[J]. Expert Systems with Applications, 2020, 143(113072): 1 - 16.

[201] RAO Haidi, SHI Xianhang, RODRIGUE A K, et al. Feature Selection Based on Artificial Bee Colony and Gradient Boosting Decision Tree[J]. Applied Soft Computing, 2019, 74: 634 - 642.

[202] WANG Yuyan, WANG Dujuan, GENG Na, et al. Stacking-Based Ensemble Learning of Decision Trees for Interpretable Prostate Cancer Detection[J]. Applied Soft Computing, 2019, 77: 188 - 204.

[203] JONES A, STRAUB J. Using Deep Learning to Detect Network Intrusions and Malware in

Autonomous Robots[C]. Cyber Sensing 2017, International Society for Optics and Photonics, San Francisco, California, United States, 2017, 10185: 1018505.

[204] KOLIAS C, KAMBOURAKIS G, STAVROU A, et al. Intrusion Detection in 802. 11 Networks: Empirical Evaluation of Threats and A Public Dataset[J]. IEEE Communications Surveys & Tutorials, 2015, 18(1): 184–208.

[205] FREUND Y, SCHAPIRE R E. A Decision-Theoretic Generalization of On-Line Learning and An Application to Boosting[J]. Journal of computer and system sciences, 1997, 55(1): 119–139.

[206] Scikit Learn: Machine Learning in Python[EB/OL]. [2019–12–26]. https://scikit-learn. org/.

[207] GAO Bing, BU Bing. A Novel Intrusion Detection Method in Train-Ground Communication System [J]. IEEE Access, 2019, 7: 178726–178743.

[208] SETHURAMAN S C, VIJAYAKUMAR V, WALCZAK S. Cyber Attacks on Healthcare Devices Using Unmanned Aerial Vehicles[J]. Journal of Medical Systems, 2020, 44(1): 29.

[209] ISLABUDEEN M, DEVI M K K. A Smart Approach for Intrusion Detection and Prevention System in Mobile Ad Hoc Networks Against Security Attacks [J]. Wireless Personal Communications, 2020, 112(1): 193–224.

[210] KE Guolin, MENG Qi, FINLEY T, et al. Lightgbm: A Highly Efficient Gradient Boosting Decision Tree[C]. Advances in neural information processing systems, California, Long Beach, USA, 2017: 3146–3154.

[211] Wired: It's Time to Think beyond Cloud Computing Big [EB/OL]. [2017–07–28]. https://www. wired. com/story/its-time-to-think-beyond-cloud-computing/.

[212] CHALA A. Autonomous Cars, Big Data, and Edge Computing: What You Need to Know [EB/OL]. [2020–03–24]. https://azure. microsoft. com/en-us/blog/microsoft-azure-enables-a-new-wave-of-edge-computing-here-s-how/.

[213] RHEE I. Bringing Intelligence to the Edge with Cloud Iot [EB/OL]. [2020–03–24]. https://cloud. google. com/blog/products/gcp/bringing-intelligence-edge-cloud-iot.

[214] LIU Shaoshan, LIU Liangkai, TANG Jie, et al. Edge Computing for Autonomous Driving: Opportunities and Challenges[J]. Proceedings of the IEEE, 2019, 107(8): 1697–1716.

[215] VERBELEN T, SIMOENS P, DE TURCK F, et al. Cloudlets: Bringing the Cloud to the Mobile User[C]. Mobile Cloud Computing & Services, Helsinki, Finland, 2012: 29–36.

[216] PENG Yuhuai, TAN Aiping, WU Jingjing, et al. Hierarchical Edge Computing: A Novel Multi-Source Multi-Dimensional Data Anomaly Detection Scheme for Industrial Internet of Things[J]. IEEE Access, 2019, 7: 111257–111270.

[217] WU Zhengyu, MA Ruhui. A Novel Sybil Attack Detection Scheme Based on Edge Computing for Mobile IoT Environment [J]. Computing Research Repository, 2019, 1911 (03129): 1–15.

[218] WANG Yu, MENG Weizhi, Li Wenjuan, et al. Adaptive Machine Learning-Based Alarm Reduction Via Edge Computing for Distributed Intrusion Detection Systems [J]. Concurrency and Computation: Practice and Experience, 2019, 31(19): 1–12.

[219] VILLARRODRIGUEZ E, SER J D, SALCEDOSANZ S, et al. On a Machine Learning Approach for the Detection of Impersonation Attacks in Social Networks [M]. Intelligent Distributed Computing VIII, Springer, Cham, 2015: 259–268.

[220] NIE Laisen, JIANG Dingde, LV Zhihan, et al. Modeling Network Traffic for Traffic Matrix Estimation and Anomaly Detection Based on Bayesian Network in Cloud Computing Networks [J]. Annales Des Télécommunications, 2017, 72(5): 297–305.

［221］ BESHARATI E, NADERAN M, NAMJOO E. LR-HIDS: Logistic Regression Host-Based Intrusion Detection System for Cloud Environments［J］. Journal of Ambient Intelligence and Humanized Computing, 2019, 10(9): 3669 - 3692.

［222］ PORTELLI K, ANAGNOSTOPOULOS C. Leveraging Edge Computing through Collaborative Machine Learning［C］. IEEE International Conference on Future Internet of Things & Cloud: Workshops, IEEE Computer Society, Exeter, England, 2017: 164 - 169.

［223］ WANG Zichang, GUO Fei, MENG Yan, et al. Detecting Vehicle Anomaly by Sensor Consistency: An Edge Computing Based Mechanism［C］. IEEE Global Communications Conference, Abu Dhabi, UAE, 2018: 1 - 7.

［224］ CHEN Chuanwen, RUAN Shanqiang, LIN Changhong, et al. Performance Evaluation of Edge Computing-Based Deep Learning Object Detection［C］. International Conference Network Communication and Computing, Bengaluru, India, 2018: 40 - 43.

［225］ QUERALTA J P, GIA T N, TENHUNEN H, et al. Edge-AI in LoRa-based Health Monitoring: Fall Detection System with Fog Computing and LSTM Recurrent Neural Networks［C］. 2019 42nd International Conference on Telecommunications and Signal Processing, Budapest, Hungary, 2019: 601 - 604.

［226］ XU Qichao, SU Zhou, ZHANG Kuan, et al. HMM Based Cache Pollution Attack Detection for Edge Computing Enabled Mobile Social Networks［C］. IEEE International Conference on Communications, Shanghai, China, 2019: 1 - 5.

［227］ HUSSAIN B, DU Qinghe, ZHANG Sihai, et al. Mobile Edge Computing-Based Data-Driven Deep Learning Framework for Anomaly Detection［J］. IEEE Access, 2019, 7: 137656 - 137667.

［228］ LIOR R, ODED M. Data Mining with Decision Trees: Theory and Applications［M］. World Scientific, 2007.

［229］ STROBL C, MALLEY J D, TUTZ G, et al. An Introduction to Recursive Partitioning: Rationale, Application and Characteristics of Classification and Regression Trees, Bagging and Random Forests［J］. Psychological Methods, 2009, 14(4): 323 - 348.

［230］ PAINSKY A, ROSSET S. Cross-Validated Variable Selection in Tree-Based Methods Improves Predictive Performance［J］. IEEE Transactions on Pattern Analysis and Machine Intelligence, 2017, 39(11): 2142 - 2153.

［231］ KOLIAS C, STAVROU A, VOAS J, et al. Learning Internet-of-Things Security "Hands-On"［C］. IEEE Symposium on Security and Privacy, San Jose, California, 2016, 14(1): 37 - 46.

［232］ DIRO A A, CHILAMKURTI N. Leveraging LSTM Networks for Attack Detection in Fog-to-Things Communications［J］. IEEE Communications Magazine, 2018, 56(9): 124 - 130.

［233］ YANG Kai, REN Jie, ZHU Yanqiao, et al. Active Learning for Wireless IoT Intrusion Detection ［J］. IEEE Wireless Communications, 2018, 25(6): 19 - 25.

［234］ YI Shanhe, HAO Zijiang, QIN Zhengrui, et al. Fog Computing: Platform and Applications［C］. Third IEEE Workshop on Hot Topics in Web Systems and Technologies, Washington, DC, USA, 2015: 73 - 78.

［235］ MOSHKOV M. Time complexity of decision trees［M］. Transactions on Rough Sets III. Springer, Berlin, Heidelberg, 2005: 244 - 459.

［236］ HOPPE T, DITTMAN J. Sniffing/Replay Attacks on CAN Buses: A Simulated Attack on the Electric Window Lift Classified using an adapted CERT Taxonomy［C］. Proceedings of the 2nd workshop on embedded systems security, Salzburg, Austria, 2007: 1 - 6.

[237] STAGGS J. How to Hack Your Mini Cooper: Reverse Engineering Can Messages on Passenger Automobiles[C]. Defcon, Las Vegas, America, 2013.

[238] kaspersky daily. Shock at the Wheel: Your Jeep can be Hacked While Driving Down the Road[EB/OL]. [2015 - 07]. https://www.kaspersky.com/blog/remote-car-hack/9395/.

[239] 360 汽车信息安全实验室. 2017 智能网联汽车信息安全年度报告[R], 2017.

[240] International Organization for Standardization. Road vehicles-Local Interconnect Network (LIN)-Part 1: General information and use case definition, ISO/DIS 17987 - 1.

[241] International Organization for Standardization. Road vehicles-Communication on FlexRay-Part 1: General information and use case definition, ISO10681 - 1 (2010).

[242] ZIERMANN T, WILDERMANN S, TEICH J. CAN+: A New Backward-compatible Controller Area Network (CAN) Protocol with up to $16 \times$ Higher Data Rates. [C]. Conference on Design, Automation & Test in Europe Conference & Exhibition, Nice, France, 2009: 1088 - 1093.

[243] JUKL M, CUPERA J. Using of Tiny Encryption Algorithm in CAN-Bus Communication [J]. Research in Agricultural Engineering, 2016, 62(2): 50 - 55.

[244] WOO S, JO H J, KIM I S, et al. A Practical Security Architecture for In-Vehicle CAN-FD[J]. IEEE Transactions on Intelligent Transportation Systems, 2016, 17(8): 2248 - 2261.

[245] Trillium. IoT and Automotive Cyber Security & IoTPaaS, Retrieved October 1[EB/OL]. [2016]. http://www.trillium.xyz/.

[246] LIU Jiajia, ZHANG Shubin, SUN Wen, et al. In-Vehicle Network Attacks and Countermeasures: Challenges and Future Directions[J]. IEEE Network, 2017, 31(5): 50 - 58.

[247] LIN Chungwei, SANGIOVANNI-VINCENTELLI A. Cyber-Security for the Controller Area Network (CAN) Communication Protocol [C]. International Conference on Cyber Security, Virginia, USA, 2012.

[248] WANG Qiyan, SAWHNEY S. VeCure: A Practical Security Framework to Protect the CAN Bus of Vehicles[C]. The Internet of Things, Cambridge, MA, USA, 2014: 13 - 18.

[249] GROZA B, MURVAY P. Security Solutions for the Controller Area Network: Bringing Authentication to In-Vehicle Networks[J]. IEEE Vehicular Technology Magazine, 2018, 13(1): 40 - 47.

[250] NURNBERGER S, ROSSOW C. -vatiCAN-Vetted, Authenticated CAN Bus[C]. Cryptographic Hardware and Embedded Systems, Santa Barbara, CA, USA, 2016: 106 - 124.

[251] JAIN S, GUAJARDO J. Physical Layer Group Key Agreement for Automotive Controller Area Networks[C]. Cryptographic Hardware and Embedded Systems, Santa Barbara, CA, USA, 2016: 85 - 105.

[252] GROZA B. Using One-Way Chains to Provide Message Authentication without Shared Secrets[C]. International Workshop on Security, Privacy and Trust in Pervasive and Ubiquitous Computing, Lyon, France, 2006: 82 - 87.

[253] HAN K, POTLURI S D, SHIN K G. Secure Integration of Mobile Devices with Vehicular Networks[C]. ACM/IEEE Internation Conference On Cyber-Physical Systems, Philadelphia, PA, America, 2013: 160 - 169.

[254] MATSUMOTO T, HATA M, TANABE M, et al. A Method Of Preventing Unauthorized Data Transmission in Controller Area Network[C]. IEEE Vehicular Technology Conference, Yokohama, Japan, 2012: 1 - 5.

[255] ZADEH L A. Fuzzy Sets[J]. Information & Control, 1965, 8(3): 338 - 353.

[256] SANTY T L. Decision Making with the Analytic Hierarchy Process[J]. International Journal of Services Science, 2008, 1(1): 83-98.

[257] 许树柏. 实用决策方法: 层次分析法原理[M]. 天津: 天津大学出版社, 1988.

[258] HARNEY H, HARDER E. Logical Key Hierarchy Protocol[R]. Internet Draft, 1999.

[259] VANDONGEN S. A Cluster Algorithm For Graphs[J]. Information Systems [INS], 2000 (R 0010).

[260] DONGEN S. Performance Criteria for Graph Clustering and Markov Cluster Experiments[C]. Centre for Mathematics and Computer Science, Amsterdam, Netherlands, 2000.

[261] LEOHOLD J, SCHMIDT C. Communication Requirements Of future Driver Assistance Systems in Automobiles[C]. IEEE International Workshop on Factory Communication Systems, Vienna, Austria, 2004.

[262] HODJAT A, VERBAUWHEDE I. Minimum Area Cost For a 30 to 70 Gbits/s AES Processor[C]. IEEE Computer Society Symposium on Vlsi, Lafayette, LA, USA, 2004: 83-88.

[263] YASUDA K. Multilane HMAC: Security Beyond the Birthday Limit[C]. Cryptology International Conference on Progress in Cryptology, Springer-Verlag, Chennai, India, 2007: 18-32.

[264] BRUNO B. Automatic Verification of Correspondences for Security Protocols [J]. Journal of Computer Security, 2009, 17(4): 363-434.

[265] CONTRERAS J, ZEADALLY S, GUERRERO-IBANEZ J A. Internet of Vehicles: Architecture, Protocols, and Security[J]. IEEE Internet of Things Journal, 2017, 5(5): 3701-3709.

[266] LAUD P. A Private Lookup Protocol with Low Online Complexity for Secure Multiparty Computation[C]. International Conference on Information and Communications Security, Springer, Cham, Nanjing, China, 2014: 143-157.

[267] FOSTER I, PRUDHOMME A, KOSHER K, et al. Fast and vulnerable: A Story of Telematic Failures[C]. Usenix Conference on Offensive Technologies, California, Americam, 2015.

[268] HANSELMANN M, STRAUSS T, DORMANN K, et al. CANet: An Unsupervised Intrusion Detection System for High Dimensional CAN Bus Data [J]. IEEE Access, 2020, vol. 8, pp: 58194-58205.

[269] SERFOZO R. Basics of Applied Stochastic Processes[M]. Springer Science & Business Media, 2009.

[270] 于赫. 网联汽车信息安全问题及 CAN 总线异常检测技术研究[D]. 吉林: 吉林大学, 2016.

[271] WU Wufei, HUANG Yizhi, CANG Zhiliang, et al. Sliding Window Optimized Information Entropy Analysis Method for Intrusion Detection on In-Vehicle Networks[J]. IEEE Access, 2018, 6: 45233-45245.

[272] WANG Qian, ZHAO Junlu, GANG Qu. An Entropy Analysis Based Intrusion Detection System for Controller Area Network in Vehicles[C]. IEEE International System-on-Chip Conference, Arlington, America, 2018: 90-95.

[273] TIMPNER J, SCHURMANN D, WOLF L. Trustworthy Parking Communities: Helping Your Neighbor to Find a Space[J]. IEEE Transactions on Dependable & Secure Computing, 2016, 13 (1): 120-132.

[274] ENGOULOU R G, BELLAICHE M, PIERRE S, et al. VANET Security Surveys[J]. Computer Communications, 2014, 44: 1-13.

[275] QU Fengzhong, WU Zhihui, WANG Feiyue, et al. A Security and Privacy Review of VANETs [J]. Intelligent Transportation Systems, IEEE Transactions on, 2015, 6(16): 2985-2996.

[276] WU Dapeng, SI Shushan, WU Shaoen, et al. Dynamic Trust Relationships Aware Data Privacy Protection in Mobile Crowd-Sensing[J]. IEEE Internet of Things Journal, 2017, 5(4): 2958 – 2970.

[277] CHEN Guorong, BAO Feng, GUO Jing. Trust-Based Service Management for Social Internet of Things Systems[J]. IEEE Transactions on Dependable and Secure Computing, 2015, 13(6): 684 – 696.

[278] NIU Zhisheng, WU Yiqun, GONG Jie, et al. Cell Zooming for Cost-efficient Green Cellular Networks[J]. IEEE communications magazine, 2010, 48(11): 74 – 79.

[279] AHMED S, AL-RUBEAAI S, TEPE K. Novel Trust Framework for Vehicular Networks[J]. IEEE Transactions on Vehicular Technology, 2017, 66(10): 9498 – 9511.

[280] MNIH V, KAVUKCUOGLU K, SILVER D, et al. Playing Atari with Deep Reinforcement Learning[J]. arXiv: 1312. 5602v1 [cs. LG] 19 Dec 2013.

[281] MNIH V, KAVUKCUOGLU K, SILVER D, et al. Human-level Control Through Deep Reinforcement Learning[J]. Nature, 2015: 529 – 533.

[282] SOMMER C, GERMAN R, DRESSLER F. Bidirectionally Coupled Network and Road Traffic Simulation for Improved IVC Analysis[J]. IEEE Transactions on Mobile Computing, 2010, 10(1): 3 – 15.

[283] GUILLEN-PEREZ A, BANOS M D C. A WiFi-based Method to Count and Locate Pedestrians in Urban Traffic Scenarios [C]. 2018 14th International Conference on Wireless and Mobile Computing, Networking and Communications, Limassol, 2018: 123 – 130.

[284] KRAJZEWICZ D, ERDMANN J, BEHRISCH M, et al. Recent Development and Applications of SUMO-Simulation of Urban MObility [J]. International journal on advances in systems and measurements, 2012, 5(3&4): 128 – 138.

[285] CUNHA F, VILLAS L, BOUKERCHE A, et al. Data Communication in VANETs: Protocols, Applications and Challenges[J]. Ad Hoc Networks, 2016, 44: 90 – 103.

[286] LIU Kai, NG J K Y, LEE V C S, et al. Stojmenovic, et al. Cooperative Data Scheduling in Hybrid Vehicular Ad Hoc Networks: VANET as A Software Defined Network [J]. IEEE/ACM Transactions on Networking, 2016, 24(3): 1759 – 1773.

[287] ZENG Fanhui, ZHANG Rongqing, CHENG Xiang, et al. Channel Prediction Based Scheduling for Data Dissemination in VANETs[J]. IEEE Communications Letters, 2017, 21(6): 1409 – 1412.

[288] XING Min, HE Jianping, CAI Lin. Utility Maximization for Multimedia Data Dissemination in Large-Scale VANETs[J]. IEEE Transactions on Mobile Computing, 2017, 16(4): 1188 – 1198.

[289] INAGAKI T. Interdependence Between Safety-control Policy and Multiple-sensor Schemes Via Dempster-Shafer Theory[J]. IEEE Transactions on Reliability, 1991, 40(2): 182 – 188.

[290] CHATZIKOKOLAKIS K, ANDRES M E, BORDENABE N E, et al. Broadening the Scope of Differential Privacy Using Metrics[C]. International Symposium on Privacy Enhancing Technologies Symposium, Springer, Berlin, Heidelberg, 2013: 82 – 102.

[291] DWORK C, MCSHERRY F, NISSIM K, et al. Calibrating Noise to Sensitivity in Private Data Analysis[C]. Theory of cryptography conference, Springer, Berlin, Heidelberg, 2006: 265 – 284.

[292] MCSHERRY F, TALWAR K. Mechanism Design via Differential Privacy[C]. 48th Annual IEEE Symposium on Foundations of Computer Science, Providence, RI, USA, 2007: 94 – 103.

[293] UPPOOR S, TRULLOLS-CRUCES O, FIORE M, et al. Generation and Analysis of A Largescale Urban Vehicular Mobility Dataset[J]. IEEE Transaction on Mobile Computing, 2014, 13(5): 1061

- 1075.

[294] YING Bidi, MAKRAKIS D. Pseudonym Changes Scheme Based on Candidate-Location-List in Vehicular Networks[C]. IEEE International Conference on Communications, London, UK, 2015, 7292-7297.

[295] TAO Ming, WEI Wenhong, HUANG Shuqiang. Location-Based Trustworthy Services Recommendation in Cooperative-communication-enabled Internet of Vehicles[J]. Journal of Network and Computer Applications, 2019, 126: 1-11.

[296] PRIMAULT V, BOUTET A, MOKHTAR S B, et al. The Long Road to Computational Location Privacy: A Survey[J]. IEEE Communications Surveys & Tutorials, 2018, 21(3): 2772-2793.

[297] HU Qin, WANG Shengling, HU Chunqiang, et al. Messages in A Concealed Bottle: Achieving Query Content Privacy with Accurate Location-Based Services[J]. IEEE Transactions on Vehicular Technology, 2018, 67(8): 7698-7711.

[298] AVODJI U M, HUGUENIN K, HUGUET M J, et al. Sride: A Privacy-Preserving Ridesharing System[C]. in Proceedings of the 11th ACM Conference on Security & Privacy in Wireless and Mobile Networks, Stockholm, Sweden, 2018: 40-50.

[299] CARTER H, MOOD B, TRAYNOR P, et al. Secure Outsourced Garbled Circuit Evaluation for Mobile Devices[J]. Journal of Computer Security, 2016, 24(2): 137-180.

[300] POPA R A, BLUMBERG A J, BALAKRISHNAN H, et al. Privacy and Accountability for Location-Based Aggregate Statistics[C]. Proceedings of the 18th ACM conference on Computer and communications security, Chicago, USA, 2011: 653-666.

[301] SWEENEY L. K-Anonymity: A Model for Protecting Privacy [J]. International Journal of Uncertainty, Fuzziness and Knowledge-Based Systems, 2002, 10(05): 557-570.

[302] MACHANAVAJJHALA A, KIFER D, GEHRKE J, et al. L-Diversity: Privacy Beyond K-Anonymity[J]. 22nd International Conference on Data Engineering, 2007, 1(1): 3.

[303] LI Ninghui, LI Tiancheng, VENKATASUBRAMANIAN S. T-Closeness: Privacy Beyond K-Anonymity And L-Diversity[C]. 2007 IEEE 23rd International Conference on Data Engineering, Istanbul, Turkey, 2007: 106-115.

[304] WAGNER I, ECKHOFF D. Technical Privacy Metrics: A Systematic Survey[J]. ACM Computing Surveys, 2018, 51(3): 1-38.

[305] TOCH E, BETTINI C, SHMUELI E, et al. The Privacy Implications of Cyber Security Systems: A Technological Survey[J]. ACM Computing Surveys, 2018, 51(2): 1-27.

[306] KAHNEMAN D. Thinking, Fast and Slow[M]. Macmillan, 2011.

[307] CHATZIKO. Location Guard[EB/OL]. [2019-07-15]. https://github.com/chatziko/location-guard.

[308] FAWAZ K, SHIN K G. Location Privacy Protection for Smartphone Users[C]. in Proceedings of the 2014 ACM SIGSAC Conference on Computer and Communications Security, Scottsdale, AZ, USA, 2014: 239-250.

[309] FAWAZ K, FENG Huan, SHIN K G. Anatomization and Protection of Mobile Apps' Location Privacy Threats[C]. in 24th {USENIX} Security Symposium, Washington, D. C, 2015: 753-768.

[310] CHATZIKOKOLAKIS K, ELSALAMOUNY E, PALAMIDESSI C. Practical Mechanisms for Location Privacy[J]. in Proceedings on Privacy Enhancing Technologies, 2017, 4: 210-231.

[311] SCHOEMAN F D. Philosophical Dimensions of Privacy: An Anthology[M]. Cambridge University

Press, 1984.

[312] PEDERSEN D M. Dimensions of Privacy[J]. Perceptual & Motor Skills, 1979, 48(3 suppl): 157 – 174.

[313] BRAKEMEIER H. A Behavioral Economics Perspective on The Formation and Effects of Privacy Risk Perceptions in the Context of Privacy-Invasive Information Systems[D]. Ph. D thesis, Technische Universitat, 2018.

[314] XIE Jierui, KNIJNENBURG B P, JIN Hongxia. Location Sharing Privacy Preference: Analysis and Personalized Recommendation[C]. 19th International Conference on Intelligent User Interfaces, Haifa, Israel, 2014: 189 – 198.

[315] PEDERSEN D M. Personality Correlates of Privacy[J]. The Journal of Psychology, 1982, 112(1): 11 – 14.

[316] ACQUISTI A, BRANDIMARTE L, LOEWENSTEIN G. Privacy and Human Behavior in The Age of Information[J]. Science, 2015, 347(6221): 509 – 514.

[317] ACQUISTI A. Nudging Privacy: The Behavioral Economics of Personal Information[J]. IEEE Security & Privacy, 2009, 7(6): 82 – 85.

[318] RABER F, KRUEGER A. Deriving Privacy Settings for Location Sharing: Are Context Factors Always The Best Choice? [C]. 2018 IEEE Symposium on Privacy-Aware Computing (PAC), Washington, DC, USA, 2018: 86 – 94.

[319] MORTON A. Measuring Inherent Privacy Concern and Desire for Privacy-A Pilot Survey Study of An Instrument to Measure Dispositional Privacy Concern[C]. International Conference on Social Computing, Alexandria, VA, USA, 2013: 468 – 477.

[320] KHAZAEI T, XIAO Lu, MERCER R E, et al. Detecting Privacy Preferences from Online Social Footprints: A Literature Review[J]. Philadelphia, IConference 2016 Proceedings, PA, USA, 2016.

[321] BRANDIMARTE L, ACQUISTI A, LOEWENSTEIN G. Misplaced Confi-Dences: Privacy and The Control Paradox[J]. Social Psychological and Personality Science, 2013, 4(3): 340 – 347.

[322] DWORK C, ROTH A. The Algorithmic Foundations of Differential Privacy[J]. Foundations and Trends in Theoretical Computer Science, 2014, 9(3 – 4): 211 – 407.

[323] BLUM A, LIGETT K, ROTH A. A Learning Theory Approach to Noninteractive Database Privacy[J]. Journal of the ACM, 2013, 60(2): 1 – 25.

[324] CHEN Shanzhi, HU Jinling, SHI Yan, et al. Vehicle-To-Everything (V2x) Services Supported by Lte-Based Systems and 5G[J]. IEEE Communications Standards Magazine, 2017, 1(2): 70 – 76.

[325] ABBOUD K, OMAR H A, ZHUANG Weihua. Interworking of DSRC and Cellular Network Technologies for V2x Communications: A Survey[J]. IEEE Transactions on Vehicular Technology, 2016, 65(12): 9457 – 9470.

[326] YATZIV L, SAPIRO G. Fast Image and Video Colorization Using Chrominance Blending[J]. IEEE transactions on image processing, 2006, 15(5): 1120 – 1129.

[327] NIU Ben, LI Qinghua, ZHU Xiaoyan, et al. Achieving K-Anonymity in Privacy-Aware Location-Based Services[C]. IEEE INFOCOM 2014 IEEE Conference on Computer Communications, Toronto, Canada, 2014: 754 – 762.

[328] NIU Ben, ZHANG Zhengyan, LI Xiaoqing, et al. Privacy-Area Aware Dummy Generation Algorithms for Location-Based Services [C]. 2014 IEEE International Conference on Communications (ICC), Sydney, Australia, 2014: 957 – 962.

[329] ANGUELOV D, DULONG C, FILIP D, et al. Google Street View: Capturing The World at Street Level[J]. Computer, 2010, 43(6): 32-38.

[330] MOHRI M, ROSTAMIZADEH A, TALWALKAR A. Foundations of Machine Learning[M]. MIT press, 2018.

[331] YEU C W, LIM M H, HUANG Guang Bin, et al. A New Machine Learning Paradigm for Terrain Reconstruction[J]. IEEE Geoscience and Remote Sensing Letters, 2006, 3(3): 382-386.

[332] RODRIGUEZ-GALIANO V F, CHICA-RIVAS M. Evaluation of Different Machine Learning Methods for Land Cover Mapping of A Mediterranean Area Using Multi-seasonal Landsat Images and Digital Terrain Models[J]. International Journal of Digital Earth, 2014, 7(6): 492-509.

[333] ZHENG Yu, XIE Xin, MA Weiying. GeoLife: A Collaborative Social Networking Service Among User, Location and Trajectory[J]. IEEE Data Eng. Bull, 2010, 33(2): 32-39.

[334] YANG Mengmeng, ZHU Tianqing, LIANG Kaitai, et al. A Blockchain-Based Location Privacy-Preserving Crowdsensing System[J]. Future Generation Computer Systems, 2018, 94: 408-418.

[335] LIU Hai, LI Xinghua, LI Hui, et al. Spatiotemporal Correlation-Aware Dummy-Based Privacy Protection Scheme for Location-Based Services[C]. IEEE Conference on Computer Communications, Atlanta, GA, USA, 2017: 1-9.

[336] CHOW C Y, MOKBEL M F, LIU Xuan. A Peer-to-Peer Spatial Cloaking Algorithm for Anonymous Location-Based Service[C]. Proceedings of the 14th annual ACM International Symposium on Advances in Geographic Information Systems, Arlington, Virginia, USA, 2006: 171-178.

[337] GHINITA G, KALNIS P, SKIADOPOULOS S. MOBIHIDE: A Mobilea Peer-to-Peer System for Anonymous Location-Based Queries[C]. International Symposium on Spatial and Temporal Databases, Springer, Berlin, Heidelberg, 2007: 221-238.

[338] SUN Gang, LIAO Dan, LI Hui, et al. L2P2: A Location-Label Based Approach for Privacy Preserving in LBS[J]. Future Generation Computer Systems, 2016, 74: 375-384.

[339] LI Xinghua, MIAO Meixia, LIU Hai, et al. An Incentive Mechanism for K-Anonymity in LBS Privacy Protection Based on Credit Mechanism[J]. Soft Computing, 2017, 21(14): 3907-3917.

[340] ZHONG Ge, HENGARTNER U. A Distributed K-Anonymity Protocol for Location Privacy[C]. IEEE International Conference on Pervasive Computing and Communications, Galveston, Texas, USA, 2009: 1-10.

[341] GHAFFARI M, GHADIRI N, MANSHAEI M H, et al. P4QS: A Peer-to-Peer Privacy Preserving Query Service for Location-Based Mobile Applications[J]. IEEE Transactions on Vehicular Technology, 2017, 66(10): 9458-9469.

[342] ZHANG Jie. A Survey on Trust Management for VANETs[C]. IEEE International Conference on Advanced Information Networking and Applications, Biopolis, Singapore, 2011: 105-112.

[343] SHAREF B, ALSAQOUR R, ALAWI M, et al. Robust and Trust Dynamic Mobile Gateway Selection in Heterogeneous Vanet-Umts Network[J]. Vehicular Communications, 2018, 12: 75-87.

[344] KERRACHE C A, LAGRAA N, CALAFATE C T, et al. TFDD: A Trust-Based Framework for Reliable Data Delivery and Dos Defense in Vanets[J]. Vehicular Communications, 2017, 9: 254-267.

[345] MINHAS U F, ZHANG J, TRAN T, et al. Towards Expanded Trust Management for Agents in Vehicular Ad-Hoc Networks[J]. International Journal of Computational Intelligence Theory and

Practice, 2010, 5(1): 3 - 15.

[346] LU Zhaojun, LIU Wenchao, WANG Qian, et al. A Privacy-Preserving Trust Model Based on Blockchain for VANETs [J]. IEEE Access, 2018, 6: 45655 - 45664.

[347] YANG Zhe, ZHENG Kan, YANG Kan, et al. A Blockchain-Based Reputation System for Data Credibility Assessment in Vehicular Networks[C]. IEEE International Symposium on Personal, Indoor and Mobile Radio Communications, Montreal, QC, Canada, 2017: 1 - 5.

[348] GOLLE P, GREENE D, STADDON J. Detecting and Correcting Malicious Data in VANETs[C]. Proceedings of The 1st ACM International Workshop on Vehicular Ad-Hoc Networks, Philadelphia, PA, USA, 2004: 29 - 37.

[349] GURUNG S, LIN Dan, SQUICCIARINI A, et al. Information-Oriented Trustworthiness Evaluation in Vehicular Ad-Hoc Networks[C]. International Conference on Network and System Security, Madrid, Spain, 2013: 94 - 108.

[350] DÖTZER F, FISCHER L, MAGIERA P. VARS: A Vehicle Ad-Hoc Network Reputation System [C]. IEEE International Symposium on World of Wireless Mobile and Multimedia Networks, Taormina, Italy, 2005: 454 - 456.

[351] PATWARDHAN A, JOSHI A, FININ T, et al. A Data Intensive Reputation Management Scheme for Vehicular Ad-Hoc Networks[C]. International Conference on Mobile and Ubiquitous Systems: Networking and Services, San Jose, California, USA, 2006: 1 - 8.

[352] RAGHU V K T, BARNWAL R P, GHOSH S K. CAT: Consensus-Assisted Trust Estimation of Mds-Equipped Collaborators in Vehicular Ad-Hoc Network [J]. Vehicular Communications, 2015, 2(3): 150 - 157.

[353] XU Guangquan, LIU Jia, LU Yanrong, et al. A Novel Efficient Maka Protocol with Desynchronization for Anonymous Roaming Service in Global Mobility Networks [J]. Journal of Network and Computer Applications, 2018, 107: 83 - 92.

[354] LI Lun, LIU Jiqiang, CHENG Lichen, et al. Creditcoin: A Privacy-Preserving Blockchain-Based Incentive Announcement Network for Communications of Smart Vehicles [J]. IEEE Transactions on Intelligent Transportation Systems, 2018, 19(7): 2204 - 2220.

[355] Zhang Y, Fang Y. A Fine-Grained Reputation System for Reliable Service Selection in Peer-to-Peer Networks [J]. IEEE Transactions on Parallel and Distributed Systems, 2007, 18(8): 1134 - 1145.

[356] KAMVAR S D, SCHLOSSER M T, GARCIA-MOLINA H. The Eigentrust Algorithm for Reputation Management in P2P Networks[C]. Proceedings of the 12th International Conference on World Wide Web, New York, USA, 2003: 640 - 651.

[357] ISMAIL R, JOSANG A. The Beta Reputation System[C]. Proceedings of the 15th Bled Electronic Commerce Conference, Bled, Slovenia, 2002, 41.

[358] NIU Ben, LI Qinghua, ZHU Xiaoyan, et al. Enhancing Privacy through Caching in Location-Based Services[C]. IEEE Conference on Computer Communications, Hong Kong, China, 2015: 1017 - 1025.

[359] ZHANG Shaobo, LI Xiong, TAN Zhiyuan, et al. A Caching and Spatial K-Anonymity Driven Privacy Enhancement Scheme in Continuous Location-Based Services [J]. Future Generation Computer Systems, 2019, 94: 40 - 50.

[360] SOLEYMANI S A, ABDULLAH A H, HASSAN W H, et al. Trust Management in Vehicular Ad-Hoc Network: A Systematic Review [J]. EURASIP Journal on Wireless Communications and Networking, 2015, 146(2015): 1 - 22.

[361] KOKORIS-KOGIAS E, JOVANOVIC P, GASSER L, et al. OmniLedger: A Secure, Scale-Out, Decentralized Ledger via Sharding[C]. IEEE Symposium on Security and Privacy, San Francisco, CA, USA, 2018: 583-598.